纺织服装高等教育"十三五"部委级规划教材

女装工艺 第二版

主编－鲍卫君　副主编－张芬芬 徐麟健 陈荣富

东华大学出版社·上海

内容提要

本书共分五章，分别为裙子、裤子、女衬衫、女西装和大衣、旗袍的制作工艺。每一章节的内容都由浅入深，注重知识的衔接和系统性，从女装的具体款式着手，详细介绍了女装款式的制图、放缝、排料、工艺流程、工序分析、缝制步骤及最新的缝制技巧。在具体款式的选用上既考虑基础性、通用性，又顾及经典性与时尚性。本书图文并茂，能使读者在较短的时间里，通过本课程的学习，掌握女装的缝制技术，并从中得到学习的乐趣。同时，每一章节都配有PPT教学课件，极大地方便教师教学和学生课外练习。授课老师若需要这些PPT教学课件，可向东华大学出版社发行科索要。

本书既可作为高校服装类专业的教学用书，也适合作为服装企业、服装培训机构的教材，也是服装爱好者学习服装制作的首选教材。

图书在版编目（ＣＩＰ）数据

女装工艺/鲍卫君主编.—2版—上海：东华大学出版社，2017.5
ISBN 978-7-5669-0602-1

Ⅰ.① 女 … Ⅱ.① 鲍 … Ⅲ.① 女 服 — 服 装 缝 制 Ⅳ.①TS941.717

中国版本图书馆CIP数据核字（2016）第287808号

责任编辑　杜亚玲

装帧设计　比克设计

女装工艺
［第二版］
鲍卫君　主编

东华大学出版社出版
上海市延安西路1882号
邮政编码：200051　电话：（021）62193056
新华书店上海发行所发行　　上海颛辉印刷厂有限公司印刷
开本：787mm×1092mm　1/16　印张：17.75　字数：440千字
2017年5月第2版　2022年7月第5次印刷
ISBN 978-7-5669-0602-1
定价：45.00元

前　言

　　高校服装类专业是培养服装设计师、服装技术和服装高级管理人才的摇篮，服装工艺类课程是高校服装类专业的必修课，具有应用性、实践性、操作性强的特点。本书很好地体现了服装专业工艺教学的特点，其特色主要体现在以下几方面：

　　1. 在内容的选用上，从女装的具体款式着手，详细介绍了女装款式的制图、放缝、排料、工艺流程、工序分析、缝制步骤及最新的缝制技巧，既有工艺制作原理的阐述，又有工艺缝制技巧的图文表述。在具体款式的选用上，既考虑基础性、通用性、可变性，又顾及经典性与时尚性，强调可读性和趣味性；在缝制工艺的设计上，体现行业最新发展水平和成果，合理性、时代性、先进性并举。

　　2. 本书具体工艺操作方法及技巧采用图文并茂的形式，工艺图绘制清晰、直观明了、层次分明，讲解细致，极大地方便了读者的实践和使用，也方便读者自学，可读性强。

　　3. 教材中所有款式的工艺设计与实践操作均通过实践验证，确保了教材内容的准确性和可操作性。

　　本书由浙江理工大学服装学院鲍卫君副教授主编，负责全书的统稿和修改。全书共有五章，参加编写的人员如下：

　　浙江理工大学鲍卫君　编写第一章各节；第二章第一节、第三节； 第三章第一节、第四节；第四章第三节、第四节；第五章第一节、第二节、第四节。

　　浙江理工大学张芬芬　编写第三章第二节、第四节；第四章第一节、第四节。

　　浙江理工大学徐麟健　编写第一章第二节，第三章第三节，第五章第三节。

　　浙江理工大学陈荣富　编写第一章第四节，第二章第二节，第四章第二节。

　　本书工艺图片电脑制作由浙江理工大学支阿玲、徐麟健、鲍卫君、董丽和温州服装技校高松、杭州市服装职业高级中学孙常胜、浙江同济科技职业学院吕凉等老师完成。

　　本书的款式图由意大利库内奥美术学院服装设计学院周再临同学、浙江理工大学张芬芬老师和唐洁芳老师绘制。

由于编写时间仓促，水平有限，书中难免有错漏之处，恳请同行、专家和广大读者批评指正。

主编　鲍卫君

2017年5月

CONTENTS
目 录

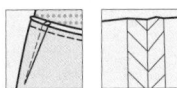

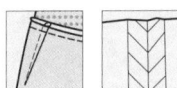

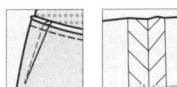

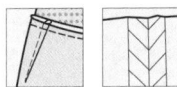

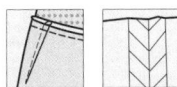

第一章

裙子制作工艺

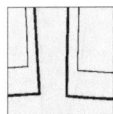

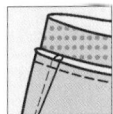

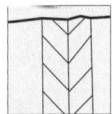

第一节　低腰A字裙

一、概述

1. 款式分析

该款裙子整体呈现低腰A字轮廓，前、后裙片各有两个省道，长度在膝盖以上，右侧装隐形拉链，无里布设计，适合初学者学习。款式见图1-1-1。

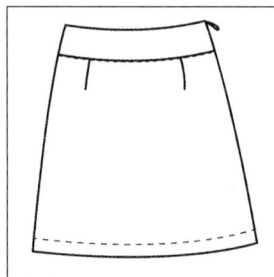

背面图

着装图

图1-1-1　低腰A字裙款式图

2. 适用面料

可选用中厚型素色或花色棉布、牛仔布、灯芯绒等面料。

3. 面辅料参考用量

（1）面料：幅宽120 cm，用量约60cm。估算式：裙长+20 cm左右（或：幅宽140cm和144cm，用量约50cm。估算式：裙长+10cm左右）。

（2）辅料：无纺黏合衬适量，隐形拉链1条。

二、制图参考规格（不含缩率，表1-1-1）

表1-1-1 制图参考规格

号 / 型	腰 围（W） （放松量为2cm）	臀 围（H） （放松量为4cm）	裙 长	腰 宽
155/62A	62+2=64	84+4=88		
155/64A	64+2=66	86+4=90	42	4.5
155/66A	66+2=68	88+4=92		
160/66A	66+2=68	88+4=92		
160/68A	68+2=70	90+4=94	43	4.5
160/70A	70+2=72	92+4=96		
165/70A	70+2=72	92+4=96		
165/72A	72+2=74	94+4=98	44	4.5
165/74A	74+2=76	96+4=100		

（单位：cm）

注：下装的型是指净腰围，腰围制图尺寸可根据需要选择：净腰围+（0~2）cm。

三、结构制图（图1-1-2）

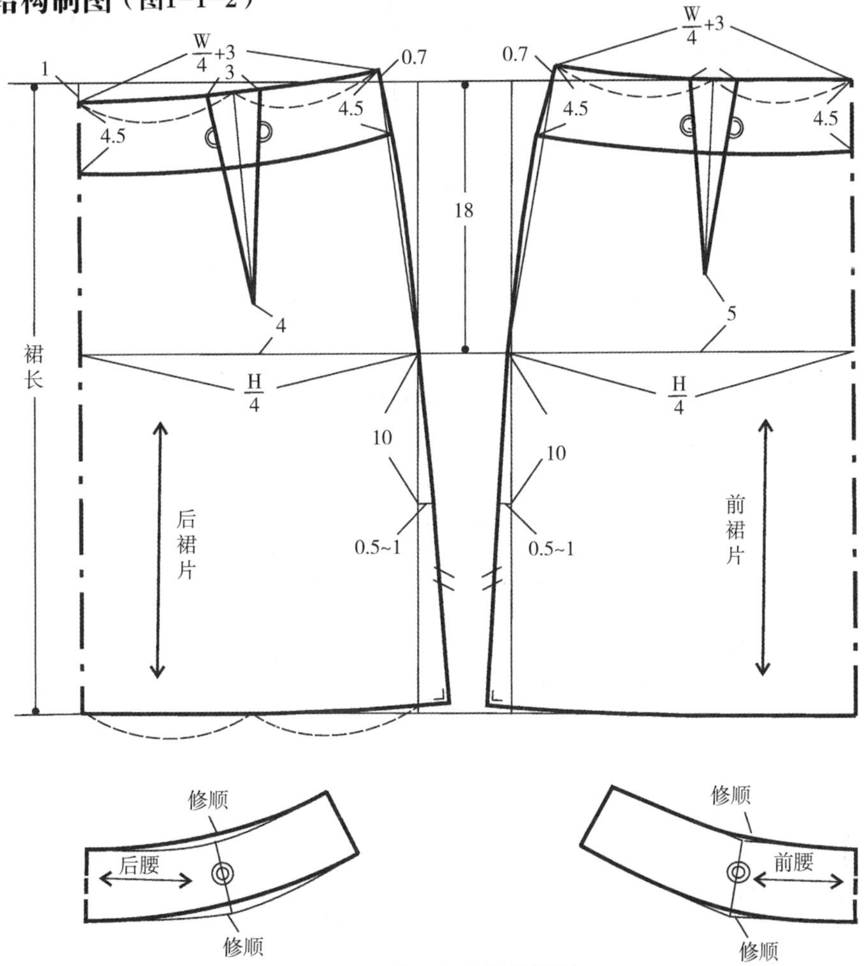

图1-1-2 低腰A字裙结构图

四、放缝、排料参考图

1. 放缝（图1-1-3）

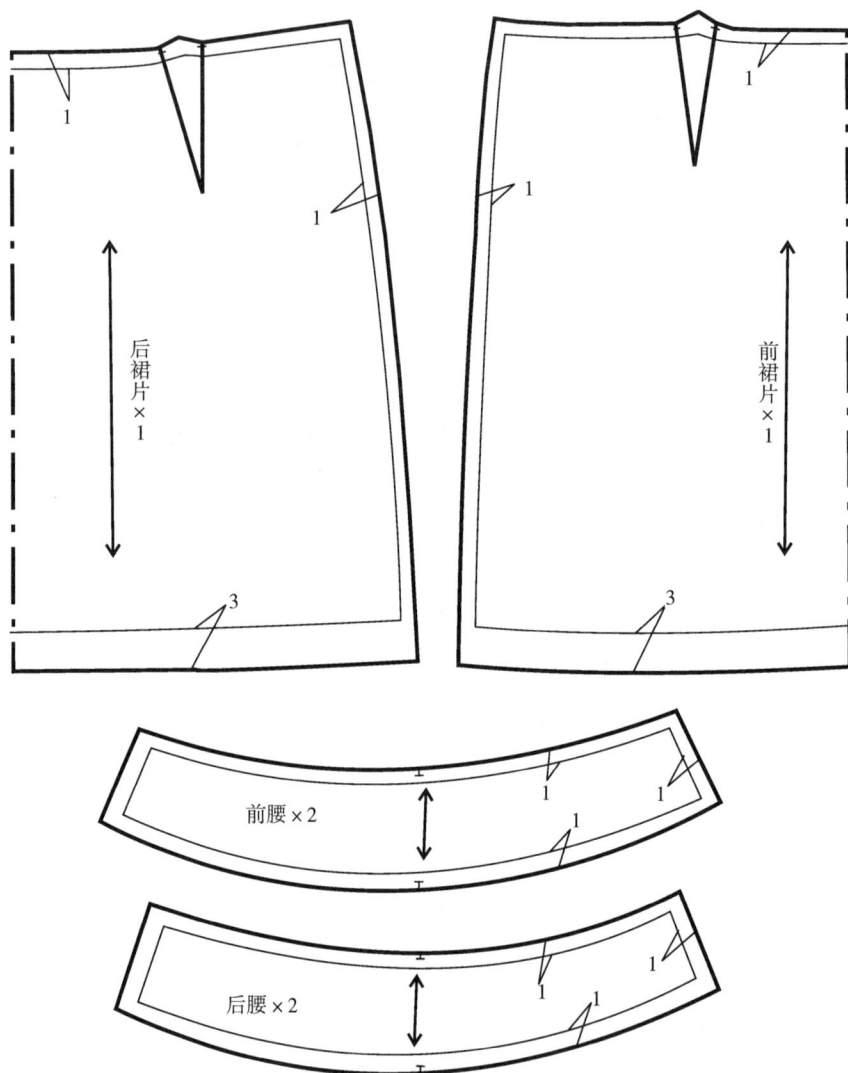

后裙片×1

前裙片×1

前腰×2

后腰×2

图1-1-3　低腰A字裙放缝参考图

（1）120cm幅宽排料参考图（图1-1-4）：

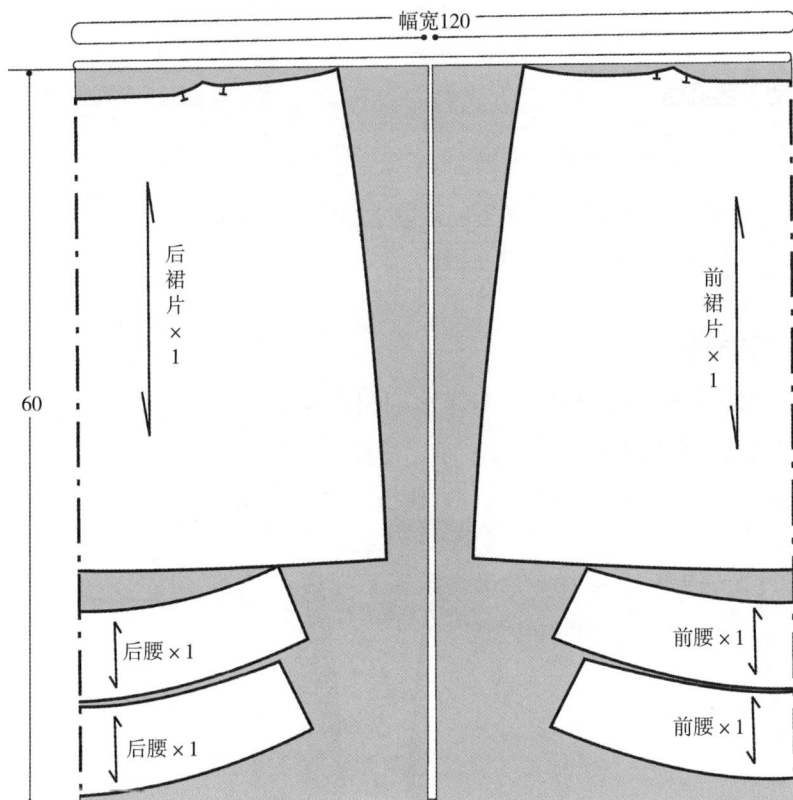

图1-1-4　120cm幅宽排料参考图

（2）144cm幅宽排料参考图（图1-1-5）：

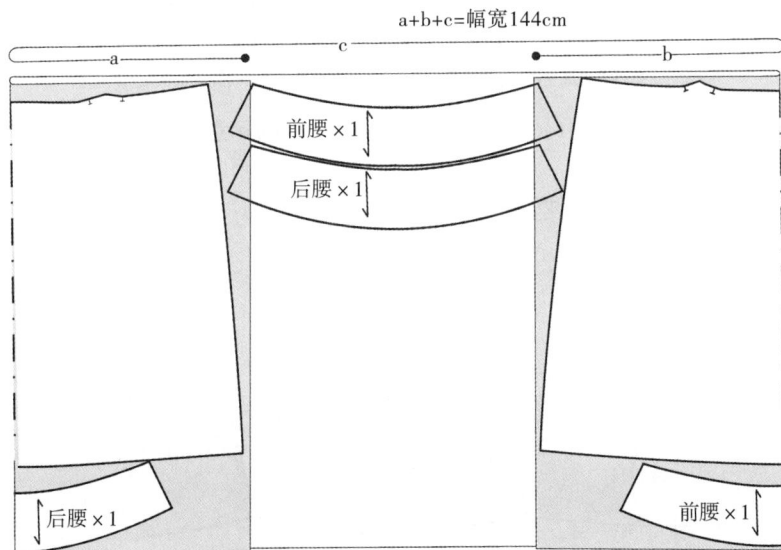

图1-1-5　144cm宽幅排料参考图

五、缝制工艺流程、缝制前准备

1. 缝制工艺流程

车缝腰省、烫腰省 → 裙片与裙腰面缝合 → 缝合裙片侧缝并分烫 → 绱隐形拉链 → 缝合 裙腰里侧缝并扣烫缝份 → 腰面、腰里、拉链一同缝合 → 缝合腰口线并修剪、扣烫缝份 → 车缝固定腰里 → 折烫裙摆贴边并手缝固定 → 整烫

2. 缝制前准备

（1）针号和针距：90/14号针，针距14~15针/3cm

（2）三线包缝部位（图1-1-6）：前、后裙片的侧缝和裙摆。

（3）烫黏合衬部位（图1-1-6）：右侧缝拉链开口和前、后腰面。

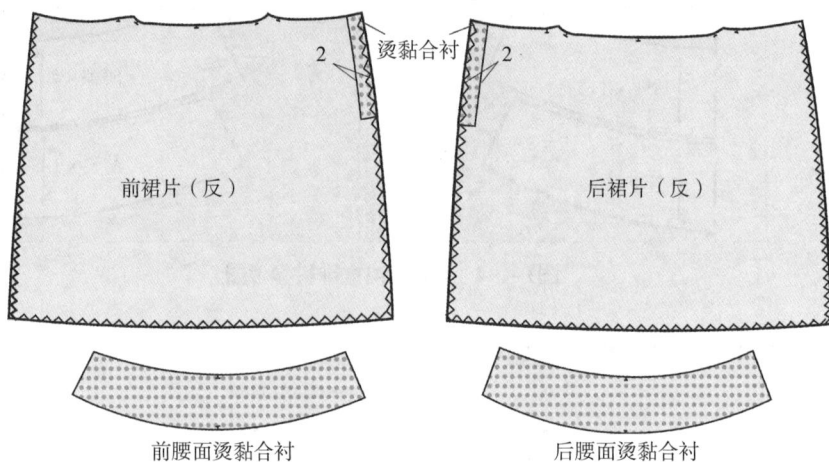

图1-1-6 三线包缝和烫黏合衬部位示意图

六、具体缝制工艺步骤及要求

1. 车缝腰省、烫腰省

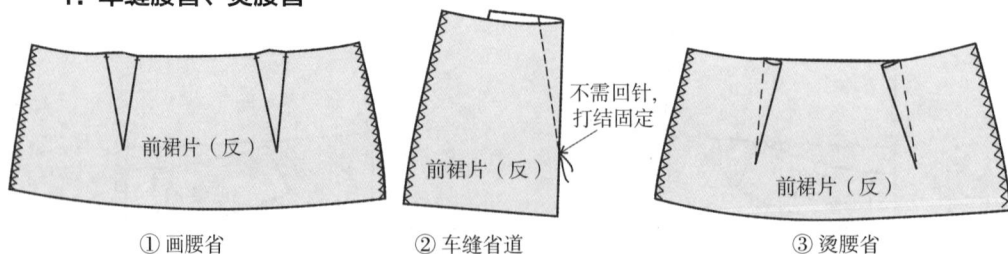

① 画腰省　　　　　　② 车缝省道　　　　　③ 烫腰省

图1-1-7 车缝腰省、烫腰省

（1）画腰省：在前、后裙片的反面按省位用划粉画出省道（图1-1-7①）。

（2）车缝腰省：从省边回针开始缝至省尖，留10cm左右缝线剪断后打结加固（图1-1-7②），如厚料可直接回针固定。

（3）烫省道：将裙片反面朝上，放在布馒头上将省道往中间烫倒（图1-1-7③）。

2. 裙片与裙腰面缝合（图1-1-8）

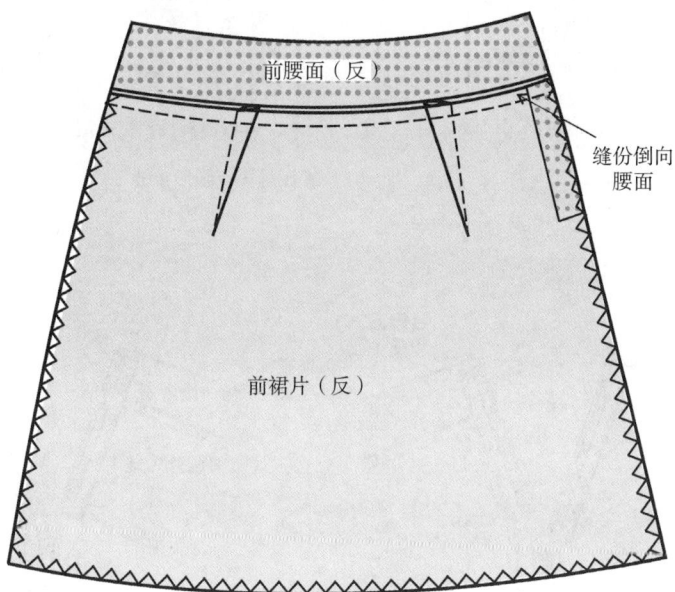

图1-1-8　裙片与裙腰面缝合

分别将前、后裙片和前、后裙腰面正面相对后缝合，缝份向腰头面烫倒。

3. 缝合裙片侧缝并分烫

缝合裙片侧缝，右侧缝的拉链开口部分不缝合，要求开口处回针固定，然后缝份分缝烫开（见图1-1-9）。

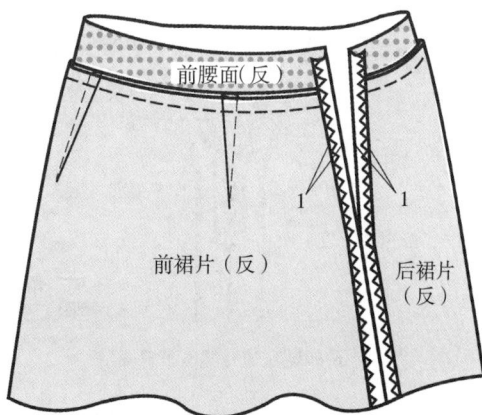

图1-1-9　缝合裙片侧缝并分烫

4. 绱隐形拉链

隐形拉链

拉链的长度

正　　反

① 隐形拉链的长度

前腰面（反）

左右腰线对齐

后腰面（反）

前腰面（反）

前裙片（反）

缝份与拉链边假缝固定

开口止点

2.5

后裙片（反）

② 手工假缝固定拉链

后腰面（反）

前裙片（反）

后裙片（反）

开口止点

开口止点

拉链头拉到拉链尾部

③ 车缝固定隐形拉链

隐形拉链压脚

前裙腰（正）

前裙片（正）

掰开拉链齿，拉链齿不要缝住

前腰面（反）

后腰面（反）

前裙片（反）

后裙片（反）

把拉链头从空档处拉到上方

④ 拉出拉链头

前腰面（反）

后腰面（反）

前裙片（反）

后裙片（反）

拉链头往上拉，使拉链闭合

前裙腰（反）

车缝固定拉链布

后裙腰（反）

开口止点

缝头上缲缝固定

后裙片（反）

前裙片（反）

缝头上用三角针手缝固定

⑤ 拉链布边与缝份车缝固定

后裙腰（正）

前裙腰（正）

后裙片（正）

开口止点

前裙片（正）

⑥ 检查拉链是否密合

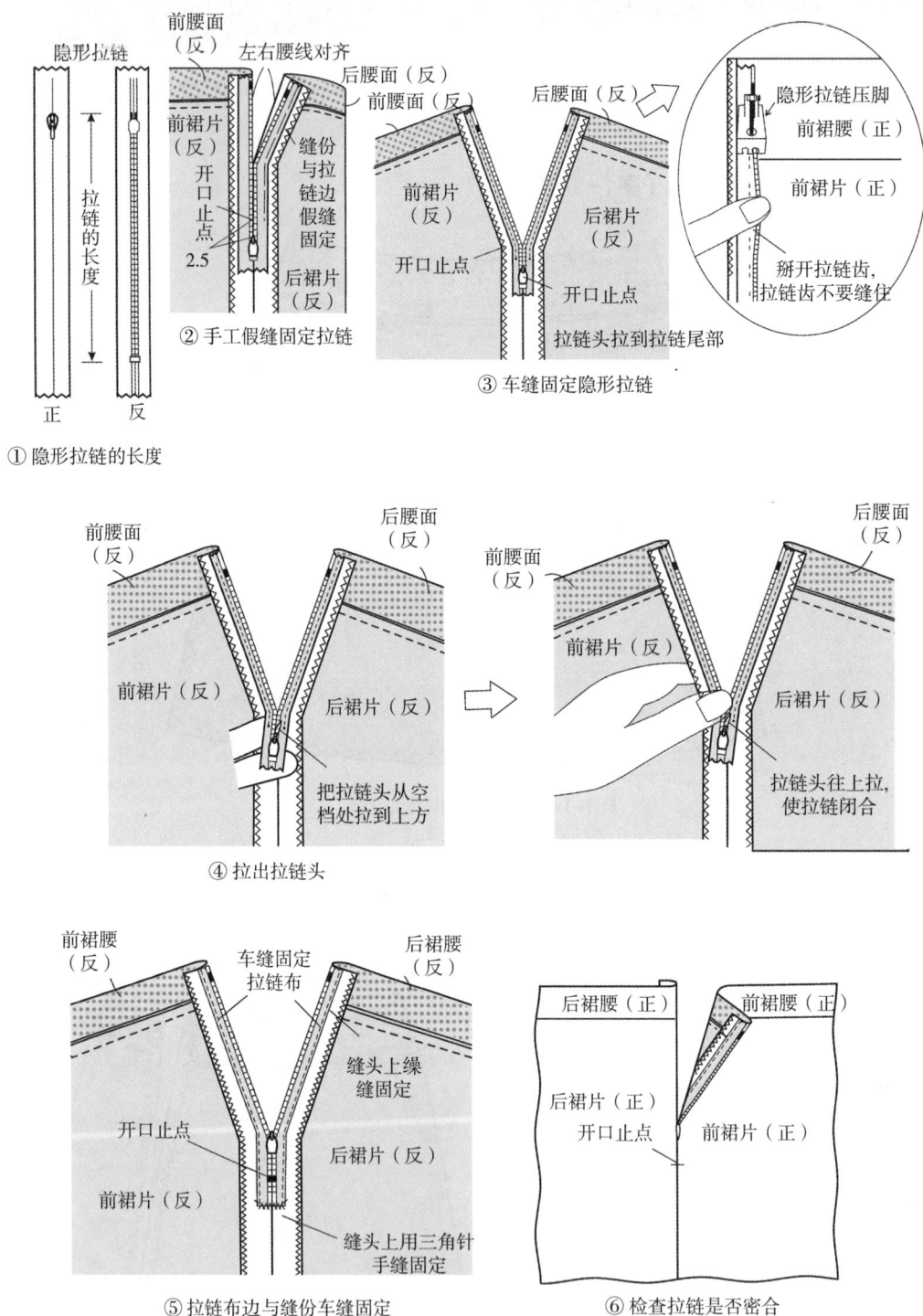

图1-1-10　绱隐形拉链

（1）确定隐形拉链的长度：拉链的长度要比开口长出2.5~3cm，以便拉链装好后能将拉链头拉到正面（图1-1-10①）。

（2）手工假缝固定拉链布边：将裙片反面朝上，正面的拉链齿与侧缝线对准，拉链尾部的拉链头留出2.5cm左右与裙片开口对齐，把拉链头拉到拉链尾部后，再将缝份与拉链布边手工假缝固定。注意检查前、后片对位记号线是否对准，左右片是否平服（图1-1-10②）。

（3）车缝固定隐形拉链：把拉链头拉到拉链的尾部，换用隐形拉链压脚，车缝固定拉链。车缝时要用手掰开拉链齿，不要将拉链齿缝住（图1-1-10③）。

（4）拉出拉链头：左右片拉链缝住后，将拉链头从尾部的空档处拉出；并将拉链头往上拉，使拉链闭合（图1-1-10④）。

（5）拉链两侧的布边与缝份车缝固定，拉链下端的布边用三角针手缝固定（图1-1-10⑤）。

（6）拉链装好后正面完成图：要求完成后拉链密合，裙片平服且腰口对齐（图1-1-10⑥）。

5. 缝合裙腰里侧缝并扣烫缝份

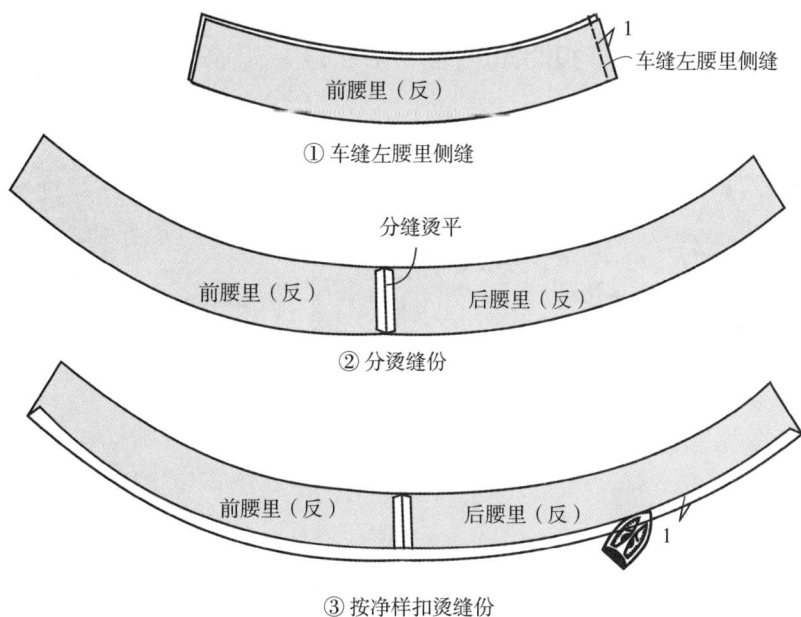

① 车缝左腰里侧缝

前腰里（反）
车缝左腰里侧缝　1

分缝烫平
前腰里（反）　后腰里（反）
② 分烫缝份

前腰里（反）　后腰里（反）　1
③ 按净样扣烫缝份

图1-1-11　缝合裙腰里侧缝并扣烫缝份

（1）缝合左腰里的侧缝（图1-1-11①）。

（2）将缝份分开烫平（图1-1-11②）。

（3）按净样板扣烫腰里下口缝份（图1-1-11③）。

6. 腰面、腰里、拉链一同缝合

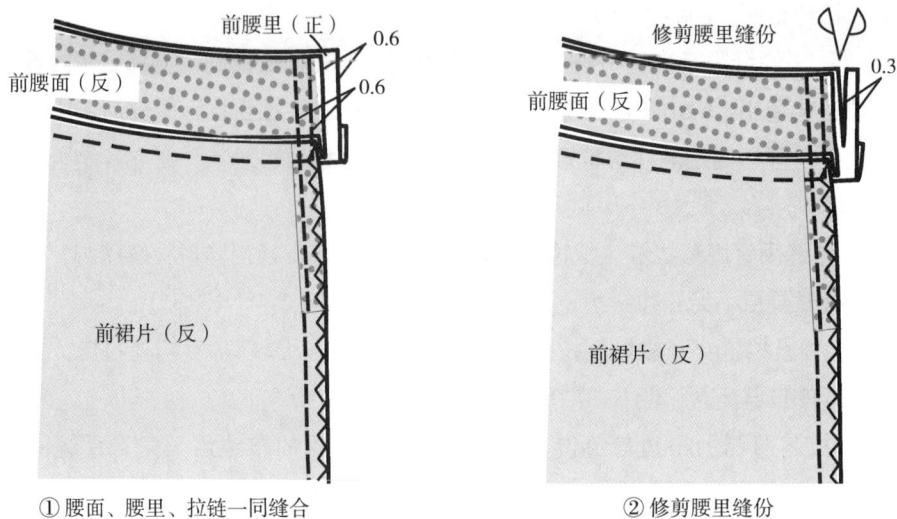

① 腰面、腰里、拉链一同缝合　　　　② 修剪腰里缝份

图1-1-12　腰面、腰里、拉链一同缝合

（1）腰面、腰里、拉链一同缝合：将腰面和腰里正面相对，在开口的两端分别把腰里拉出0.6cm，再按0.5cm车缝（图1-1-12①）。

（2）修剪腰里缝份：将腰里的缝份修剪成与腰面平齐（图1-1-12②）。

7. 缝合腰口线并修剪、扣烫缝份（图1-1-13）

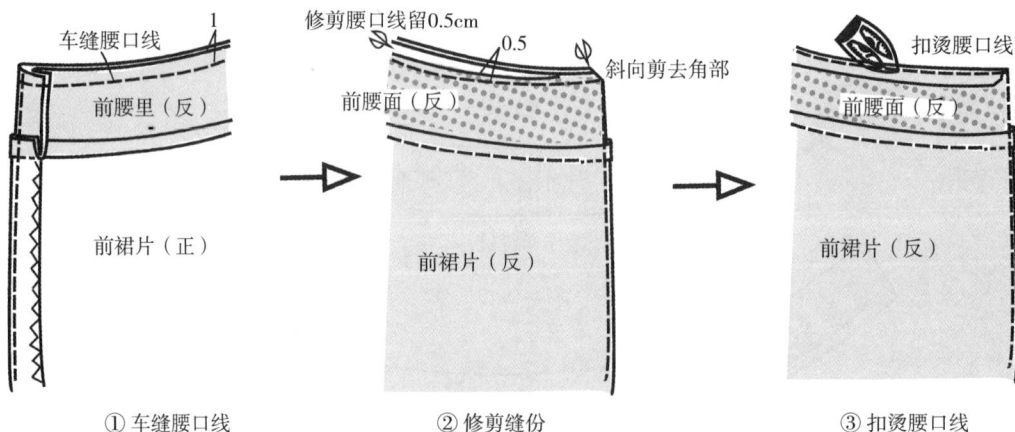

① 车缝腰口线　　　　　② 修剪缝份　　　　　③ 扣烫腰口线

图1-1-13　腰口面里缝合

（1）车缝腰口线：腰里朝上，在拉链开口处折转缝份，按1cm车缝（图1-1-13①）。

（2）修剪缝份：先斜向修剪腰头两端开口的角部，再将腰口线的缝份修剪留0.5cm（图1-1-13②）。

（3）扣烫腰口线：腰面朝上，折转腰口线缝份（腰口缝合线刚好露出），用熨斗进行扣烫（图1-1-13③）。

8. 车漏落缝固定腰里（图1-1-14）

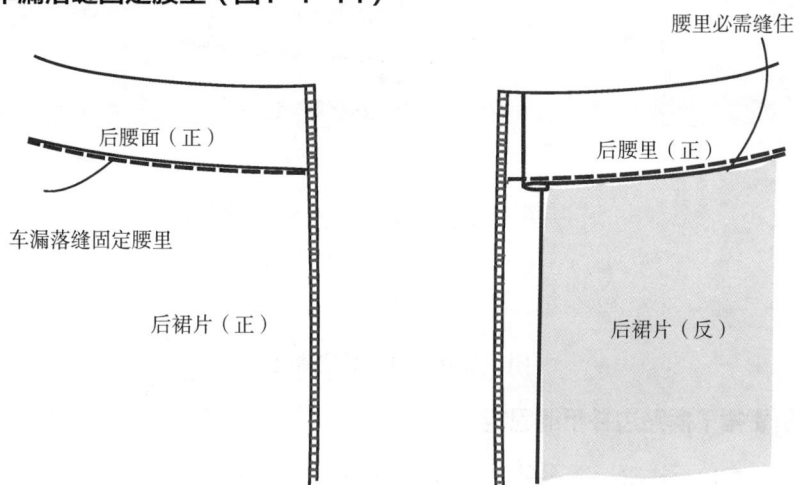

图1-1-14　车缝固定腰里

先整理腰里的下口线并放平整，然后在裙子正面的装腰线上车漏落缝固定腰里，注意检查腰里下口是否车缝住。

9. 车明线固定腰里（图1-1-15）

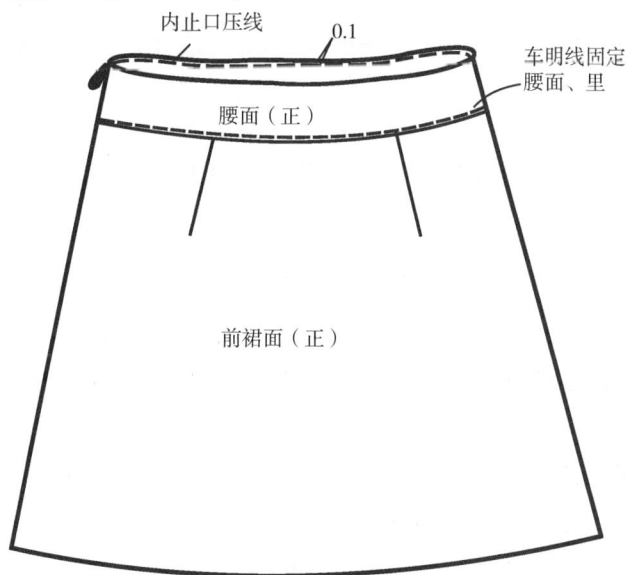

图1-1-15　车明线固定腰里

在腰线的内止口缉线（腰口正面没明线），也可在腰面的装腰线上方缉0.1cm明线

10. 检查对位情况（图1-1-16）

腰口线、装腰线的前、后需平齐。

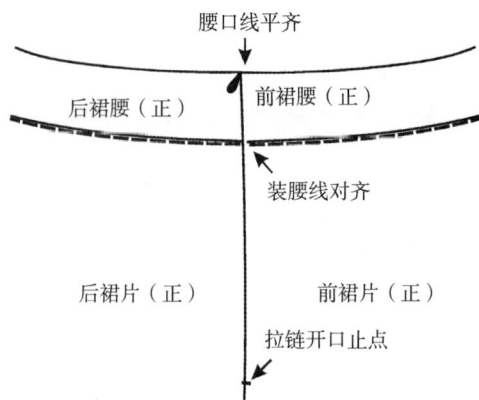

图1-1-16 检查对位情况

11. 折烫裙下摆贴边并手缝固定

裙摆贴边均匀折进3cm烫平并手缝固定（图1-1-17）。

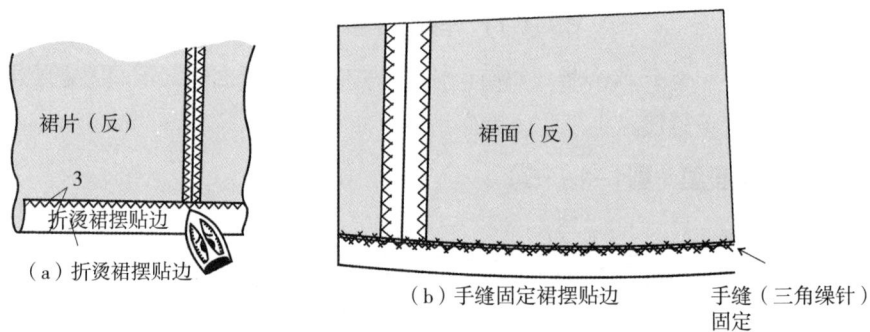

（a）折烫裙摆贴边

（b）手缝固定裙摆贴边　　手缝（三角缲针）固定

图1-1-17 折烫裙摆贴边并手缝固定

12. 整烫

将裙子侧缝、裙腰口线及裙下摆熨烫平整。

七、缝制工艺质量要求及评分参考标准（总分：100分）

1. 前后省道位置准确，省长左右一致，倒向对称，省尖处平顺。（10分）

2. 隐形拉链绱好后应密合，无褶皱，腰口处左右齐平。（30分）

3. 侧缝顺直，左右侧缝长短一致。（10分）

4. 腰头宽窄一致，腰绱好后应平服，不起扭。（20分）

5. 裙摆折边宽窄一致。（10分）

6. 缉线顺直，无跳线、断线现象，符合尺寸。（10分）

7. 各部位熨烫平整。（10分）

第二节　西装裙

一、概述

1. 款式分析

西装裙也叫一步裙，如紧包臀部的也叫包臀裙，长度可根据设计需要而定。本款裙子臀围放松量为4cm，属于合体造型，裙摆略收进，装直腰；前后各收省4个，后中上部开口并装隐形拉链，后中缝下部开衩，右门襟腰头处锁扣眼1只，里襟处钉钮扣一粒，款式如图1-2-1。

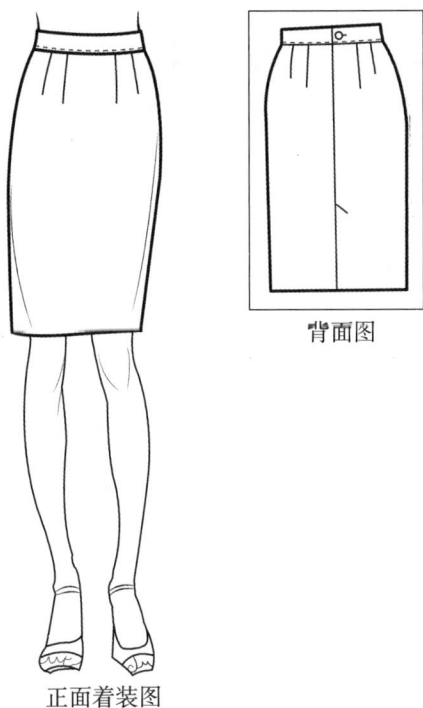

正面着装图

背面图

图1-2-1　西装裙款式图

2. 适用面料

面料可选用普通毛料类、薄呢类、混纺类织物，颜色深浅均可。里料一般选用同色涤丝纺、尼丝纺等织物。

3. 面辅料参考用量

（1）面料：幅宽144cm，用量约75cm。估算式：腰围＋（6~8cm）。

（2）里料：幅宽144cm，用量约65cm。

（3）辅料：无纺黏合衬适量，隐形拉链1条，扣子1粒。

二、制图参考规格（不含缩率，表1-2-1）

表1-2-1　制图参考规格

号/型	腰　围（W）（放松量为2cm）	臀　围（H）（放松量为4cm）	裙　长	后衩高/宽	腰　宽
155/62A	62+2=64	84+4=88			
155/64A	64+2=66	86+4=90	60.5	19.5/4	3
155/66A	66+2=68	88+4=92			
160/66A	66+2=68	88+4=92			
160/68A	68+2=70	90+4=94	62	20/4	3
160/70A	70+2=72	92+4=96			
165/70A	70+2=72	92+4=96			
165/72A	72+2=74	94+4=98	63.5	20.5/4	3
165/74A	74+2=76	96+4=100			

（单位：cm）

注：（1）下装的型是指净腰围，腰围制图尺寸可根据需要选择：净腰围尺寸+（0~2）cm。

（2）臀围制图尺寸，根据款式需要可选择：净臀围尺寸+（2~6cm）放松量；如弹性好的面料制作包臀裙，可直接采用臀围净尺寸。

（3）裙长可根据需要自行设计。

三、结构图

图1-2-2①为西装裙结构图，图1-2-2②为右后片里料处理图。

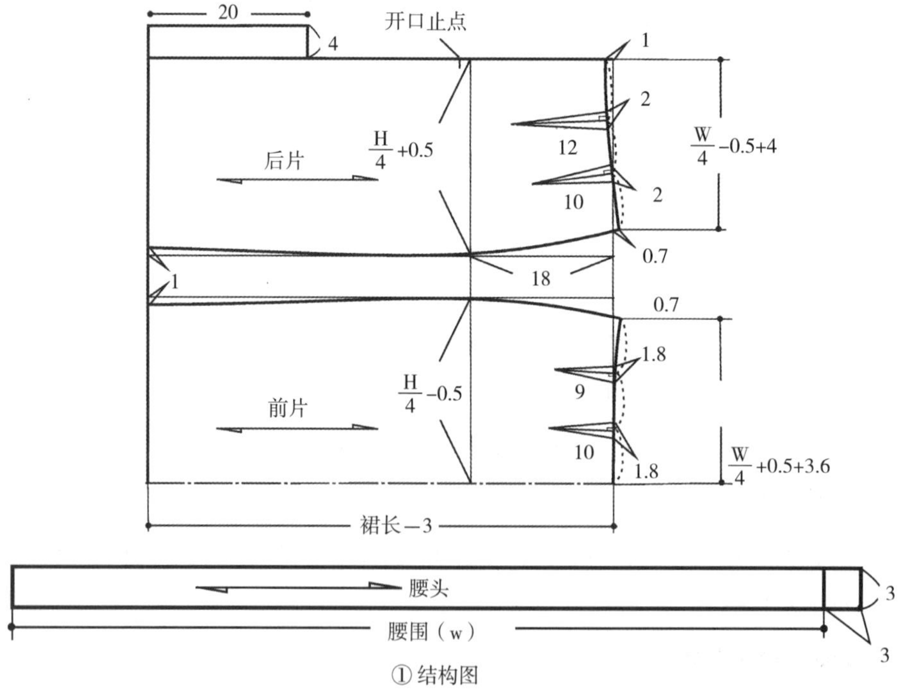

① 结构图

图1-2-2（1）　西装裙结构图

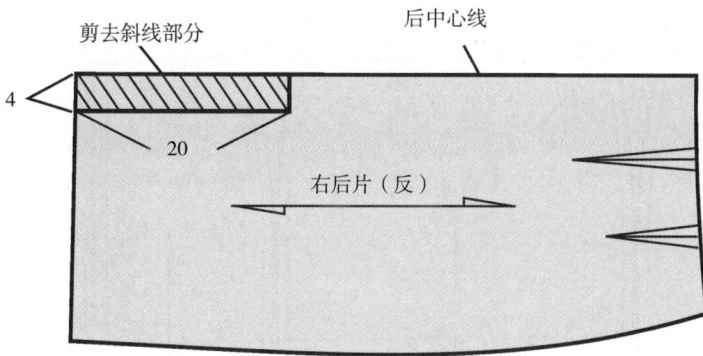

② 右后片里料处理图

图1-2-2（2） 西装裙结构图

四、放缝、排料

1. 面料放缝、排料参考图（图1-2-3）

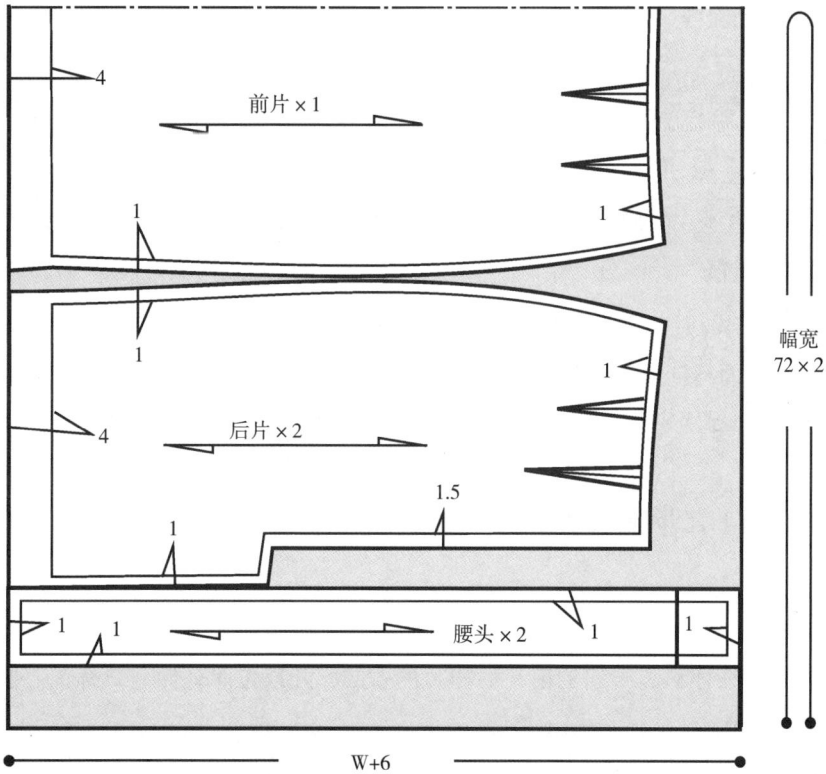

图1-2-3 面料放缝、排料参考图

2. 里料放缝、排料参考图（图1-2-4）

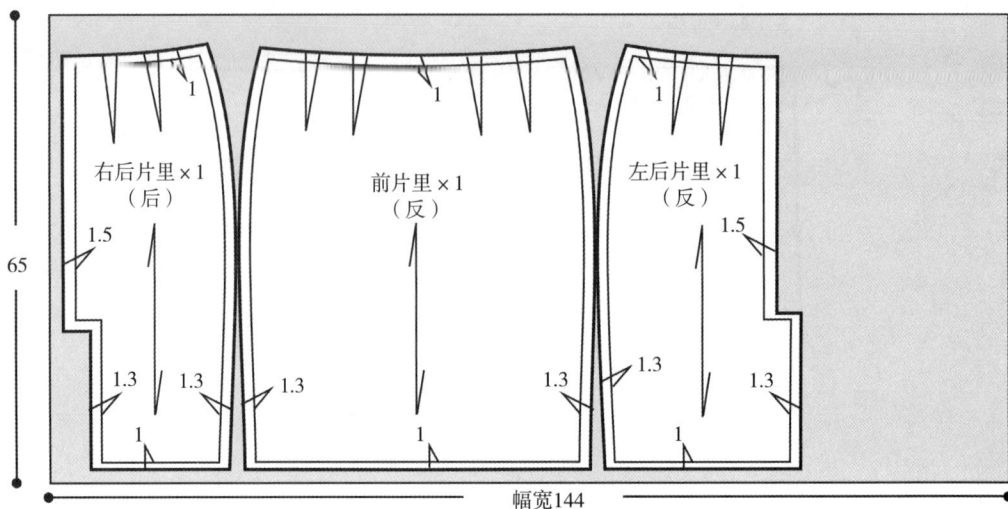

图1-2-4 里料放缝、排料参考图

五、缝制工艺流程、缝制前准备

1. 缝制工艺流程

做标记→烫黏合衬→面料三线包缝→面料收省及烫省→缝合面料后中缝并分烫→面料绱拉链并固定缝份→固定里料省道、缝合后中缝并烫缝→里料绱拉链→缝合面料侧缝并分烫→缝合里料侧缝并三线包缝→卷里料底边→缝合面、里料开衩→制作腰头、绱腰头→缲裙摆、拉线襻→锁眼、钉扣→整烫

2. 缝制前准备

（1）在缝制前需选用与面料和里料相适应的针号和线，调整底、面线的松紧度及线迹针距密度。面料针号：80/12号、90/14号。里料针号：70/10号、75/11号。

（2）用线与针距密度：底、面线均用配色涤纶线，针距密度14~16针/3cm。

六、具体缝制工艺步骤及要求

1. 做标记

按样板分别在面料、里料的前、后裙片的省位、开衩位等处做剪口标记。要求剪口深度不超过0.3cm。

2. 烫黏合衬

用熨斗在腰头、后衩贴边处烫上无纺黏合衬。腰头烫黏合衬时需根据面料厚薄可分为全黏衬或半黏衬。注意根据面料性能，调置合适的温度、时间和压力，以保证黏合均匀、牢固（图1-2-5）。

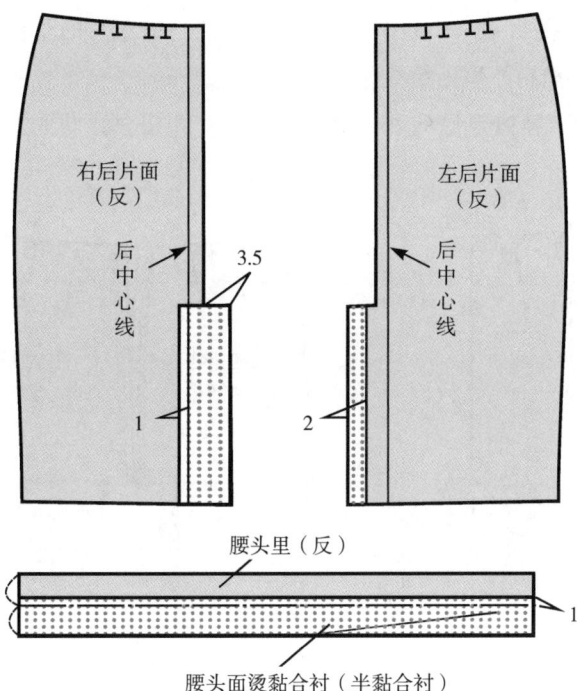

图1-2-5　烫黏合衬

3. 面料三线包缝

面料裙片除腰口线外，其余裁片边缘均用三线包缝机包边。

4. 裙片面料收省及烫省

（1）裙片面料收省：在裙片反面依省中线对折车缝省道。腰口处倒回针，省尖处留线头打结或回针固定。要求省大、省长符合规格，省缝缉得直而尖（图1-2-6①）。

（2）裙片面料烫省：将裙片面料的前、后省缝分别向前中烫倒。要求省尖胖势要烫散，不可有窝点（图1-2-6②）。

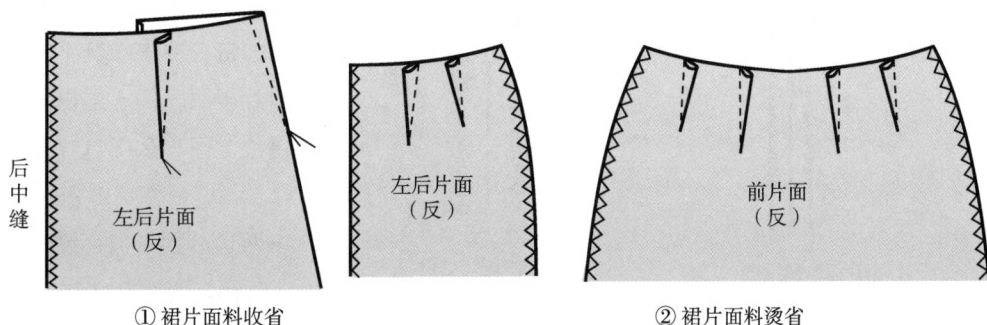

① 裙片面料收省　　　　　　　② 裙片面料烫省

图1-2-6　裙片面料收省及烫省

5. 缝合裙片面料后中缝并分烫

（1）缝合裙片面料后中缝：两后裙片正面相对，按1.5cm缝份从开口止点起针，经开衩点，缝至离开衩折边1cm处（图1-2-7①）。然后在左片的开衩点缝份处打一斜剪口。要求缝线顺直，剪口不剪断缝线。

（2）分烫缝份：将缝合后的后中缝分缝烫平，并按净线向上烫平缝份延伸至腰口线（图1-2-7②）。

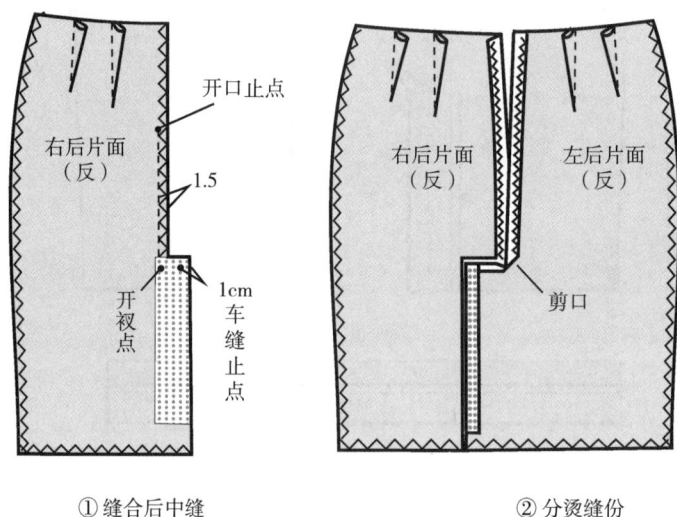

① 缝合后中缝　　　　② 分烫缝份

图1-2-7　缝合裙片面料后中缝并分烫

6. 裙片面料绱拉链并固定

（1）裙片面料绱拉链：先换上隐形拉链压脚或单边压脚，拉链在上，裙片在下，两者正面相对，按缝份和拉链齿边车缝固定裙片和拉链。要求拉链不外露，裙片平服，门、里襟高低不错位（图1-2-8①）。

（2）固定缝份：拉链布两边分别与裙片缝份相距0.5cm车缝固定（图1-2-8②）。

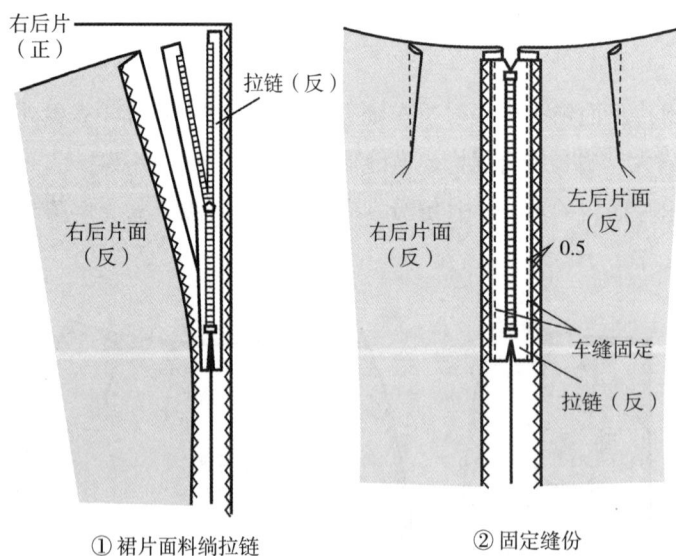

① 裙片面料绱拉链　　　② 固定缝份

图1-2-8　绱面布拉链

7. 固定裙片里料省道，缝合裙片里料后中缝并烫缝

（1）固定裙片里料省道：先按省道剪口位置将省道往侧缝烫倒，然后距边0.5cm车缝固定省道（图1-2-9①）。

（2）缝合裙片里料后中缝：两后裙片里料正面相对，按1.3cm缝份从开口止点下1cm处起针，缝至开衩点，然后在开衩点缝份处打一斜剪口。要求缝线顺直，剪口不剪断缝线（图1-2-9①）。

（3）烫缝：将缝合后的裙片里料后中缝以1.5cm缝份向左裙片方向扣烫平服，开口部分按净线向上延伸烫至腰口线（图1-2-9②）。

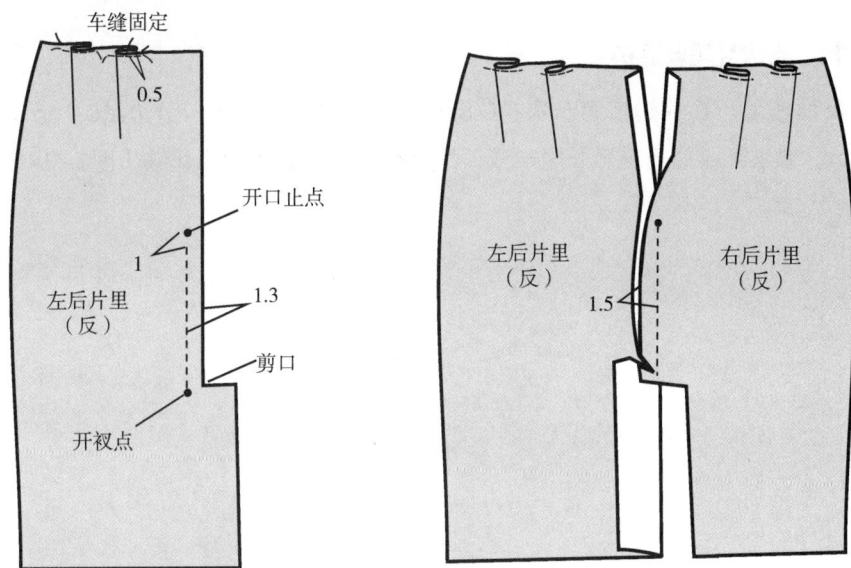

① 固定裙片里料省道、缝合裙片里料后中缝   ② 熨烫缝份

图1-2-9　缝合裙片里后中缝并分烫

8. 裙片里料绱拉链

裙片里料正面与拉链反面相对，按缝份车缝固定里料、拉链、面料（图1-2-10）。要求里料平服。

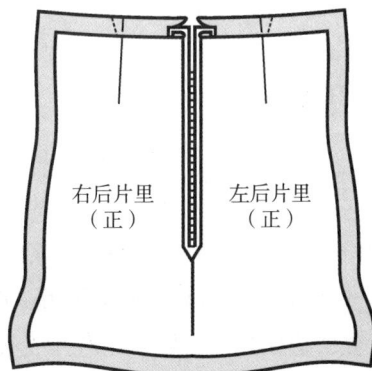

图1-2-10　裙片里料绱拉链

9. 缝合裙片面料侧缝并分烫

（1）面料后裙片在下，前裙片在上，正面相对缝合两侧缝。

（2）将缝合后的两侧缝分缝烫平。

10. 缝合裙片里料侧缝并三线包缝

（1）缝合里料侧缝：里布后裙片在下，前裙片在上，正面相对按1cm缝份缝合两侧缝。

（2）三线包缝里料侧缝：后裙片在下，前裙片在上包缝。

（3）烫缝：按1.3cm缝份向后扣烫两侧缝。

11. 卷裙片里料底边

反面在上，在底边按第一次折0.8cm，第二次折1.5cm，沿边缉0.1cm，正面见线1.4cm。要求开衩处门里襟长短一致，线迹松紧适宜，底边不起皱（图1-2-11）。

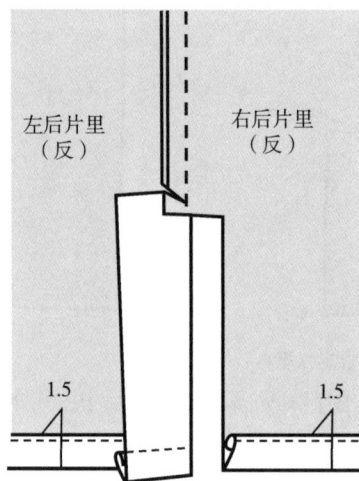

左后片里
（反）

右后片里
（反）

1.5

1.5

图1-2-11　卷裙片里料底边

12. 缝合裙片面、里料开衩

（1）缝合左裙片开衩：里料在上，面料在下，正面相对，1cm缝份车缝固定面、里料至裙摆折边（图1-2-12①）。

（2）缝合右裙片开衩：里料在上，面料在下，正面相对，1cm缝份车缝固定面、里料门襟及开衩宽度。修剪右门襟折边多余的部分（图1-2-12②）。

（3）缝合右门襟开衩处的裙摆折边：要求左右开衩长短一致（图1-2-12③）。

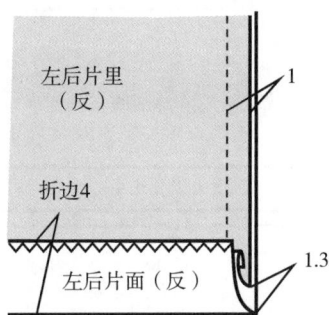

① 缝合左裙片开衩

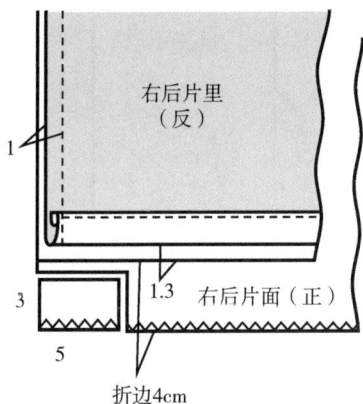

② 缝合右裙片开衩

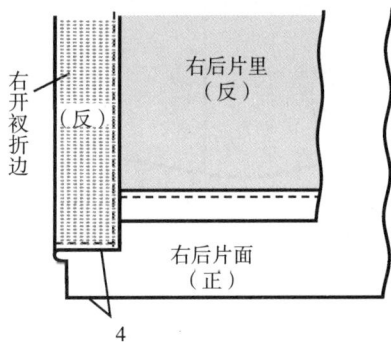

③ 缝合右门襟开衩处的裙摆折边

图1-2-12　缝合里料开衩

13. 制作腰头、绱腰头

（1）制作腰头：按样板在已黏衬的腰头上，分别在门襟、右侧缝、前中、左侧缝、里襟处做上标记。要求剪口深度不超过0.3cm。然后根据腰头宽扣烫腰面净样3cm，腰里净样3.1cm。按腰围规格车缝门襟、里襟两头，同时将里襟宽3cm车缝做净。要求腰头宽窄一致（图1-2-13 ①）。将腰头翻到正面，扣烫门襟、里襟两头，修剪腰面缝份1cm（图1-2-13 ②）。

（2）绱腰头：将腰头面与裙面正面相对，用0.8cm缝份车缝固定。要求面、里省缝的倒向正确（图1-2-13③）。漏落缝固定腰头里，腰面在上，从门襟头起针，沿腰头面下口车漏落缝于裙身至里襟头，同时缉住背面腰里0.1cm。要求门里襟长短一致，腰头里缉线不超过0.3cm（图1-2-13 ④）。

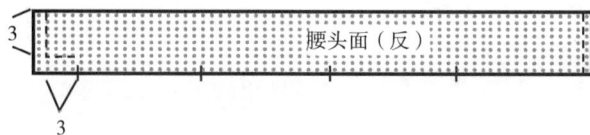

①做标记、车缝腰两头

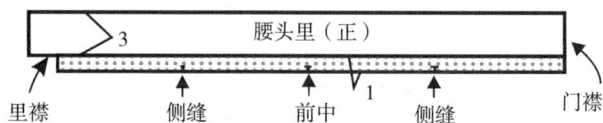

腰头面（反）

3

3

②翻、烫腰头

腰头里（正）

3

1

里襟　　　侧缝　　　前中　　　侧缝　　　门襟

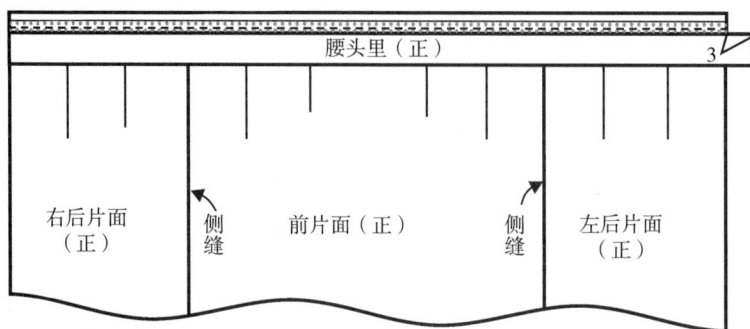

③缝合固定腰头面

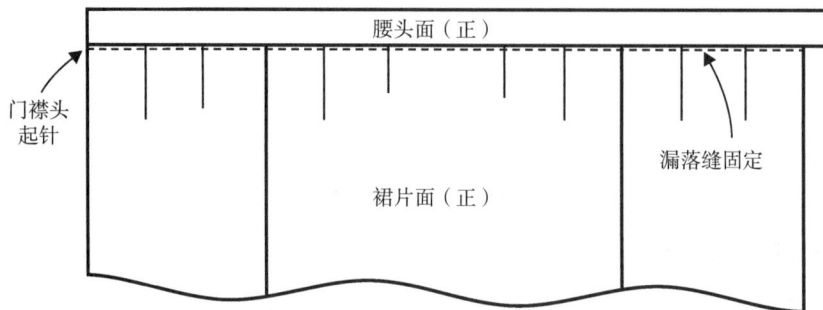

腰头里（正）

3

右后片面
（正）

侧缝

前片面（正）

侧缝

左后片面
（正）

④漏落缝固定腰头里

腰头面（正）

门襟头
起针

漏落缝固定

裙片面（正）

图1-2-13　制作腰头、绱腰头

14. 缲裙摆折边、拉线襻

（1）烫、缲面料裙摆折边：按规格扣烫好面料裙摆折边，并用手缝长绗针暂时固定折边，然后用三角针法沿三线包缝线将裙摆折边与大身缲牢。要求：线迹松紧适宜，裙底边正面不露针迹。

（2）拉线襻：在裙子两侧缝的裙摆折边处，将裙面料与裙里料用线襻连接。线襻长约3cm（图1-2-14①）。

（3）手缝固定：开衩右侧的裙摆折边处用手缝锁边针迹加以固定（图1-2-14②）。

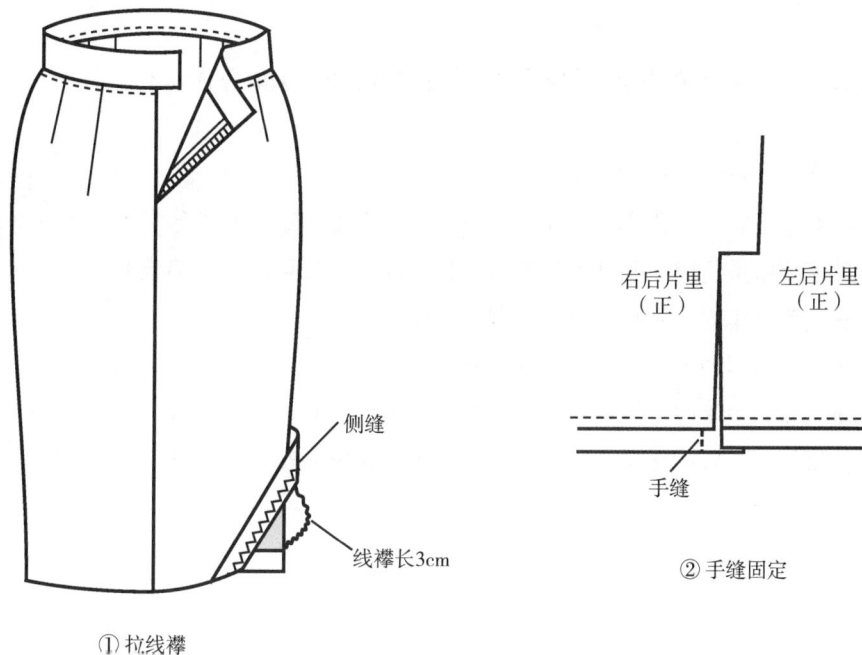

① 拉线襻

② 手缝固定

图1-2-14　拉线襻、手缝固定

15. 锁眼、钉扣（图1-2-15）

在门襟腰头宽居中、进1.5cm处，锁眼1只，眼大1.7cm。里襟头正面相应位置钉钮扣1粒，钮扣直径1.5cm。

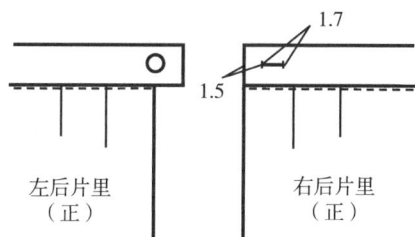

图1-2-15　锁眼、钉扣

16. 整烫

整烫前应将裙子上的线头、粉印、污渍清除干净。

（1）裙子内部：先把裙子垫在铁凳上，掀开里布，用蒸汽熨斗把裙子面的裙身、两侧缝分开烫平，然后熨烫整条裙里料。

（2）熨烫裙子上部：将裙子翻到正面，先烫侧缝、省道，再烫裙身。熨烫时应注意各部位丝缕是否顺直，如有不顺可用手轻轻捋顺，使各部位平挺。

（3）烫裙子底摆、开衩：先沿裙摆一周熨烫，然后放平开衩，熨烫平齐。烫完后应用裙架吊起晾干。

七、缝制工艺质量要求及评分参考标准（总分：100分）

1. 规格尺寸符合要求。（10分）

2. 各部位缝制线路整齐、牢固、平服，针距密度一致。（10分）

3. 上下线松紧适宜，无跳线、断线，起落针处应有回针。（10分）

4. 三线包缝牢固、平整、宽窄适宜。（10分）

5. 面料、里料的前、后片裙身，省缝左右对称。（10分）

6. 腰头面、里平服，松紧适宜，宽窄一致，缉线顺直。（15分）

7. 拉链松紧适宜，牙齿不外露。开衩平服，长短一致。（15分）

8. 锁眼位置准确，钮扣与眼位相对，大小适宜，整齐牢固。（10分）

9. 成衣整洁，各部位整烫平服，无水迹、烫黄、烫焦、极光等现象。（10分）

第三节　褶裙

一、概述

1. 款式分析

本款裙子为低腰、宽育克、前后各有3个暗褶裥，隐形拉链装在右侧缝、腰胯部略显合体，裙长在膝盖以以（也可根据个人喜好选择裙长），是较为经典的裙款。款式见图1-3-1。

正面着装图

背面图

图1-3-1　褶裙款式图

2. 适用面料

各种混纺面料、全毛面料及化纤面料均可。

3. 面辅料参考用量

（1）面料：门幅144cm，用量约150cm。估算式：裙长×2+30cm。

（2）里料：门幅144cm，用量约60cm。估算式：裙长。

（3）辅料：无纺黏合衬30cm，隐形拉链1条。

二、制图参考规格（不含缩率，表1-3-1）

表1-3-1　制图参考规格

号/型	腰围（W） （放松量为2cm）	臀围（H） （放松量为4cm）	裙　长	腰育克宽
155/62A 155/64A 155/66A	62+2=64 64+2=66 66+2=68	84+4=88 86+4=90 88+4=92	54.5	8
160/66A 160/68A 160/70A	66+2=68 68+2=70 70+2=72	88+4=92 90+4=94 92+4=96	56	8
165/70A 165/72A 165/74A	70+2=72 72+2=74 74+2=76	92+4=96 94+4=98 96+4=100	57.5	8

（单位：cm）

注：（1）下装的型是指净腰围，腰围制图尺寸可根据需要选择：净腰围尺寸+（0~2）cm。

（2）臀围制图尺寸，根据款式需要可选择：净臀围尺寸+（2~6cm）放松量；如弹性好的面料制作包臀裙，可直接采用臀围净尺寸。

（3）裙长可根据需要自行设计。

三、结构图

1. 褶裙结构图（图1-3-2）

2. 裙子面料褶裥展开图（图1-3-3）

3. 裙子里料结构图（图1-3-4）

裙子里料结构是在裙子面料结构的基础上进行变化。

四、放缝、排料图

1. 面料放缝、排料参考图（图1-3-5）

2. 里料放缝、排料参考图（图1-3-6）

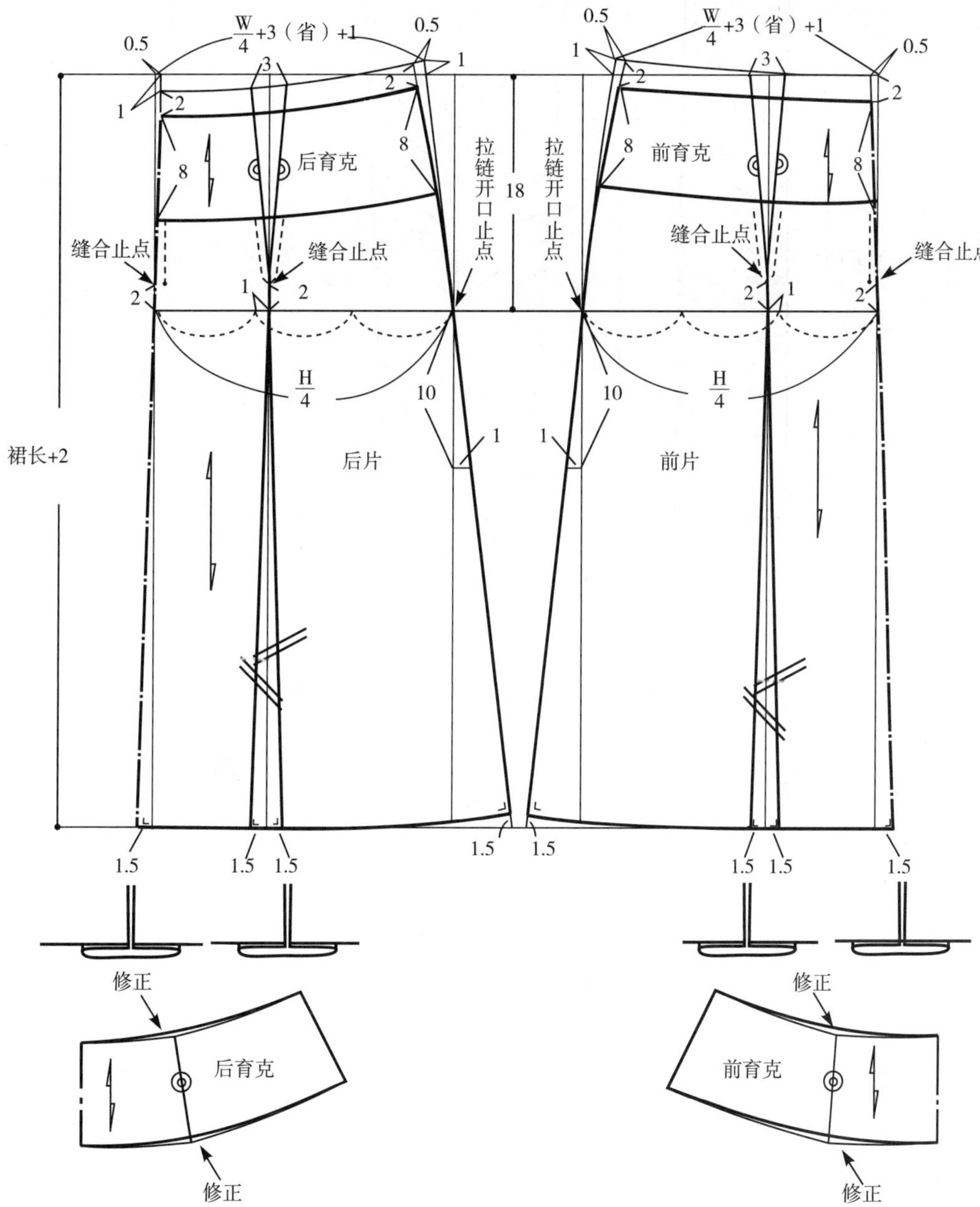

$\dfrac{W}{4}+3（省）+1$

0.5   0.5   0.5   0.5

1   2   3   2   1   1   2   3   2   1

后育克   拉链开口止点   拉链开口止点   前育克

18

8   8   8   8

缝合止点   缝合止点   缝合止点   缝合止点

2   1   2   2   1   2

$\dfrac{H}{4}$ 10   10 $\dfrac{H}{4}$

裙长+2

后片   1   1   前片

1.5   1.5   1.5   1.5   1.5   1.5   1.5   1.5

修正   修正

后育克   前育克

修正   修正

图1-3-2　褶裙结构图

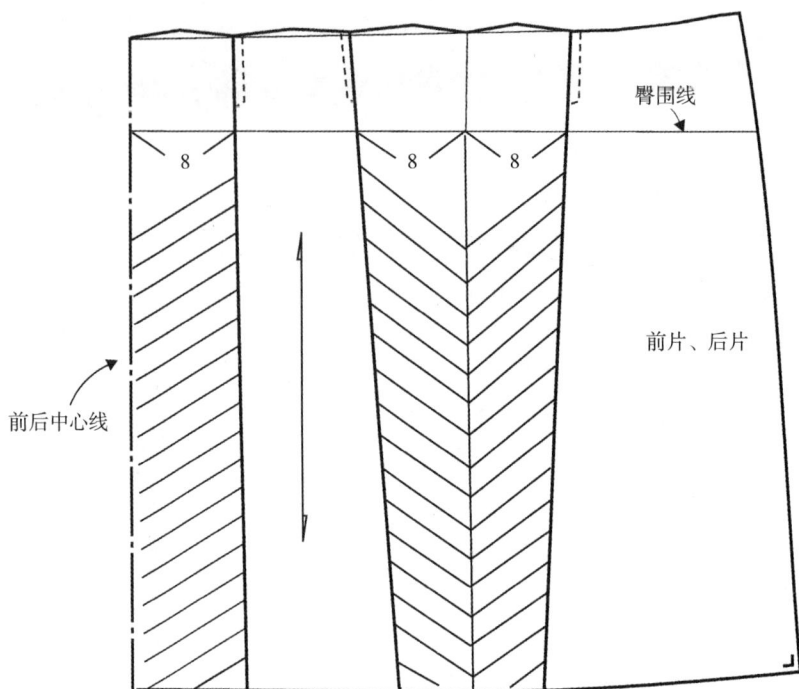

图1-3-3 裙子面料褶裥展开图

图中标注：臀围线、8、8、8、前后中心线、前片、后片

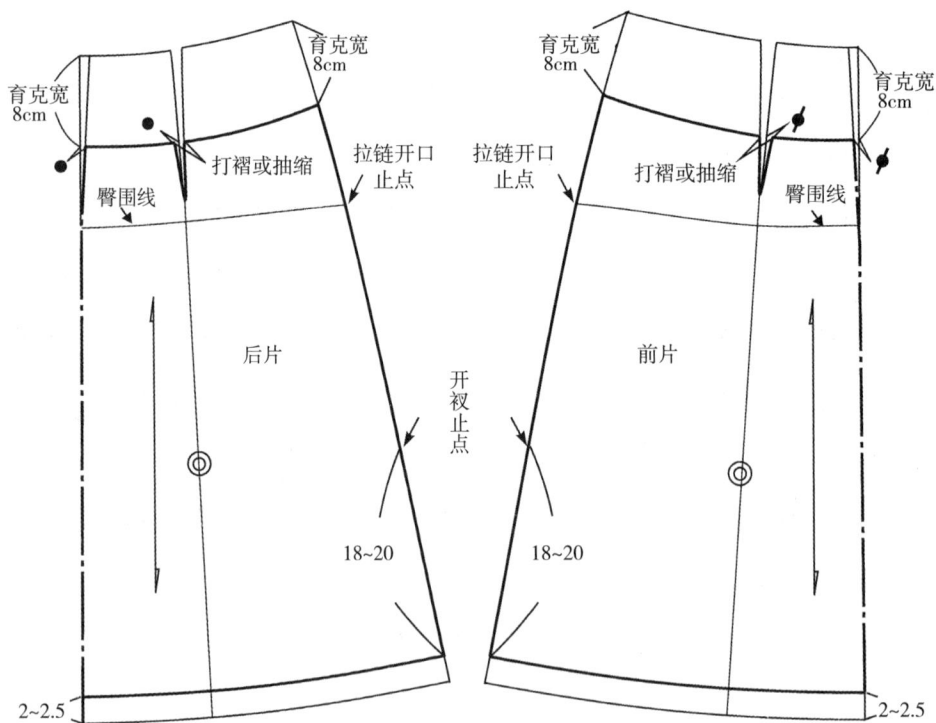

图1-3-4 裙子里料结构图

图中标注：育克宽 8cm、育克宽 8cm、打褶或抽缩、拉链开口止点、臀围线、后片、开衩止点、18~20、2~2.5、拉链开口止点、打褶或抽缩、臀围线、前片、18~20、2~2.5

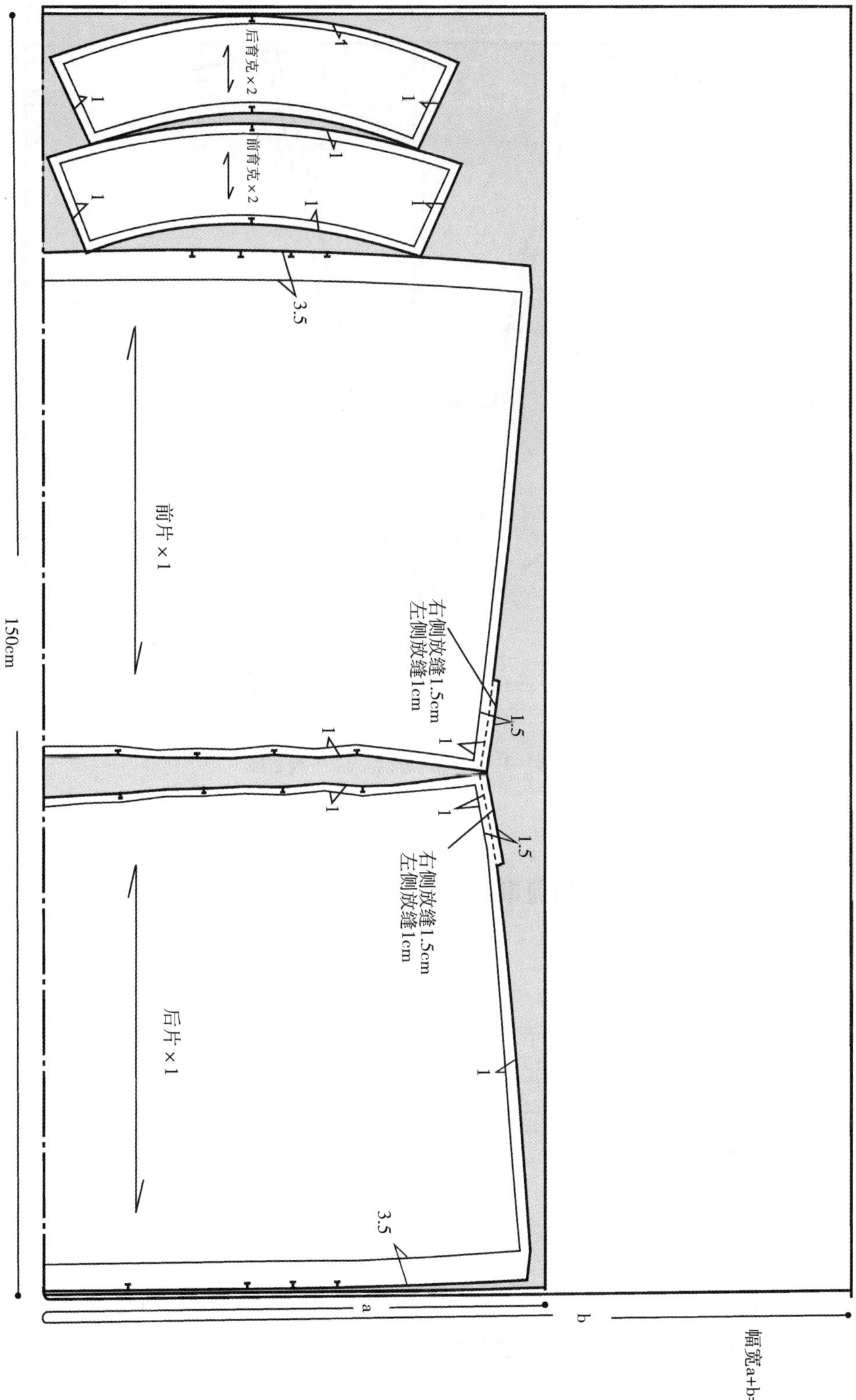

后育克×2

前育克×2

3.5

前片×1

150cm

右侧放缝1.5cm
左侧放缝1cm

1.5

右侧放缝1.5cm
左侧放缝1cm

1.5

后片×1

3.5

a

b

幅宽a+b=144

图1-3-5　面料放缝、排料参考图

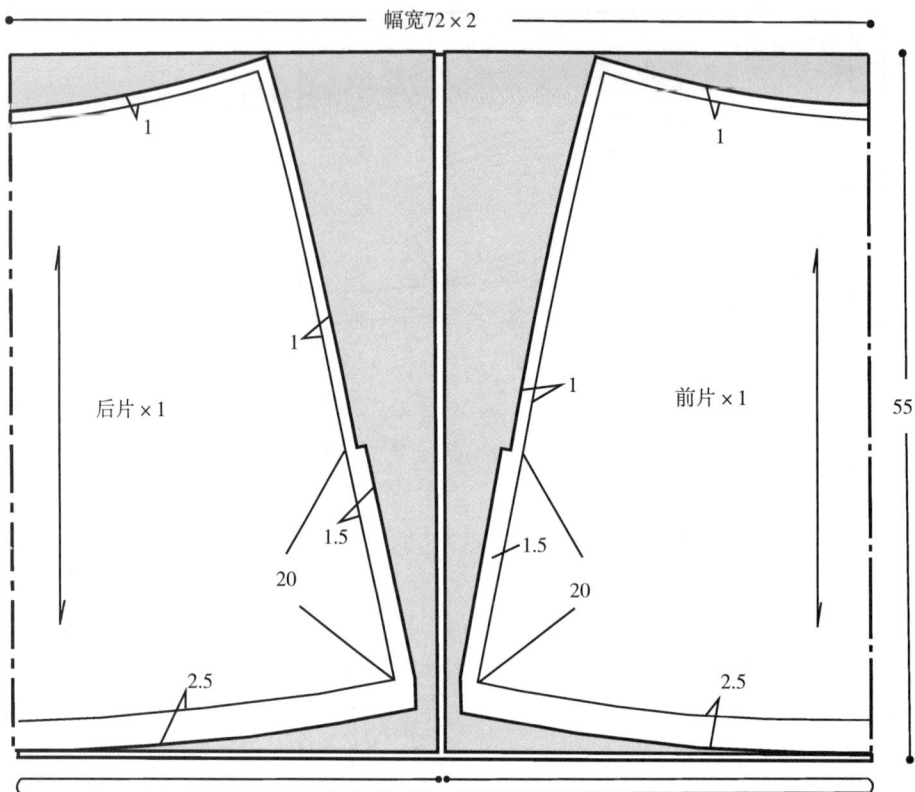

图1-3-6 里料放缝、排料参考图

五、缝制工艺流程、缝制前准备

1. 缝制工艺流程

烫黏合衬→三线包缝→打线丁、折烫裙摆→烫褶裥、反面固定褶裥→车缝固定褶裥→
上部缝合裙片面料→缝合裙片里料→绱隐形拉链→面、里裙片开口与拉链缝合→
缝合腰口线→翻烫腰口线→手缝固定裙摆→整烫

2. 缝制前准备

（1）在缝制前需选用与面料和里料相适应的针号和线，调整底、面线的松紧度及
线迹针距密度。面料针号：75/11～90/14号。里料针号：65/9～75/11号。

（2）用线与针距密度：底、面线均用配色涤纶线。明线、暗线14～15针/3cm。

六、具体缝制工艺步骤及要求

1. 烫黏合衬、三线包缝

（1）在前、后裙片右侧的拉链开口处烫无纺黏合衬，长20cm，宽2cm。

（2）三线包缝部位：在面料上，除腰口线外，其余三边三线包缝。

2. 打线丁、折烫下摆贴边

（1）打线丁：在面料的前、后片，按折烫线位置打线丁。

（2）折烫裙摆贴边：在面料的前、后片，将裙摆贴边折上3.5cm，烫平（图1-3-7）。

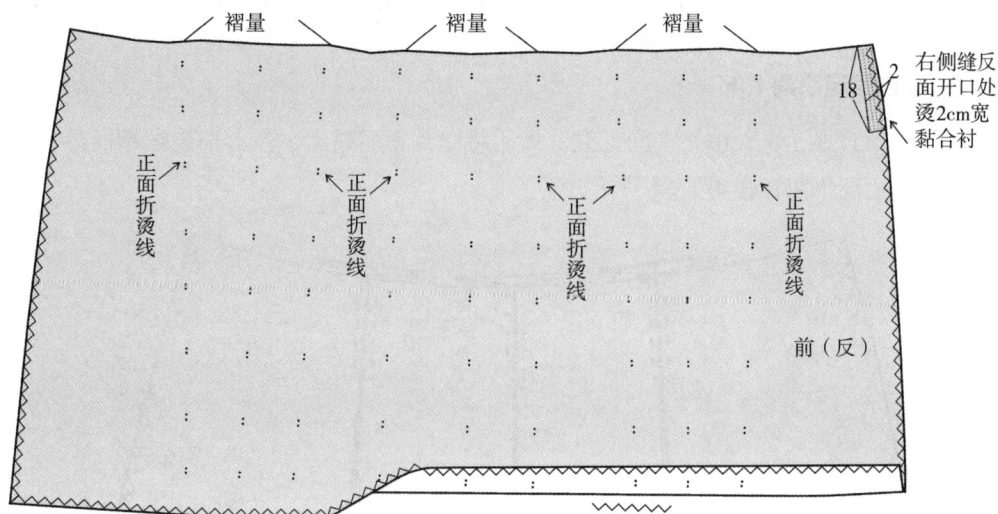

图1-3-7　打线丁、折烫裙摆贴边

3. 烫褶裥、反面车缝固定褶裥

（1）烫褶裥：将面料正面朝上，按线丁记号折烫出褶裥。

（2）反面车缝固定褶裥：将面料反面朝上，在每个褶裥车缝一道0.1cm线至裙摆贴边，以便褶裥定位（图1-3-8）。

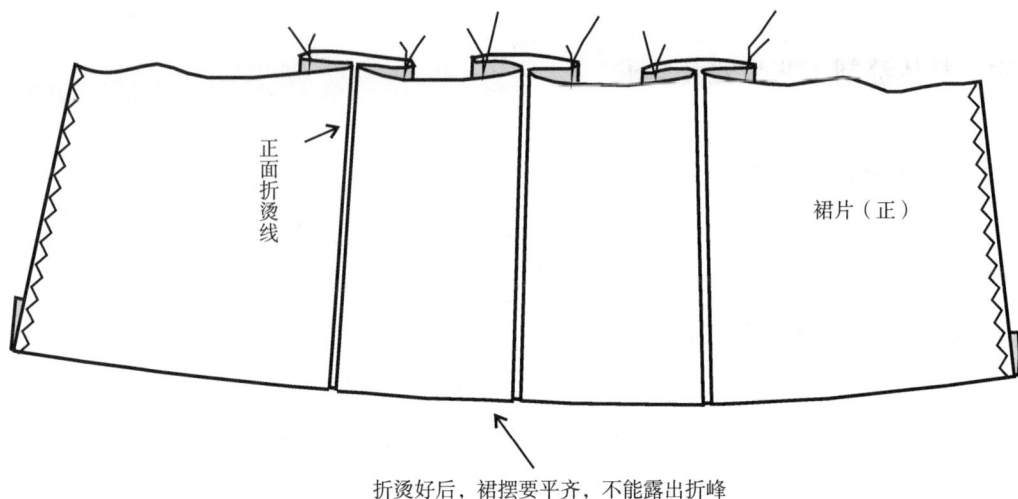

正面折烫线

裙片（正）

折烫好后，裙摆要平齐，不能露出折峰

图1-3-8 烫褶裥、反面车缝固定褶谷

4. 车缝固定褶裥上部

在裙片上口距边0.5cm处车固定线，然后将裙片正面朝上，在上部整理褶裥后，车缝固定褶裥上部（图1-3-9）。

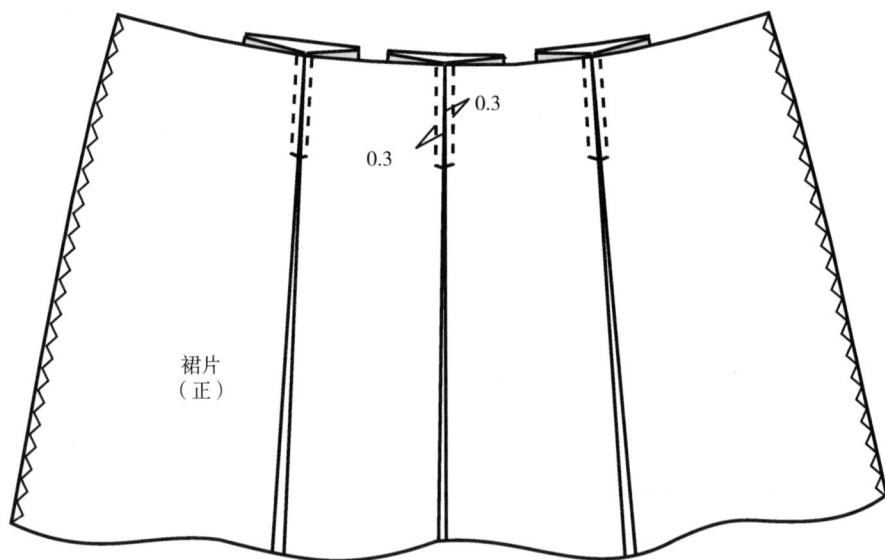

0.3

0.3

裙片
（正）

图1-3-9 车缝固定褶裥上部

5. 缝合裙片面料

（1）腰育克面料与裙片面料缝合：将前、后腰育克面料与裙片面料分别缝合，注意上下片的中点要对准。缝份往腰育克一侧烫倒（图1-3-10）。

（2）缝合面料侧缝：先缝合左侧缝，缝份1cm，分缝烫平。再缝合右侧缝，从右侧的拉链开口处缝至裙摆底边，缝份1cm，分缝烫平至腰口。

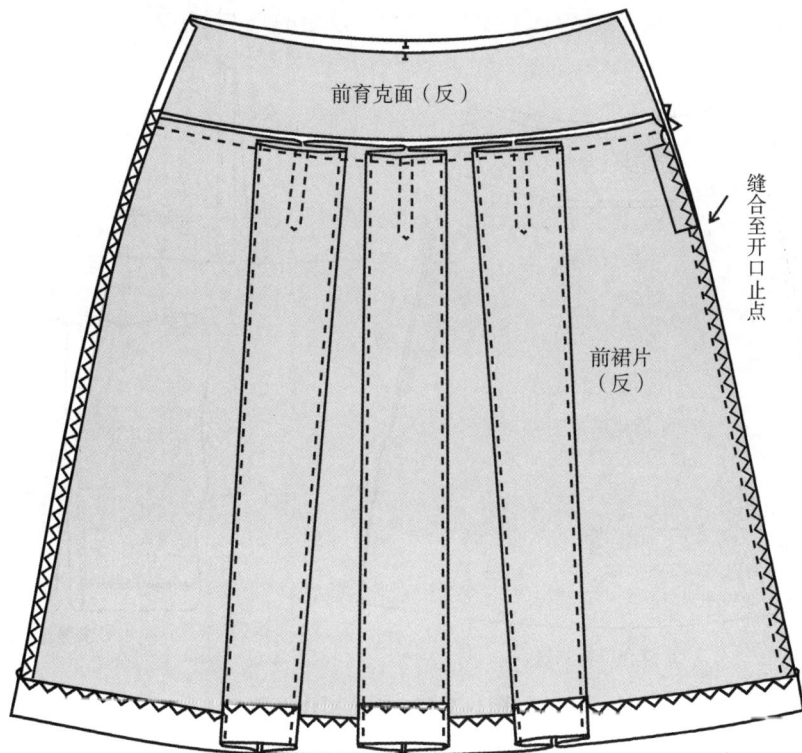

前育克面（反）

前裙片
（反）

缝合至开口止点

图1-3-10　腰育克面料与裙片面料缝合

6. 缝合裙片里料（图1-3-11）

（1）缝合腰育克里料与裙片里料：将裙片里料按褶裥位置打折后，与腰育克里料缝合，注意上、下片的中点要对准。缝份往育克一侧烫倒。

（2）缝合里料侧缝：左侧缝从腰口处缝至开衩止点；右侧缝从拉链开口止点缝至开衩止点（图1-3-11①）。

（3）缝合里料开衩：先将侧缝的缝份分开烫平，再把开衩布边折光车缝固定（图1-3-11②）。

（4）车缝裙摆贴边：三折边车缝裙摆贴边（图1-3-11③）。

（5）烫侧缝：在左侧缝腰育克里料剪口后分缝烫平，腰育克下部的里料将缝份往后片烫到。右侧缝缝份往后片烫到。

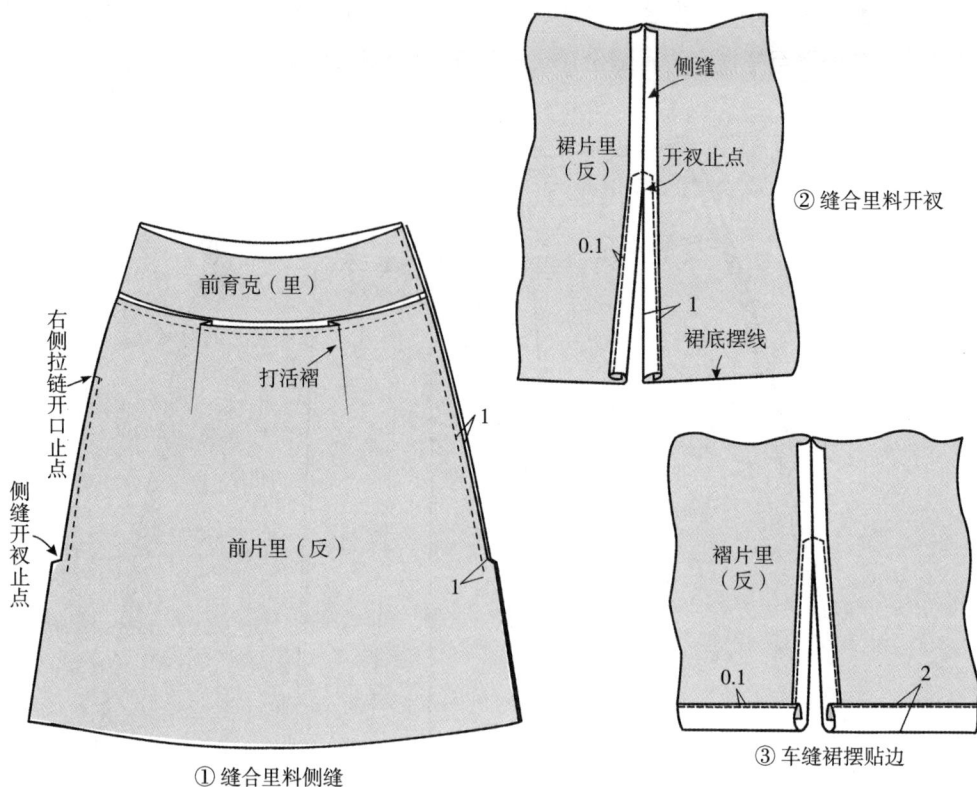

图1-3-11 缝合裙片里料

7. 绱隐形拉链

先将隐形拉链与裙侧开口缝份假缝或车缝固定,再换用隐形拉链压脚或单边压脚车缝固定拉链。要求:左右腰育克线平齐,腰上口平齐(图1-3-12)。

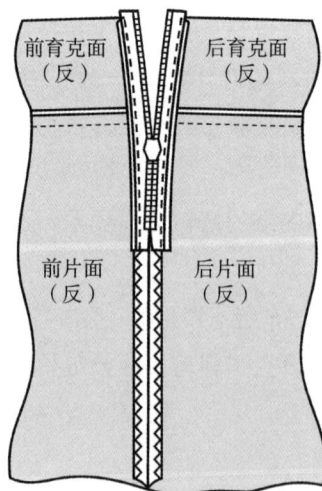

图1-3-12 绱隐形拉链

8. 面、里裙片开口与拉链缝合（图1-3-13）

将里料开口缝份拉出超过下层面料开口缝份0.5～0.6cm，再距边1cm把面、里料及拉链一道缝住。

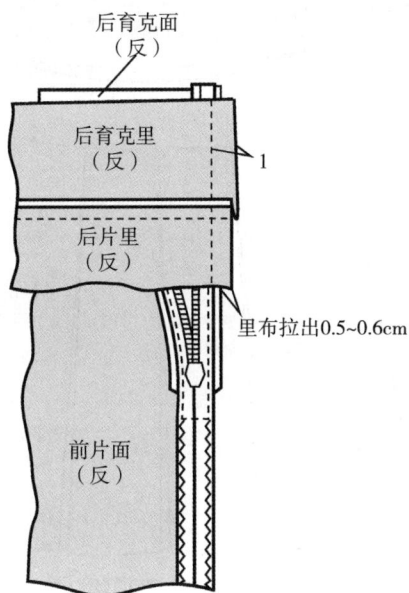

后育克面
（反）

后育克里
（反）

1

后片里
（反）

里布拉出0.5~0.6cm

前片面
（反）

图1-3-13 面、里裙片开口与拉链缝合

9. 缝合腰口线

将育克腰口的面料、里料正面相对距边0.9cm处车缝，然后将缝份修剪至0.5～0.6cm（或将缝份斜向剪口）（图1-3-14）。

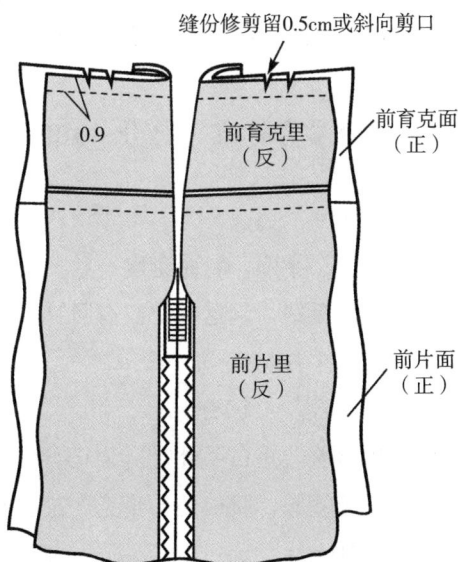

缝份修剪留0.5cm或斜向剪口

0.9

前育克里
（反）

前育克面
（正）

前片里
（反）

前片面
（正）

图1-3-14 缝合腰口线

10. 翻烫腰口线

把裙子翻到正面,在里育克的腰口线处车缝0.1cm压住缝份,最后熨烫腰围止口线,注意要烫成里外匀(图1-3-15)。

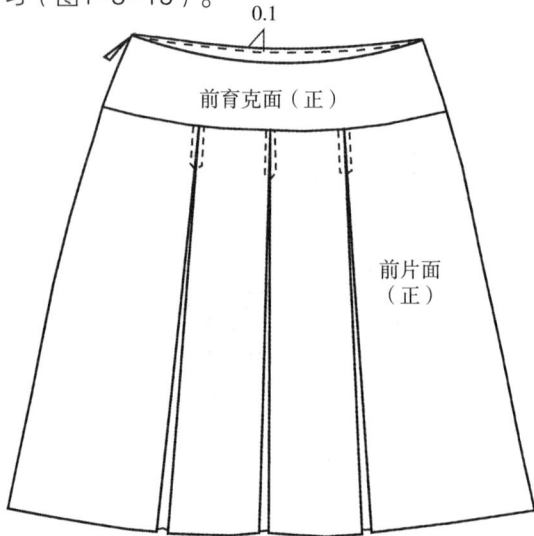

图1-3-15　翻烫腰口线

11. 手缝固定裙下摆

用手缝针三角针法固定裙摆,要求每针0.7~0.8cm,缝线要稍松,正面不能有明线的线迹。

12. 整烫

将裙子各条缝份、裙子褶裥、裙腰口线及裙下摆熨烫平整。

七、缝制工艺质量要求及评分参考标准(总分:100分)

1. 规格尺寸符合要求。(10分)

2. 各部位缝制线路整齐、牢固、平服,针距密度一致。(10分)

3. 上下线松紧适宜,无跳线、断线,起落针处应有回针。(10分)

4. 褶位准确、褶边熨烫平直。(10分)

5. 侧缝顺直,左右侧缝长短一致。(10分)

6. 腰育克宽窄一致,腰线应平服,止口不外吐。(10分)

4. 隐形拉链绱好后应密合,无褶皱,腰口处、育克处左右齐平。(20分)

5. 裙下摆折边宽窄一致。(10分)

7. 各部位熨烫平整。(10分)

第四节　裙子拓展变化

通过前面三节基础裙子款式的学习，读者可根据个人喜好，结合本节给出的裙款进行实践训练，达到巩固知识、学以致用的学习目的。

一、塔裙

1. 款式分析

由三片相接而成的塔裙样式（也可设计成4层或5层），每一节抽细褶与上一节拼接，显得活泼而具动感，较适合年轻人穿着。款式见图1-4-1。

正面着装图

背面图

图1-4-1　塔裙款式图

2. 适用面料

为使节裙显示动感飘逸的感觉，宜选用各种薄型或中等厚度的面料，如薄棉布、各种雪纺等。

3. 面辅料参考用量

（1）面料：门幅144cm；估算式：裙长×2。

（2）辅料：无纺黏合衬30cm，隐形拉链1条。

4. 塔裙结构图

（1）制图参考规格（表1-4-1）

表1-4-1　制图参考规格

号/型	腰围（W）	裙长
160/66A	66+2（松量）=68	68

（单位：cm）

（2）塔裙结构制图（图1-4-2）

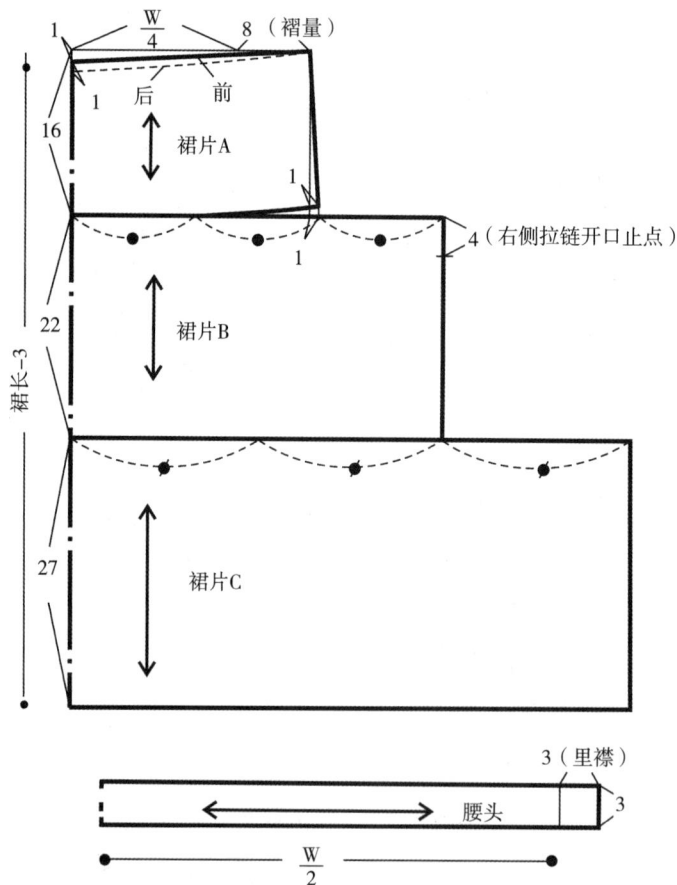

图1-4-2　塔裙结构图

5. 放缝、排料参考图（图1-4-3）

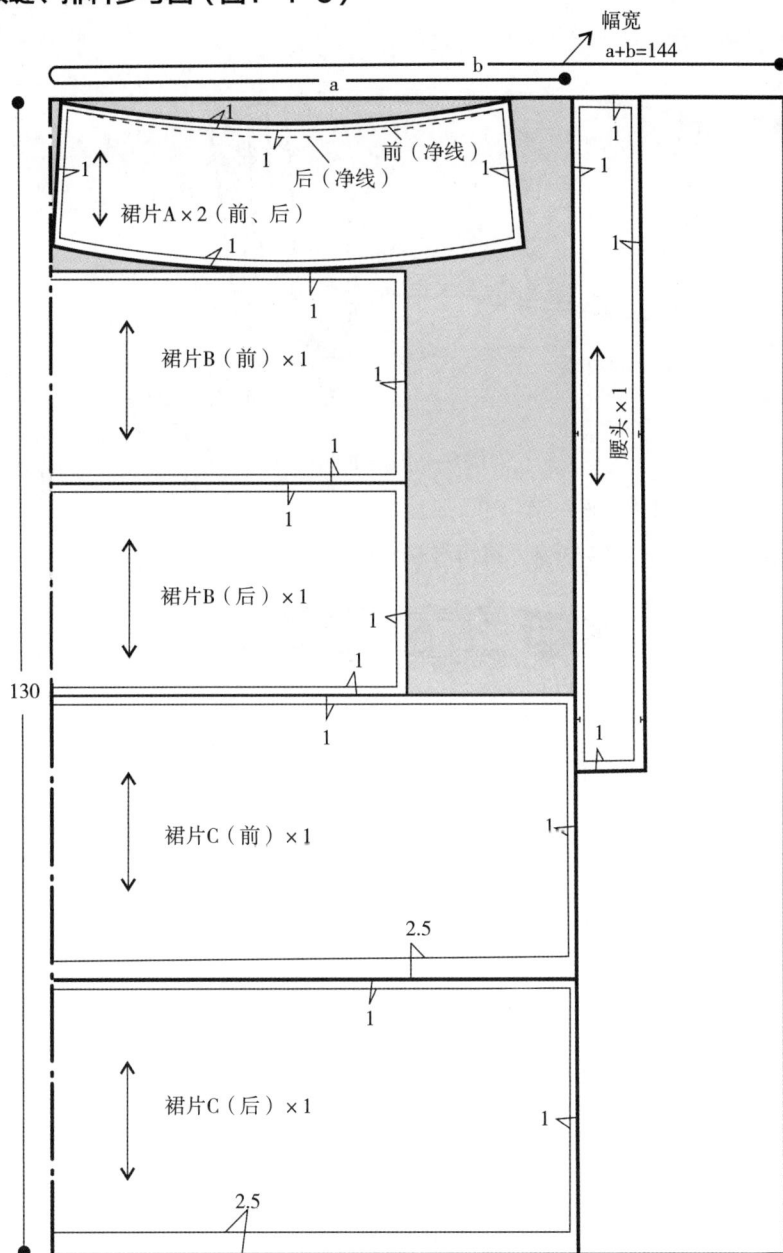

图1-4-3　放缝、排料参考图

6. 主要制作工艺

（1）抽细褶（图1-4-4）

A、B、C各段上口放长针距，沿净线外0.2cm和0.4cm分别车缝两道线，然后抽紧面线使之成为细褶。

要求：A、B、C各段上口的围度与它相拼接的下口围度相等，抽褶均匀，A段上口与腰头等长。最后用熨烫压烫细褶，使之稳定。

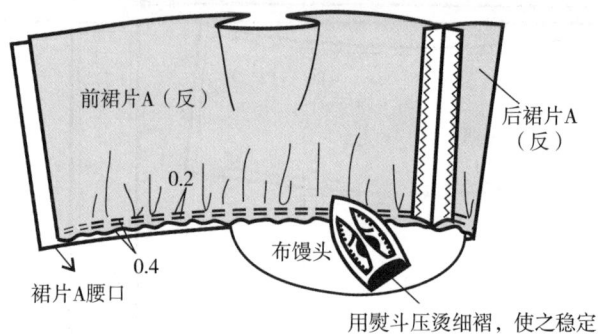

前裙片A（反）

后裙片A（反）

0.2

0.4

裙片A腰口

布馒头

用熨斗压烫细褶，使之稳定

图1-4-4　抽细褶

（2）拼接各节裙片（图1-4-5）

侧缝对齐，拼接后三线包缝，再将缝份往腰口侧烫倒。

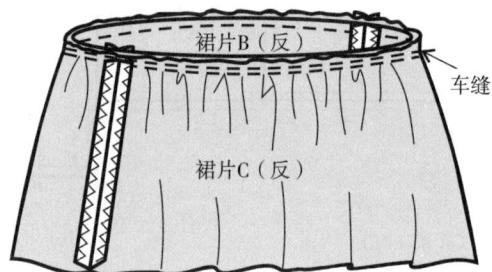

裙片B（反）

车缝

裙片C（反）

① 拼接

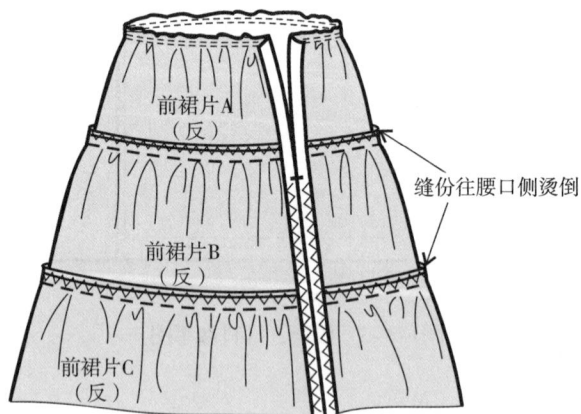

前裙片A（反）

前裙片B（反）

前裙片C（反）

缝份往腰口侧烫倒

② 三线包缝

图1-4-5　拼接各节裙片

（3）做腰（图1-4-6）

① 烫黏合衬：在腰头的反面烫上无纺黏合衬（图1-4-6①）。

② 折烫缝份：将腰里（没烫黏合衬）一侧折烫0.8cm缝份（图1-4-6②）。

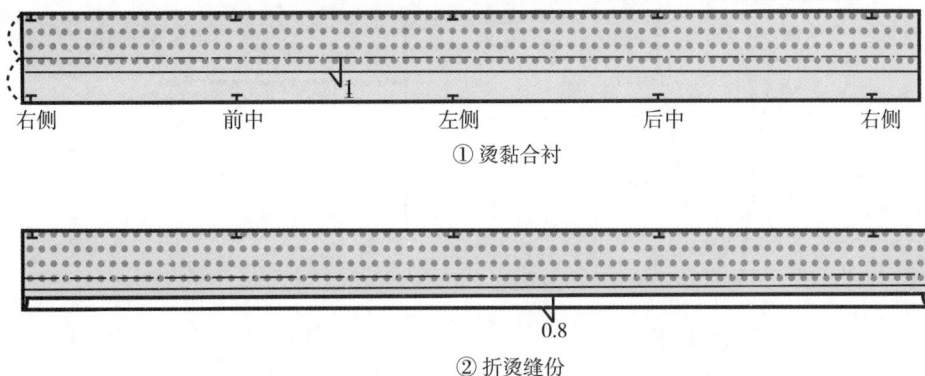

右侧　　　　　前中　　　　　左侧　　　　　后中　　　　　右侧

① 烫黏合衬

0.8

② 折烫缝份

图1-4-6　做腰

（4）绱腰（图1-4-7）

① 腰面与裙腰头缝合：将腰面和裙片的腰头正面相对，各对位记号对准，先用大头针固定后假缝，最后进行车缝（图1-4-7①）。

② 车缝腰头两端：在腰头的两端，分别按净线缝合（图1-4-7②）。

③ 翻烫腰头两端：将腰头翻至正面，并把两端整理方正后再熨烫平整（图1-4-7③）。

④ 固定腰里：在裙腰头正面，沿缝合线漏落缝固定腰里边缘（图1-4-7④）。

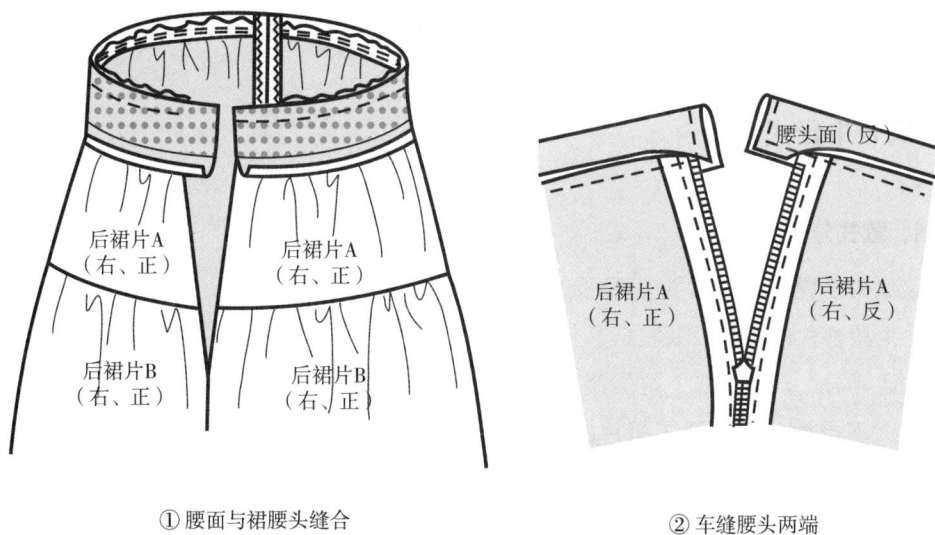

后裙片A
（右、正）　　后裙片A
（右、正）

后裙片B
（右、正）　　后裙片B
（右、正）

① 腰面与裙腰头缝合

腰头面（反）

后裙片A
（右、正）　　后裙片A
（右、反）

② 车缝腰头两端

图1-4-7（1）　绱腰

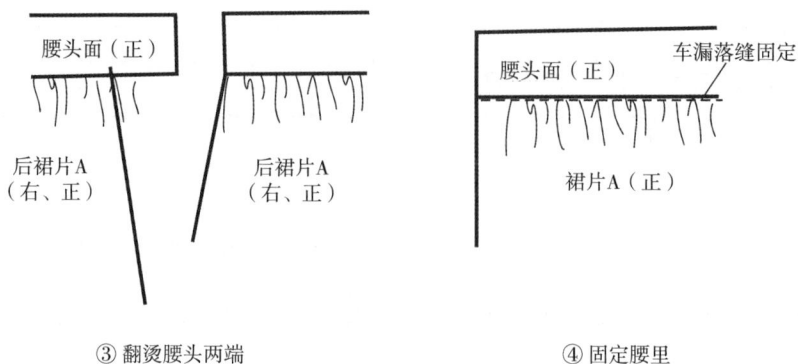

③ 翻烫腰头两端

图1-4-7（2） 绱腰

（5）钉裙钩（图1-4-8）

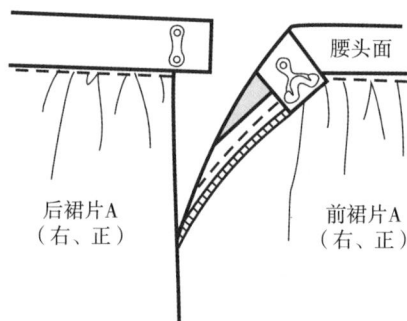

图1-4-8 钉裙钩

二、低腰牛仔式短裙

1. 款式分析

该款为低腰结构，腰头呈弧形，装5个腰襻。裙子分为上（A）、下（B）和（C）两段。上段前片门襟开口装拉链，似牛仔裤结构，左右对称挖袋；上段后片育克分割。下段由上（B）、下（C）两层组成，两层裙片抽褶后与上段的裙片一道缝合；上层裙片短、下层裙片长，两层裙片的底边均采用面料同色线密三线包缝工艺。款式见图1-4-9。

正面着装图

背面图

图1-4-9 低腰牛仔裙款式图

2. 适用面料

适合选用各种薄型棉质牛仔布、斜纹布等。袋布可以选用棉布或棉涤布。

3. 面辅料参考用量

（1）面料：幅宽144cm，用量约85cm。估算式：裙长×2+5~10cm。

（2）辅料：无纺黏合衬适量，袋布约20cm，铜拉链1条，扣子1粒，配色线适量。

4. 牛仔裙结构图

（1）制图参考规格（不含缩率，表1-4-2）

表1-4-2　制图参考规格

号／型	腰围（W）	臀围（H）	裙长	臀高	腰头宽	腰头叠门宽
160/66A	68（净）+8=76	90（净）+4=94	40	16	3.5	3

（单位：cm）

（2）牛仔裙结构图（图1-4-10）

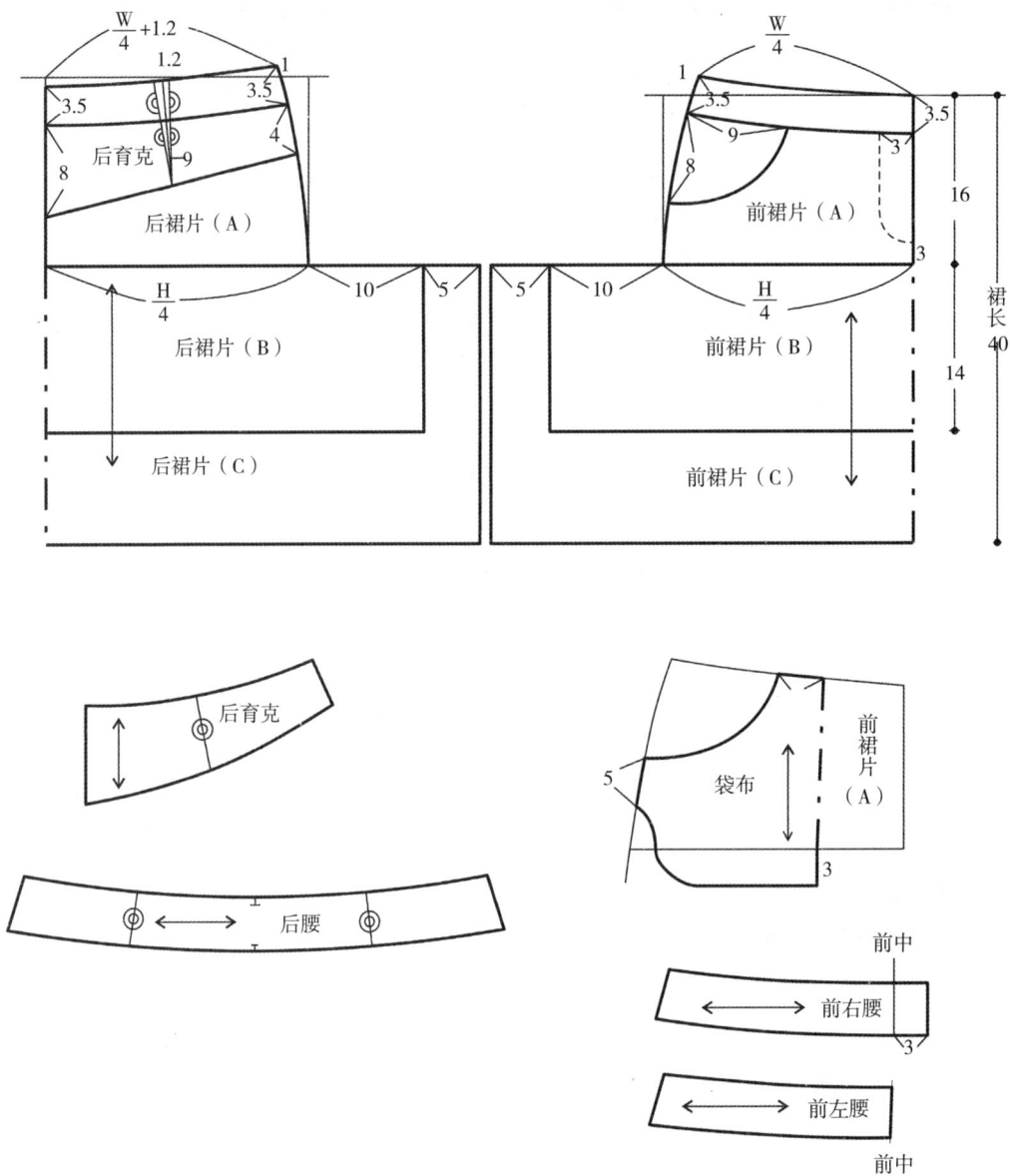

图1-4-10　低腰牛仔裙结构图

5. 放缝、排料参考图

（1）面料放缝、排料图（见图1-4-11）

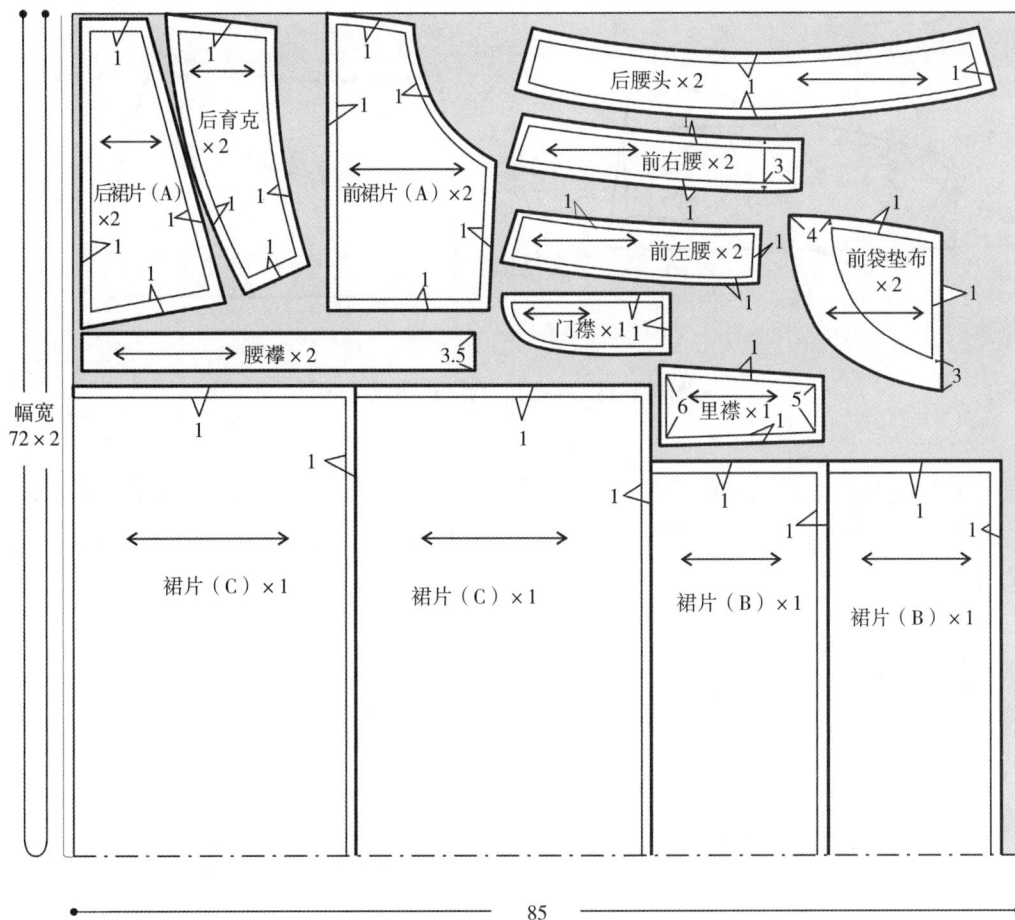

图1-4-11 面料放缝、排料参考图

（2）前挖袋放缝、排料参考图（见图1-4-12）

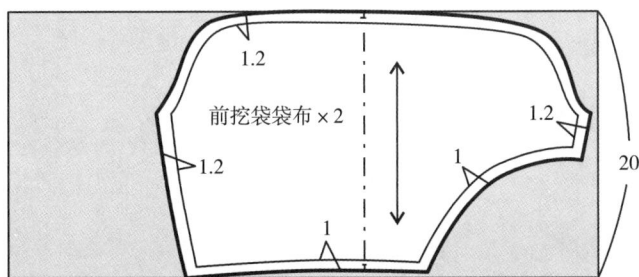

图1-4-12 前挖袋放缝、排料参考图

6. 主要制作工艺

（1）拼合后育克与后裙片（A）（图1-4-13）

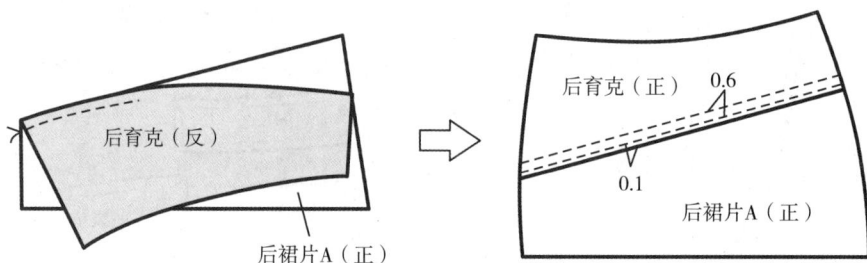

图1-4-13　拼合后育克与后裙片A

后育克与后裙片A正面相对，沿边对齐，按净线车缝，后育克放在上面，车缝后三线包缝，再将缝份向上侧烫倒。然后翻到正面，沿边车缝0.1cm和0.6cm明线（图1-4-13）。

（2）缝合后中缝

后裙片左右正面相对，后育克分割线对齐，按1cm车缝后中线，然后三线包缝，再将缝份向左侧烫倒，最后沿边车缝0.1cm和0.6cm明线（图1-4-14）。

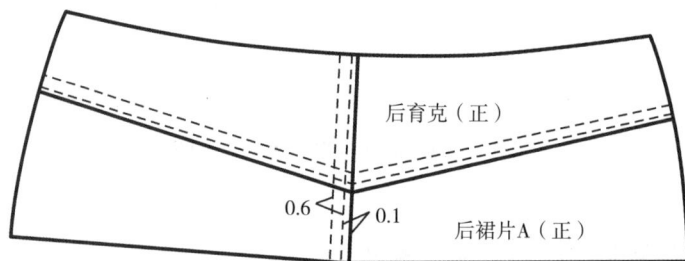

图1-4-14　缝合后裙片A的后中缝

（3）缝制前挖袋（图1-4-15）

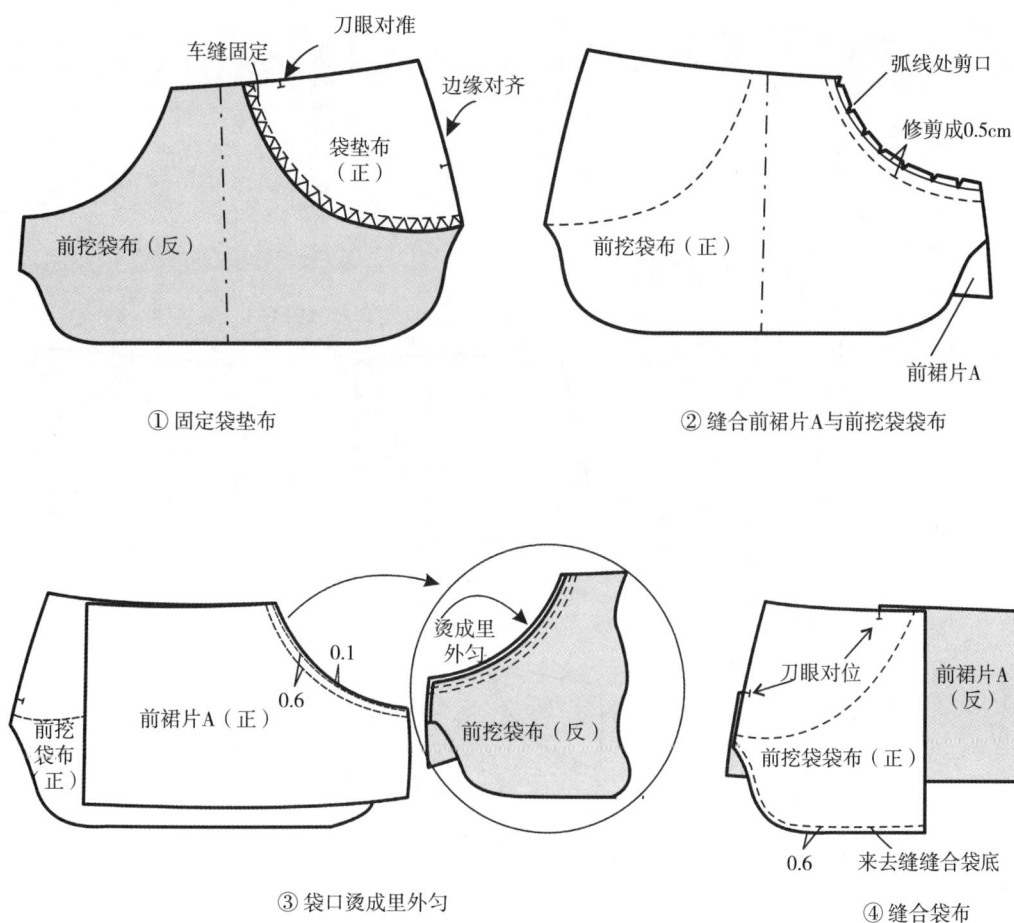

图中标注：
① 固定袋垫布
- 刀眼对准
- 车缝固定
- 边缘对齐
- 袋垫布（正）
- 前挖袋布（反）

② 缝合前裙片A与前挖袋袋布
- 弧线处剪口
- 修剪成0.5cm
- 前挖袋布（正）
- 前裙片A

③ 袋口烫成里外匀
- 前挖袋布（正）
- 0.1
- 0.6
- 前裙片A（正）
- 烫成里外匀
- 前挖袋布（反）

④ 缝合袋布
- 刀眼对位
- 前裙片A（反）
- 前挖袋袋布（正）
- 0.6
- 来去缝缝合袋底

图1-4-15　缝制前挖袋

① 固定袋垫布：袋垫布放在袋布上，对准对位刀眼，车缝固定，见图1-4-15①。

② 拼合前裙片与前挖袋袋布：先将前挖袋袋布与前裙片袋口对齐，以0.8cm的缝份车缝，然后修剪成0.5cm，再在弧线处打斜向剪口、翻转到裙片正面，袋口烫出里外匀，最后在裙片正面袋口处车缝两道明线0.1cm和0.6cm，见图1-4-15②、③。

③ 缝合袋布，先将前裙片袋口与袋垫布的刀眼对位，放平袋布后用来去缝的方法缝合袋布（两层袋布按连裁线，反面相对车缝0.5cm，缝份修剪至0.3cm后翻转出袋布，正面熨烫，再车缝0.6cm），见图1-4-15④。

④ 在裙腰口和侧缝固定前挖袋袋布：以0.5cm明线车缝固定袋布。

（4）绱拉链（图1-4-16）

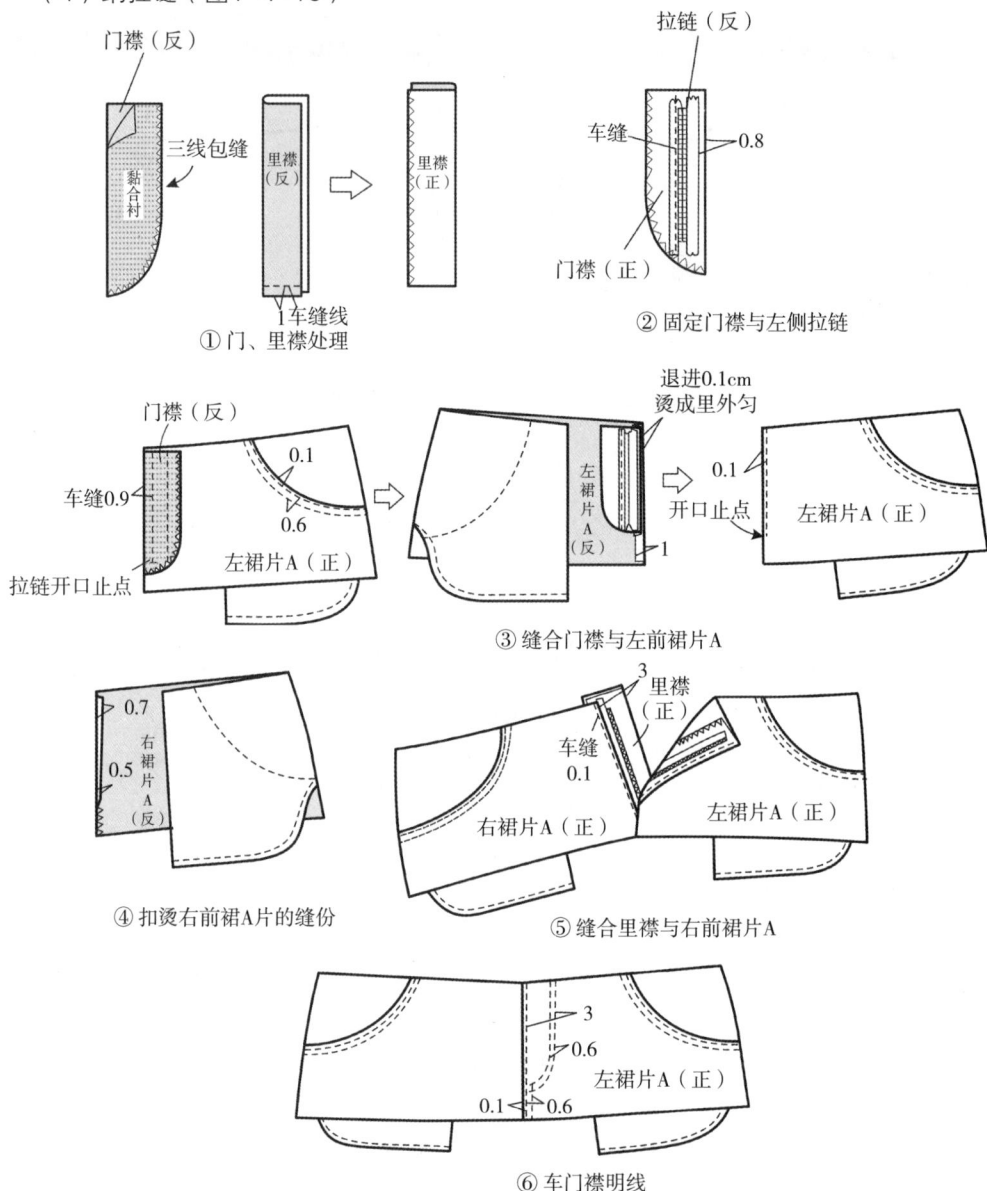

① 门、里襟处理

② 固定门襟与左侧拉链

③ 缝合门襟与左前裙片A

④ 扣烫右前裙A片的缝份

⑤ 缝合里襟与右前裙片A

⑥ 车门襟明线

图1-4-16　绱拉链

① 门、里襟处理：门襟处反面烫黏合衬，在正面弧线一侧三线包缝，里襟沿折线对折，下口正面相对车缝后翻转烫平，然后在侧止口处三线包缝，见图1-4-16①。

② 固定门襟与左侧拉链：将拉链与门襟正面相对，拉链布右侧边缘与门襟前留0.8cm，缉明线固定门襟与左侧拉链，见图1-4-16②。

③ 缝合门襟与左前裙片：门襟与前裙片A正面相对，车缝0.9cm至拉链开口止点，然后翻烫，开口止点以下部分按1cm扣烫，然后在正面，沿门襟和烫线，从开口止点开

始向上车缝0.1cm至腰口线，见图1-4—16③。

④ 扣烫右前裙A片的缝份：扣烫时按照从腰口处0.7cm到拉链开口处渐小至0.5cm进行，见图1-4-16④。

⑤ 缝合里襟、拉链与右前裙片：右前裙片在上与里襟夹住右侧拉链，车缝0.1的明线，见图1-4-16 ⑤。

⑥ 车缝明线：先在左前裙片A上车门襟明线，再在拉链开口止点以下将左前裆缝线压住右前裆缝线，缉双明线分别为0.1cm和.6cm，见图1-4-16 ⑥。

（5）缝合裙片侧缝、抽缩碎褶（图1-4-17）

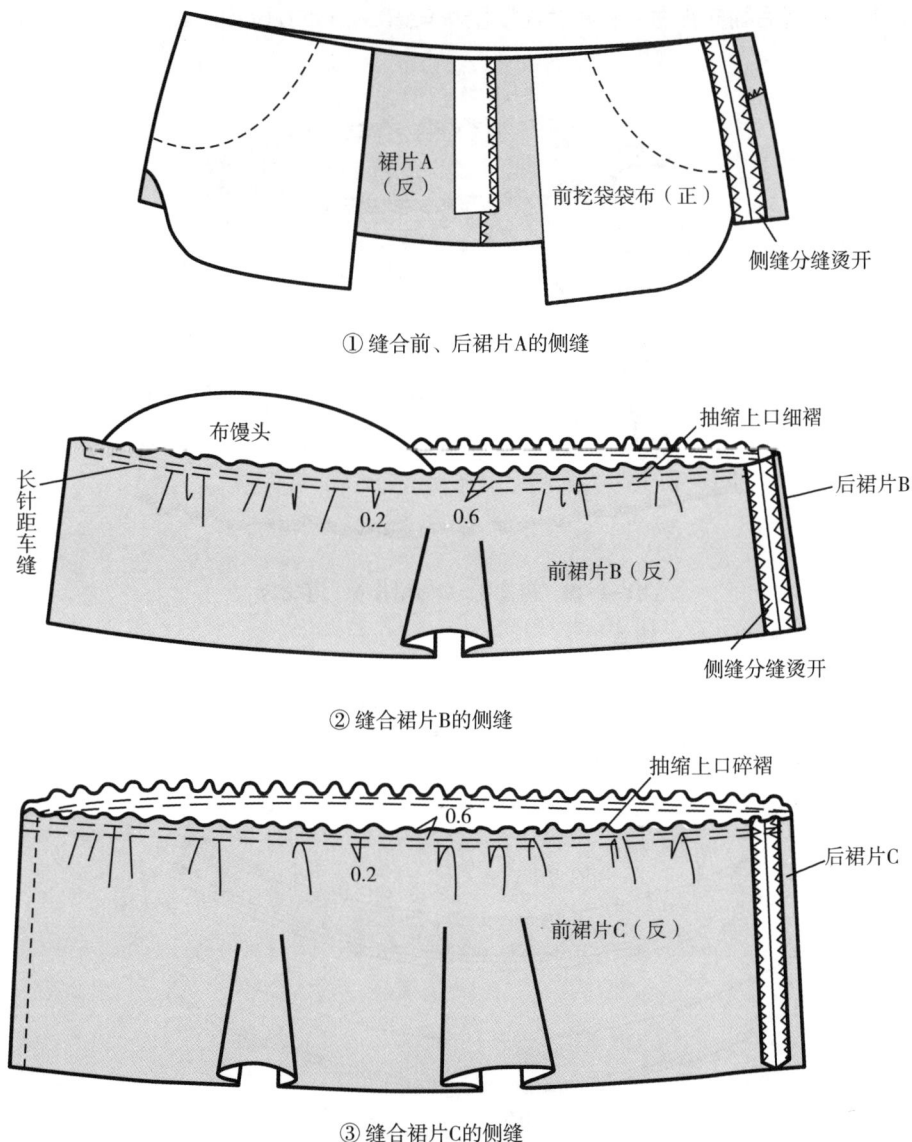

① 缝合前、后裙片A的侧缝

② 缝合裙片B的侧缝

③ 缝合裙片C的侧缝

图1-4-17 缝合裙片侧缝、抽缩碎褶

① 缝合前、后裙片A的侧缝：先将前、后裙片的侧缝分别三线包缝，然后车缝侧缝，再将缝份分缝烫开，见图1-4-17①。

② 缝合前、后裙片B、C片的侧缝、抽缩碎褶：先将前、后裙片B、C的侧缝分别三线包缝，车缝侧缝后分缝烫平。再将其上口用长针距沿净缝线外0.2cm和0.4cm分别车缝两道线，然后抽紧面线，使之形成碎褶，见图1-4-17②、③。要求裙片A的下段与裙片B、C片的上口长度相等，抽褶均匀，最后用熨斗压烫细褶，使之稳定。

（6）裙片B、C与裙片A一道缝合（图1-4-18）

将裙片B、C片的上口线与裙片A下口线对齐，并对准侧缝，按1cm缝份将三层一起缝合，三线包缝后翻向正面，在裙片A上沿边车缝0.1cm和0.6cm明线。

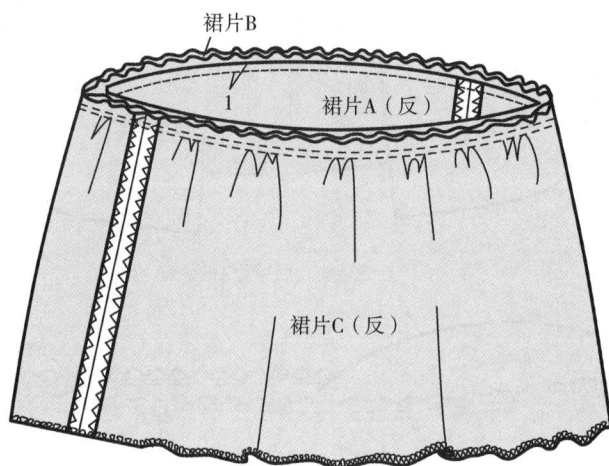

图1-4-18　裙片B、C与裙片A一道缝合

（7）缝制腰襻、制作腰头

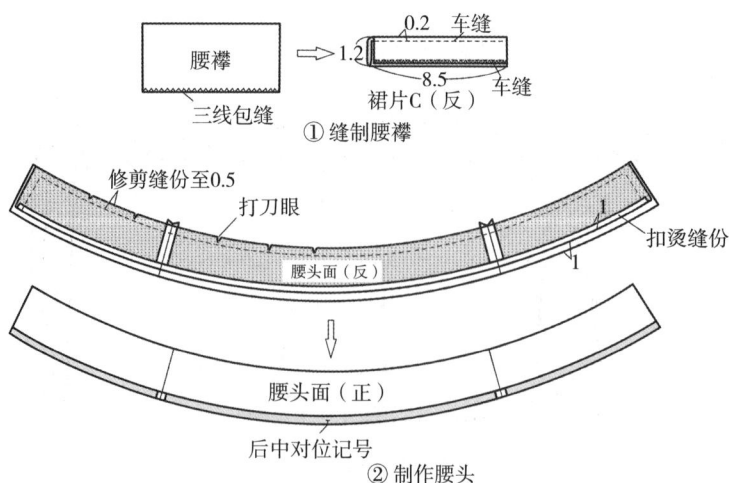

图1-4-19　缝制腰襻、制作腰头

① 缝制腰襻：先在腰襻的一侧三线包缝，三折折叠烫平后在两侧各车一道0.2cm的明线，然后剪出5个腰襻，每个长度8.5cm、宽1.2cm，见图1-4-19①。

② 制作腰头：先在腰头面烫上黏合衬，腰头面下口向里侧折烫缝份1cm，再将腰头面与腰头里正面相对，沿腰头的上口车缝1cm，然后修剪缝份到0.5cm，在弧线处打刀眼，翻到正面烫平，最后在腰口线上做对位记号，见图1-4-19②。

（8）绱腰头

① 固定腰襻：在裙片腰口上的腰襻位置车缝固定腰襻。

② 绱腰头：先核对腰头的对位记号与裙片腰口线的相应位置是否对齐，再用大头针固定腰头与裙片，按0.9cm的缝份车缝，然后翻到正面整理装腰缝份，将缝份塞入腰头后车缝固定腰头面与裙片，再车缝固定腰襻的上端。

（9）裙片B、C片下口密三线包缝

裙片B、C片的下口用同色线进行密三线包缝。

（10）锁钉、整烫

① 锁钉：腰头门襟处锁一个圆头扣眼，距边1cm，扣子钉在里襟相应位置。

② 整烫：用熨斗将各条缝份、裙腰烫平整。

三、裙子拓展练习

1. 直线分割A字裙（图1-4-20）

正面着装图

背面图

图1-4-20　直线分割A字裙

2. 直身牛仔裙（图1-4-21）

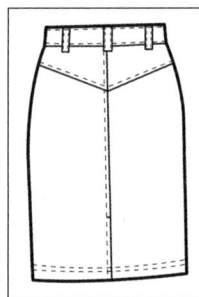

背面图

正面着装图

图1-4-21　直身牛仔裙

3. 花苞裙（图1-4-22）

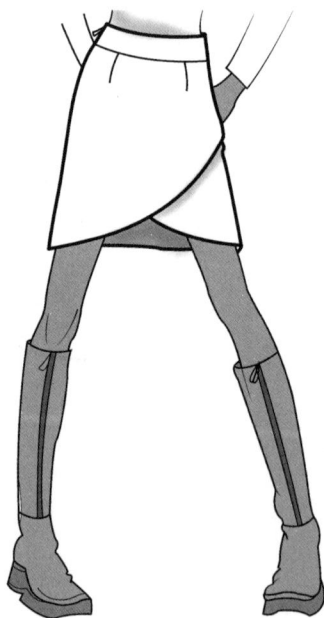

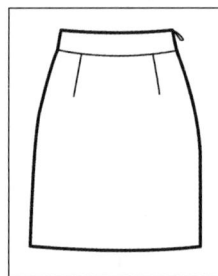

背面图

正面着装图

图1-4-22　花苞裙

4. 宽褶短裙（图1-4-23）

正面着装图

背面图

图1-4-23　宽褶短裙

5. 顺褶裙（图1-4-24）

正面着装图

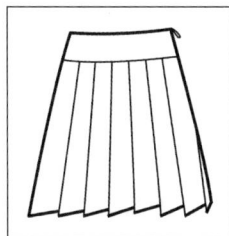

背面图

图1-4-24　顺褶裙

6. 裙摆变化裙（图1-4-25）

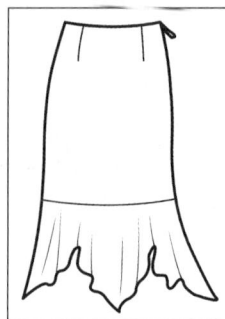

背面图

正面着装图

图1-4-25 裙摆变化裙

7. 拼接长裙（图1-4-26）

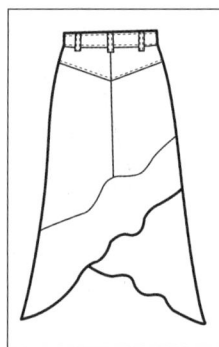

背面图

正面着装图

图1-4-26 拼接长裙

8. 变化宽摆裙（图1-4-27）

正面着装图

背面图

图1-4-27 变化宽摆裙

9. 变化褶裥裙（图1-4-28）

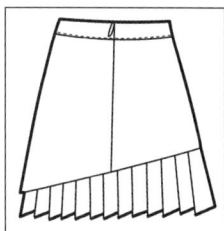

正面着装图

背面图

图1-4-28 变化褶裥裙

10. A字形变化长裙（图1-4-29）

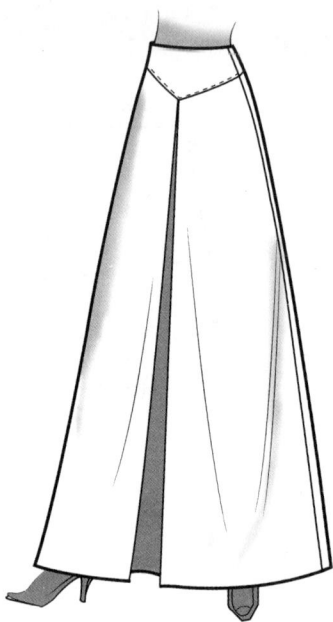

正面着装图

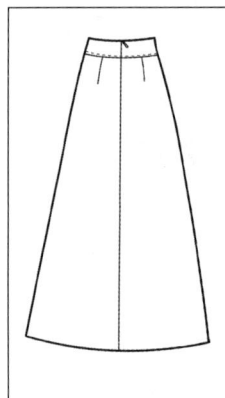

背面图

图1-4-29　A字形变化长裙

第二章

裤子工艺

trousers make craft

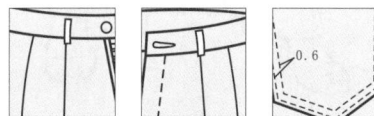

第一节 女西裤

一、概述

正面着装图

图2-1-1 女西裤款式图

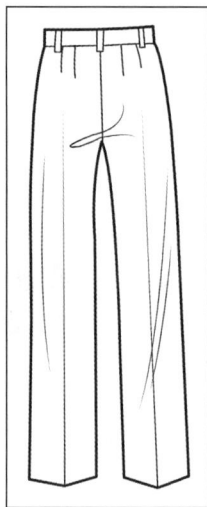

背面图

1. 款式分析

此裤前中装拉链，为装腰式。前裤片左右各两个褶裥，分别倒向侧缝；后裤片左右各两个省。左右侧缝装直插袋，款式见图2-1-1。

2. 适用面料

选用范围比较广，全毛、毛涤、化纤均可，袋布选用全棉或涤棉漂白布。

3. 面辅料参考用量

（1）面料：门幅144cm，用量约110cm。估算式：裤长＋6cm。

（2）辅料：袋布约35cm，黏合衬约20cm，普通拉链1条，扣子1颗。

二、制图参考规格（表2-1-1）

表2-1-1 制图参考规格

号/型	腰围（W）	臀围（H）（放松量为4cm）	裤长	裤脚口	直裆（含腰头宽）	腰宽	腰襻长/宽	袋口长
155/62A	62+2=64	84+10=94						
155/64A	64+2=66	86+10=96	96	39	28	3.5	7.5/1.2	15
155/66A	66+2=68	88+10=98						
160/66A	66+2=68	88+10=98						
160/68A	68+2=70	90+10=100	98	40	28.5	3.5	7.5/1.2	15
160/70A	70+2=72	92+10=102						

（单位：cm）

号/型	腰围（W）	臀围（H）（放松量为4cm）	裤长	裤脚口	直裆（含腰头宽）	腰宽	腰襻长/宽	袋口长
165/70A	70+2=72	92+10=102						
165/72A	72+2=74	94+10=104	100	41	29	3.5	7.5/1.2	15
165/74A	74+2=76	96+10=106						

（单位：cm）

注：（1）下装的型是指净腰围，西裤制图时选用净腰围尺寸+2cm左右。
（2）臀围制图尺寸根据款式、穿着季节、面料等因素进行设计，西裤通常为净臀围尺寸
+8cm~10cm。

三、结构图（图2-1-2）

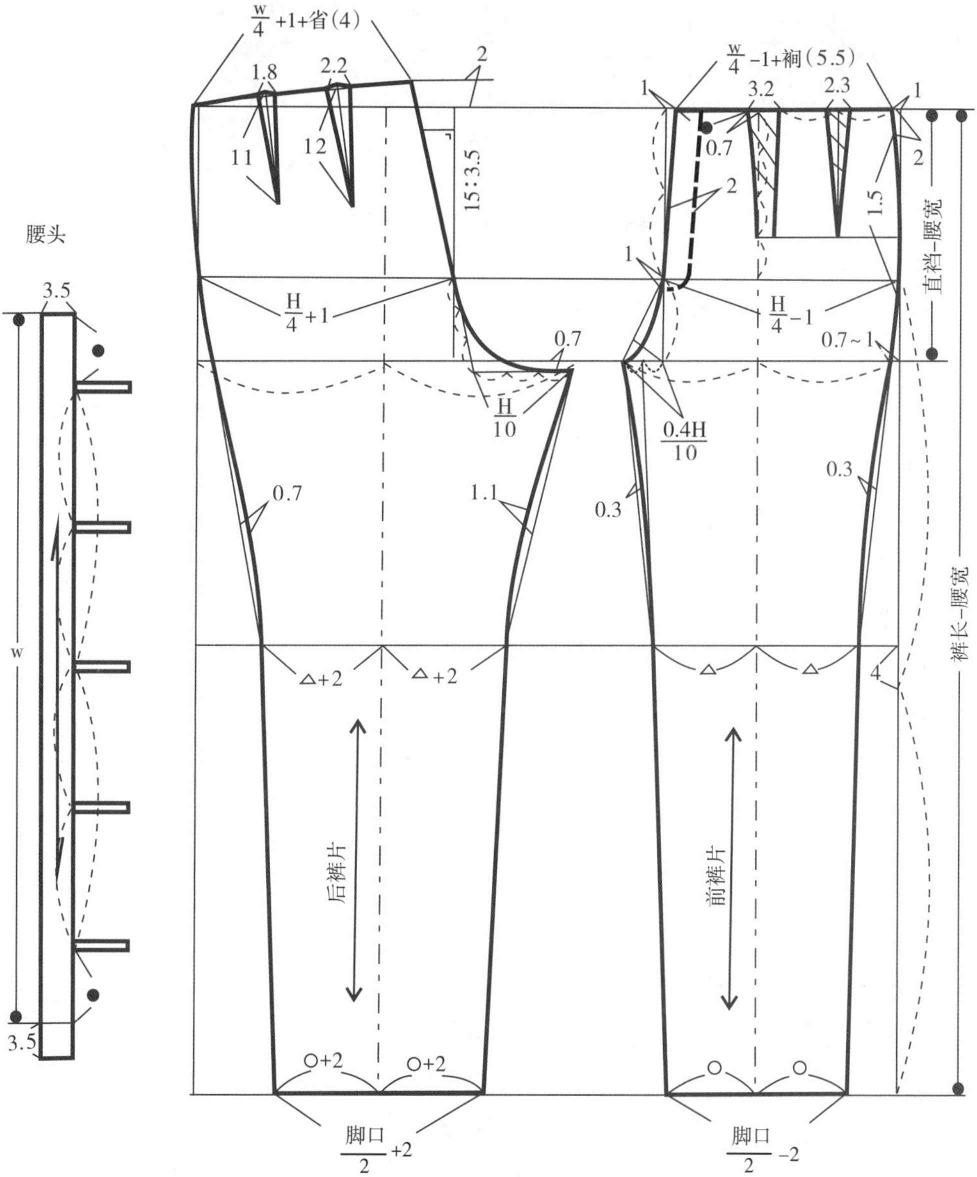

图2-1-2　女西裤结构图

四、放缝、排料

1. 零部件毛样图（图2-1-3）

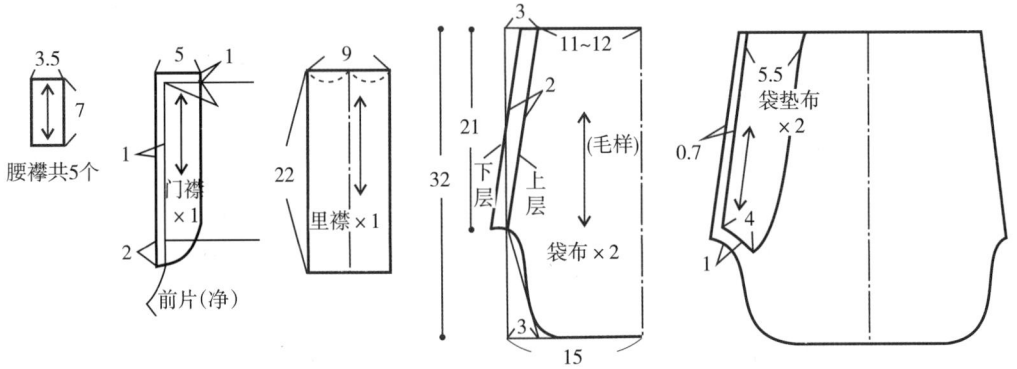

图2-1-3　女西裤零部件毛样图

2. 放缝、排料参考图（图2-1-4）

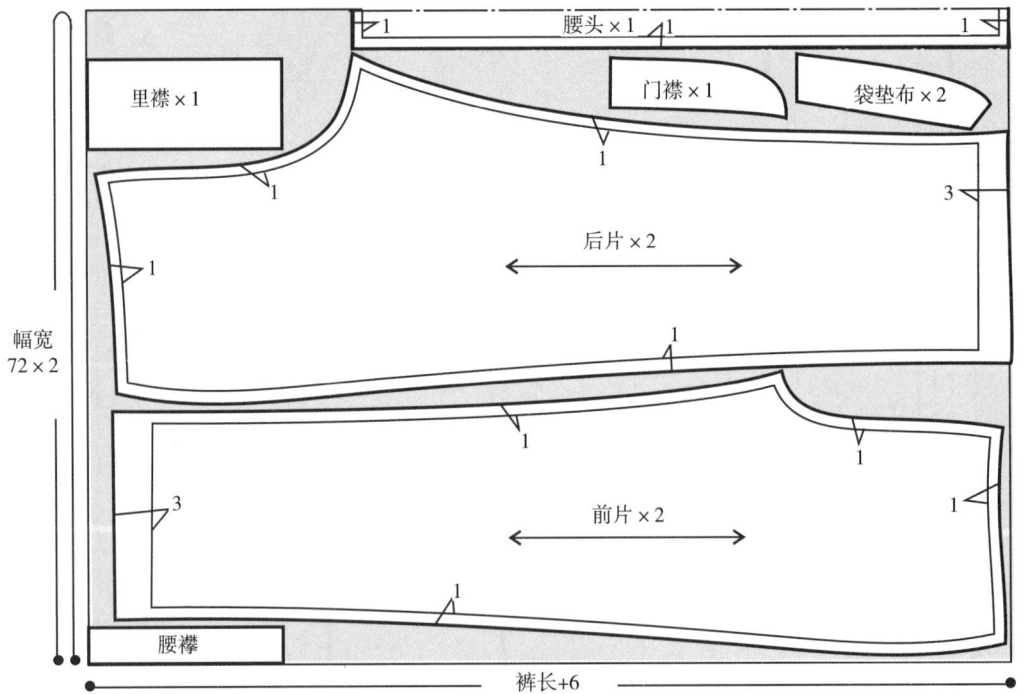

图2-1-4　女西裤放缝、排料参考图

五、缝制工艺流程、工序分析和缝制前准备

1. 女西裤缝制流程

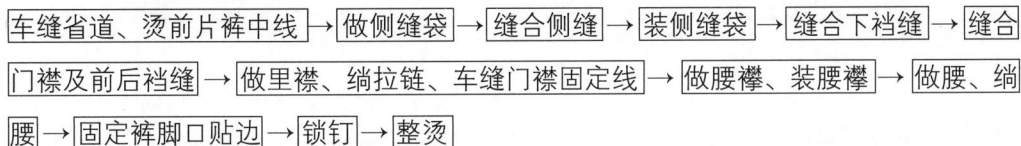

车缝省道、烫前片裤中线 → 做侧缝袋 → 缝合侧缝 → 装侧缝袋 → 缝合下裆缝 → 缝合门襟及前后裆缝 → 做里襟、绱拉链、车缝门襟固定线 → 做腰襻、装腰襻 → 做腰、绱腰 → 固定裤脚口贴边 → 锁钉 → 整烫

2. 女西裤工序分析（图2-1-5）

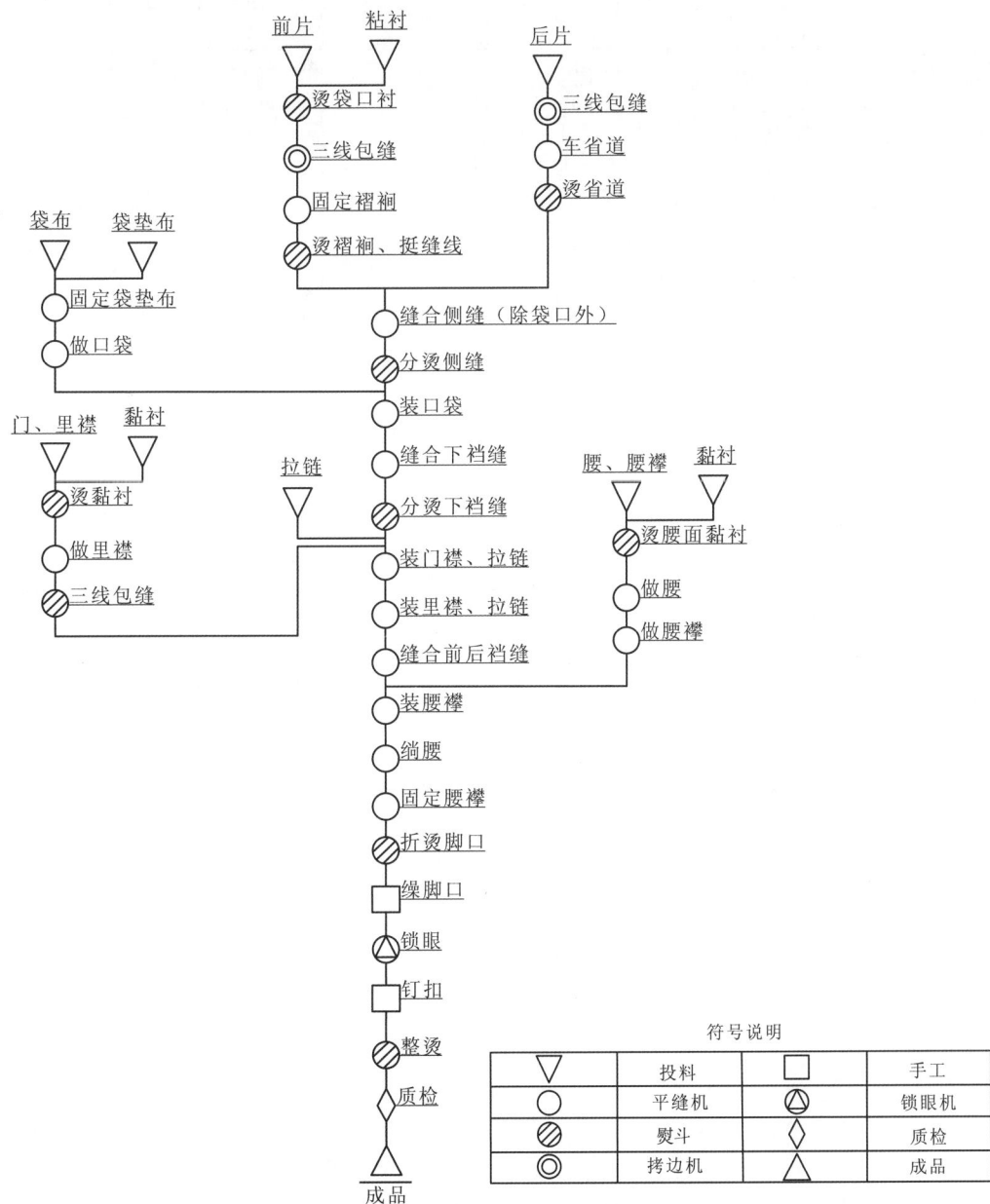

符号说明			
▽	投料	☐	手工
○	平缝机	⊕	锁眼机
⊘	熨斗	◇	质检
◎	拷边机	△	成品

图2-1-5　女西裤工序分析图

3. 缝制前准备

（1）针号和针距：80/12~90/14号。针距：14~15针/3cm，底、面线均用配色涤纶线。

（2）黏衬部位（图2-1-6）

（3）做标记

按样板在前片褶裥位、后片省位等处剪口作记号。要求：剪口宽不超过0.3cm，深不超过0.5cm。在前片拉链开口止点、侧缝袋位置、中裆线、脚口净线等处画上粉印，作为标记。

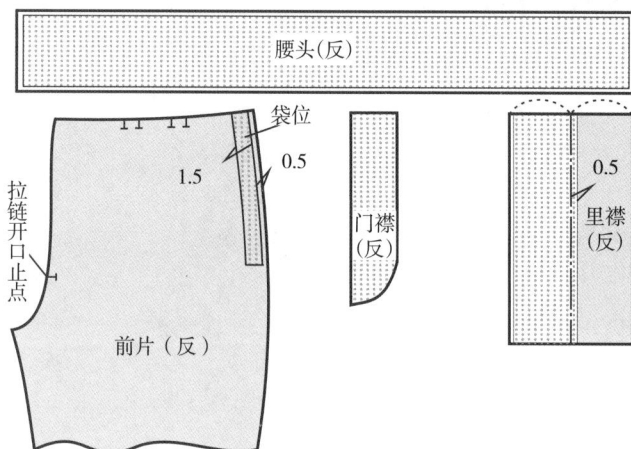

图2-1-6 黏衬部位

（4）三线包缝部位（图2-1-7）

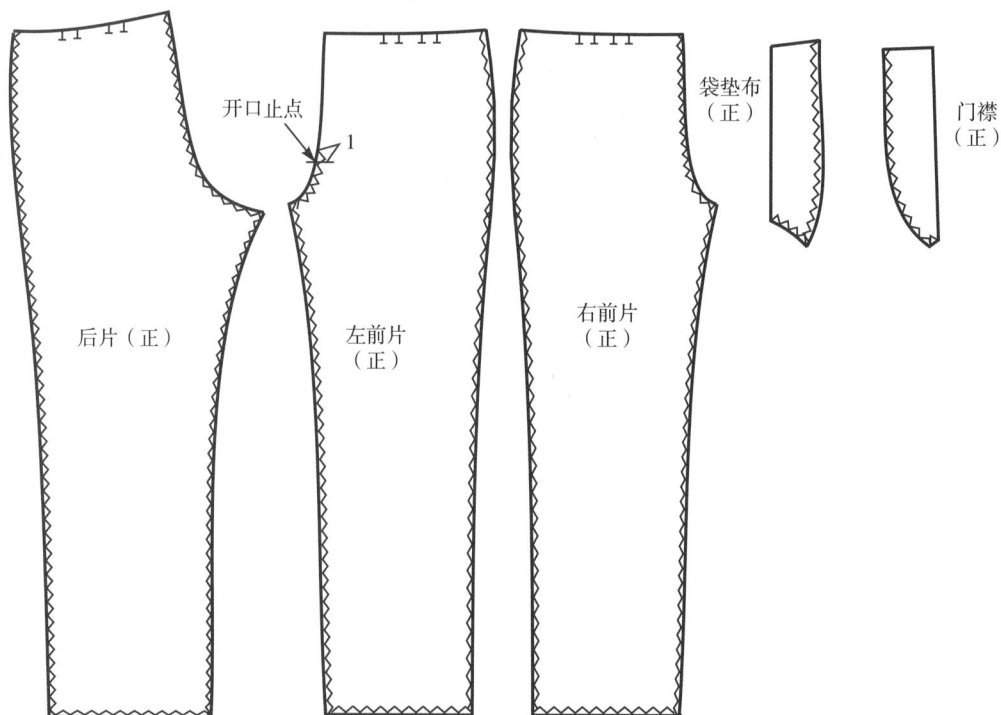

图2-1-7 三线包缝部位

六、缝制工艺步骤及主要工艺

1. 车缝省道、烫省道

（1）车缝省道、烫省道（图2-1-8）：按后裤片上的省位剪口和省尖位置，在裤片的反面画出省道中线和省大，按省中线折转裤片，沿省道车缝。然后将省道往后裆缝一侧烫倒。

（2）烫前片裤中线：将前片裤中线烫出来，防止烫出极光。

2. 做侧缝袋

（1）车缝袋垫布：在袋布下层多出2cm的一侧（即下侧袋布）放上袋垫布，要求：袋垫布离袋布边0.7cm，然后沿袋垫布三线包缝的一侧，将袋垫布与袋布车缝固定（图2-1-9①）。

（2）缝合袋底并翻烫：将袋布正面相对，沿袋底车缝，缝份为0.3cm，缝至离上层袋布1.5cm处止。然后把袋布翻出，烫平待用（图2-1-9②）。

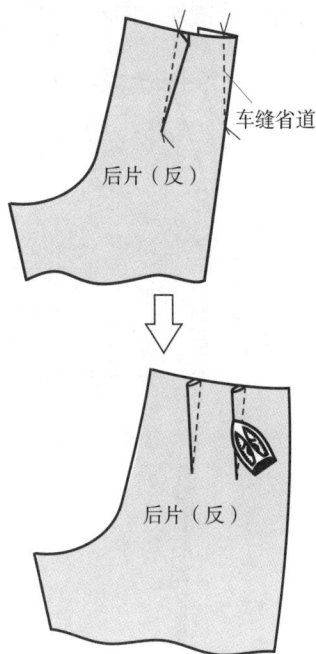

图2-1-8　车缝省道、烫省道

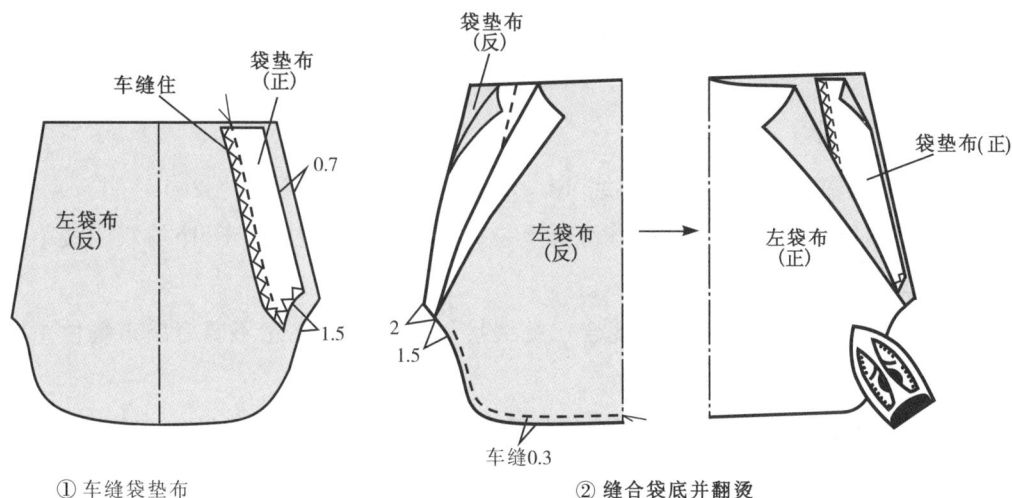

① 车缝袋垫布　　② 缝合袋底并翻烫

图2-1-9　做侧缝袋

3. 缝合侧缝（图2-1-10）

先将前后裤片正面相对、侧缝对齐，从袋口下端开口止点开始缝合到脚口为止，然后将缝份烫开（图2-1-10）。

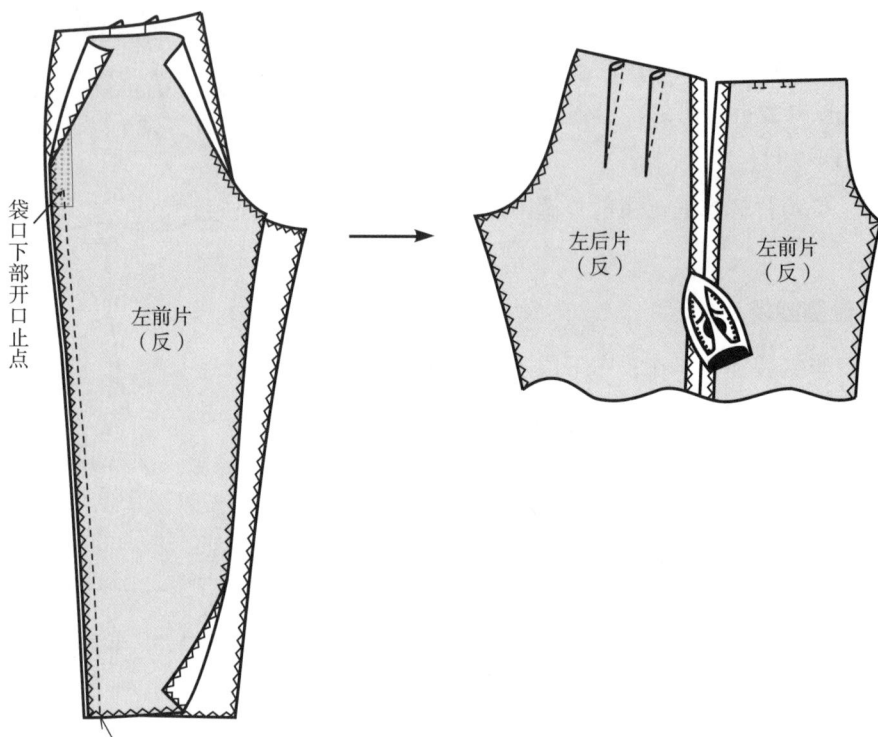

图2-1-10　缝合侧缝

4. 装侧缝袋

（1）车缝袋布：将袋布与袋口线对齐，用搭缝的方法进行缝合（图2-1-11①）。

（2）车袋口明线：按1cm缝份折烫袋口边，沿袋口边车0.8cm的双明线（图2-1-11②）。

（3）袋垫布与后裤片侧缝缝合：缝线接近侧缝处，注意不要将袋布缝住（图2-1-11③）。

（4）分烫袋垫布、扣烫袋布边：将袋垫布翻转，分缝烫平，同时扣烫袋布边0.5cm（图2-1-11④）。

（5）车缝固定袋布：将袋布摆平服，沿扣烫线与后片侧缝车缝固定，然后将袋底用来去缝压0.5 cm（图2-1-11⑤）。

（6）封袋口：后片稍归拢，前片盖住侧缝线0.1 cm，上、下在袋口处车倒回针封袋口；然后将前片两褶裥往侧缝折倒，并将前片褶裥部位整平，距边0.5 cm车缝固定（图2-1-11⑥）。

搭缝车缝袋布

前片（正）

袋垫布

后片（反）

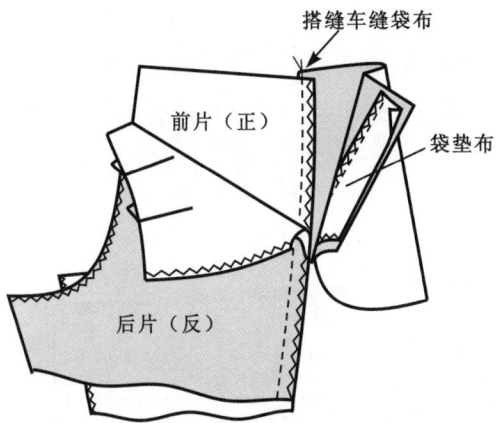

①搭缝车缝袋布

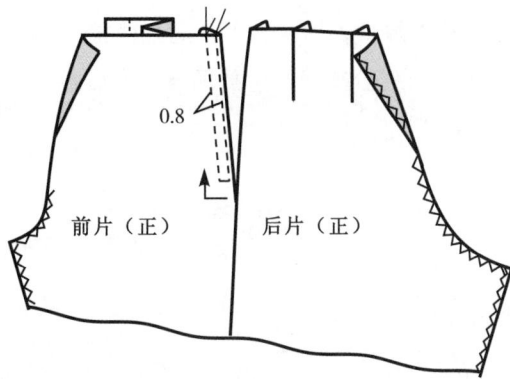

0.8

前片（正）　后片（正）

②车袋口明线

后片（正）

前片（反）

袋布（正）

缝合袋垫布

袋垫布（反）

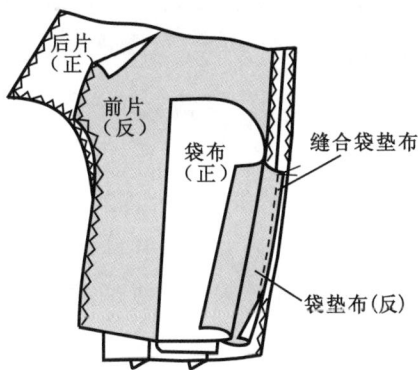

③袋垫布与后裤片侧缝缝合

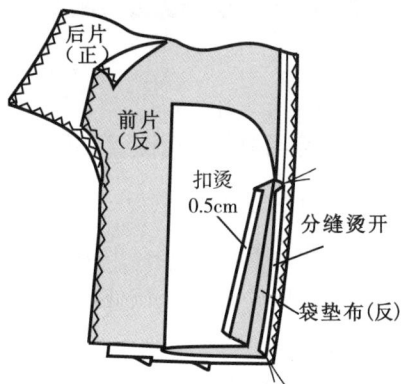

后片（正）

前片（反）

扣烫0.5cm

分缝烫开

袋垫布（反）

④分烫袋垫布、扣烫袋布缝份

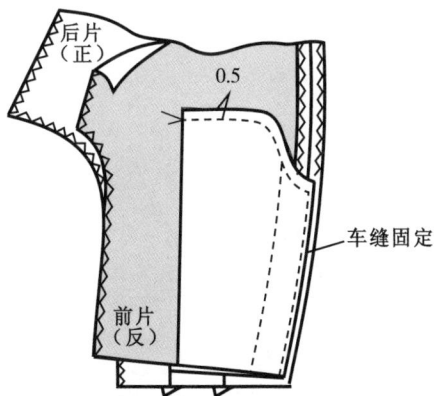

后片（正）

0.5

前片（反）

车缝固定

⑤车缝固定袋布

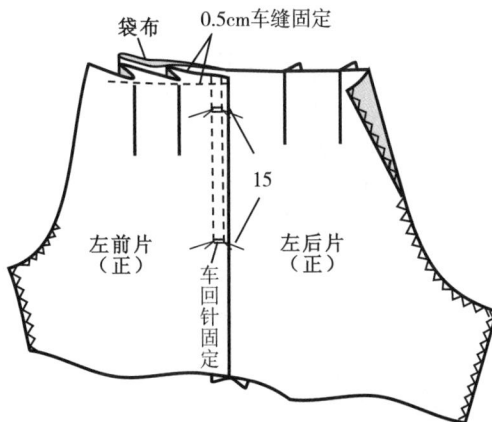

袋布

0.5cm车缝固定

左前片（正）　左后片（正）

15

车回针固定

⑥封袋口

图2-1-11　装侧缝袋

5. 缝合下裆缝

前片放上，后片放下，后片横裆下10cm处略有吃势，中裆以下前后片松紧一致，沿边1cm缝份车缝，注意两层车缝要平直，不能有长短差异。然后将其分缝烫平（图2-1-12）。

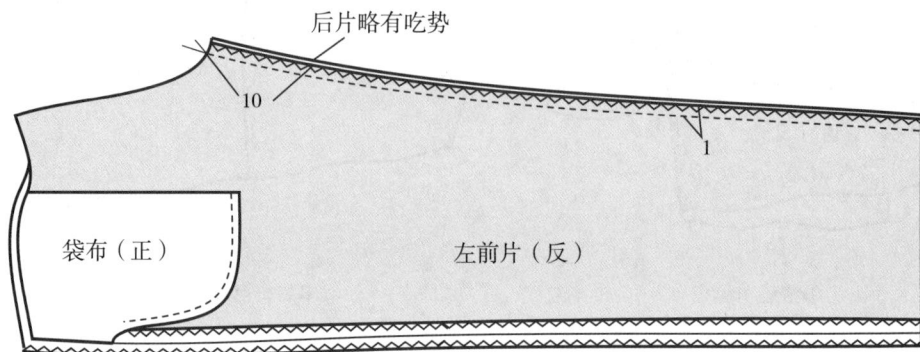

图2-1-12 缝合下裆缝

6. 缝合门襟、前后裆缝（图2-1-13）

（1）缝合门襟：门襟与左前片裆缝缝合到开口止点为止，缝份0.8cm（图2-1-13①）。

（2）缝合裆缝：将左右裤片正面相对，裆底缝对齐，从前裆缝开口止点开始缝至后裆缝腰口处，由于该处是用力部位，要求重复车双线，不能出现双轨现象（图2-1-13②）。

（3）门襟缉明线：在门襟缝口处，沿边0.1cm缉明线（图2-1-13③）。

（4）烫门襟止口：将前裆门襟止口烫出0.2cm（图2-1-13④）。

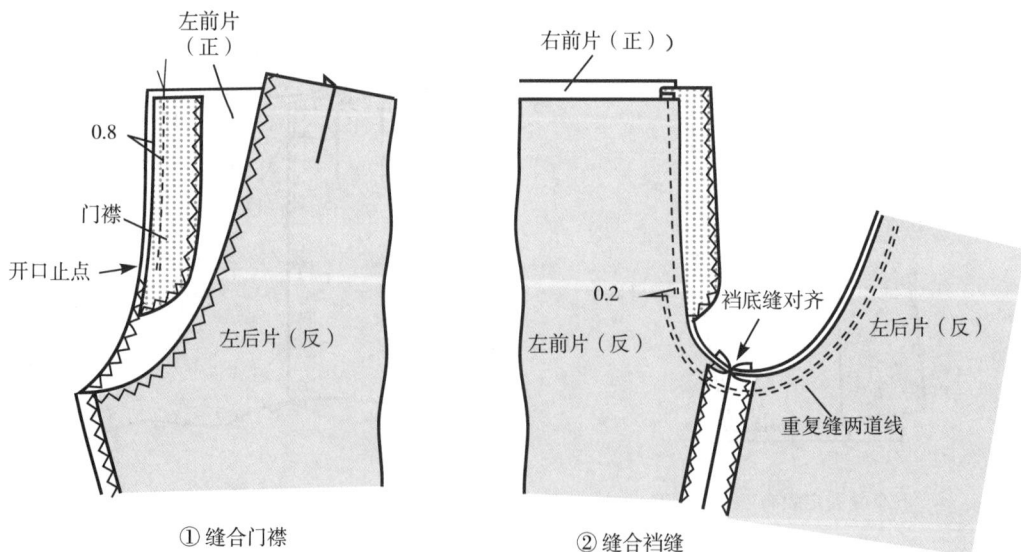

① 缝合门襟

② 缝合裆缝

图2-1-13（1） 缝合门襟、前后裆缝

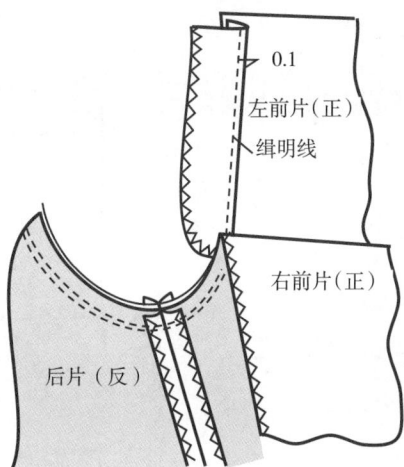

③ 门襟缉明线

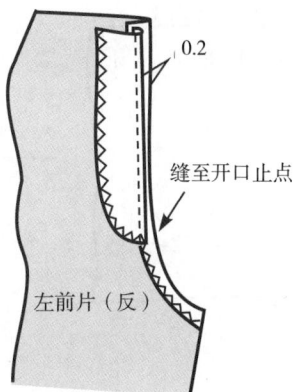

④ 烫门襟止点（展开示意图）

图2-1-13（2） 缝合门襟、前后裆缝

7. 做里襟、绱拉链、车缝门襟固定线

（1）做里襟：里襟居中正面相对折后，在下部车缝1cm的缝份，缝份修剪成0.5cm，翻到正面烫平。最后将里襟里侧的毛边三线包缝（图2-1-14①）。

（2）里襟与拉链固定：将拉链的左边距里襟三线包缝线0.6cm处放平，换用单边压脚，在距拉链齿边0.6cm处与里襟车缝固定（图2-1-14②）。

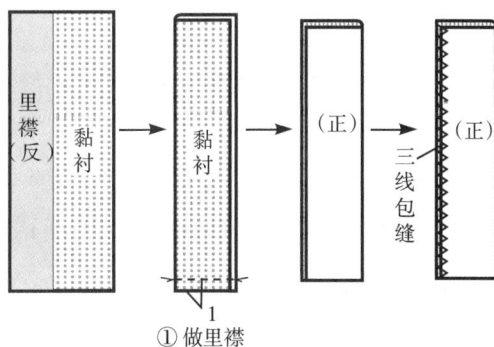

① 做里襟

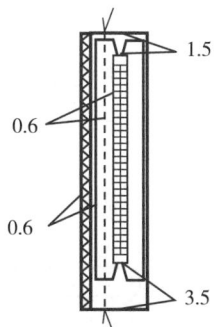

② 里襟与拉链固定

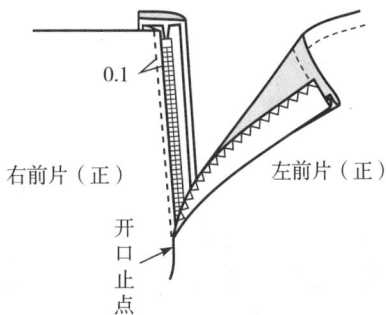

③ 右前片与里襟及拉链缝合

图2-1-14（2） 做里襟、绱拉链、车缝门襟固定线 ①

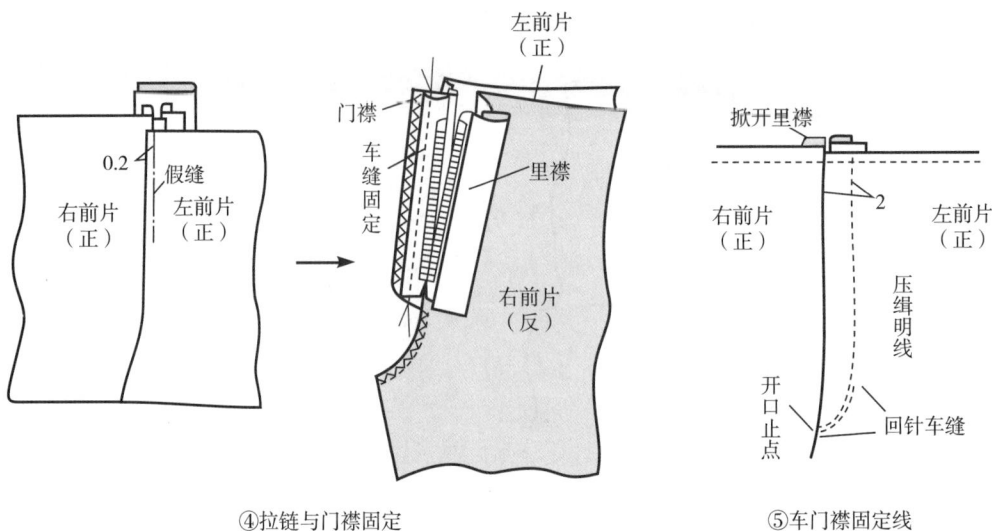

④拉链与门襟固定

⑤车门襟固定线

图2-1-14（2）　做里襟、绱拉链、车缝门襟固定线

（3）右前片与里襟及拉链缝合：右前片反面朝上，里襟放下层并伸出0.3cm与右前片的前裆缝对齐，车0.7cm的缝份至开口止点。然后将右前片折转翻到正面，沿边折边压0.1cm的线（图2-1-14③）。

（4）拉链与门襟固定：将左前片裆缝止口盖住右前片0.2cm，初学者可先用假缝线将其固定，然后翻到反面，将拉链放在门襟上车缝固定（图2-1-14④）。

（5）车缝门襟固定线：将假缝线拆除，掀开里襟，在左边开口处车明线固定门襟。最后将里襟放回原处，在裤片的反面将门里襟底部固定车缝住（图2-1-14⑤）。

8. 做腰襻、装腰襻（图2-1-15）

（1）做腰襻：先将腰襻反面对折，车缝腰襻宽1.2 cm。然后修剪缝份留0.3 cm，分缝烫平。再将腰襻翻至正面，熨烫平整。腰襻共5条，长7.5cm，宽1.2cm（图2-1-15①）。

（2）装腰襻：前腰襻对准前片第一褶裥，后腰襻对准后裆缝，中间腰襻在前后腰襻之间。将腰襻与裤片正面相对，距腰口0.3cm摆正，按0.3cm的缝份缝合固定；在距第一缝线1.5cm再缝一道线（图2-1-15②）。

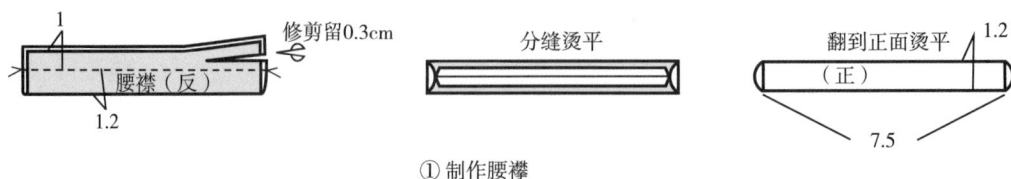

① 制作腰襻

图2-1-15（1）　制作腰襻、装腰襻

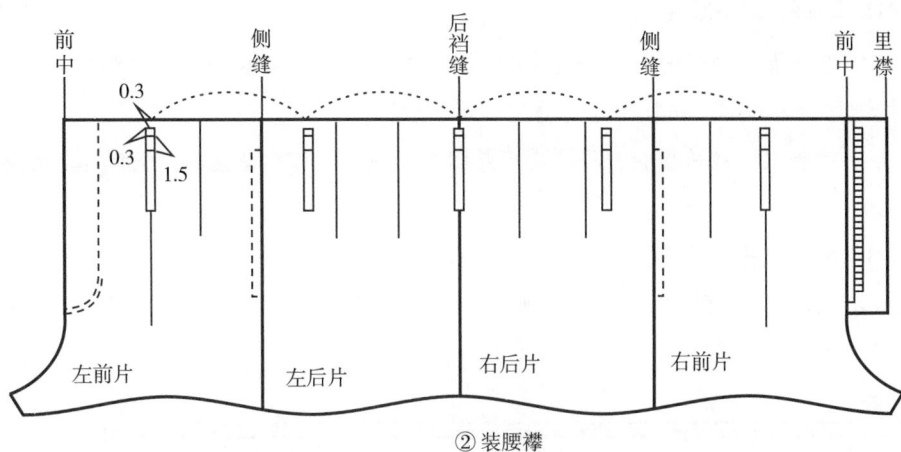

前中　　　　　　　侧缝　　　　　　后裆缝　　　　　　侧缝　　　　　　前中　里襟

0.3

0.3

1.5

左前片　　　　　　左后片　　　　　　右后片　　　　　　右前片

② 装腰襻

图2-1-15（2）　制作腰襻、装腰襻

9. 制作腰头

将腰面一侧按1cm缝份扣烫；然后沿中间对折烫平后，再折转腰里包住腰面扣烫0.9cm。将腰头翻到反面，两端按1cm缝份车缝。最后将扣烫好的腰头翻转、烫平，同时在腰头上作出绱腰的对位记号（图2-1-16）。

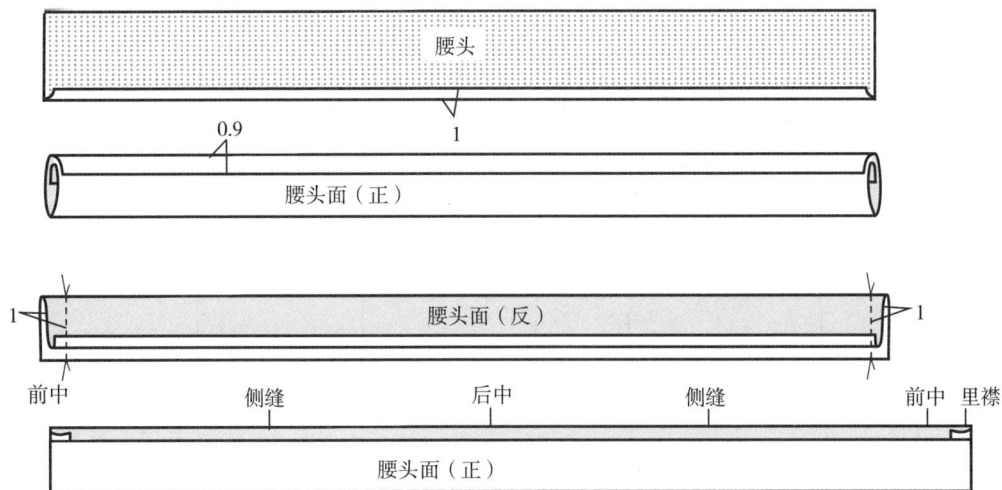

腰头

0.9　　　　　　　　1

腰头面（正）

1　　　　　　　腰头面（反）　　　　　　　1

前中　　　　　侧缝　　　　　后中　　　　　侧缝　　　　　前中　里襟

腰头面（正）

图2-1-16　制作腰头

10. 绱腰、固定腰襻

（1）绱腰面：将腰面与裤子正面相对，两端与裤子门襟和里襟分别对齐，中间部位的对位记号分别对准，按1cm缝份缝合一周（图2-1-917①）。

（2）绱腰里：翻转腰头，将腰里与腰口线用漏落缝车缝固定，注意腰里一定要车缝住0.1cm（图2-1-17②）。

（3）固定腰襻：将腰襻向上翻，上端按1cm的缝份扣烫，摆正后，距腰口0.3cm将腰襻缝份在里侧车回针固定，最后将腰襻缝份修剪留0.5cm（图2-1-17③）。

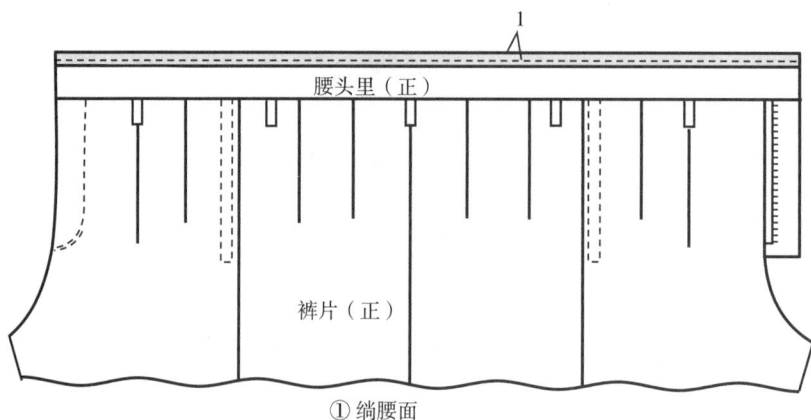

① 绱腰面

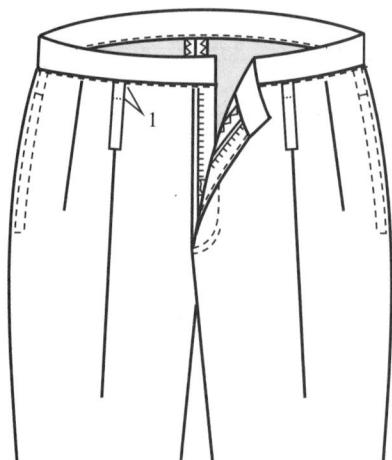

② 绱腰里

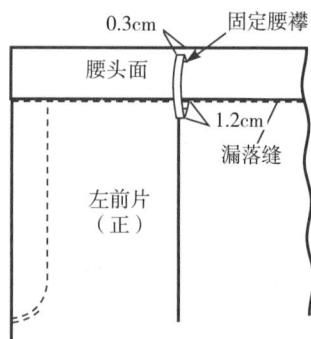

③ 固定腰襻

图2-1-17　绱腰、固定腰襻

11. 固定裤脚折边

先将裤脚折边按标记折转烫平，并用三角针沿三线包缝线手缲一周。要求：用本色单根线，缝线不能穿透到正面，并要松紧适宜。

12. 锁眼、钉扣

锁眼、钉扣：在离前中1.2cm的腰头左端锁眼1个，腰头右端的相应位置钉钮扣1粒（图2-1-18）。

图2-1-18 锁眼、钉扣

13. 整烫（图2-1-19）

（1）反面整烫：将前后裆缝、侧缝、下裆缝分别用蒸汽熨斗熨平。

（2）正面整烫：在正面整烫，要垫上烫布，以免出现极光现象。具体步骤如下：

① 烫前挺缝线：先将腰口的褶裥、侧缝袋烫好，然后将一只裤脚摊平，下裆缝与侧缝对准，烫平前挺缝线。

② 烫后挺缝线：后挺缝线烫至臀围线处，在横裆线稍下处需归拔，横裆线以上部位按图示箭头方向逐段拉拔和烫出臀围胖势，最后将裤线全部烫平。

③ 烫平腰头。

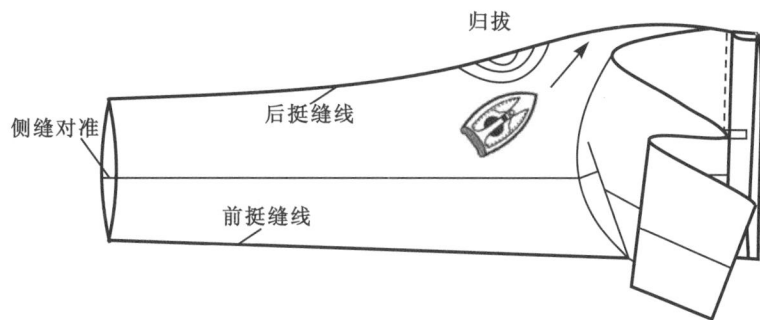

图2-1-19 整烫

七、缝制工艺质量要求及评分参考标准（总分：100分）

1. 规格尺寸符合标准与要求。（5分）

2. 外形美观，整条裤子无线头。（5分）

3. 左右袋口平服，高低一致。（15分）

4. 腰头宽窄一致，缉明线宽窄一致；腰头面、里顺直，无起涟现象。（20分）

5. 裤腰襻左右对称，高低一致。（10分）

6. 前门襟装拉链平服，拉链不能外露；前后裆缝无双轨。（30分）

7. 裤脚边平服不起吊；锁眼位置正确，钉扣符合要求。（10分）

8. 整烫，裤子面料上不能有水迹，不能烫焦、烫黄；前后挺缝线要烫煞，后臀围按归拔原理烫出胖势，裤子摆平时，能符合人体要求。（5分）

八、实训题

1. 实际训练女西裤侧缝袋的缝制。

2. 实际训练女西裤门、里襟、拉链的组合缝制。

3. 实际训练女西裤腰头的缝制。

第二节　女式低腰牛仔裤

一、概述

1. 款式分析

该款为低腰、弧形腰头，合体小裤脚口，2个有袋盖的后贴袋，2个前挖袋，3个尖角腰襻，前门襟绱拉链，前挺缝线分割至前挖袋，款式如图2-2-1。

2. 适用面料

可以选用各种棉质牛仔布、斜纹布等。袋布可以选用棉布或棉涤布。

3. 面辅料参考用量

（1）面料：幅宽144cm，用量约120cm。估计式：裤长＋20cm左右。

（2）辅料：无纺黏合衬适量，袋布约30cm，铜拉链一条，腰头扣子1粒，后袋盖扣子2粒，配色线适量。

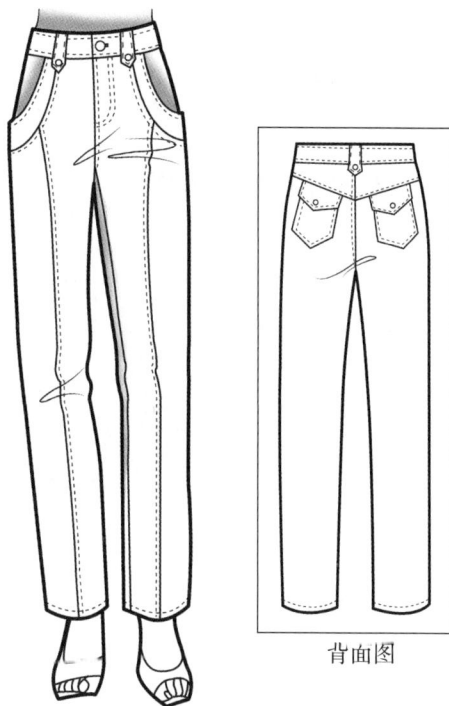

正面着装图

背面图

图2-2-1　女式牛仔裤款式图

二、制图参考规格（不含缩率，表2-1-1）

表2-1-1　制图参考规格

号/型	腰围（W）	臀围（H） （放松量为4cm）	裤长	裤脚口	直裆（含腰头宽）	腰宽	后袋宽
155/62A	62+6=68	84+4=88					
155/64A	64+6=70	86+4=90	94	29	21.5	3.5	13
155/66A	66+6=72	88+4=92					
160/66A	66+6=72	88+4=92					
160/68A	68+6=74	90+4=94	96	30	22	3.5	13
160/70A	70+6=76	92+4=96					

（单位：cm）

（续表）

号/型	腰围（W）	臀围（H）（放松量为4cm）	裤长	裤脚口	直裆（含腰头宽）	腰宽	后袋宽
165/70A 165/72A 165/74A	70+6=76 72+6=78 74+6=80	92+4=96 94+4=98 96+4=106	98	31	22.5	3.5	13

（单位：cm）

注：（1）下装的型是指净腰围，该款牛仔裤为低腰，腰围线比直腰腰围线低落3cm，制图时选用净腰围尺寸+6cm左右。

（2）由于是合体型，臀围制图尺寸为净臀围尺寸+4cm。

三、女式牛仔裤结构图（图2-2-2）。

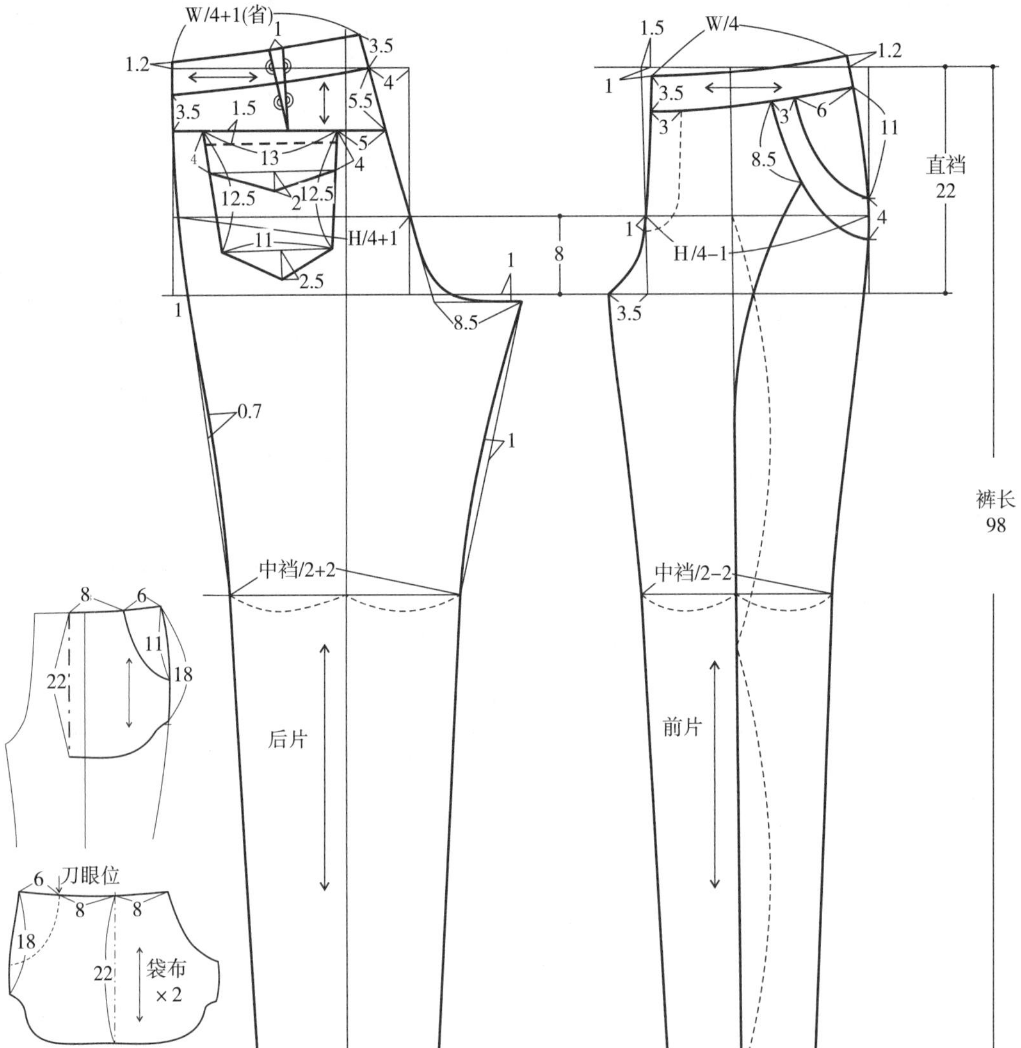

前袋布结构图

前、后裤片结构图

图2-2-2　女式牛仔裤结构图

四、放缝、排料

1. 面料放缝、排料参考图（图2-2-3）

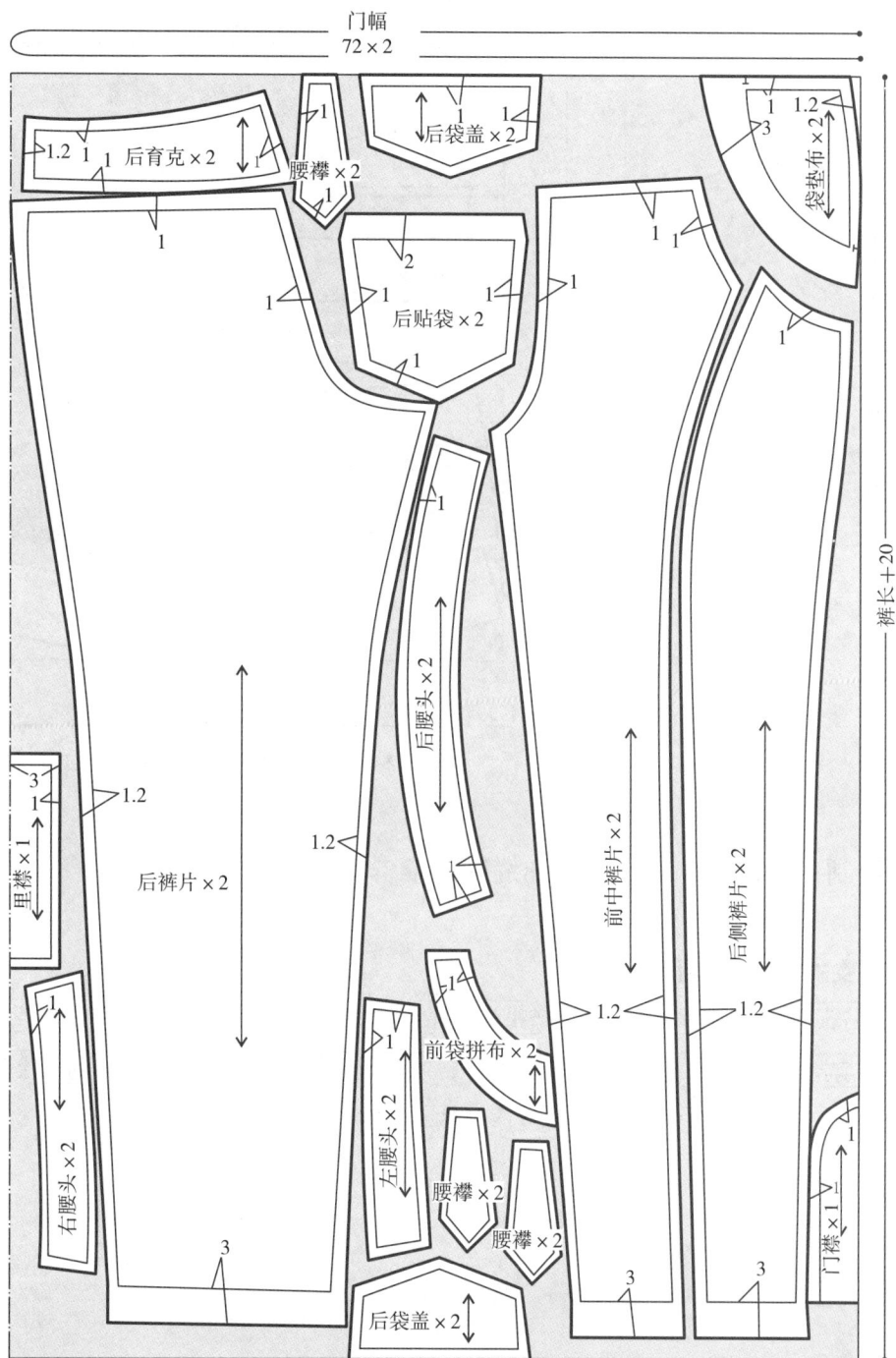

图2-2-3 女式牛仔裤面料放缝、排料参考图

2. 袋布放缝、排料参考图（图2-2-4）

3. 黏衬排料参考图（图2-2-5）

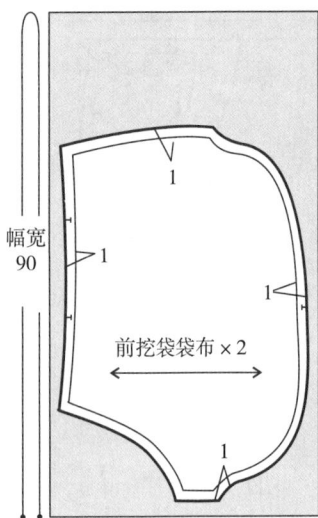

图2-2-4 女式牛仔裤袋布放缝、排料参考图

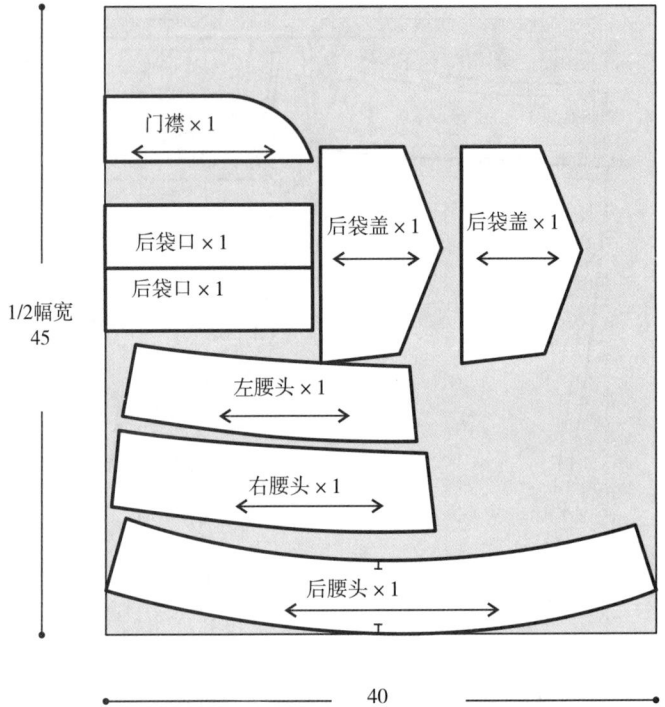

图2-2-5 女式牛仔裤黏衬排料参考图

五、缝制工艺流程、工序分析和缝制前准备

1. 女式牛仔裤缝制流程

缝制后贴袋袋盖 → 缝制后贴袋 → 拼接后育克 → 缝合后裆缝 → 拼接前裤中片和前侧片 → 拼接前挖袋拼布 → 缝制前挖袋 → 绱拉链 → 缝合侧缝 → 缝制腰襻 → 制作腰头 → 绱腰头、固定腰襻 → 缝制裤口 → 锁钉 → 整烫

2. 女式牛仔裤工序分析（图2-2-6）

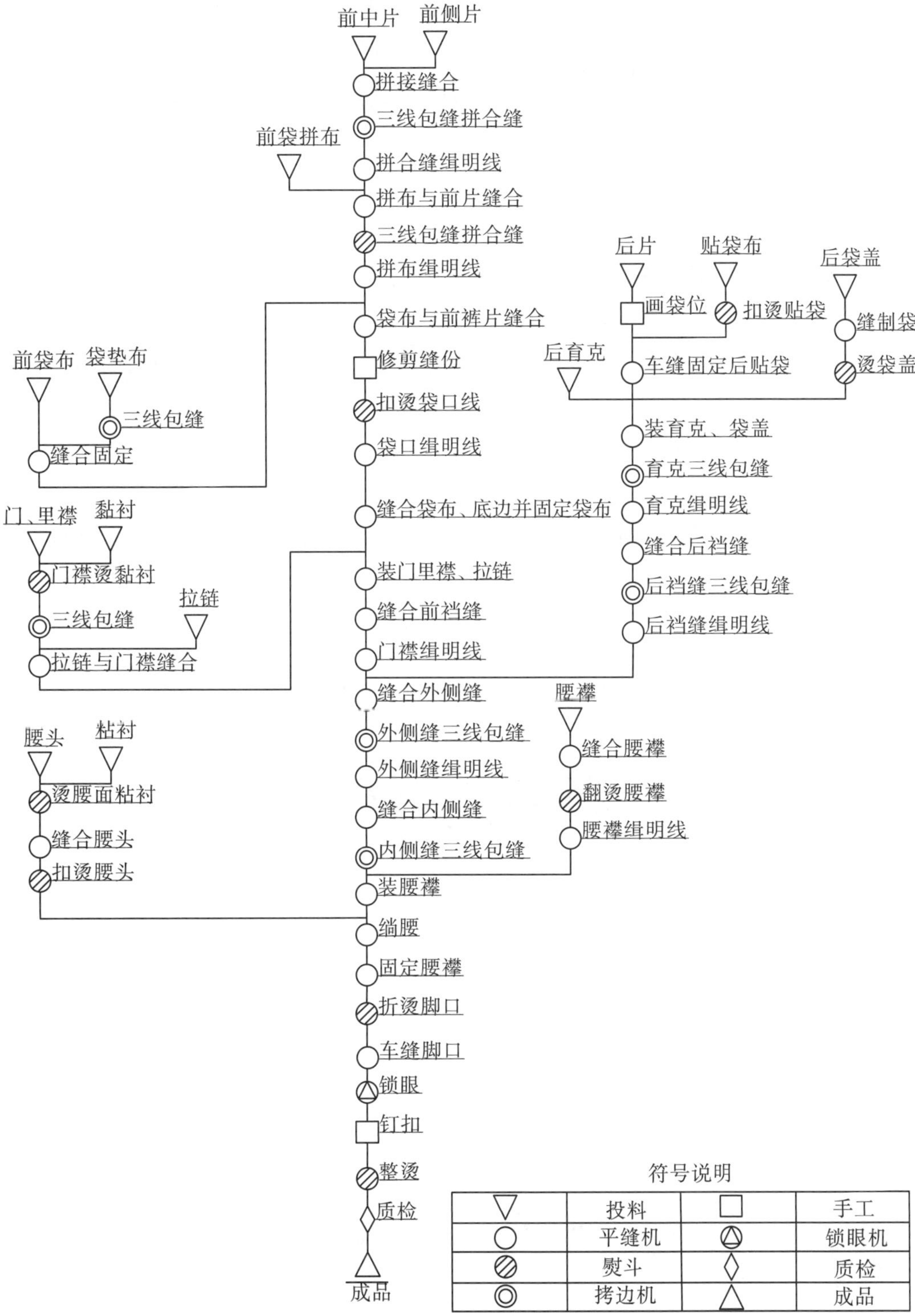

图2-2-6 女式牛仔裤工序分析图

符号说明			
▽	投料	□	手工
○	平缝机	⊕	锁眼机
⊘	熨斗	◇	质检
◎	拷边机	△	成品

3. 缝制前准备

（1）针号和针距：针号90/14号或100/16号，针距10~12针/3cm。面线用牛仔线，底线均用配色涤纶线。

（2）黏衬部位：腰头面、门襟、后贴袋袋口、后贴袋袋盖、前挖袋袋口。

六、具体缝制工艺步骤及要求

1. 缝制后贴袋袋盖（图2-2-7）

（1）画袋盖净样：在袋盖里反面画出袋盖净样。

（2）车缝袋盖：袋盖面、里正面相对，袋盖里在上，对齐后，沿净线车缝三边，要求里料要适当拉紧。

（3）修剪缝份：先将车缝后的三边缝份修剪至0.3~0.4cm，然后将缝份向面布一侧烫倒。

（4）烫袋盖：先将袋盖翻到正面，翻平止口，两角窝势自然，然后沿边车缝0.1cm和0.6cm明线，最后将袋盖熨烫平整。

（5）锁扣眼：在袋盖的尖角部位锁上圆头扣眼。

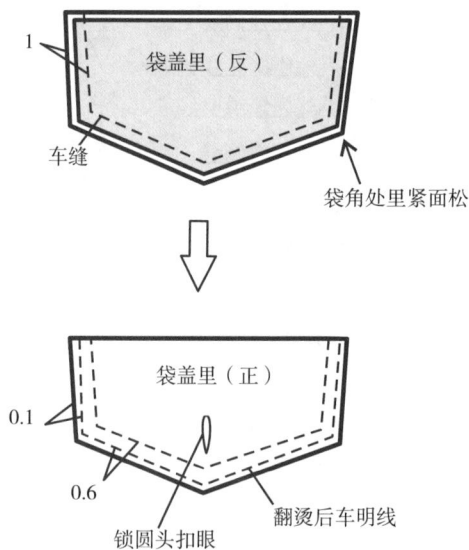

图2-2-7 缝制后贴袋袋盖

2. 缝制后贴袋（图2-2-8）

（1）扣烫后贴袋：将后贴袋上口三线包缝，然后按后贴袋净样扣烫，上口留2cm，在袋口折边上车缝两道明线0.1cm+0.6 cm（图2-2-8①）。

（2）固定后贴袋：将后贴袋放在后裤片的袋位处，车缝0.1cm+0.6 cm的明线固定（图2-2-8②）。

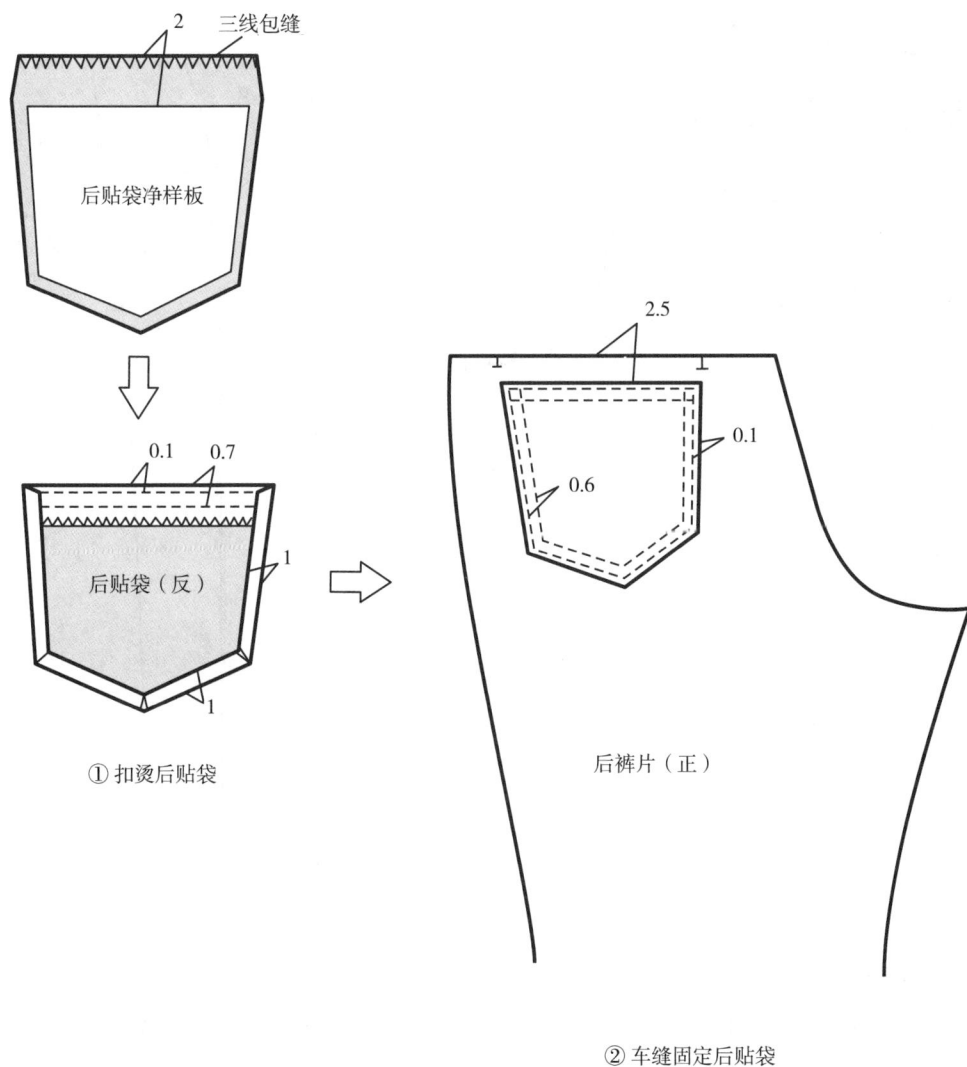

① 扣烫后贴袋

② 车缝固定后贴袋

图2-2-8 缝制后贴袋

3. 拼接后育克（图2-2-9）

将后育克与后裤片正面相对，按裤片上的袋盖剪口位置，将袋盖放在中间，按1cm缝份车缝，三线包缝后，缝份倒向上，烫平，然后在育克正面车缝两道明线0.1cm和0.6 cm。

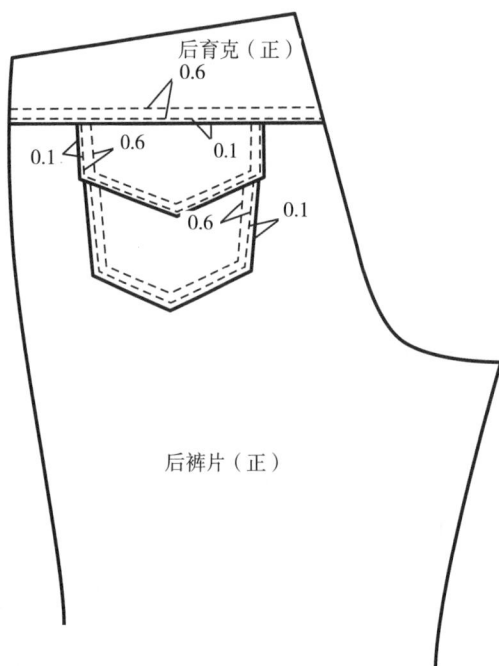

图2-2-9　拼接后育克

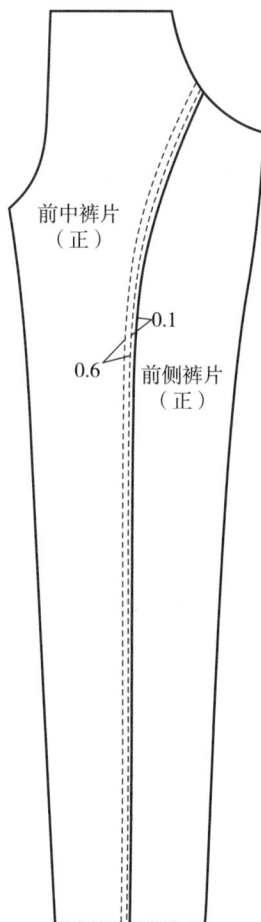

图2-2-10　拼接前中裤片和前侧片

4. 缝合后裆缝

将左右后裤片正面相对缝合后裆缝，缝份1 cm，注意育克分割线的对位；再将右裤片放上层三线包缝，然后在左裤片正面车缝两道明线0.1cm和0.6 cm。

5. 拼接前裤中片和前侧片（图2-2-10）

前中片和前侧片正面相对，按1cm缝份车缝，然后三线包缝，缝份倒向前中裤片，然后在正面车缝两道明线0.1cm和0.6cm。

6. 拼接前挖袋拼布（图2-2-11）

挖袋拼布与前裤片正面相对，对齐袋口线，按1 cm车缝，然后三线包缝，缝份倒向前裤片，在裤片正面车缝两道明线0.1cm和0.6cm。

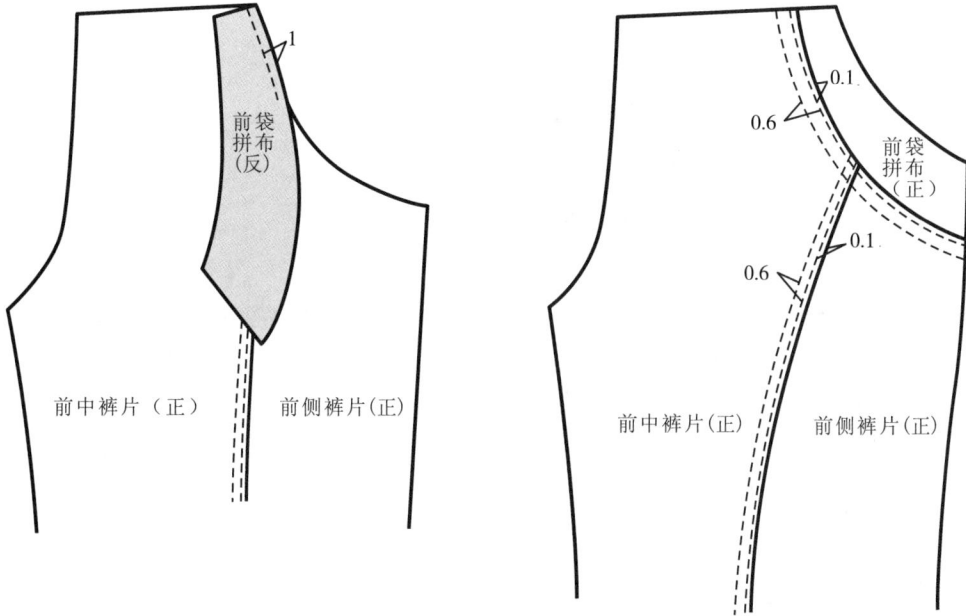

图2-2-11　拼接前挖袋拼布

7. 缝制前挖袋（图2-2-12）

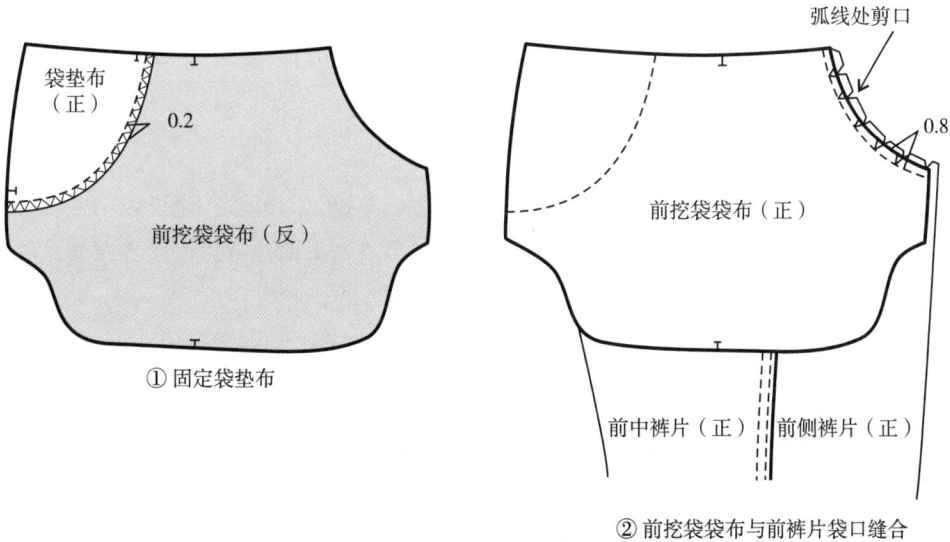

① 固定袋垫布

② 前挖袋袋布与前裤片袋口缝合

图2-2-12（1）　缝制前挖袋

① 袋口扣烫成里外匀后车明线固定

④ 缝合前挖袋袋布　　　　⑤ 车缝固定前挖袋袋布与腰口、侧缝

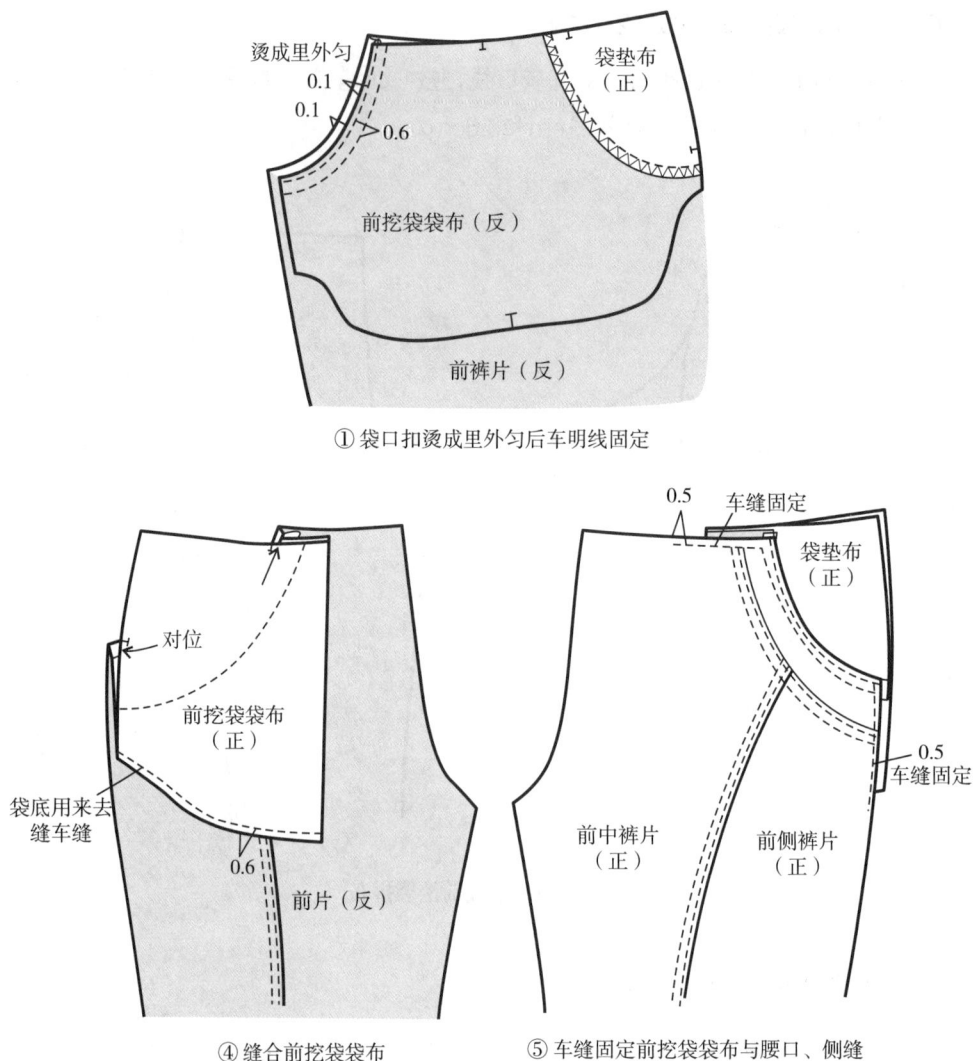

图2-2-12（2）　缝制前挖袋

（1）固定袋垫布：将袋垫布放在袋布适当的位置，车缝0.2cm固定（图2-2-12①）。

（2）前挖袋袋布与前裤片袋口缝合：先将前挖袋袋布与前裤片袋口对齐车缝，缝份0.8cm，修剪成0.5cm后，再在弧线处打斜向剪口（图2-2-12②）。

（3）扣烫袋口：翻转裤片，袋口烫出里外匀，再在裤正面袋口处车缝两道明线0.1cm和0.6cm（图2-2-12③）。

（4）缝合前挖袋袋布：先将前裤片袋口与袋垫布的刀眼对位，核对上下两层袋布大小后将袋布下口用来去缝缝合（图2-2-12④）。

（5）车缝固定前挖袋袋布与腰口、侧缝：以0.5cm左右明线车缝固定腰口处及侧缝（图2-2-12⑤）。

8. 绱拉链（图2-2-12）

（1）门里襟处理：门襟处反面烫黏衬，在正面弧线一侧三线包缝。里襟正面相对居中对折，下口车缝后翻转到正面烫平，然后在一侧三线包缝（图2-2-12①）。

（2）固定门襟与左侧拉链：将铜拉链与门襟正面相对，拉链右侧边缘与门襟处留0.8 cm，缉双明线固定门襟与左侧拉链（图2-2-12②）。

（3）缝合门襟与左前裤片：门襟与左前裤片正面相对，车缝0.9 cm至拉链开口止点，然后翻烫，开口止点以下部分的裆线按1cm扣烫（图2-2-12③）。

（4）扣烫右前裤片的裆缝缝份：扣烫时按照从腰口处0.7cm到拉链开口处渐小到0.5cm进行（图2-2-12④）。

（5）缝合里襟、右侧拉链与右前裤片：将门襟止口车缝0.1cm至拉链开口，再把右前裤片放上、里襟在下夹住右侧拉链，压缝0.1的明线（图2-2-12⑤）。

（6）车缝门襟开口明线：先在左前裤片上车门襟明线，再在拉链开口止点以下将左前裆缝线压住右前裆缝线1cm，缉双明线分别为0.1cm和0.6cm（图2-2-12⑥）。

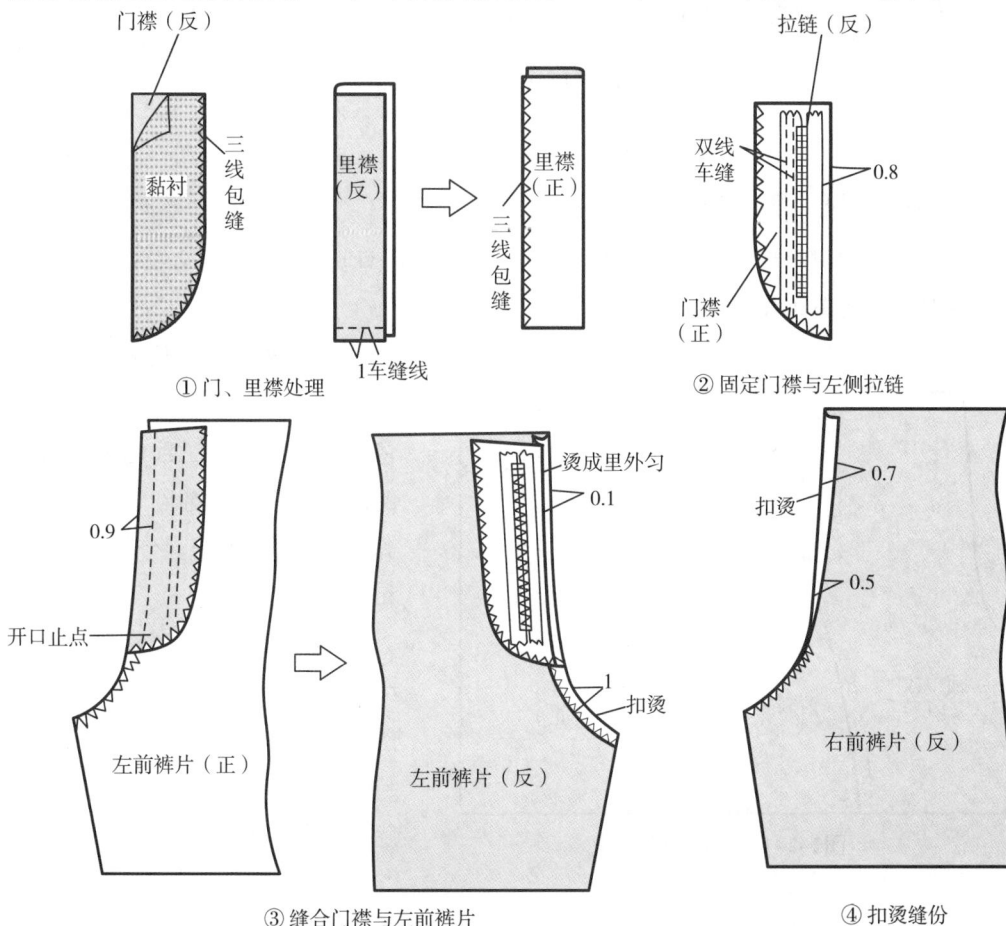

① 门、里襟处理   ② 固定门襟与左侧拉链

③ 缝合门襟与左前裤片   ④ 扣烫缝份

图2-2-13（1）　绱拉链

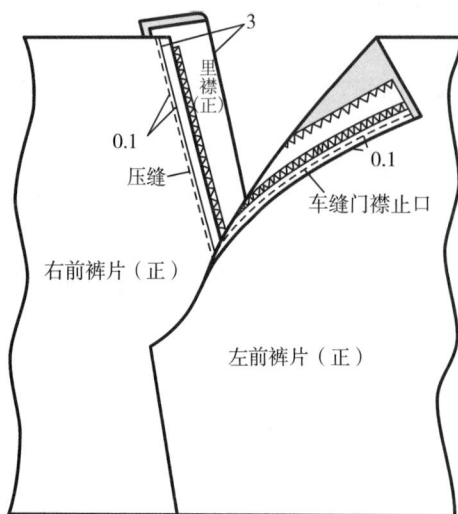

⑤缝合里襟、右侧拉链与前右裤片

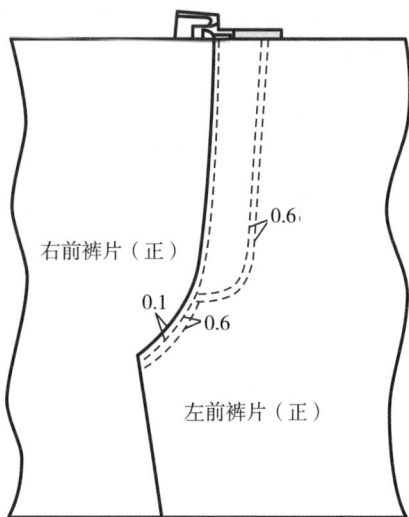

⑥车缝明线

图2-2-13（2） 绱拉链

9. 缝合侧缝（图2-2-13）

可选择在内侧缝或外侧缝上车明线，若想在哪一侧有明线，则先缝合哪条线，本款选择在外侧缝上车明线。

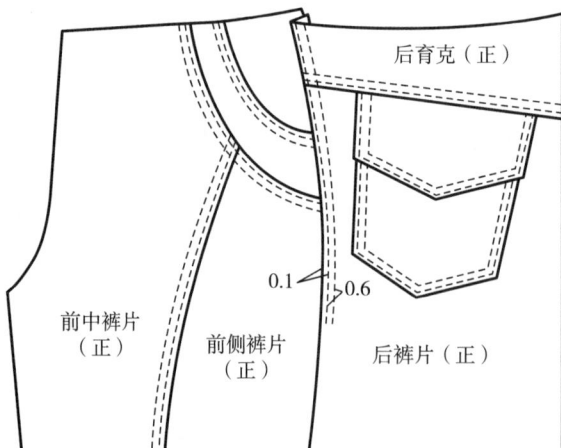

图2-2-14 缝合侧缝

（1）先将前、后裤片正面相对，车缝外侧缝，缝份1.2cm，再将前裤片放上层三线包缝（缝份倒向后裤片），翻到正面后在后裤片上压缝双明线，分别为0.1cm和0.6cm

（2）对齐前、后裆缝和裤口线，沿内侧缝车缝，缝份1.2cm，然后将前裤片放上层三线包缝，缝份倒向后裤片烫平。注意裤裆底点的十字缝要对齐。

10. 缝制腰襻（图2-2-14）

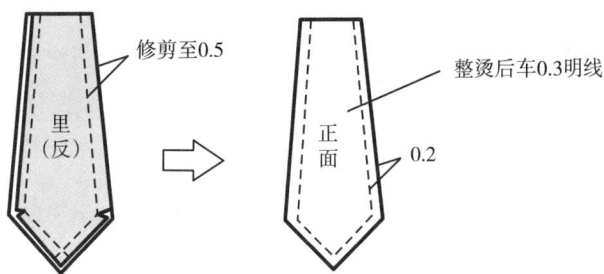

图2-2-14　缝制腰襻

（1）缝制腰襻：将腰襻面、里正面相对，四周对齐后沿净线车缝三边。

（2）修剪缝份：先将车缝后的三边缝份修剪至0.3~0.4cm，然后将缝份向里侧烫倒。

（3）烫腰襻：先将腰襻翻到正面，翻平止口，然后沿边车缝0.2cm明线，最后将腰襻熨烫平整。

11. 制作腰头（图2-2-15）

先在腰头面上烫黏合衬，腰头面下口向里侧折烫缝份1cm，再将腰头面与腰里头里正面相对，车缝1cm后，修剪缝份到0.5cm，在弧线处打刀眼，翻到正面烫平，最后在腰口线上做上装腰对位记号。

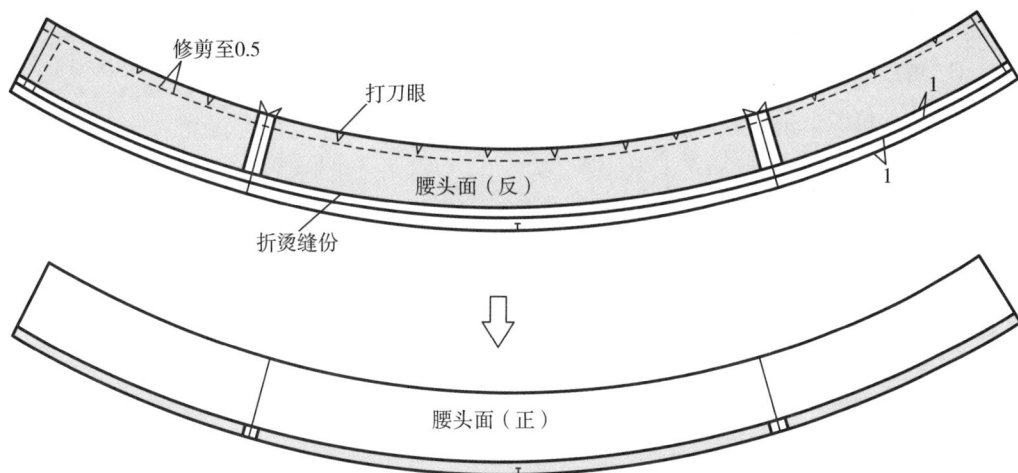

图2-2-15　制作腰头

12. 绱腰头、固定腰襻

先核对腰头的对位记号与裤片腰口线的相应位置是否对齐，再用大头针固定腰头与裤片，按0.9cm的缝份车缝，然后翻到正面整理装腰缝份，将缝份塞入腰头后车缝固定腰头面与裤片，同时按腰襻位车缝固定腰襻。

13. 缝制裤口

先折烫裤口1cm，再折烫2cm，在反面沿折烫边车缝0.1cm固定，要求正面明线宽窄一致，接线在内侧缝。

14. 锁钉、整烫

（1）锁、钉：腰头门襟处锁一个圆头扣眼，距边1cm，扣子钉在里襟相应位置。在后袋盖扣眼的对应位置钉上扣子。

（2）整烫：用熨斗将各条缝份、裤腰及裤口烫平整。

七、缝制工艺质量要求及评分参考标准（总分：100分）

1. 后贴袋大小一致，袋位高低一致，左右对称，育克线左右对称。（15分）

2. 前挖袋松紧适宜，大小一致，袋位高低一致，左右对称。（15分）

3. 内外侧缝顺直，臀部圆顺，两裤脚长短一致大小一致。（10分）

4. 腰襻位置正确，腰头左右对称，宽窄一致，腰里头、腰头面平服，止口不反露。（20分）

5. 门、里襟长短一致，拉链平顺。（20分）

6. 缉线顺直，无跳线、断线现象，尺寸吻合。（10分）

7. 各部位熨烫平整。（10分）

八、实训题

1. 实际训练牛仔裤前袋的缝制。

2. 实际训练牛仔裤门、里襟、拉链的组合缝制。

3. 实际训练牛仔裤弧形腰头的缝制。

第三节　裤子拓展变化

通过前面两款裤子的学习，读者可根据个人喜好，结合本节给出的裤款进行实践训练，达到巩固知识、学以致用的学习目的。

一、低腰短裤

1. 款式分析

本款为合体偏紧身的低腰短裤，也称热裤，裤长在大腿根部，较适合年轻女性穿着。款式见图2-3-1。

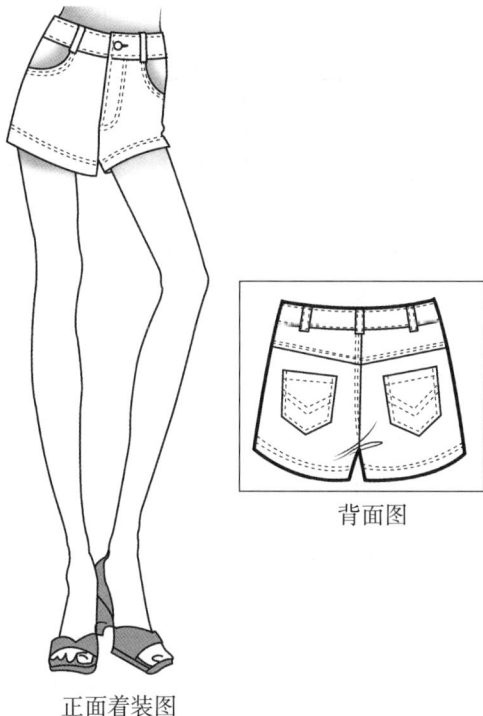

背面图

正面着装图

图2-3-1　低腰短裤款式图

2. 适用面料

宜选用中厚型、透气性好的全棉卡其，或薄型牛仔布。

3. 面辅料参考用量

（1）面料：门幅144cm；估算式：裤长+10cm。

（2）辅料：无纺黏合衬适量，铜拉链1条。

4. 结构图

（1）制图参考规格（表2-3-1）

表2-3-1　制图参考规格

号/型	部位名称	腰围（W）	臀围（H）	裤长	上裆	臀长	裤口宽
160/68A	净体尺寸	68	90		25	18	
	制图尺寸	68	92	30-2	24.5	18	28

（单位：cm）

（2）结构制图（图2-3-2）

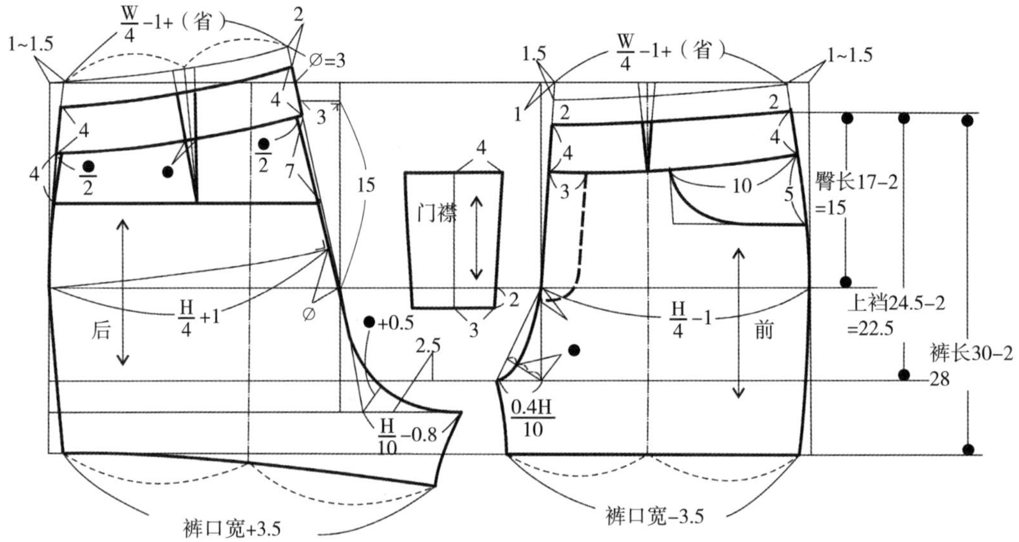

图2-3-2　低腰短裤结构图

（3）腰头、袋布、袋垫布结构制图（图2-3-3）

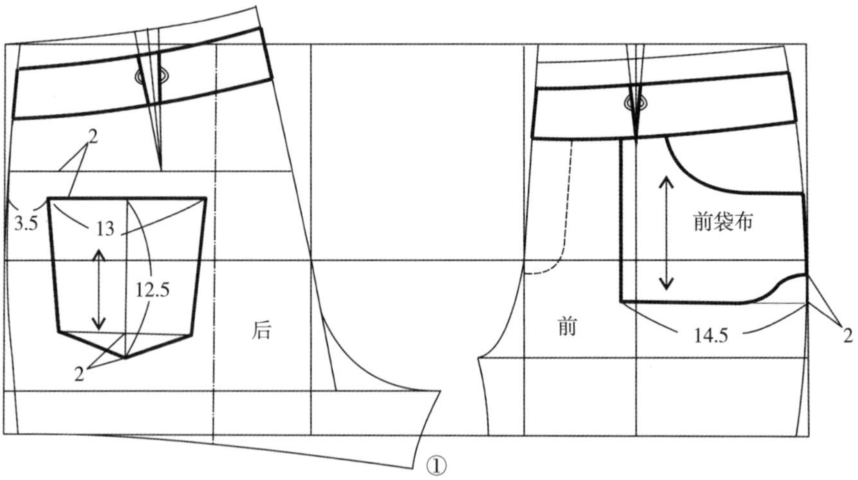

②前腰、后腰结构

③前袋布、袋垫布结构

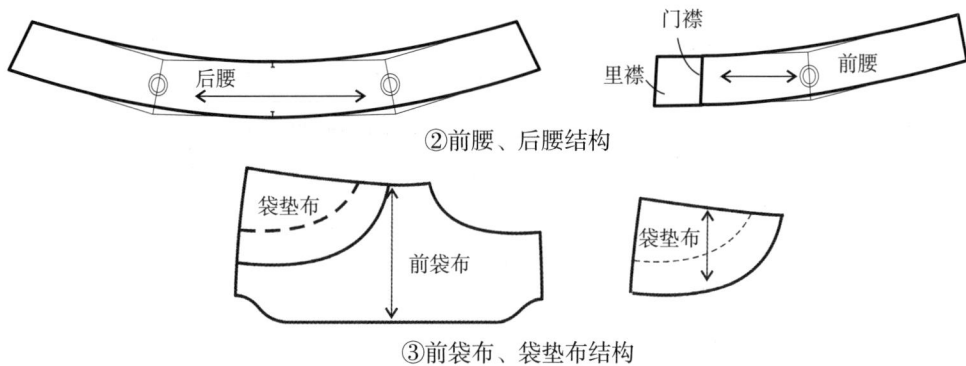

图2-3-3 腰头、袋布、袋垫布结构图

5. 放缝

（1）前裤片放缝（图2-3-4）

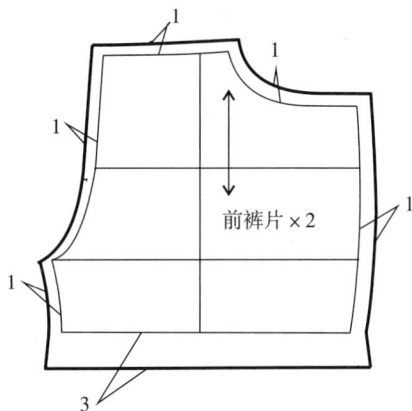

前裤片×2

图2-3-4 前裤片放缝

（2）后裤片育克优化及放缝

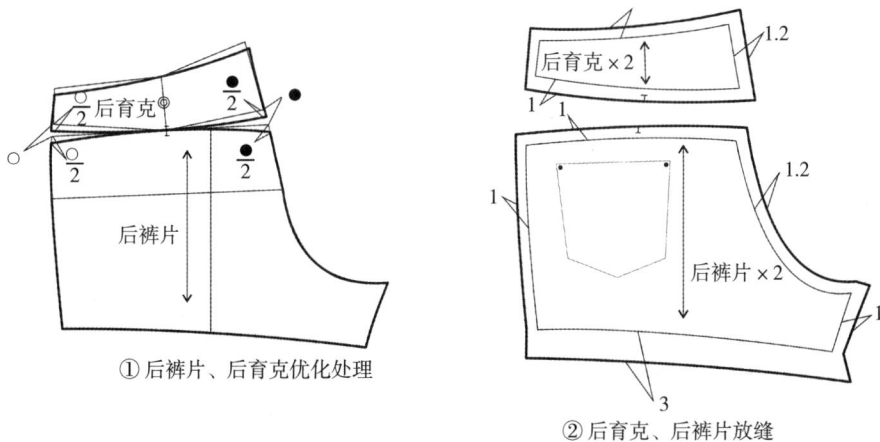

①后裤片、后育克优化处理

②后育克、后裤片放缝

图2-3-5 后裤片育克优化及放缝

（3）腰头、门襟、口袋放缝

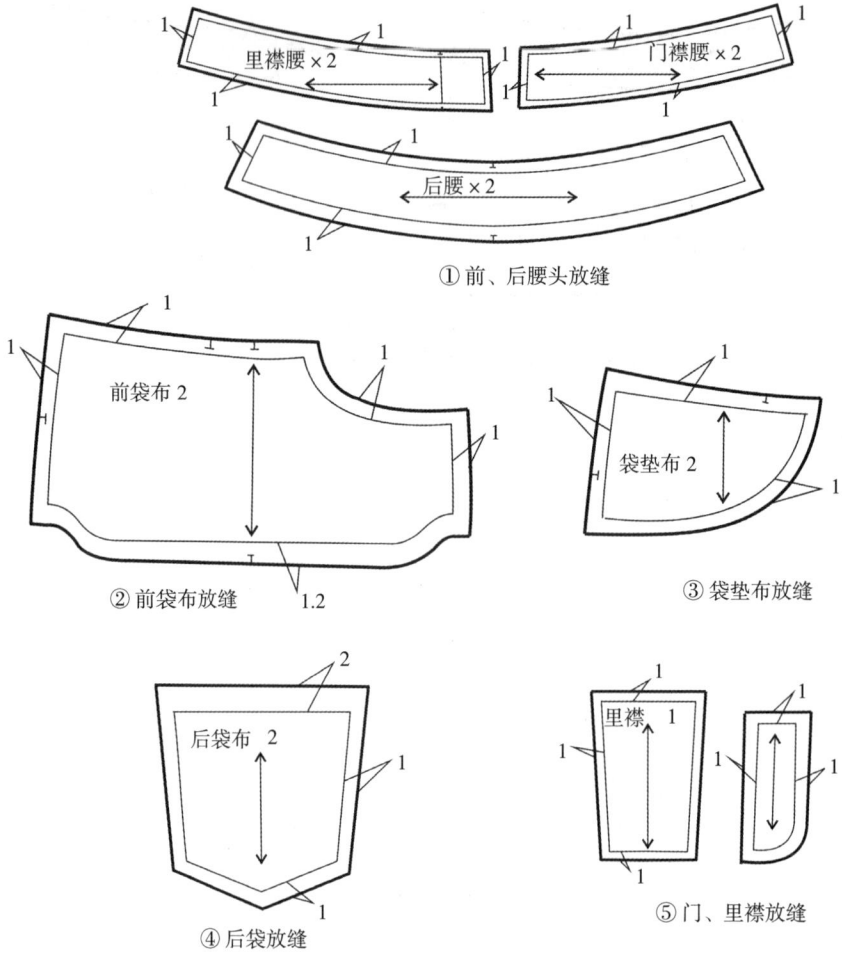

① 前、后腰头放缝

② 前袋布放缝

③ 袋垫布放缝

④ 后袋放缝

⑤ 门、里襟放缝

图2-3-6　腰头、门襟、口袋放缝

（4）裤襻位置和尺寸

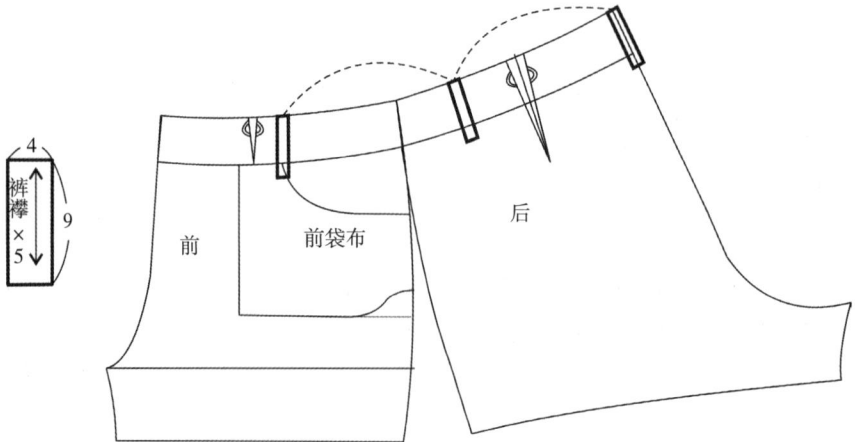

图2-3-7　裤襻位置和尺寸

二、无腰九分阔腿裤

1. 款式分析

本款裤子无腰，臀围稍合体。前身挖袋、左右片各设一个褶裥。后身左右片各收两个省和一个单嵌线假挖袋，适合普通女性春秋季穿着。款式见图2-3-8。

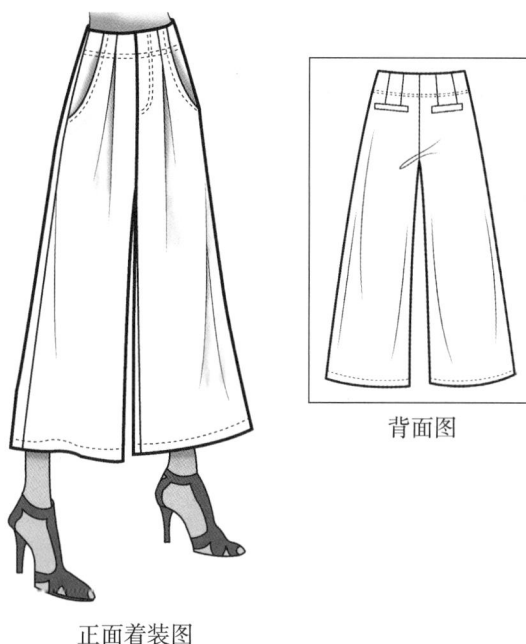

正面着装图

背面图

图2-3-8　无腰九分阔腿裤款式图

2. 适用面料

宜选用中厚型的聚酯纤维和黏胶纤维合成织物、薄呢等适合春秋季穿着的面料。

3. 面辅料参考用量

（1）面料：门幅150cm，用量估算式：裤长+20cm。

（2）辅料：无纺黏合衬适量，普通拉链1条，白棉布30cm（用于口袋）。

4. 结构图

（1）制图参考规格（表2-3-2）

表2-3-2　制图参考规格

号/型	部位名称	腰围（W）	臀围（H）	裤长	上裆	臀长	裤口宽
160/68A	净体尺寸	68	90		25	18	
	制图尺寸	68	96	84	26	18	68

（单位：cm）

（2）结构图（见图2-3-9）

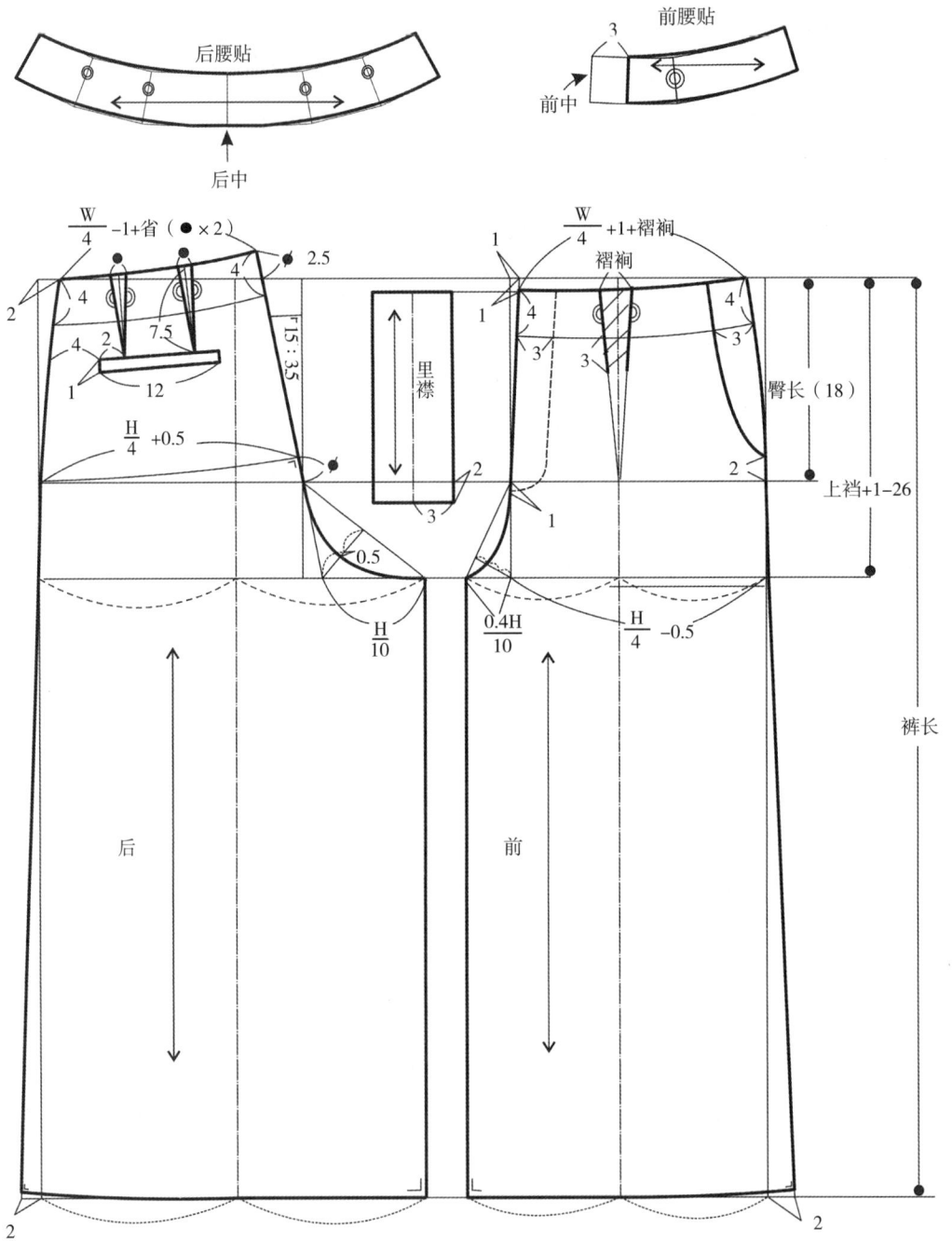

图2-3-9　无腰九分阔腿裤结构图

（3）袋布、袋垫布结构图（图2-3-10）

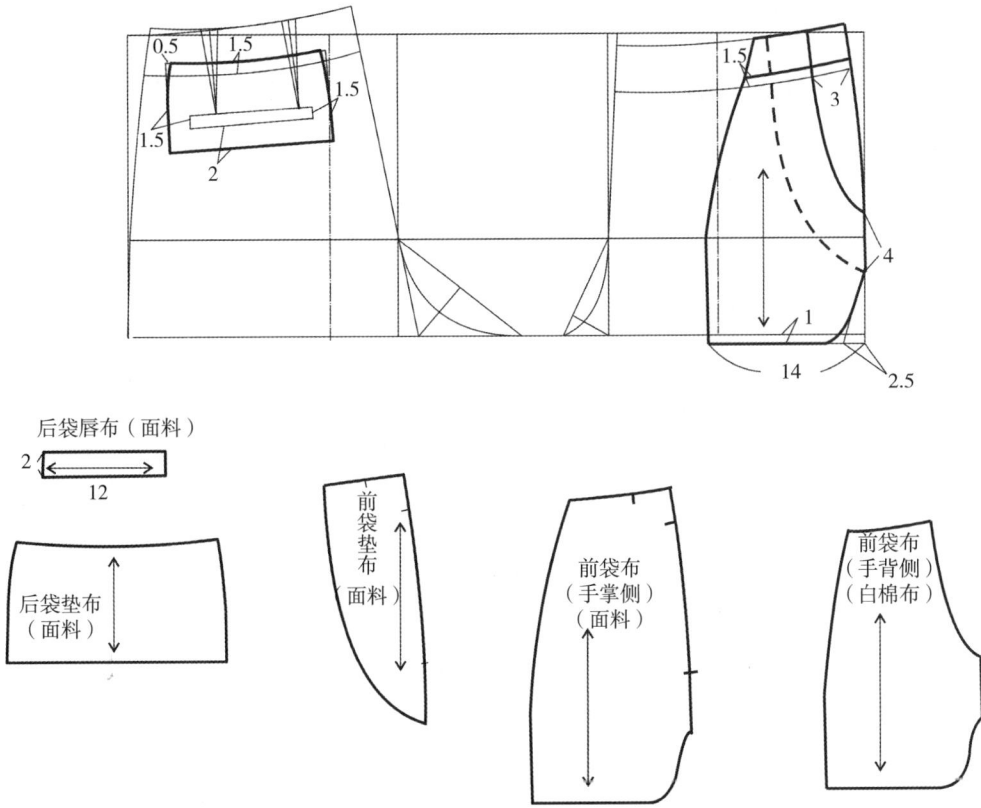

图2-3-10　袋布、袋垫布结构图

5. 放缝

（1）裤片、腰头、门里襟放缝（图2-3-11）

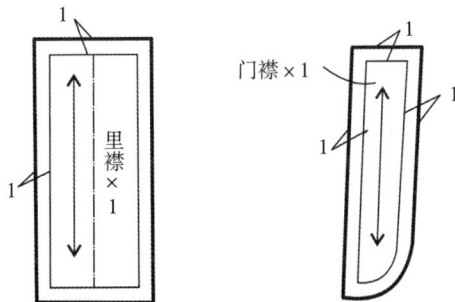

图2-3-11（1）　裤片、腰头、门里襟放缝

后腰贴×2

前腰贴×2

后裤片×2

前裤片×2

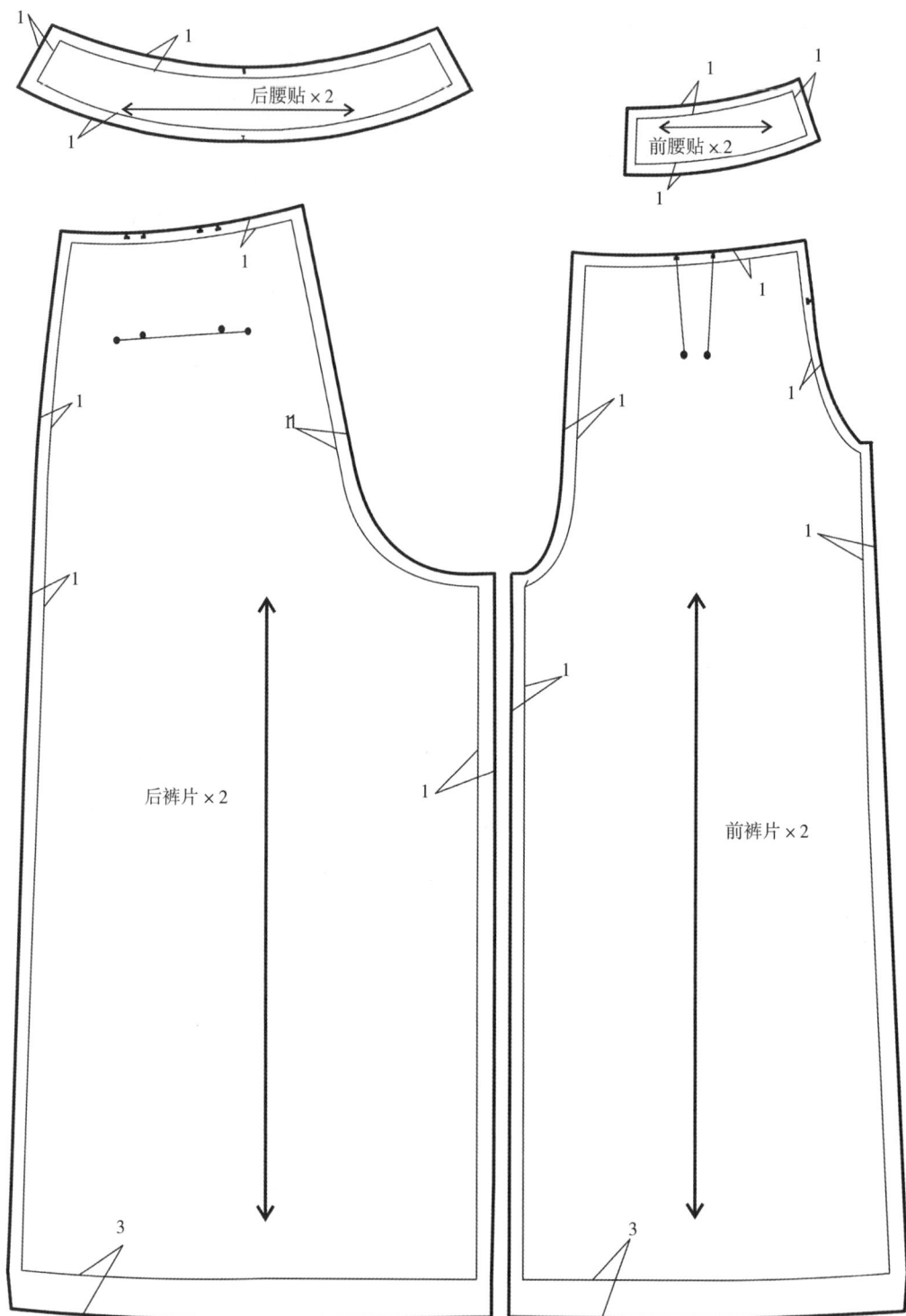

图2-3-11（2） 裤片、腰头、门里襟放缝

（2）袋布、袋垫布放缝（图2-3-12）

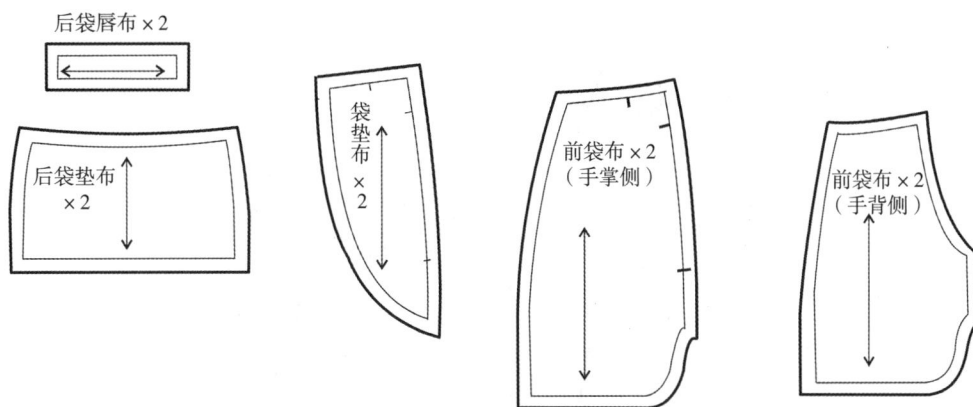

后袋唇布×2

后袋垫布
×2

袋垫布
×2

前袋布×2
（手掌侧）

前袋布×2
（手背侧）

图2-3-12　袋布、袋垫布放缝

二、裤子拓展练习

1. 裤口翻边热裤（图2-3-13）

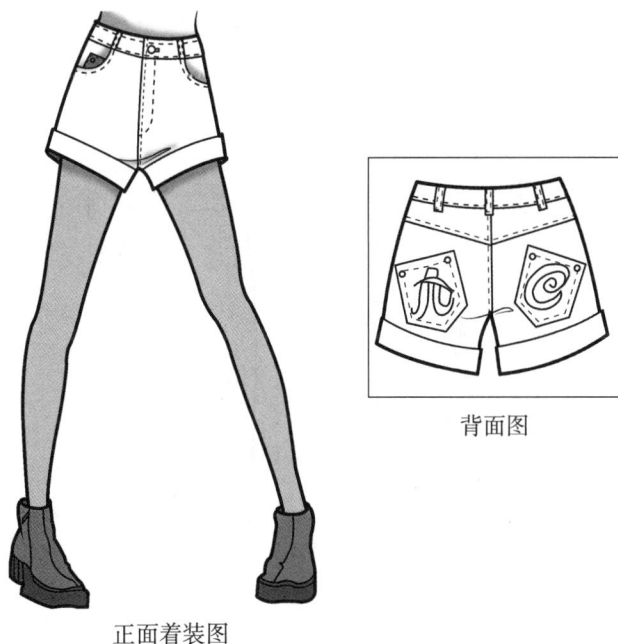

背面图

正面着装图

图2-3-13　裤口翻边热裤

2. 高腰短裤（图2-3-14）

背面图

正面着装图

图2-3-14　高腰短裤

3. 变化七分裤（图2-3-15）

背面图

正面着装图

图2-3-15　变化七分裤

4. 翻边九分裤（图2-3-16）

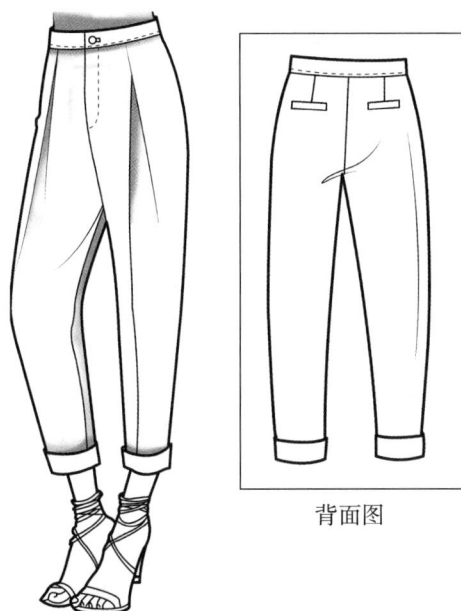

正面着装图

图2-3-16　翻边九分裤

背面图

5. 侧开衩阔腿裤（图2-3-17）

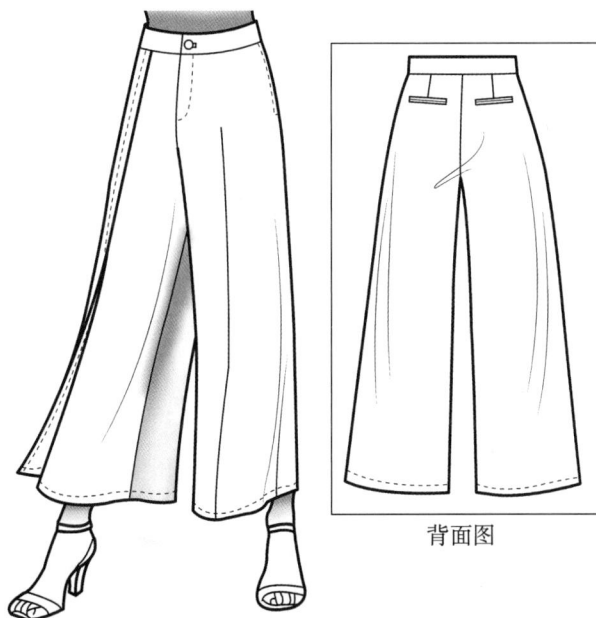

正面着装图

图2-3-17　侧开衩阔腿裤

背面图

6. 变化低裆裤（图2-3-18）

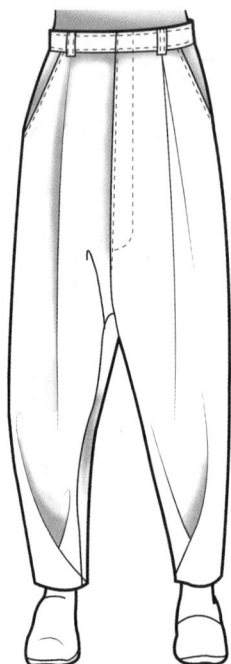 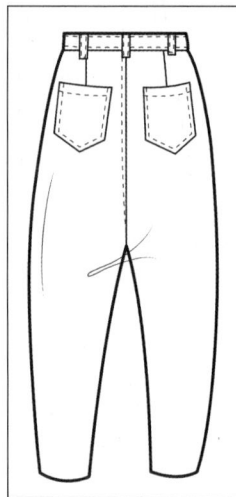

背面图

正面着装图

图2-3-18　变化低裆裤

第三章

女衬衫工艺

woman shirt fabrication technics

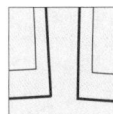

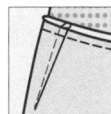

第一节　收腰合体女衬衫

一、概述

1. 款式分析

该款为合体型女衬衫，男式衬衫领、右侧装翻门襟、左侧门襟贴边内折车缝固定，前中设6粒钮；前后衣身收通底腰省、前衣片收腋下省，省道压0.1装饰单线，长袖、圆角袖克夫、大小袖衩，圆弧下摆，款式见图3-1-1。

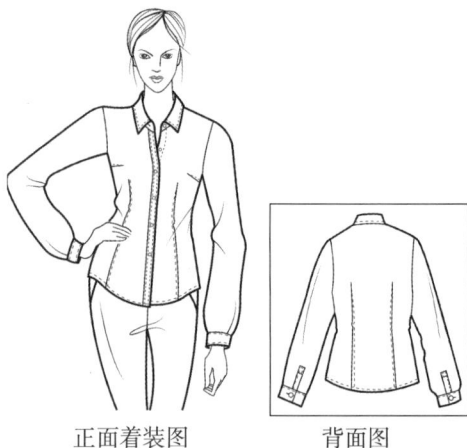

正面着装图　　　背面图

图3-1-1　合体收腰女衬衫款式图

2. 适用面料

该款较适合素色或碎花的全棉或棉混纺织物。

3. 面辅料参考用量

（1）面料　门幅144cm，用量约130cm（包括缩水率）。估算式：衣长+袖长+10cm。

（2）辅料　黏合衬约65cm，扣子10颗。

二、制图参考规格（不含缩率，表3-3-1）

表3-1-1　制图参考规格

号/型	胸围（B）	肩宽（S）	腰围（W）	领围（N）	后中长	背长	袖长（含袖克夫宽6cm）	袖克夫长/宽
155/80A	80+8=88	36.8	64+8=72	36	59	36	56.5	20.5/6
155/84A 160/84A 165/84A	84+8=92	38	68+8=76	37	59 61 63	36 37 38	56.5 58 59.5	21/6
165/88A	88+8=96	39.2	72+8=80	38	63	38	59.5	21.5

（单位：cm）

注：（1）上装的型是指净胸围，合体女衬衫制图时选用净胸围尺寸+8~10cm（松量）。
　　（2）制图时净腰围尺寸+8~10cm（松量）。
　　（3）合体型衬衫的领围N为净颈围尺寸+1.5~2cm。
　　（4）袖克夫长为净手腕尺寸+5cm左右。

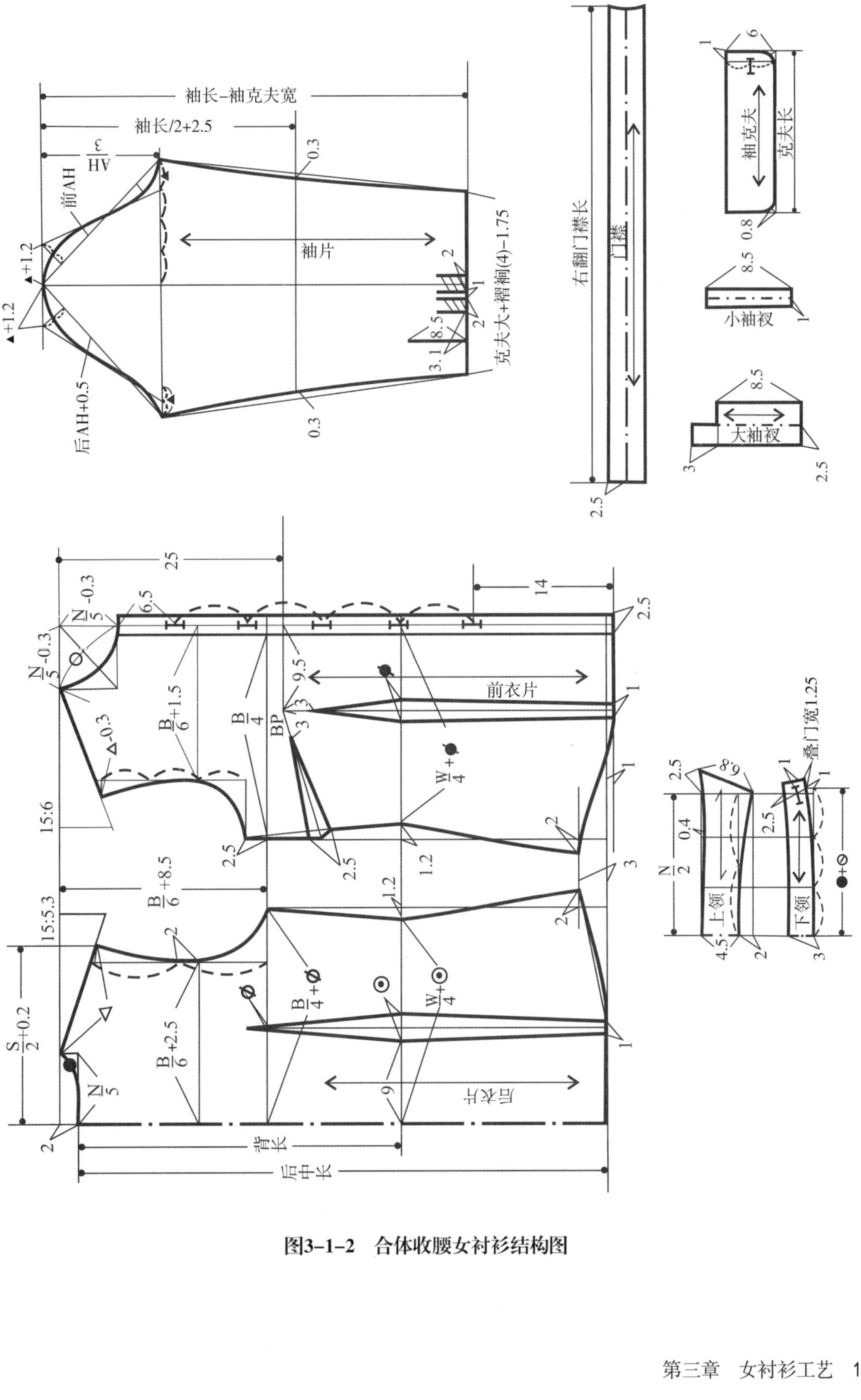

图3-1-2 合体收腰女衬衫结构图

四、放缝、排料

1. 放缝参考图（图3-1-3）

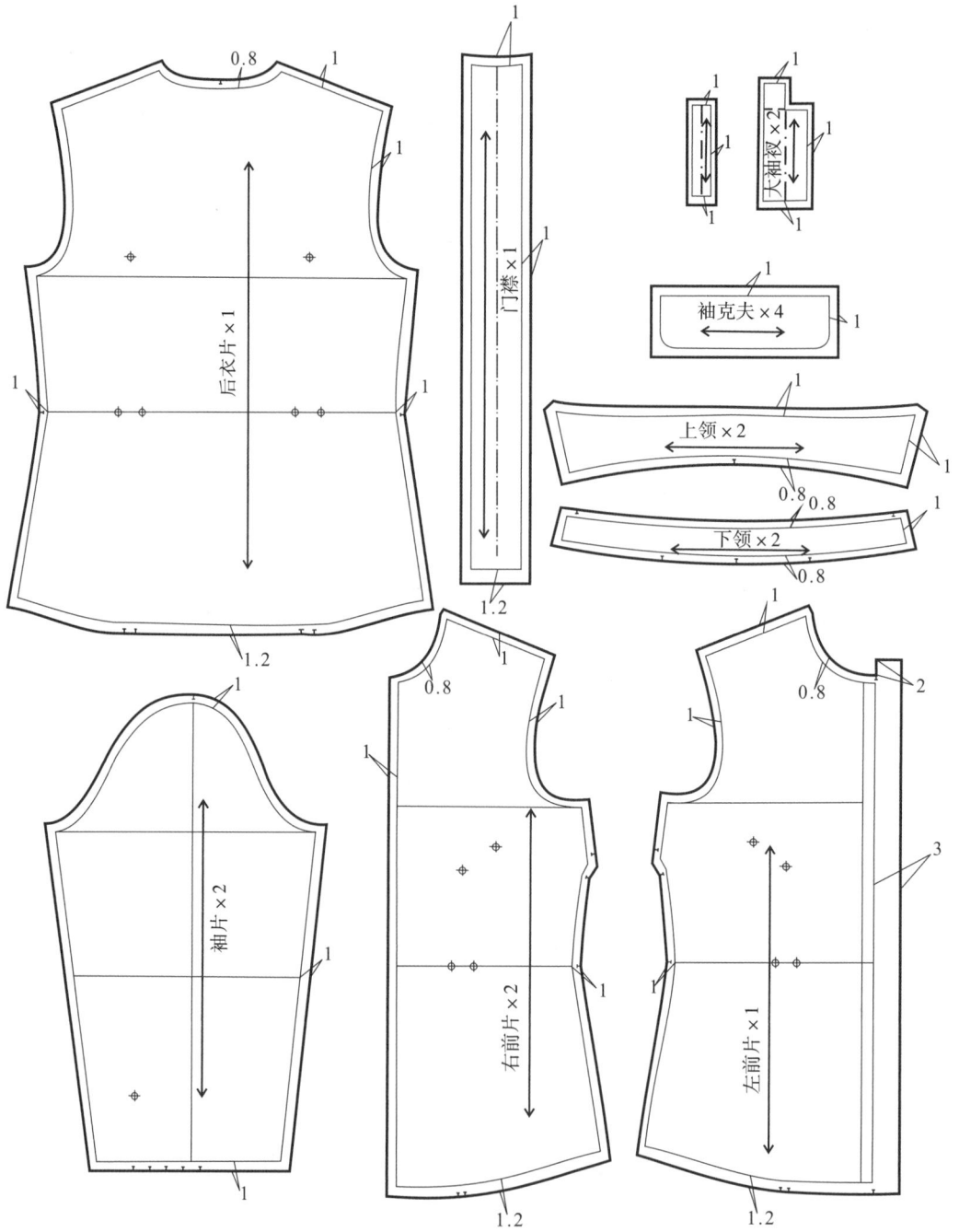

图3-1-3 合体收腰女衬衫放缝参考图

2. 排料

（1）合体收腰女衬衫排料参考图（图3-1-4）

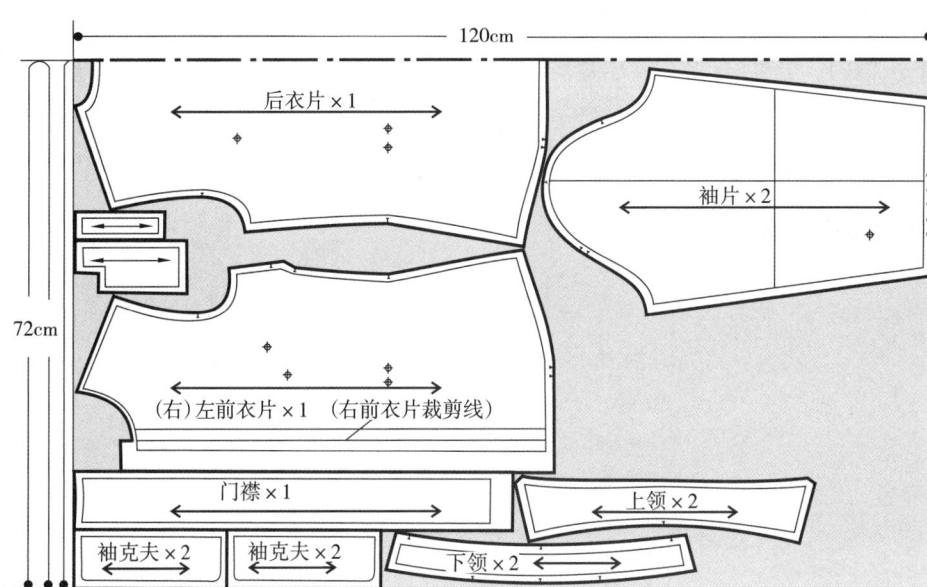

图3-1-4　合体女衬衫排料参考图

（2）黏衬排料参考图（图3-1-5）

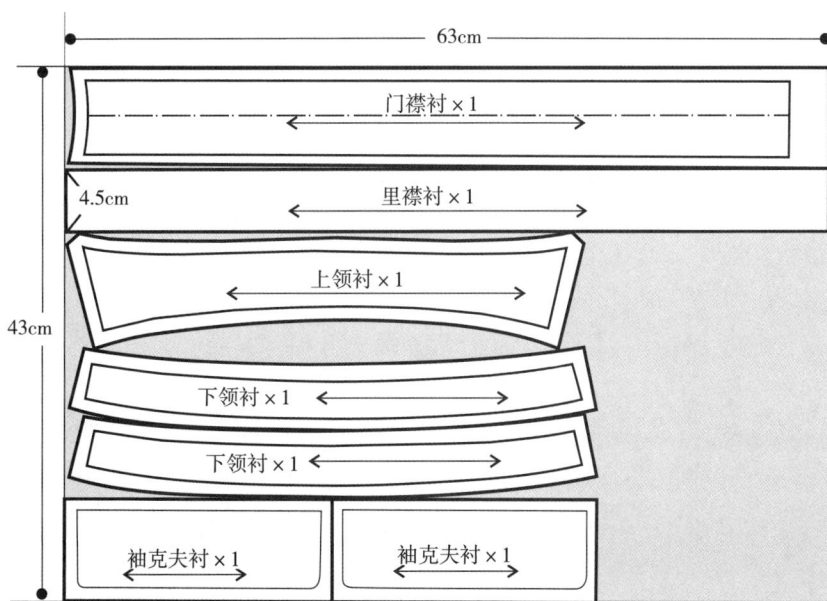

图3-1-5　黏衬排料参考图

五、缝制工艺流程、缝制前准备

1. 合体收腰女衬衫缝制工艺流程

黏衬 → 做门、里襟 → 装门、里襟 → 前衣片收省、烫省 → 后衣片收省、烫省 → 缝合肩缝 → 肩缝锁边 → 做领 → 绱领 → 做袖衩、装袖衩 → 绱袖子 → 袖窿锁边 → 缝合侧缝和袖底缝 → 侧缝和袖底缝锁边 → 做袖克夫 → 绱袖克夫 → 锁眼、钉扣 → 整烫

2. 女衬衫工序分析（图3-1-6）

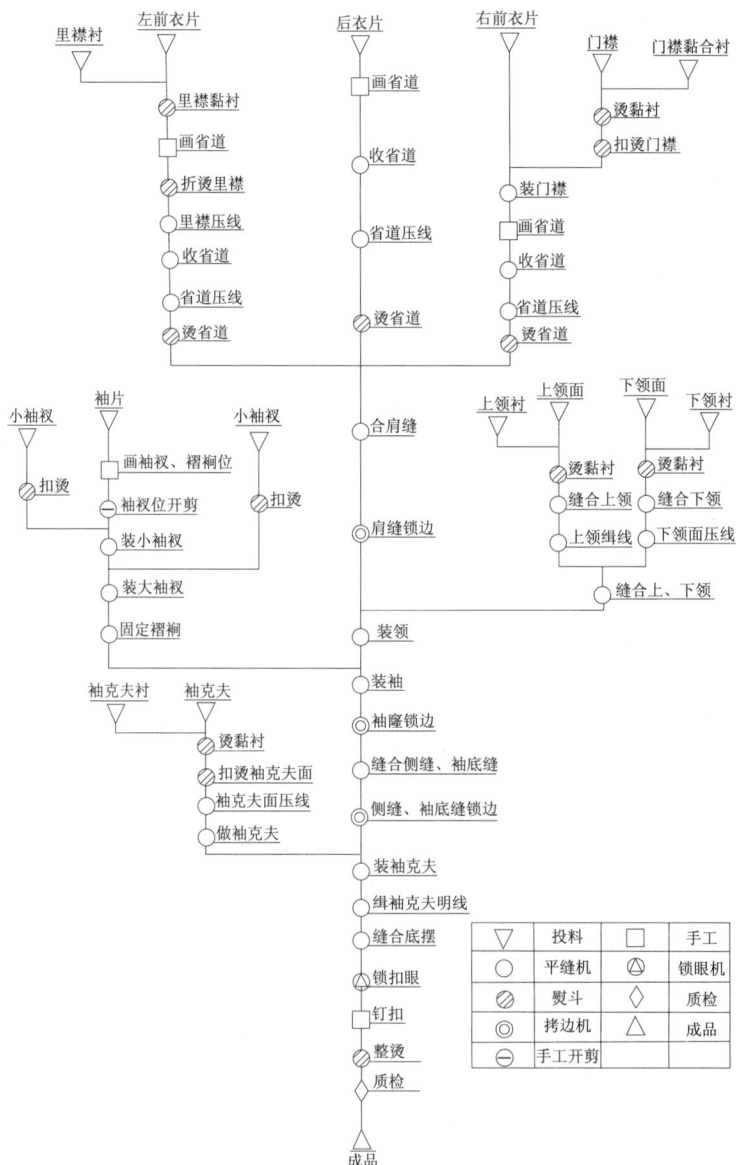

图3-1-6 女衬衫工序分析图

3. 缝制前准备

（1）针号和针距：14号针，针距为14针～16针/3cm；调节底面线松紧度。

（2）黏衬部位（图3-1-7）。

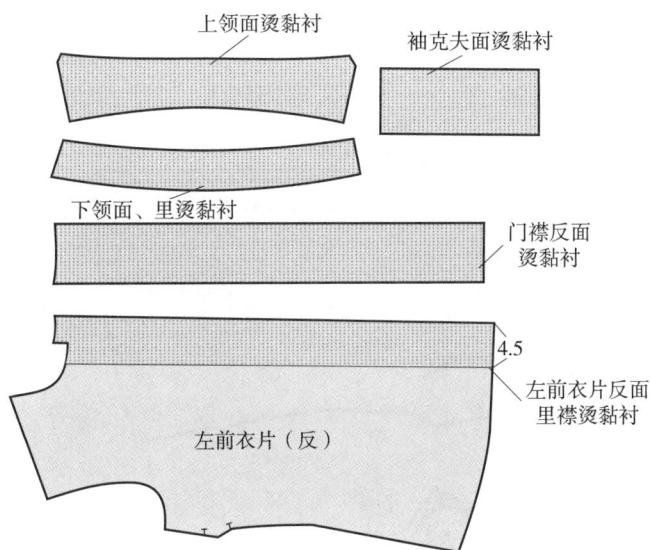

图3-1-7 烫黏衬部位

上领面烫黏衬

袖克夫面烫黏衬

下领面、里烫黏衬

门襟反面烫黏衬

4.5

左前衣片反面里襟烫黏衬

左前衣片（反）

六、缝制工艺步骤及主要工艺

1. 画省道（图3-1-8）

在前、后衣片的反面按样板点位画出省道。

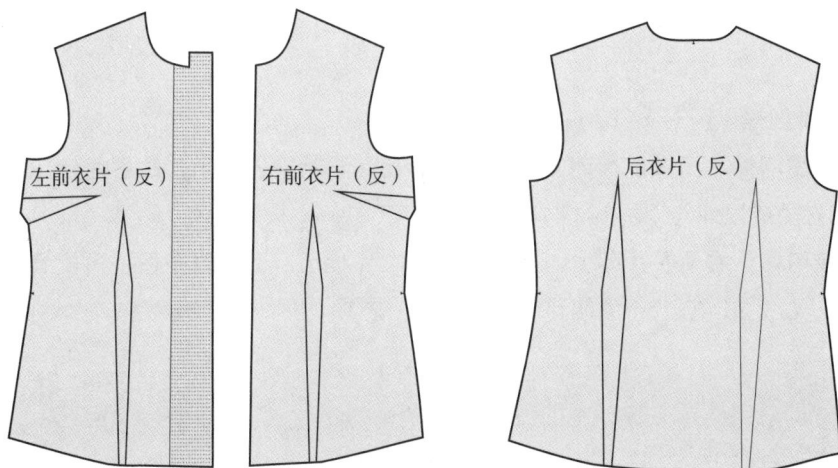

左前衣片（反）

右前衣片（反）

后衣片（反）

图3-1-8 画省道

2. 缝制门、里襟

（1）做里襟（图3-1-9）

左前衣片反面朝上，在里襟处扣烫1cm后，按剪口位置折烫里襟贴边2cm，然后车缝固定。最后将里襟领口处多出的量按领口线修剪。

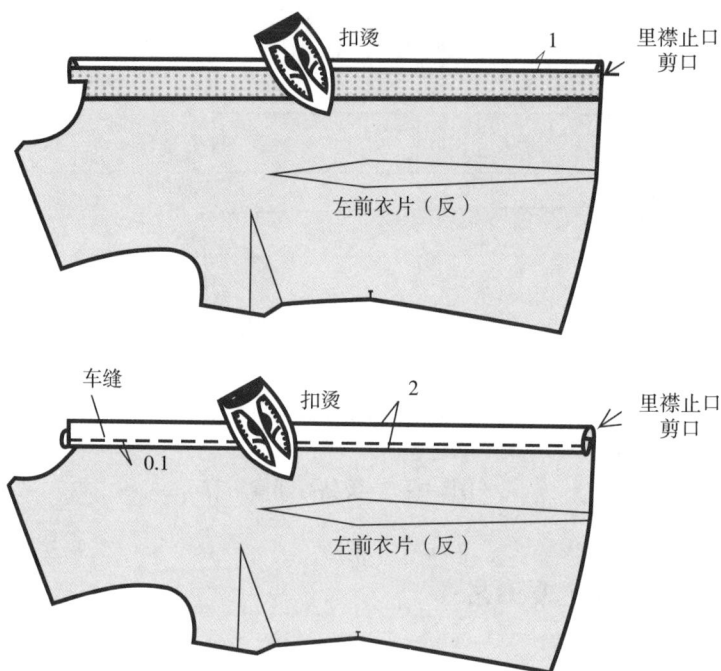

图3-1-9 做里襟

（2）做门襟（图3-1-10）

① 扣烫门襟：门襟反面朝上，先扣烫1cm，再折烫2.5cm，最后包转门襟里的缝份，将门襟烫成里外匀（图3-1-10①）。

② 装门襟：右前衣片朝上，将门襟夹住衣片1cm，上下对齐后，再闷缝固定。最后在门襟止口处车缝0.1cm的明线（图3-1-10②）。

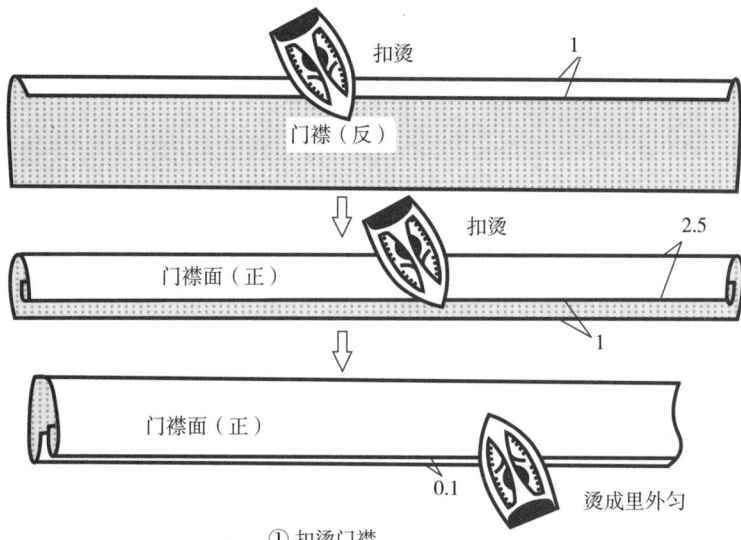

扣烫

1

门襟（反）

扣烫

2.5

门襟面（正）

1

门襟面（正）

0.1

烫成里外匀

① 扣烫门襟

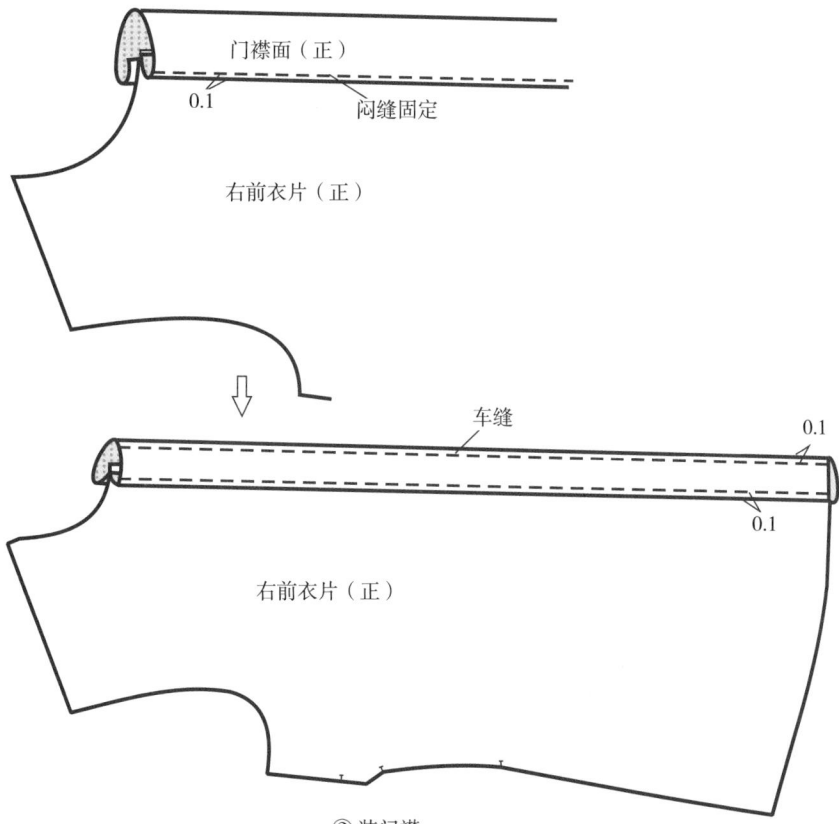

门襟面（正）

0.1

闷缝固定

右前衣片（正）

车缝

0.1

0.1

右前衣片（正）

② 装门襟

图3-1-10　做门襟

3. 缝合前衣片省道（图3-1-11）

（1）缝合腋下省：按腋下省的剪口缝合腋下省，要求缝至省尖时缝线留10cm左右，将缝线打结后再剪断（图3-1-11①）。

（2）缝合腰省：按省道的点位和下摆的剪口缝合腰省，省尖处理同腋下省（图3-1-11②）。

（3）熨烫省道：腋下省往袖窿处烫倒，腰省往前中烫倒（图3-1-11③）。

（4）省道缉明线：在衣片的正面，沿省缝缉0.1cm的装饰明线（图3-1-11④）。

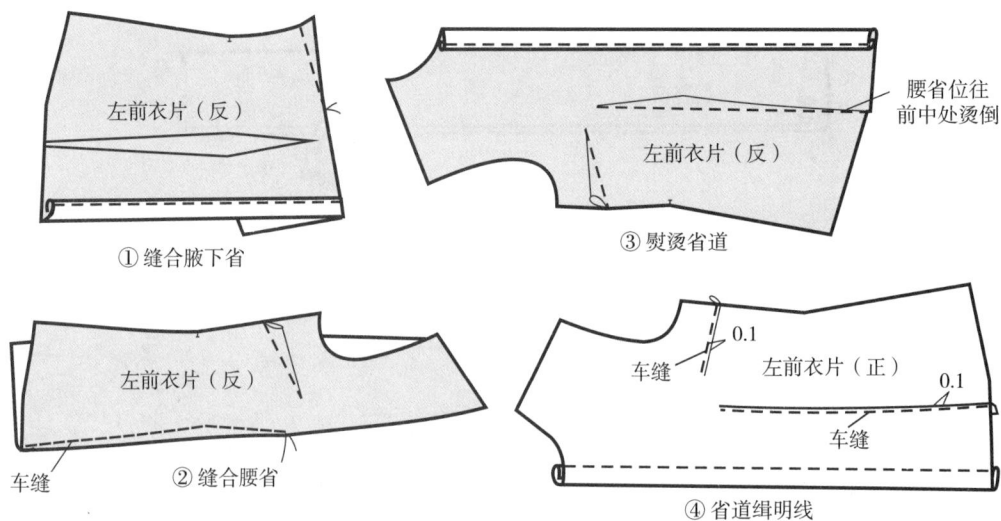

图3-1-11　缝合前衣片省道

4. 缝合后衣片省道（图3-1-12）

先按后衣片的省位缝合腰省，再将腰省往后中烫倒，在衣片的正面沿省缝压0.1cm的装饰明线。

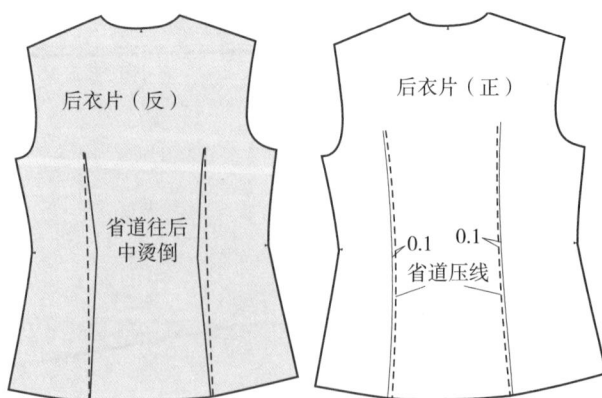

图3-1-12　缝合后衣片省道

5．缝合肩缝并三线包缝（图3-1-13）

将前、后衣片正面相对，对准前后肩缝，按1cm的缝份缝合，然后将前衣片朝上，三线包缝肩线，最后把缝份往后片烫倒。

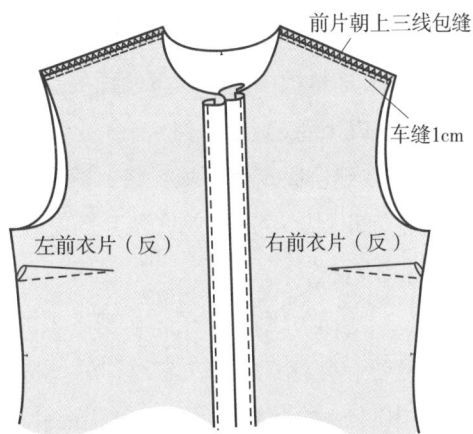

图3-1-13　缝合肩缝并三线包缝

6. 做上领（图3-1-14）

（1）净样板画线：在上领里的反面按净样板画线（图3-1-14①）。

（2）缝合上领：将上领的面里正面相对，领里放上，沿净样画线缝合上领。要求在领角处领面稍松，领里稍紧，使领角形成窝势。

（3）修剪、扣烫缝份：先把领角的缝份修剪留0.2cm，将领面朝上，沿缝线扣烫后，翻到正面，在领里将领止口烫成里外匀。注意：左右领角长度一致并对称（图3-1-14②）。

（4）领止口缉明线：将领面朝上，沿领止口缉0.2cm的明线（图3-1-14③）。

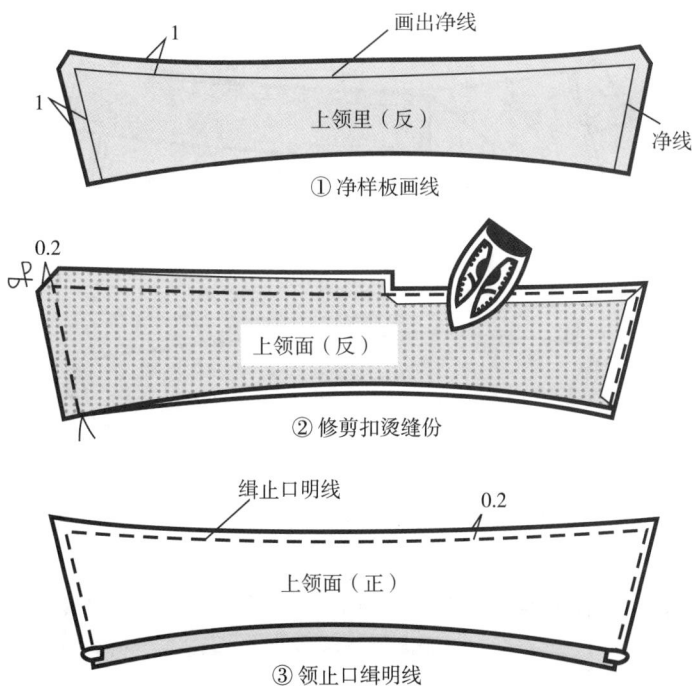

图3-1-14　做上领

7. 上下领缝合（图3-1-15）

（1）净样板画线：在下领面的反面按净样板画线，然后按净线扣烫领底线0.8cm，再缉线0.7cm固定（图3-1-15①）。

（2）缝合固定上下领：将上领夹在两片下领的中间，上领面与下领面、上领里与下领里正面相对，并准确对齐两片的左右装领点、后中点，再按净线缝合，缝份为0.8cm（图3-1-15②）。

（3）修剪、翻烫领子：修剪下领的领角留0.2cm，再将领子翻到正面，注意下领角须翻到位，并检查领子左右对称后，将领角烫成平止口。最后在距上领左右装领点2cm之间缉0.1cm的明线固定，起针和止针不必回针（图3-1-15③）。

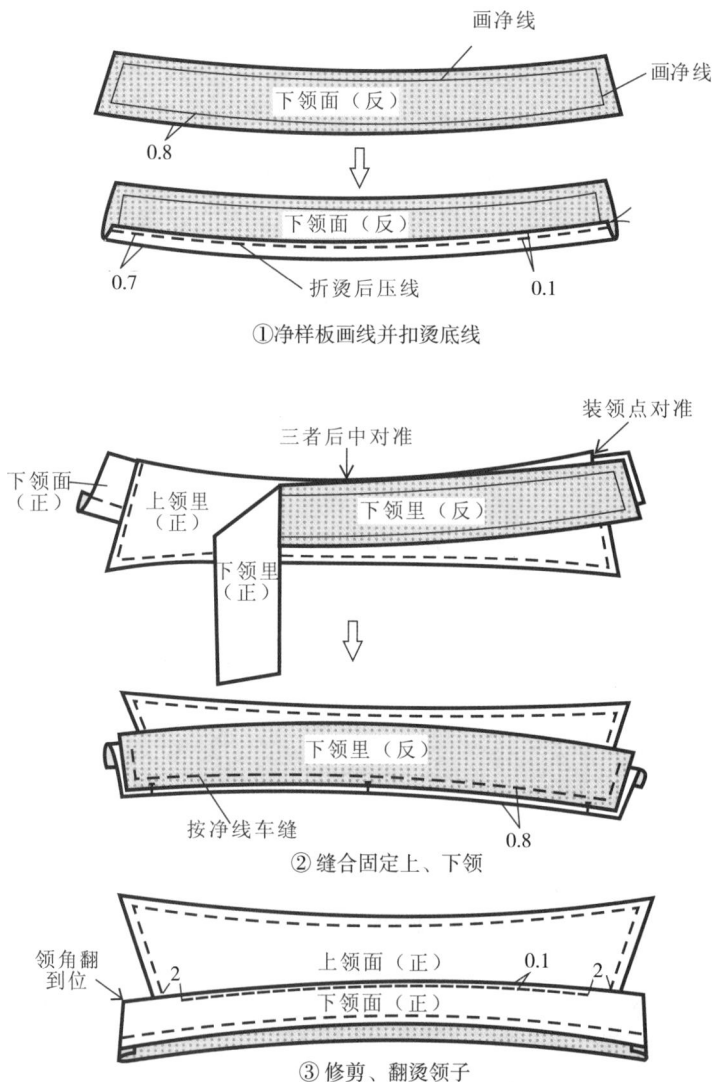

①净样板画线并扣烫底线

②缝合固定上、下领

③修剪、翻烫领子

图3-1-15 上下领缝合

8. 绱领（图3-1-16）

（1）装领：下领面在上，下领里与衣片正面相对，在衣片领圈处将后中点、左右颈侧点对准领里的后中点、左右颈侧点，按净线0.8cm的缝份缝合。要求：装领起止点必须与衣片的门里襟上口对齐，领圈弧线不可拉长或起皱（图3-1-16①）。

（2）闷领：将下领面盖住下领里缝线，接住上下领缝合线明线的一侧连续车缝0.1cm至下领面的领底线到另一侧为止。要求：两侧接线处缝线不双轨，下领里处的领底缝线不超过0.3cm（图3-1-16②）。

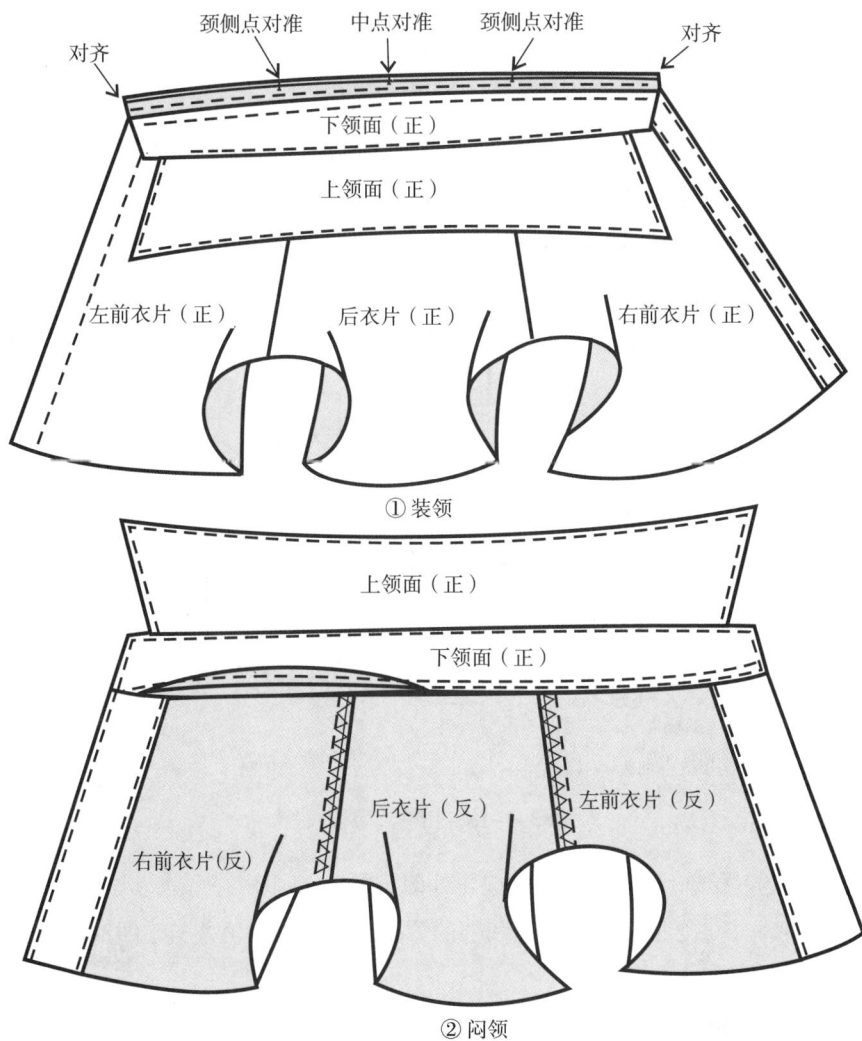

图3-1-16 绱领

9. 烫袖衩、装袖衩

（1）画袖衩、褶裥位（图3-1-17）

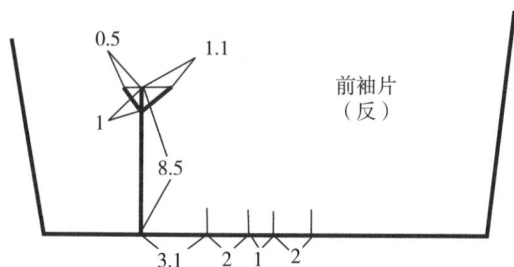

图3-1-17　画袖衩、褶裥位

在袖片的反面按样板画出袖衩和褶裥位置，将两袖片正面相对对齐后，把袖衩位置的Y形剪开，褶裥位置打剪口。

（2）扣烫大小袖衩（图3-1-18）

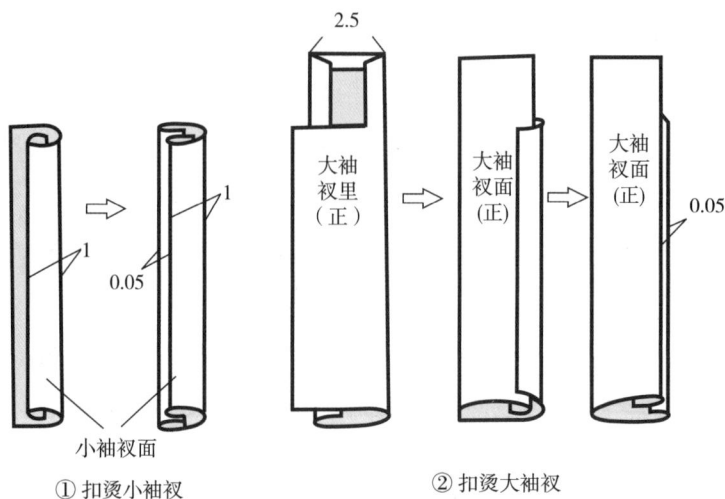

图3-1-18　扣烫大小袖衩

① 小袖衩扣烫成1cm宽，面里烫成里外匀（图3-1-18①）。

② 大袖衩扣烫成2.5cm宽，注意角部的方正，面里烫成里外匀（图3-1-18②）。

（3）装袖衩（图3-1-19）

① 袖片正面朝上，如图将小袖衩夹住Y形剪口的一侧，下层比上层多出0.05cm（图3-1-19①）。

② 沿小袖衩面的边缘闷缝0.1cm固定（图3-1-19②）。

③ 如图把大袖衩展开，正面朝上，距大袖衩里上口1cm处画1条直线（图3-1-19③）。

④ 将大袖衩放在小袖衩下方，上口的画线对准袖片Y形剪口，沿Y形剪口的三角车缝回针三次固定，不要出现双轨（图3-1-19④）。

⑤ 将大袖衩翻出，整理平整（图3-1-19⑤）。

⑥ 车缝固定大袖衩，从Y形剪口的对应位置起针，车缝方向见图示（图3-1-19⑥）。

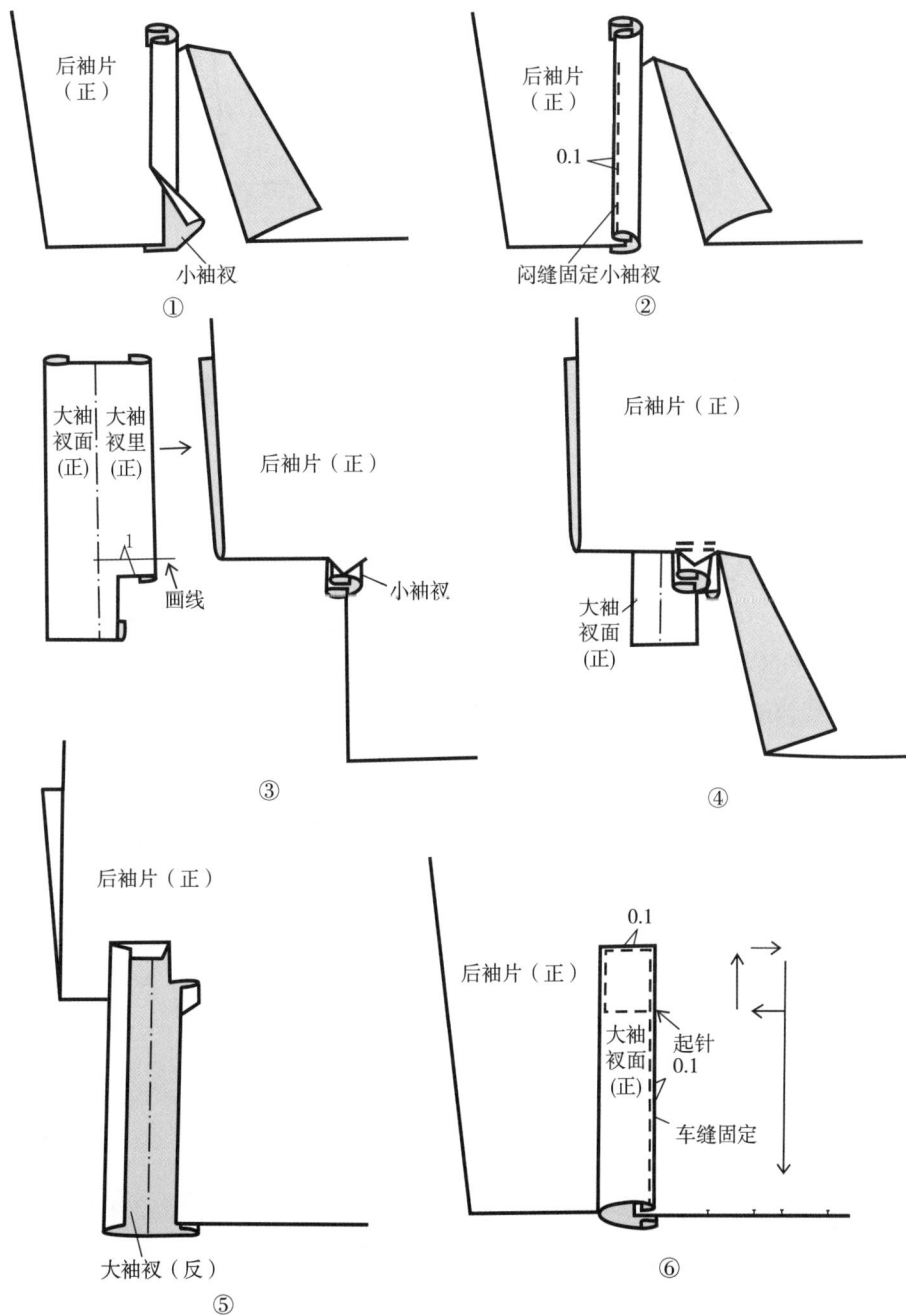

图3-1-19 装袖衩

10. 固定袖口褶裥（图3-1-20）

在袖口，按褶裥剪口折叠褶裥，并往袖衩方向折倒，然后距袖口边0.8cm车缝固定褶裥。

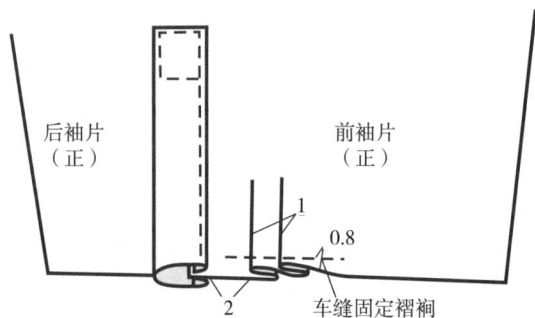

图3-1-20 固定袖口褶裥

11. 绱袖子（图3-1-21）

（1）长针距车缝袖山线：将针距放长，距袖山线0.7cm车缝，要求距袖底点6~7cm不缝（图3-1-21①）。

（2）抽缩袖山吃势：将袖山的一根缝线稍抽紧，并整理成窝状；袖中点对准衣片的肩点，调整抽缩后的袖山线与衣片的袖窿线等长（图3-1-21②）。

（3）装袖子：袖中点与衣片的肩点对齐、袖底点与衣片的袖窿底点对准，对齐衣片的袖窿线和袖子的袖山线，车缝1cm固定（图3-1-21③）。

（4）三线包缝：将衣片放上层，三线包缝缝合线（图3-1-21④）。

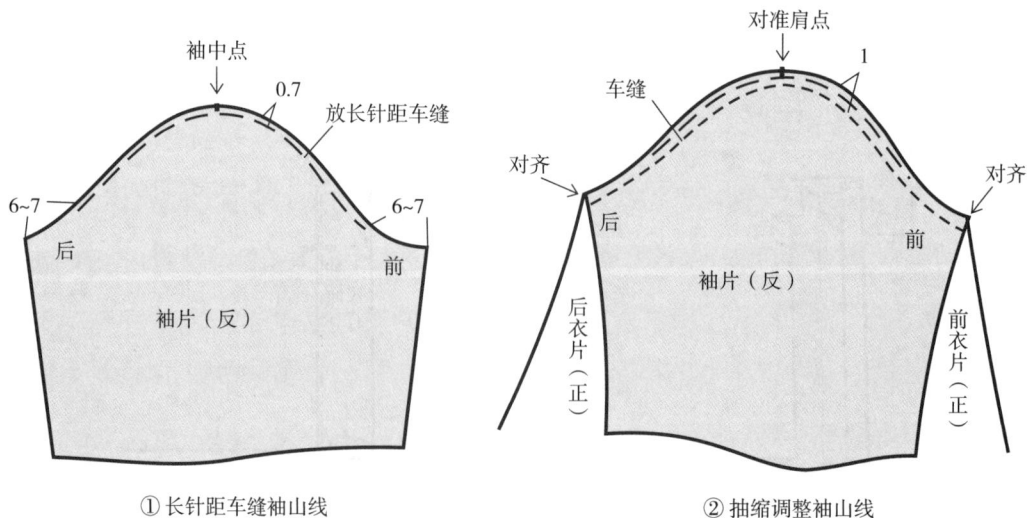

①长针距车缝袖山线

②抽缩调整袖山线

图3-1-21（1） 绱袖子

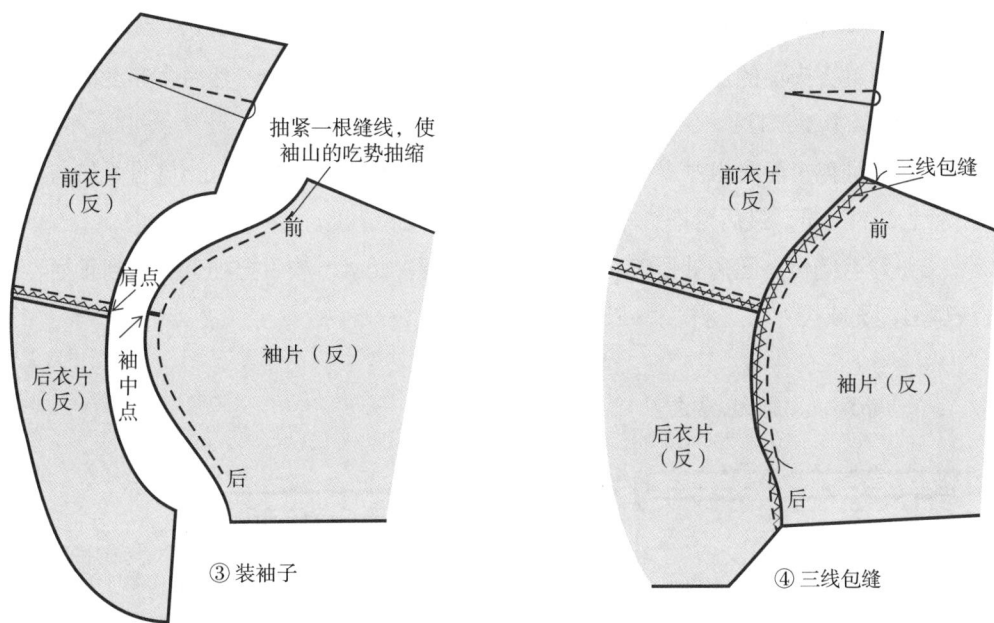

抽紧一根缝线，使
袖山的吃势抽缩

前衣片
（反）

肩点

袖中点

后衣片
（反）

前

袖片（反）

后

③装袖子

三线包缝

前衣片
（反）

前

袖片（反）

后衣片
（反）

后

④三线包缝

图3-1-21（2）　绱袖子

12. 缝合袖底缝、侧缝并
三线包缝（图3-1-22）

　　将袖底缝、前后衣片的
侧缝对齐，袖窿底点对准，
从底摆处开始连续车缝衣片
的侧缝和袖底缝，注意袖山
的缝份倒向袖子，但不能用
熨斗压烫。然后将衣片正面
朝上，三线包缝衣片侧缝和
袖底缝，最后将缝份往后片
烫倒。

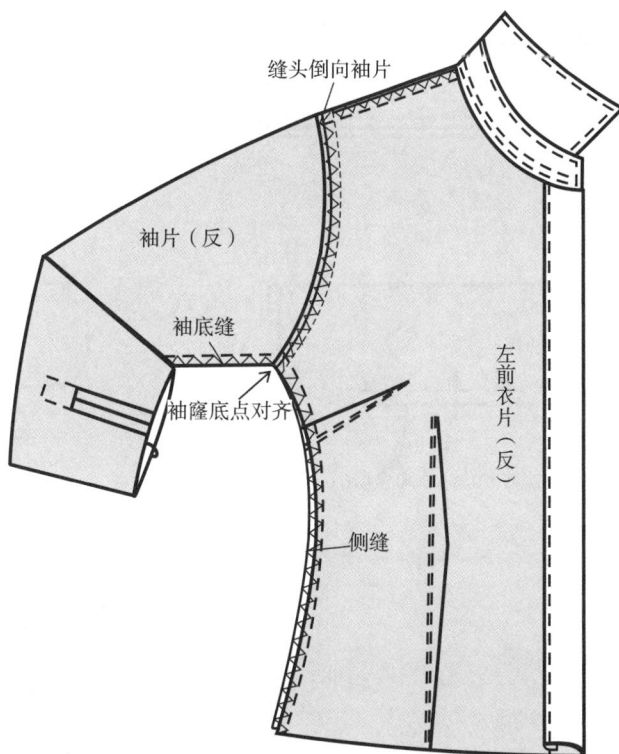

缝头倒向袖片

袖片（反）

袖底缝

袖窿底点对齐

侧缝

左前衣片（反）

图3-1-22　缝合袖底缝、侧缝并三线包缝

13. 做袖克夫（图3-1-23）

（1）将袖克夫面的反面朝上，上口折烫1cm后按0.8cm车缝。然后再在上面按净样板画线（图3-1-23 ①）。

（2）将袖克夫面里相对，袖克夫面放上层，将袖克夫里多出的1cm缝份折转盖住袖克夫面上口的缝份，最后沿净线车缝三周（图3-1-23 ②）。

（3）修剪缝份，圆角处留0.3cm，其余缝份留0.6cm，然后把袖克夫翻到正面，整理成型后，烫成里外匀（图3-1-23 ③）。

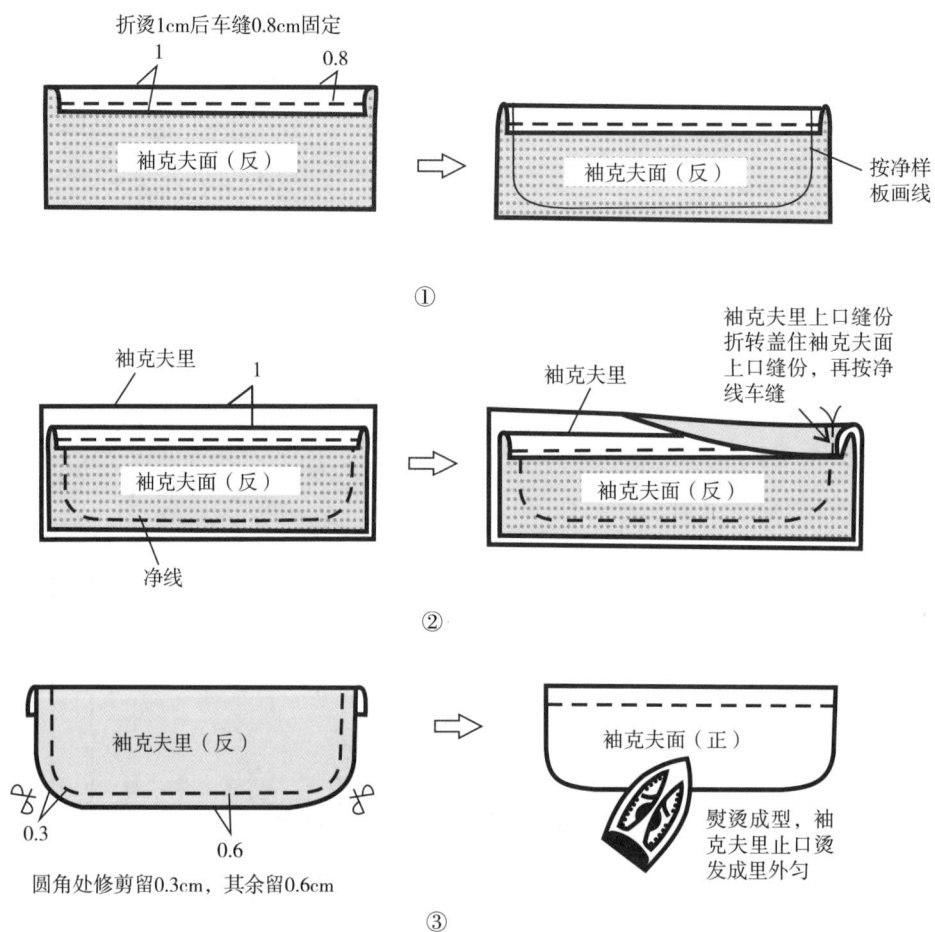

图3-1-23　做袖克夫

14. 装袖克夫（图3-1-24）

将袖克夫夹住袖口缝份1cm，沿边用闷缝车缝0.1cm固定，其余三边车0.6cm的明线。

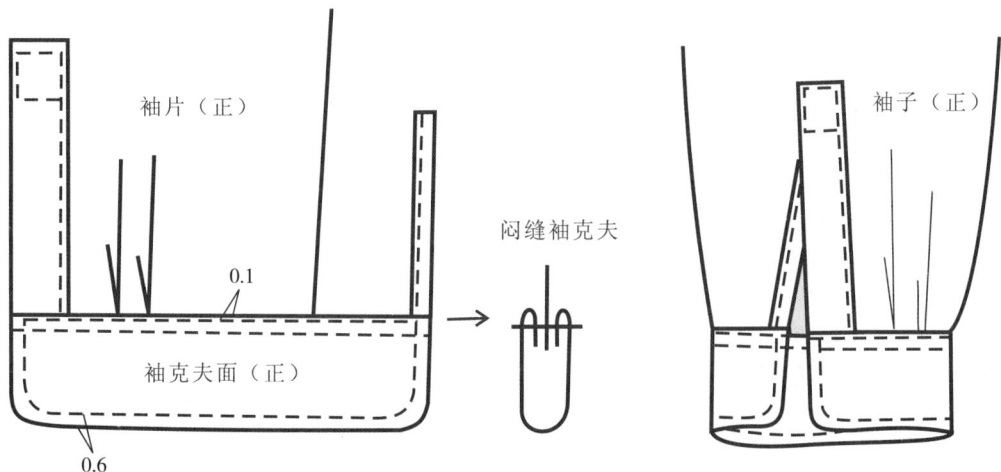

袖片（正）

0.1

袖克夫面（正）

0.6

闷缝袖克夫

袖子（正）

图3-1-24　装袖克夫

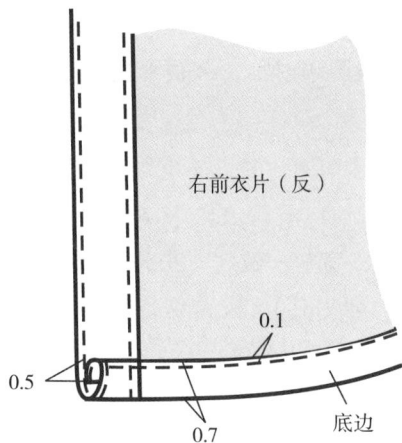

右前衣片（反）

0.1

0.5

0.7

底边

图3-1-25　卷底边

15. 卷底边（图3-1-25）

先检查衣片左右片门里襟是否长度一致；然后把底边两折，第一次折0.5cm，第二次折0.7cm；再沿第一次折边车缝0.1cm固定。

16. 锁眼、钉扣（图3-1-26）

（1）袖衩、袖克夫锁、钉：左、右袖的大袖衩各锁纵向扣眼1个，对应的小袖衩处各钉扣子1颗；左、右大袖衩对应的袖克夫各锁横向扣眼1个，在扣眼的对应处各钉扣子1颗（图3-1-26①）。

（2）门里襟与锁、钉：门襟锁纵向扣眼5个，下领角锁横向扣眼1个；对应的里襟钉扣子5颗，下领角钉扣子1颗（图3-1-26②）。

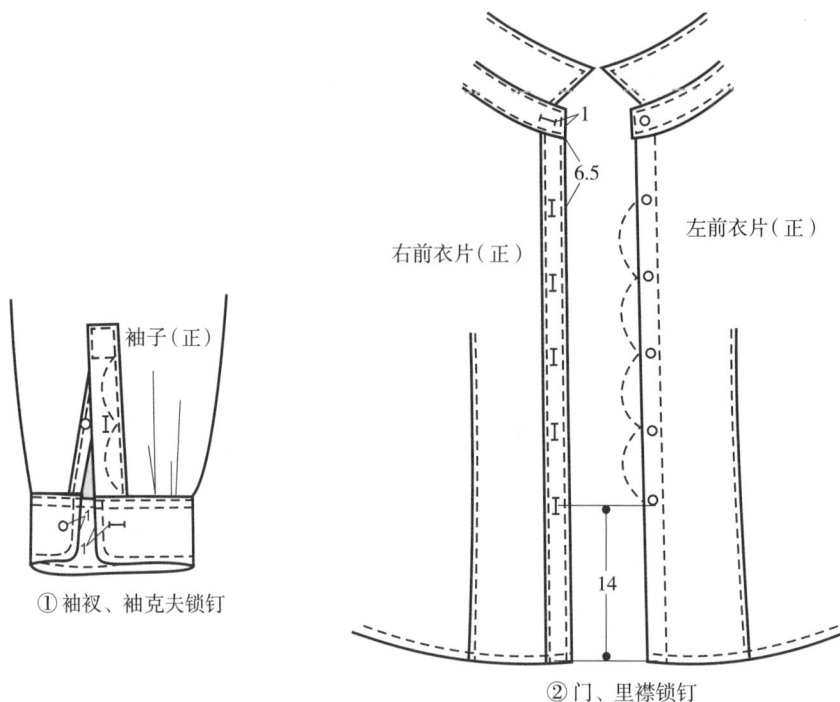

图3-1-26 锁眼、钉扣

七、缝制工艺质量要求及评分参考标准（总分：100）

1. 领子平服，两领角长短一致，领角不反翘，缉线圆顺对称，装领平整、左右对称。（25分）

2. 门里襟平服且长短一致、缉线顺直。（10分）

3. 省位左右对称，正面压线顺直。（10分）

4. 绱袖吃势均匀，袖长左右对称，左右袖克夫长短、宽窄一致。（20分）

5. 袖衩平整不露毛、袖克夫高低一致，左右对称。（20分）

6. 锁眼、钉扣位置准确。（10分）

7. 成衣无线头，整洁、美观。（5分）

八、实训题

1. 实际训练衣片腋下省、通腰省的缝制，注意省尖处的平顺。

2. 实际训练男式衬衫领的缝制和装领，注意装领各处的对位。

3. 实际训练方头大、小袖衩的缝制，并思考和练习尖头大、小袖衩的不同缝制。

4. 实际训练圆头两片式袖克夫的缝制，并能加以熟练运用。

第二节　长款时尚女衬衫

一、概述

1. 款式分析

本款衬衫衣身较长，廓型较为修身，既有时尚感，又具优雅淑女的风格。立领、有腰带收腰、袖型为复古的灯笼袖，袖口车橡筋，弧形下摆。前片、后中及袖子的塔克工艺和装饰同色花边的细节设计精致，搭配出高雅品位，款式见图3-2-1。

2. 适用面料

宜使用天然轻薄感的面料制作，如丝棉纺、薄棉布、棉涤混纺面料等。

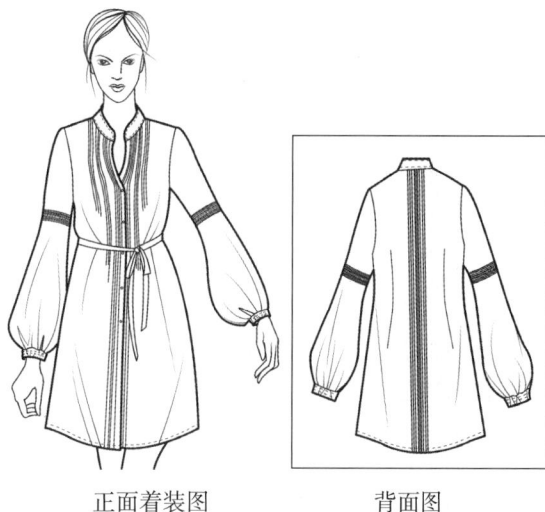

正面着装图　　　　背面图

图3-2-1　长款时尚女衬衫款式图

3. 面辅料参考用量

（1）面料　门幅144cm，用量约160cm。估算式：衣长+袖长+20cm。

（2）辅料　黏合衬约70cm，2cm宽花边约160cm，橡筋适量，扣子5颗。

二、制图参考规格（不含缩率，表3-2-1）

表3-2-1　制图参考规格

号/型	胸围（B）	肩宽（S）	后中长	背长	袖长	袖口大	后领高
155/80A	80+14=94	37.8	73	36	60.5	19.5	3.5
155/84A 160/84A 165/84A	84+14=98	39	73 75 78	36 37 38	60.5 62 63.5	20	3.5
165/88A	88+14=102	40.2	78	38	63.5	20.5	3.5

（单位：cm）

注：上装的型是指净胸围，本款女衬衫制图时选用净胸围尺寸+14cm（松量）左右。

三、结构图

1. 结构图（图3-2-2）

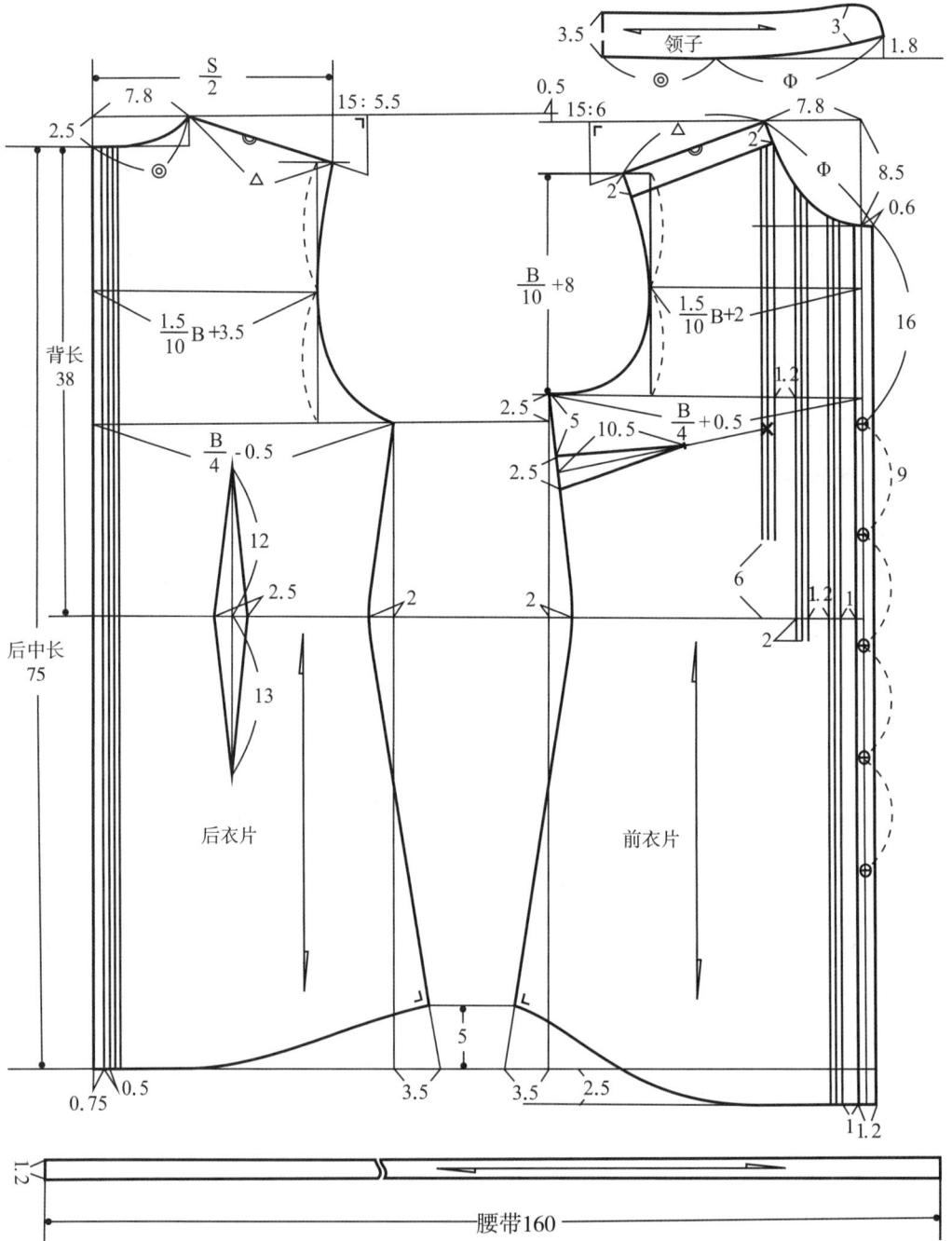

① 衣片、领片结构图

图3-2-2（1） 长款时尚女衬衫结构图

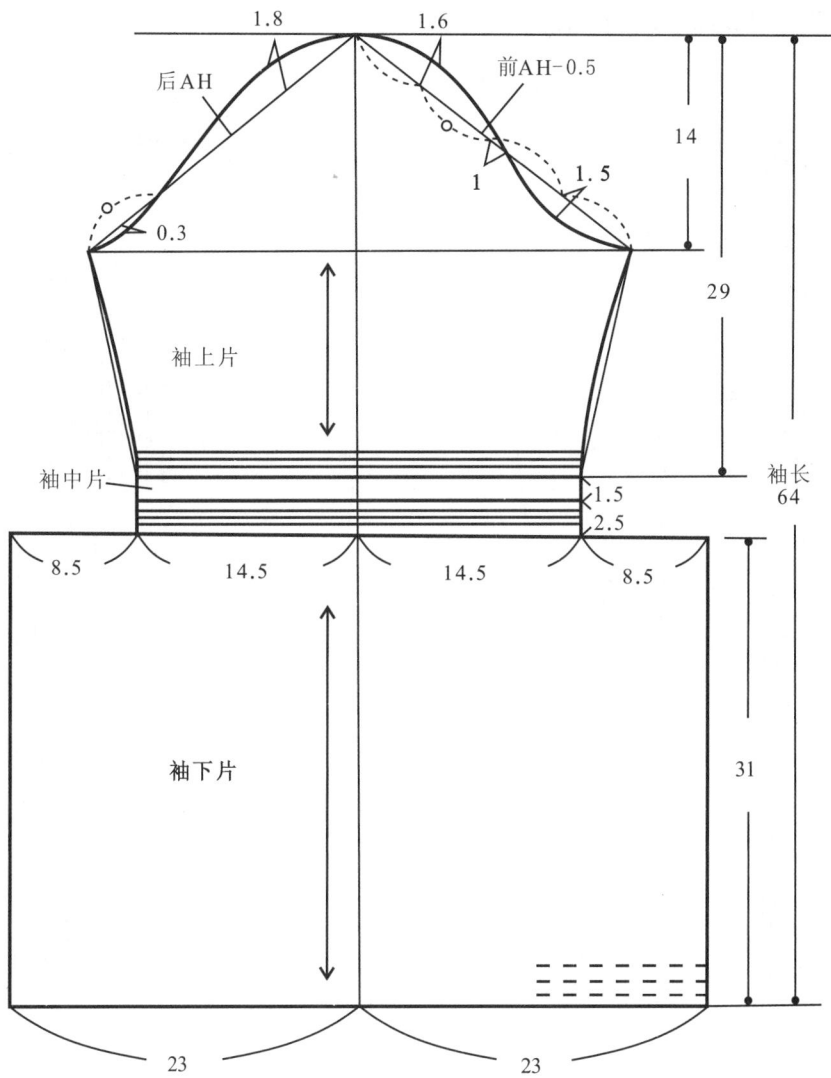

1.8　　　1.6

后AH　　　　　　　前AH-0.5

14

1　　1.5

0.3

29

袖上片

袖中片　　　　　　　　　　　1.5

2.5

袖长
64

8.5　　14.5　　14.5　　8.5

袖下片

31

23　　　　23

② 袖片结构图

图3-2-2（2）　长款时尚女衬衫结构图

2. 衣片、袖片搭克展开结构图（图3-2-3）

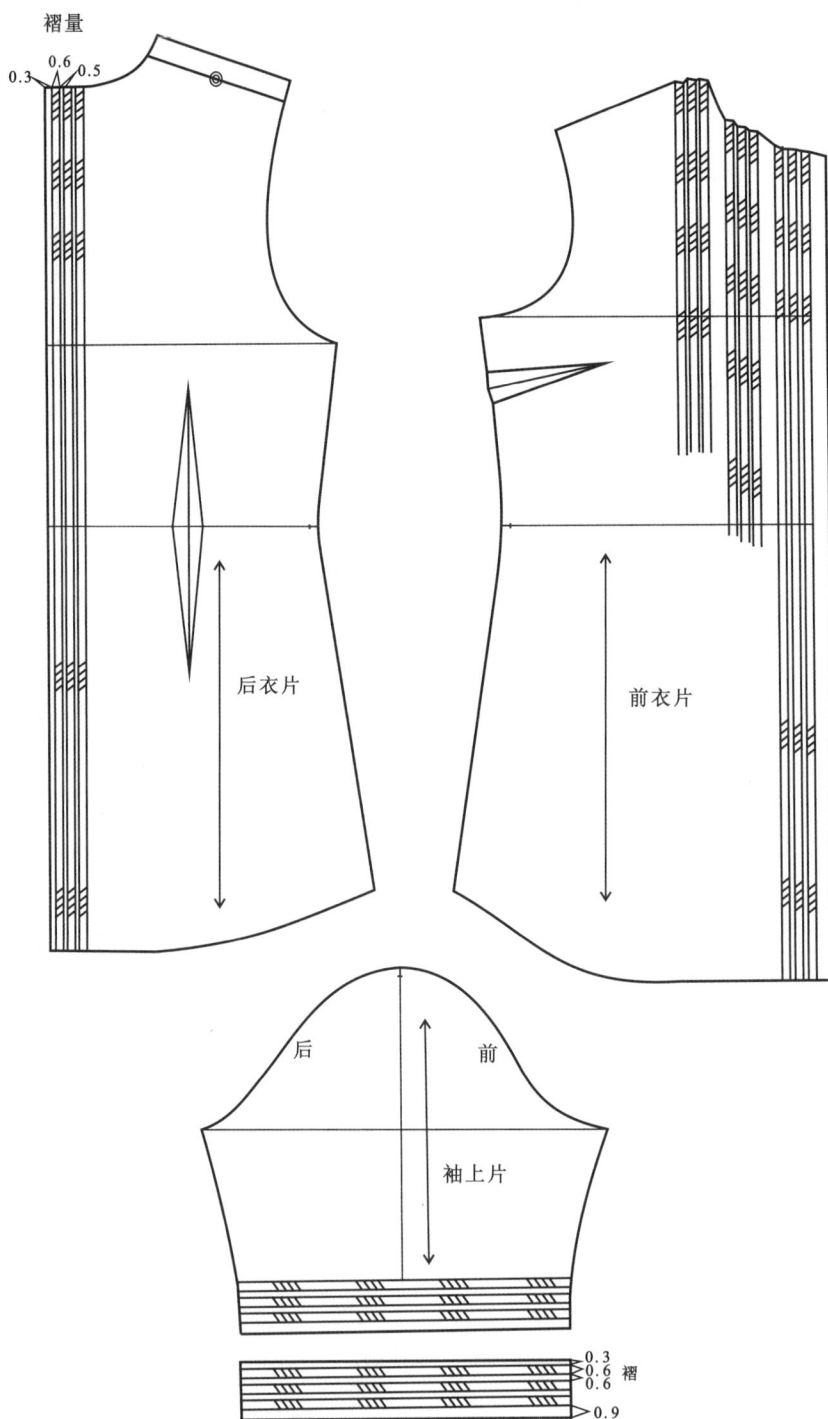

褶量
0.3 0.6 0.5

后衣片

前衣片

后　　前

袖上片

0.3
0.6　褶
0.6
0.9

图3-2-3　衣片、袖片搭克展开结构图

四、放缝、排料参考图（图3-2-4）

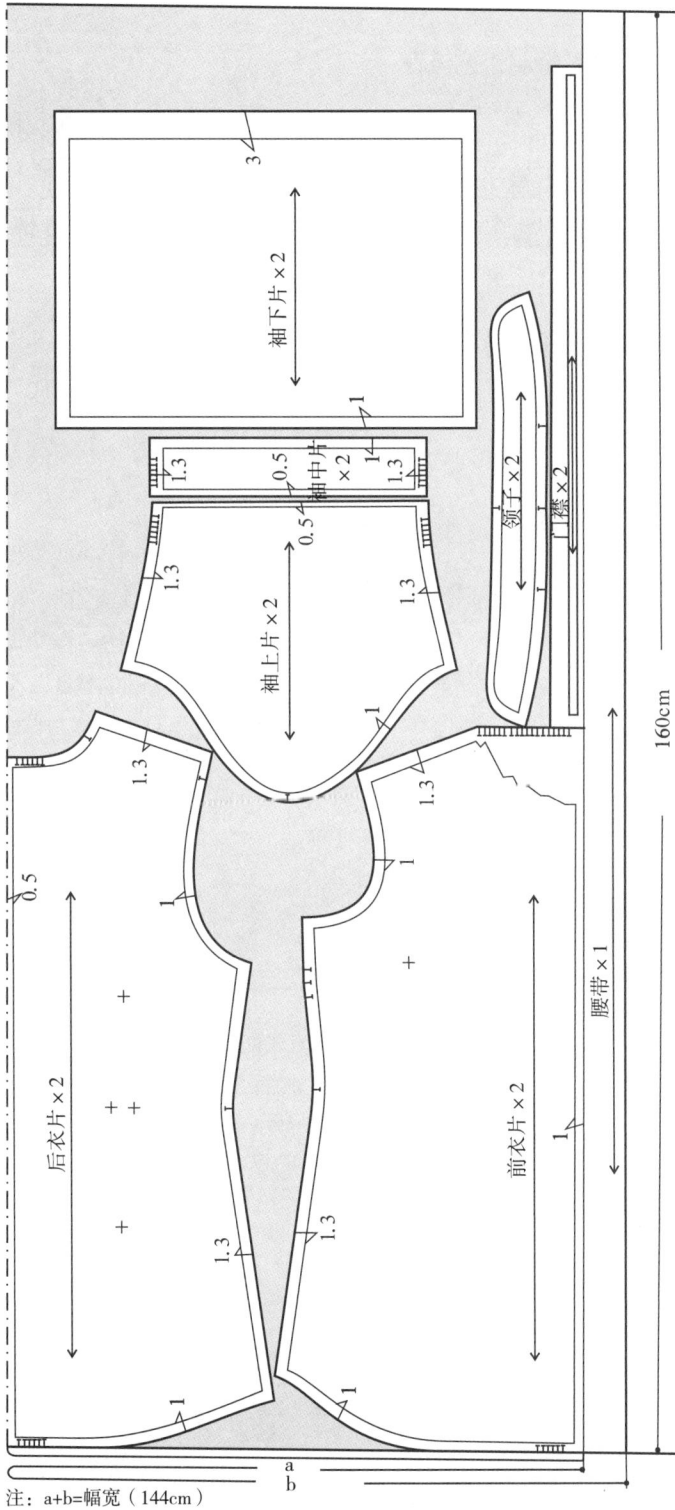

注：a+b=幅宽（144cm）

图3-2-4 长款时尚女衬衫放缝、排料参考图

五、缝制工艺流程、工序分析和缝制前准备

1. 长款时尚女衬衫缝制工艺流程

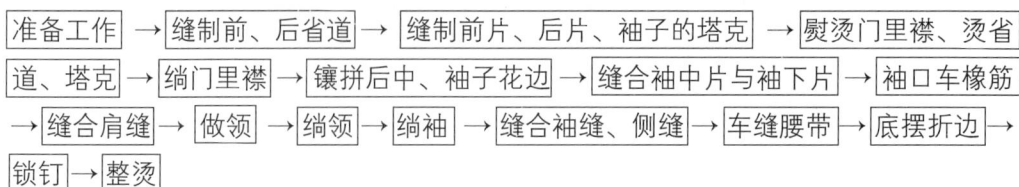

准备工作 → 缝制前、后省道 → 缝制前片、后片、袖子的塔克 → 熨烫门里襟、烫省道、塔克 → 绱门里襟 → 镶拼后中、袖子花边 → 缝合袖中片与袖下片 → 袖口车橡筋 → 缝合肩缝 → 做领 → 绱领 → 绱袖 → 缝合袖缝、侧缝 → 车缝腰带 → 底摆折边 → 锁钉 → 整烫

2. 长款时尚女衬衫工序分析（图3-2-5）

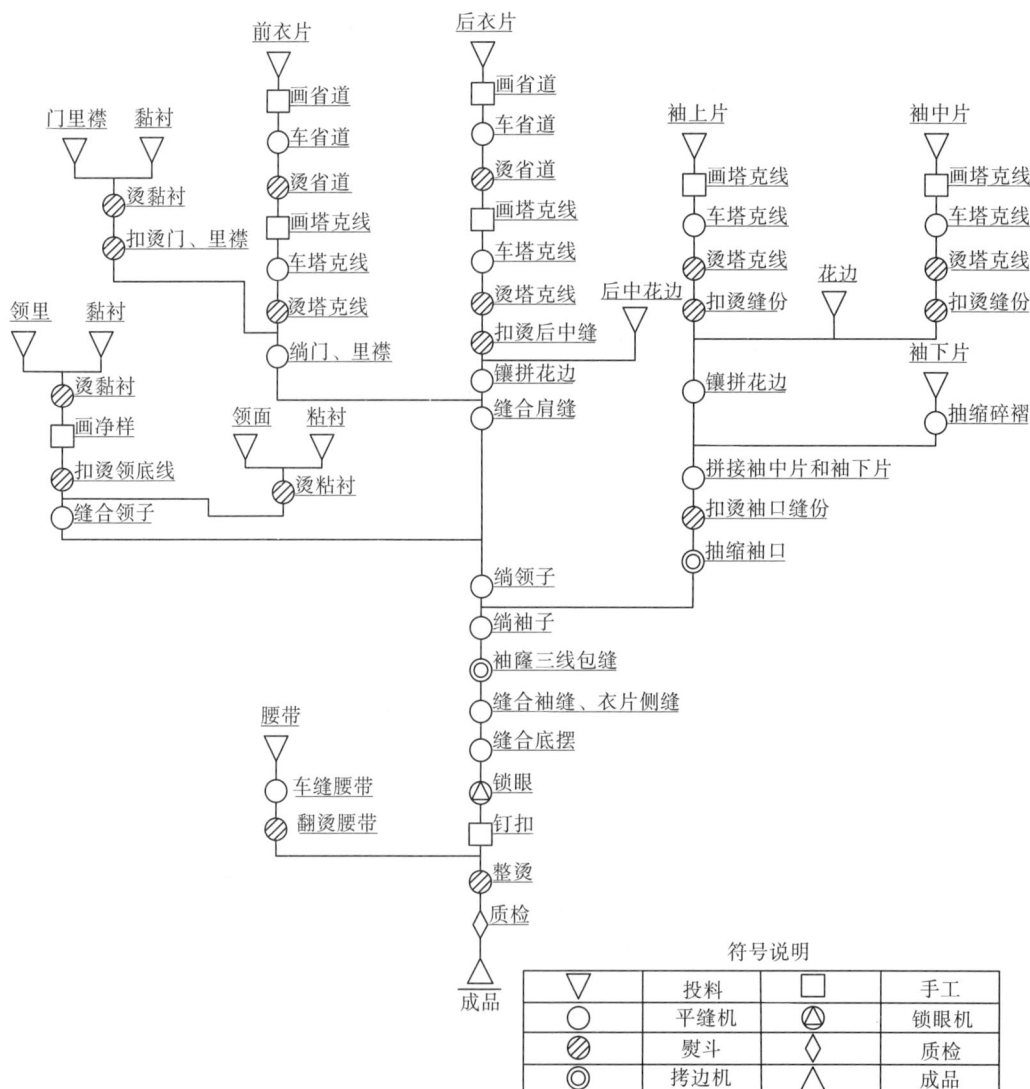

图3-2-5 长款时尚女衬衫工序分析图

3. 缝制前准备

（1）针号和针距：针号，65/9号和75/11号。针距，14~15针/3cm。

（2）画省位和搭克位（图3-2-6）：在前后衣片的反面按样板画出省位和搭克位置。

（3）黏衬部位（图3-2-6）：领面、领里全部烫黏衬；门里襟如图烫黏衬。

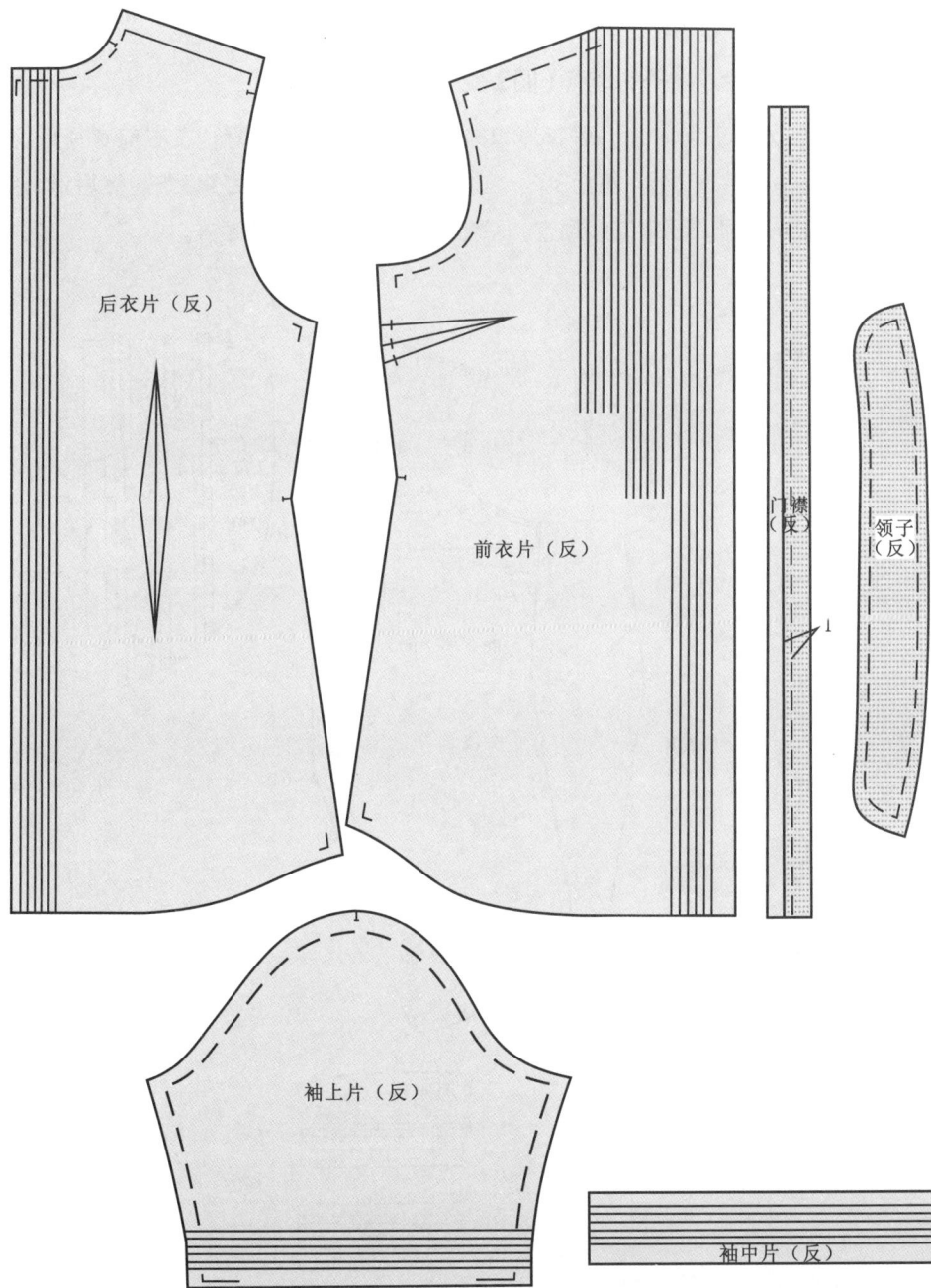

图3-2-6　画省位和搭克位、烫黏衬

六、缝制工艺步骤及主要工艺

1. 缝制前、后省道

按纸样省位车缝前衣片的腋下省、后衣片的腰省，要求缝线顺直，省尖不回针，线头打结后留出1cm长线头。

2. 缝制前后衣片、袖子的塔克（图3-2-7）

按纸样位置分别在前衣片、后衣片和袖子上画出塔克的位置，左右前衣片分别有3组，每组3条；后衣片有2组，每组3条；左右袖子分别有2组，每组3条。然后沿刀眼位均匀地车缝0.6cm褶量，要求缝线顺直，褶量与褶距均匀，丝缕顺直。

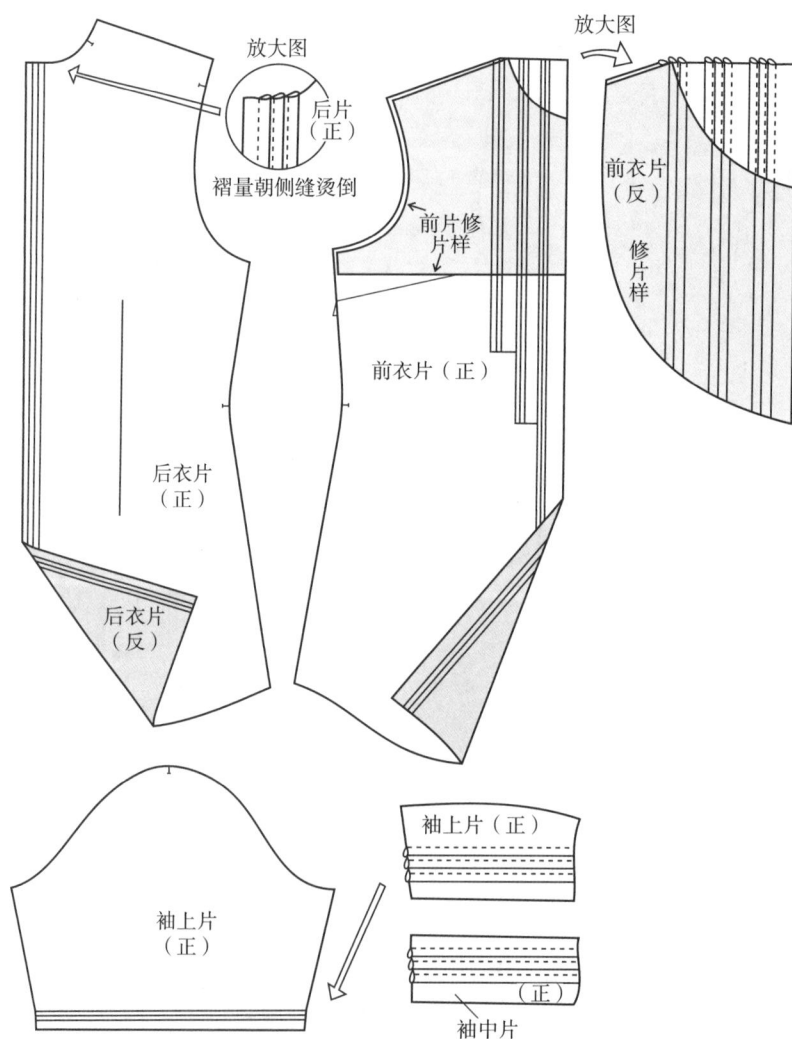

图3-2-7 缝制前衣片、后衣片、袖子的塔克

3. 熨烫门里襟、烫省道、塔克

（1）左右门襟按净样扣烫（图3-2-8）。

（2）前衣片腋下省用布馒头或烫凳在反面烫，省道朝下倒烫。后片腰省朝后中烫倒。

（3）前衣片的塔克褶量朝侧缝烫倒。后衣片的2组塔克褶量朝侧缝烫倒。袖子的塔克褶量朝下烫倒。要求平服，无起皱、无极光。烫完后按纸样修片，要求条子左右对称。

4. 缉门里襟（图3-2-9）

采用闷缝将扣烫好的门里襟分别夹住左右前衣片缝合，门里襟两边各车0.1cm明线。要求门里襟顺直不起吊，缉线均匀。

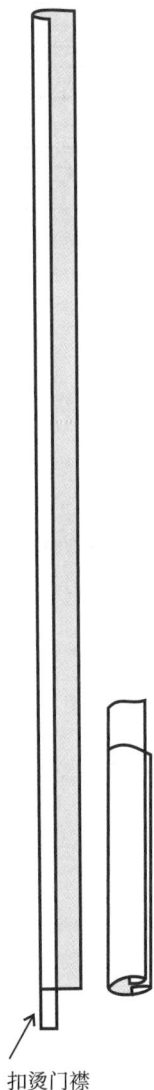

扣烫门襟

图3-2-8　熨烫门里襟

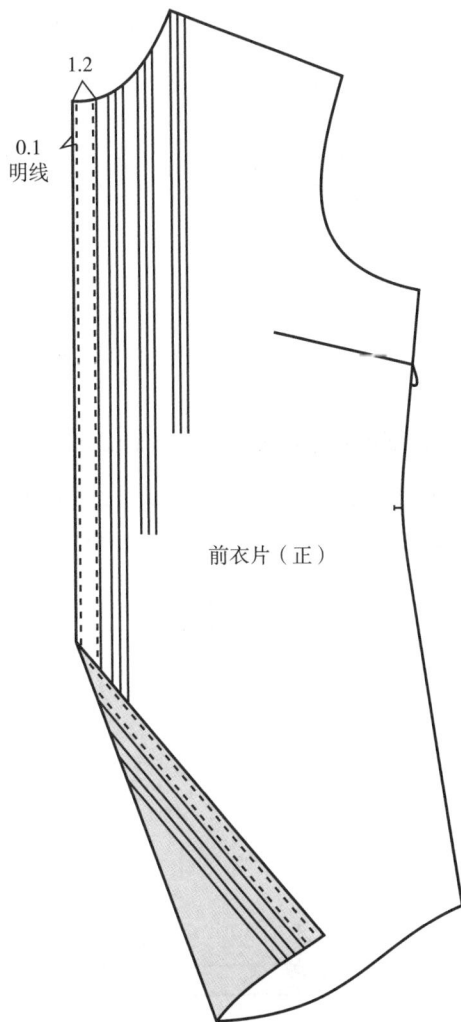

图3-2-9　缉门里襟

1.2

0.1
明线

前衣片（正）

5. 镶拼后中、袖子花边（图3-2-10）

（1）镶拼后中花边：后衣片的后中缝先扣烫0.5cm缝份，再用扣压缝镶拼花边，花边本身宽2cm，车缝后花边露出1.5cm宽。注意车缝时花边要稍有吃势，且吃量左右均衡，以免后中起吊。

（2）镶拼袖子花边：先扣烫袖上片与袖中片0.5cm缝份，再用扣压缝镶拼花边，以此连接袖上片与袖中片，花边也要均匀露出1.5cm宽。

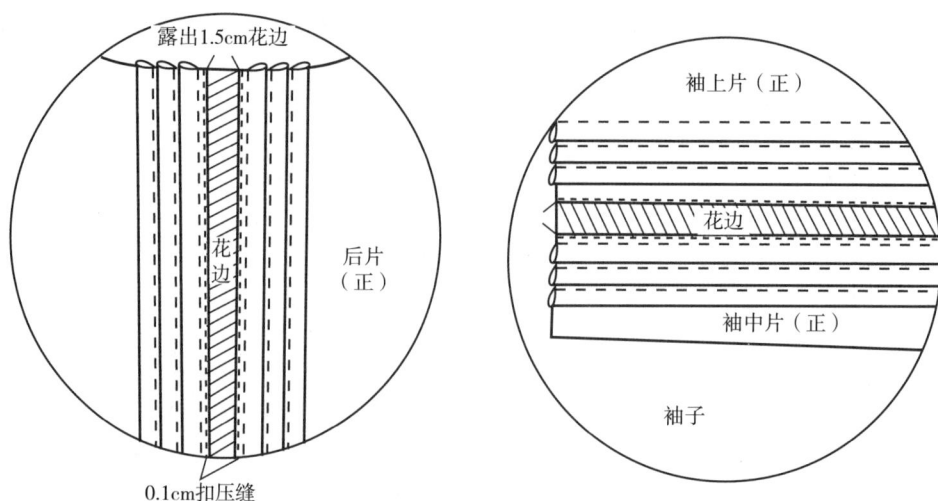

图3-2-10 镶拼后中、袖子花边

6. 缝合袖中片与袖下片（图3-2-11①）

在袖下片上端缝份距边0.5cm放长针距车缝，抽均匀碎褶，褶量约有17cm，调整长度与袖中片一致；然后缝合袖中片与袖下片，缝份1cm，三线包缝后朝上倒烫。

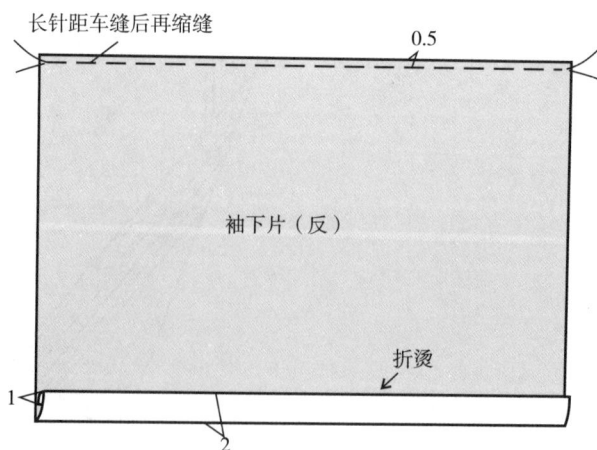

图3-2-11（1） 缝合袖中片与袖下片、袖口车橡筋

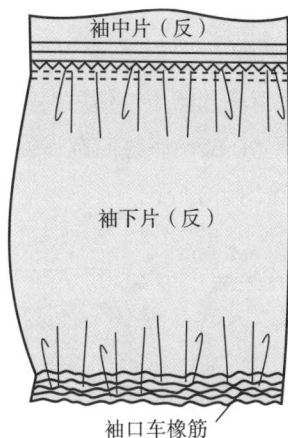

图3-2-11（2） 缝合袖中片与袖下片、袖口车橡筋

7. 袖口车橡筋（图3-2-11②）

袖下片下端缝份先向里折烫1cm，再折烫2cm，然后换细橡筋作为底面线，用链缝线迹缩缝袖口，第一道距边0.6cm，按0.5cm间距再车两道线，这三道橡筋线要求松紧适宜，车好后放松测量净长为20cm。

8. 缝合肩缝

缝合前后衣片的肩缝，用来去缝先反面相对车缝0.5cm，再修剪到0.3cm后正面相对车0.7~0.8cm缝份，然后朝后衣片烫平。

9. 做领（图3-2-12）

先在领里上用领子净样画出净线，领面的领底线按领子净样扣烫1cm；然后缝合领里与领面，再修剪缝份后翻烫。要求领子圆角圆顺，左右对称。

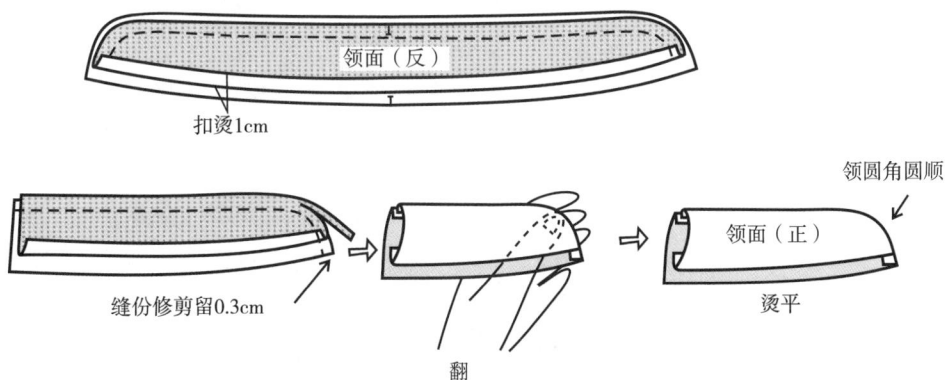

图3-2-12 做领

10. 绱领（图3-2-13）

先缝合领里与衣片，对准侧颈点、后中点刀眼，沿领里的领底净线车缝（图3-2-13①）；再将领里的领底缝份塞入领子，然后在领面的领底线上按0.1cm车缝固定（图3-2-13②）。初学者可先距边0.5cm假缝固定，领面朝上压0.1cm明线一周。要求对准绱领刀眼，领面与领里的明线均为0.1cm。

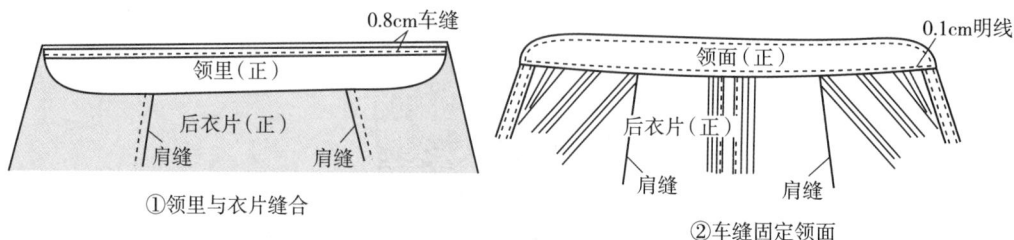

图3-2-13 绱领

11. 绱袖（图3-2-14）

（1）缩缝袖山吃势：在离袖底点8~9cm处的袖山线上，调长针距，距边0.7cm车缝；然后拉紧一根缝线抽缩袖山吃势（此款袖子吃势量较少），抽缩吃势量要均匀，不要有折皱（图3-2-14①）。

（2）绱袖：将袖子与衣片正面相对，袖山点与衣片的肩线对齐、袖窿底点对准后，车缝一圈，缝份为1cm。要求绱袖圆顺（图3-2-14②）。

（3）三线包缝绱袖线：将衣片放上，三线包缝绱袖线，缝份自然倒向袖子，不能用熨斗压烫（图3-2-14③）。

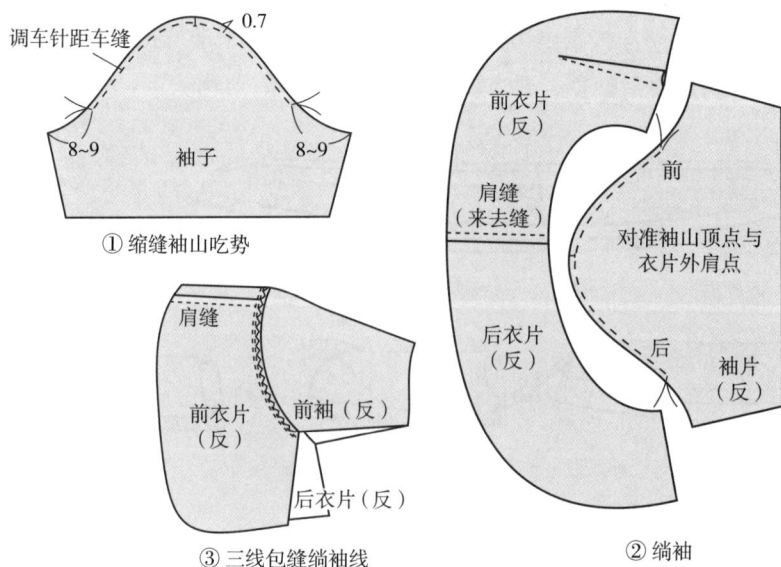

图3-2-14 绱袖

12. 缝合袖缝、侧缝（图3-2-15）

用来去缝缝合前后袖缝、前后衣片侧缝，先将衣片反面相对车0.5cm，再修剪到0.3cm后，正面相对车0.7~0.8cm缝份，如图在左右侧缝腰位处各夹一个长为3cm线襻，然后衣片侧缝朝后衣片烫平，袖缝朝后袖片烫平。要求对齐腋下十字交叉点。

13. 车缝腰带（图3-2-16）

腰带宽度对折在反面车线，腰带宽为1.2cm，留出长约5cm不车，再从缺口处翻烫，然后车0.1cm缉明线。

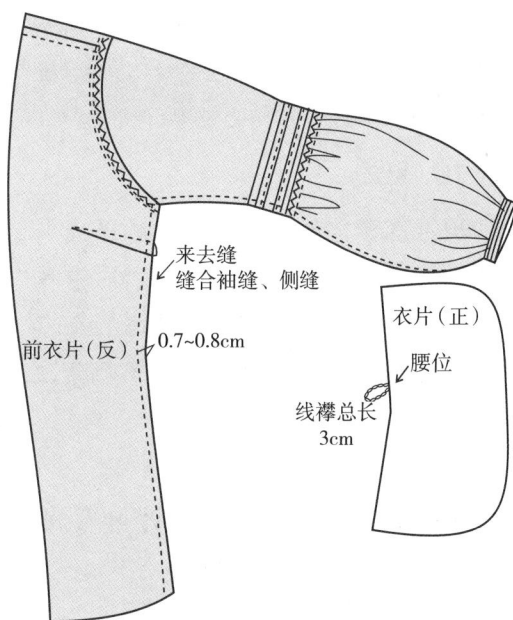

图3-2-15　缝合袖缝、侧缝

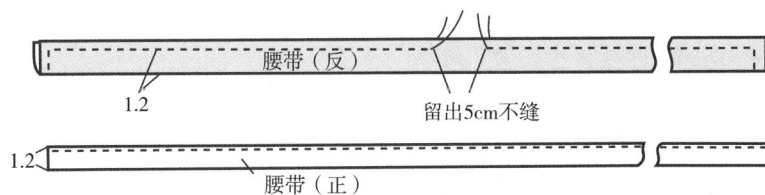

图3-2-16　车缝腰带

14. 底摆折边（图3-2-17）

因衣片底摆为弧形，所以用窄的折边缝型较为适宜，可直接选用0.3cm卷边压脚折边，也可用平压脚先折0.4cm，再折0.5cm，车0.3~0.4cm明线。要求明线宽窄均匀，弧形处不起扭。

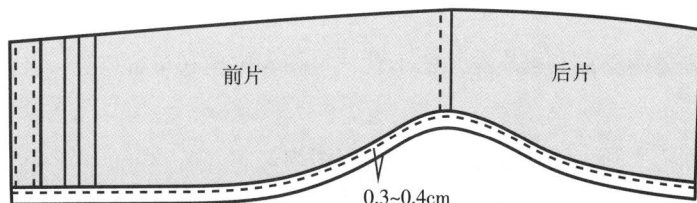

图3-2-17　底摆折边后车缝

15. 锁钉（图3-2-18）

在衣片右侧即门襟处按纸样位置锁纵向扣眼，扣眼大小=扣子直径+扣子厚度。在衣片左侧即里襟处，按扣眼位置钉扣子。

16. 整烫

剪净衣服上多余线头，按顺序烫平门里襟、塔克线、侧缝、肩缝、后中缝等拼缝。整烫时注意前门襟丝绺要直，注意不能破坏袖山的圆度，袖子圆顺，大身平服。

七、缝制工艺质量要求及评分参考标准（总分：100分）

1. 前后省道位置准确，省长左右一致，倒向对称，省尖处平顺。（10分）

2. 领子：两领子圆头大小一致，缉领明线里外均为0.1cm。（20分）

3. 袖子：两袖长短一致、左右对称，装袖圆顺，前后一致。（20分）

4. 门里襟左右对称、长短一致，钮位高低对齐。（10分）

5. 前片、后片、袖子塔克褶量均匀，褶位对称，外观平服。（10分）

6. 后片、袖子的镶拼花边宽窄匀称，平服。（10分）

7. 缉线顺直，无跳线、断线现象，符合尺寸。（10分）

8. 各部位熨烫平整。（10分）

八、实训题

1. 实际训练缝制塔克和镶拼花边的工艺，能均匀熨烫和车缝塔克，注意薄料与花边缝合时要平顺。

2. 实际训练缉立领，注意领面与领里的明线均匀。

3. 实际训练用牛筋底线车缝袖口，注意调节底线的张力以确定袖口的松紧度。

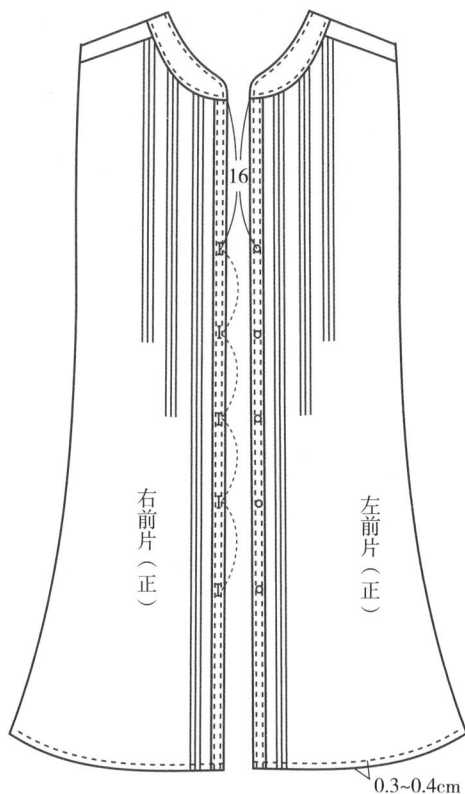

图3-2-18　锁眼、钉扣

右前片（正）　　左前片（正）

16

0.3~0.4cm

第三节　短袖女衬衫

一、概述

1. 款式分析

该款式是较典型的低腰中长款短袖衬衫，领型是由上领、下领组成。袖子为泡泡袖。前片有腋下省，明门襟及荷叶边装饰。后片有育克、收腰省。腰部装腰贴、穿腰绳，圆下摆。款式见图3-3-1

正面着装图　　　　背面图

图3-3-1　短袖衬衫款式图

2. 适用面料

本款短袖衬衫在用料的选择上范围较广，可根据穿着对象、年龄、爱好等选择各种薄型面料。一般多为薄型天然面料，也可选择变化多样的薄型混纺及化纤面料。

3. 面辅料参考用量

（1）面料：门幅112cm，用量约165cm。估算式：衣长×2-15cm。

（2）辅料：无纺黏合衬适量、钮扣6颗、配色线适量。

二、制图参考规格（不含缩率，表3-3-1）

表3-3-1　制图参考规格

号/型	胸围（B）	肩宽（S）	领围（N）	后中长	背长	袖长（含袖克夫6cm）	袖口大
155/80A	80+8=88	36.8-3=33.8	39	72	36	12.5	15.5
155/84A 160/84A 165/84A	84+8=92	38-3=35	40	72 74 76	36 37 38	12.5 13 13.5	16
165/88A	88+8=96	39.2-3=36.5	41	76	38	13.5	16.5

（单位：cm）

注：（1）上装的型是指净胸围，该短袖女衬衫制图时选用净胸围尺寸+8~10cm（松量）。
　　（2）由于是泡泡袖，衣服的肩点比正常肩点缩小3 cm，袖山的泡势盖过正常肩点。
　　（3）袖口大为手腕净尺寸+5~6cm。

三、款式结构图（图3-3-2）

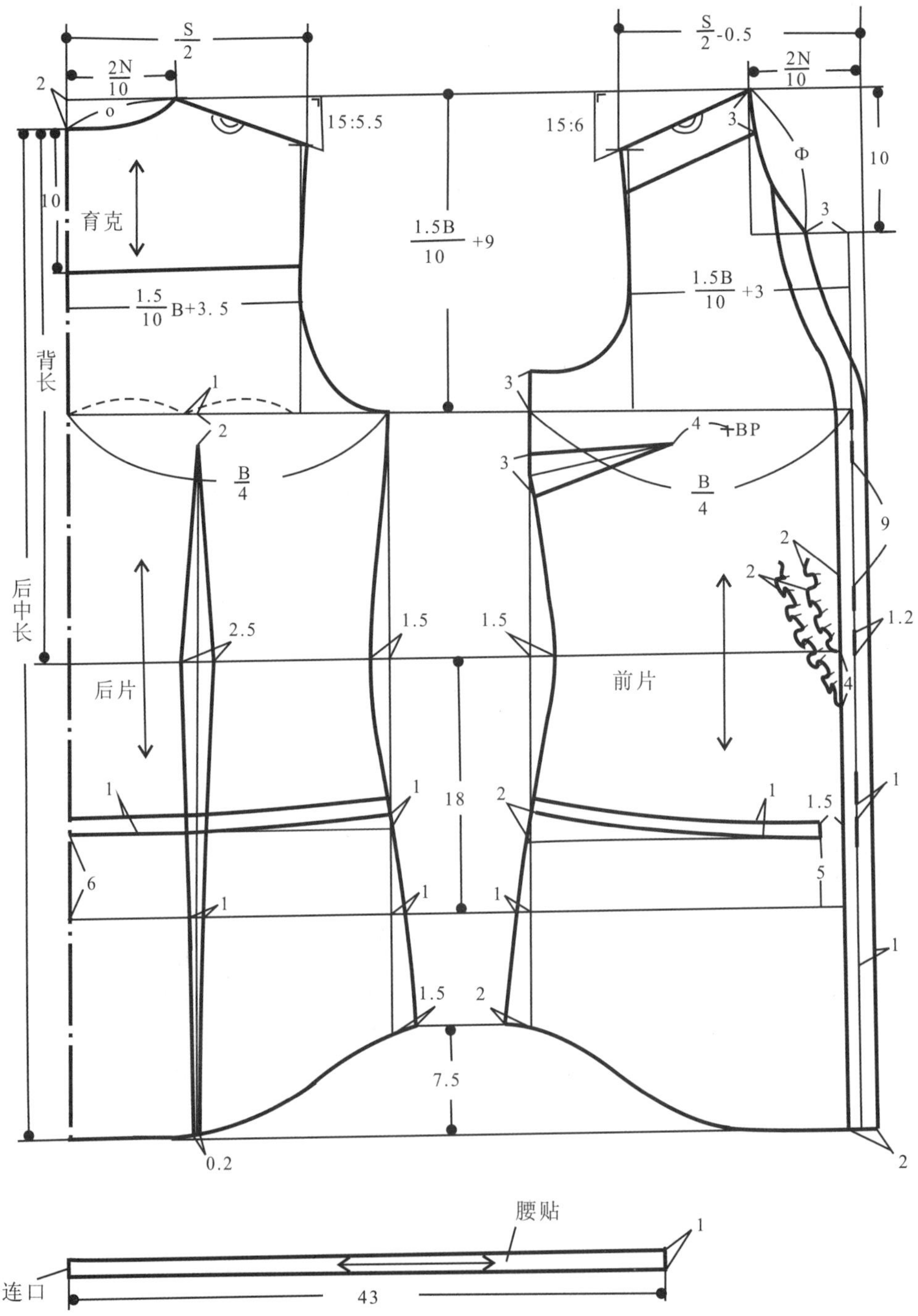

S/2
2N/10
2
o
15:5.5
10
育克
1.5B/10 +9
1.5/10 B+3. 5
背长
1
2
B/4
后中长
后片
2.5
1.5
1
6
18
7.5
0.2
S/2 -0.5
2N/10
15:6
3
Φ
10
1.5B/10 +3
BP
4
B/4
9
1.2
前片
1.5
5
2
腰贴
连口
43

图3-3-2（1） 短袖衬衫款式结构图

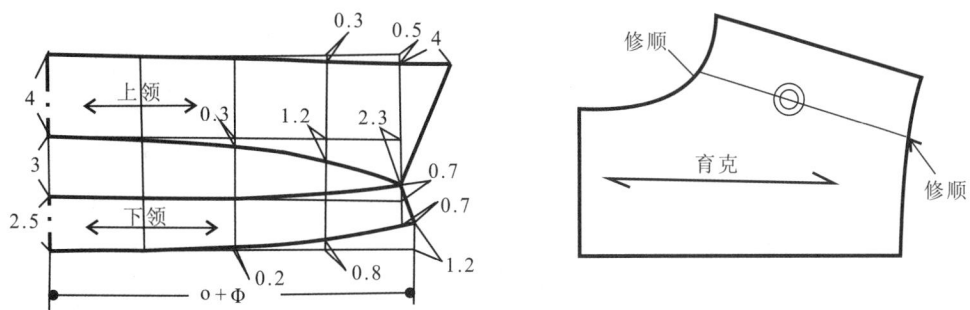

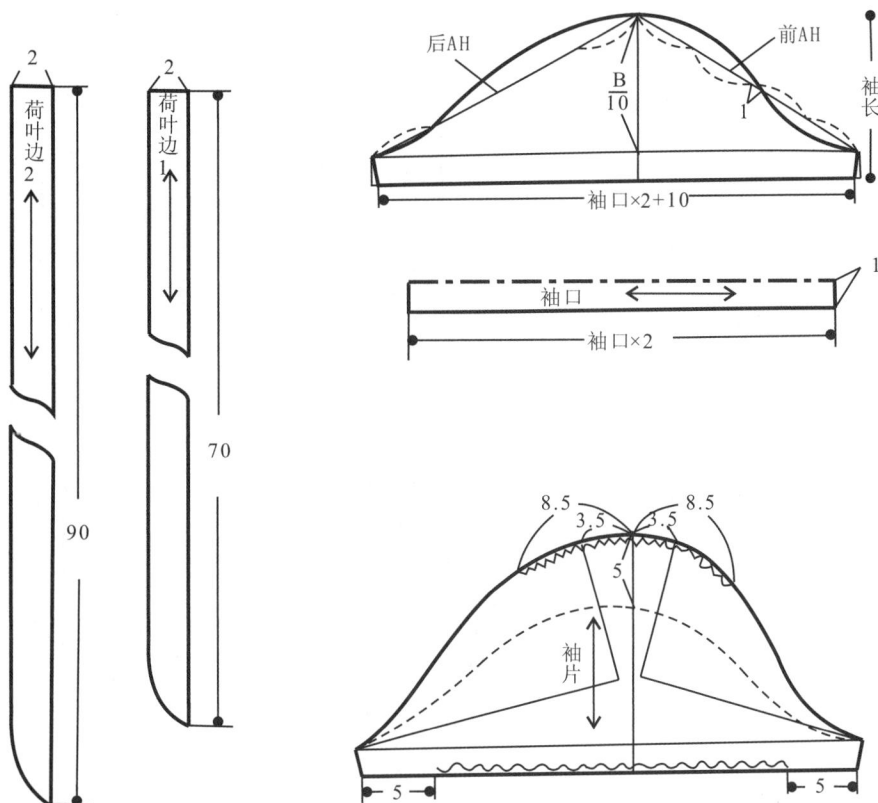

図3-3-2（2） 短袖衬衫款式结构图

四、放缝、排料参考图（图3-3-3）

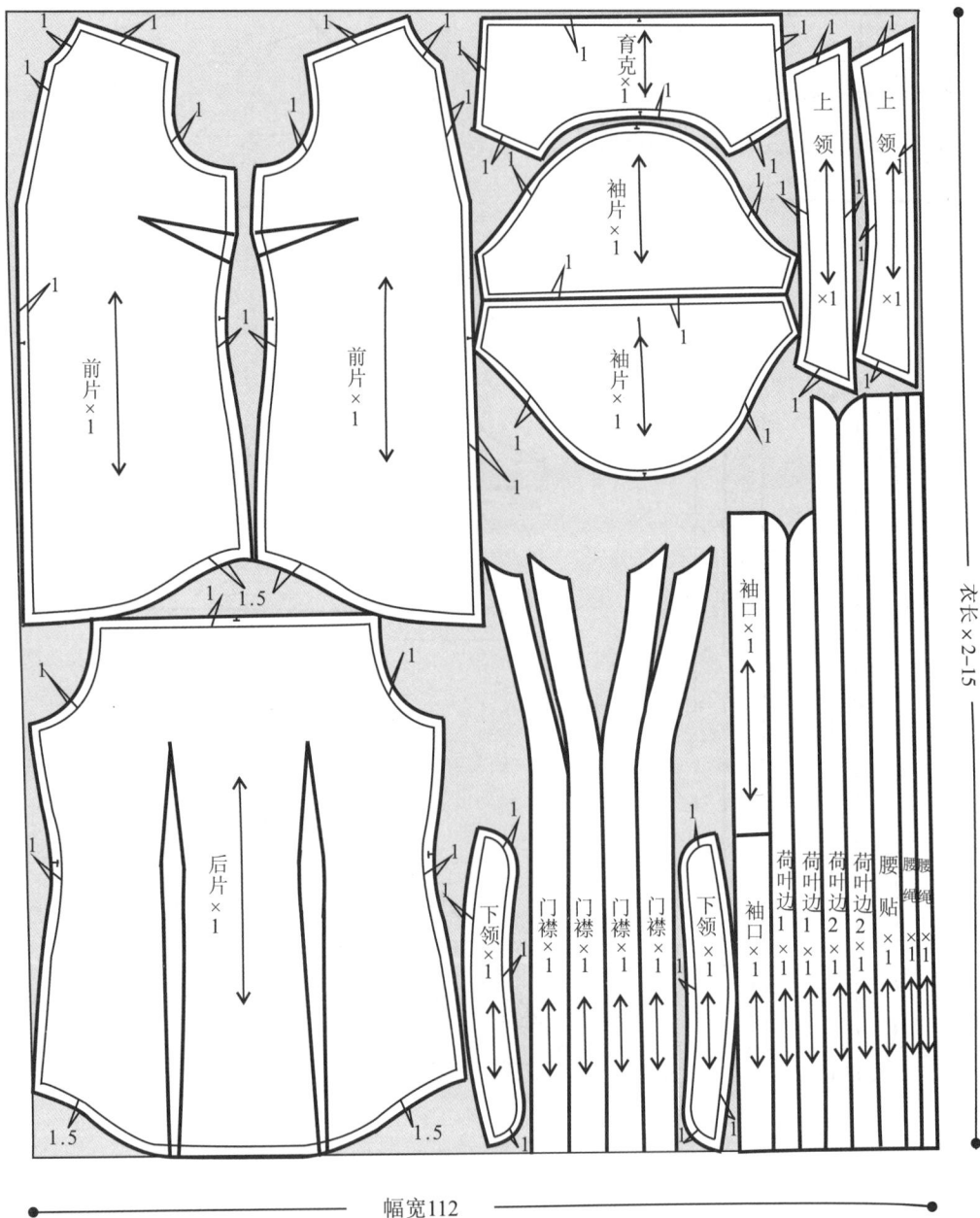

前片×1

前片×1

后片×1

育克×1

袖片×1

袖片×1

上领×1

上领×1

袖口×1

下领×1

门襟×1

门襟×1

门襟×1

门襟×1

下领×1

袖口×1

荷叶边1×1

荷叶边2×1

荷叶边2×1

荷叶边1×1

腰贴×1

腰绳×1

腰绳×1

衣长×2-15

幅宽112

图3-3-3　短袖衬衫放缝、排料参考图

五、缝制工艺流程、工序分析和缝制前准备

1. 短袖衬衫缝制工艺流程

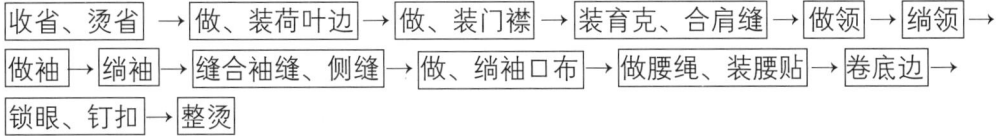

收省、烫省 → 做、装荷叶边 → 做、装门襟 → 装育克、合肩缝 → 做领 → 绱领 →
做袖 → 绱袖 → 缝合袖缝、侧缝 → 做、绱袖口布 → 做腰绳、装腰贴 → 卷底边 →
锁眼、钉扣 → 整烫

2. 短袖衬衫工序分析（图3-3-4）

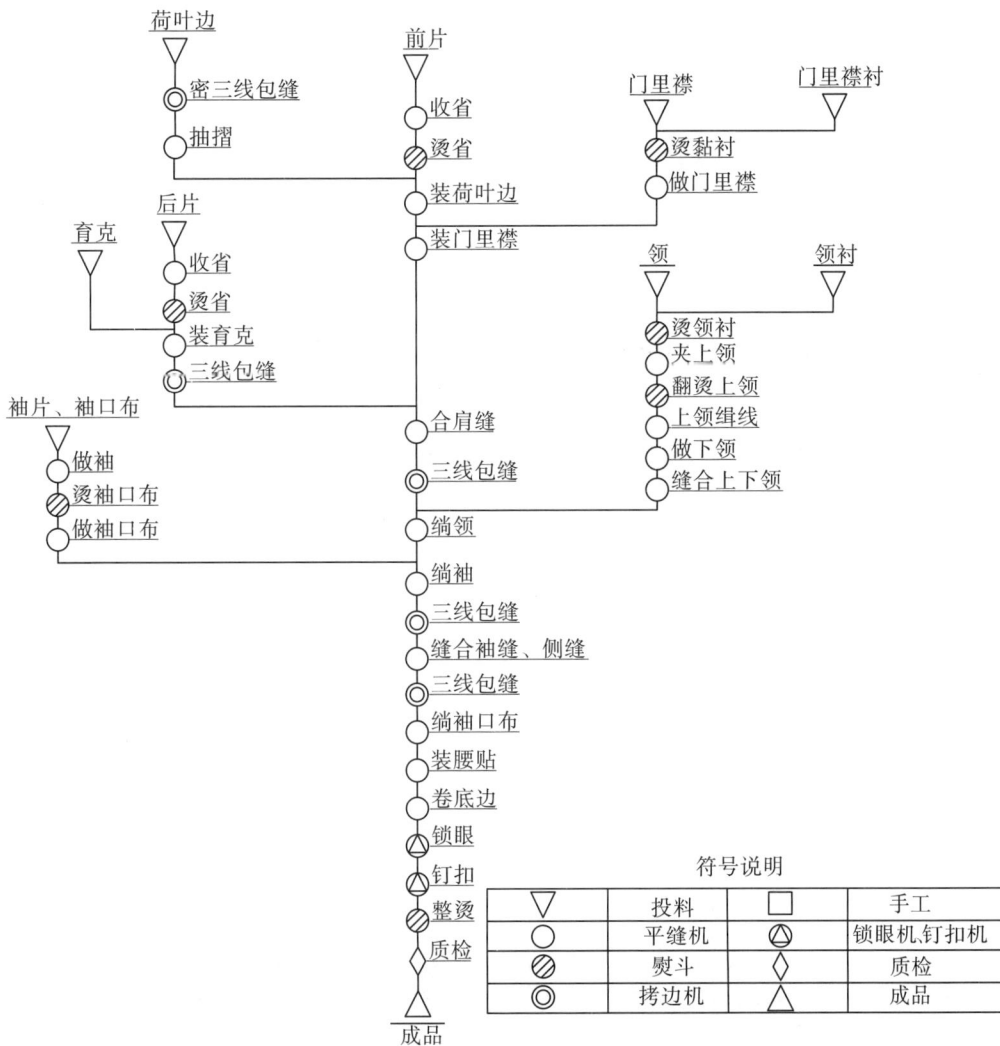

荷叶边
密三线包缝
抽摺

育克
后片
收省
烫省
装育克
三线包缝

前片
收省
烫省
装荷叶边
装门里襟

门里襟   门里襟衬
烫黏衬
做门里襟

领   领衬
烫领衬
夹上领
翻烫上领
上领缉线
做下领
缝合上下领

袖片、袖口布
做袖
烫袖口布
做袖口布

合肩缝
三线包缝
绱领
绱袖
三线包缝
缝合袖缝、侧缝
三线包缝
绱袖口布
装腰贴
卷底边
锁眼
钉扣
整烫
质检
成品

符号说明			
▽	投料	□	手工
○	平缝机	⊕	锁眼机、钉扣机
⊘	熨斗	◇	质检
◎	拷边机	△	成品

图3-3-4 短袖衬衫工序分析图

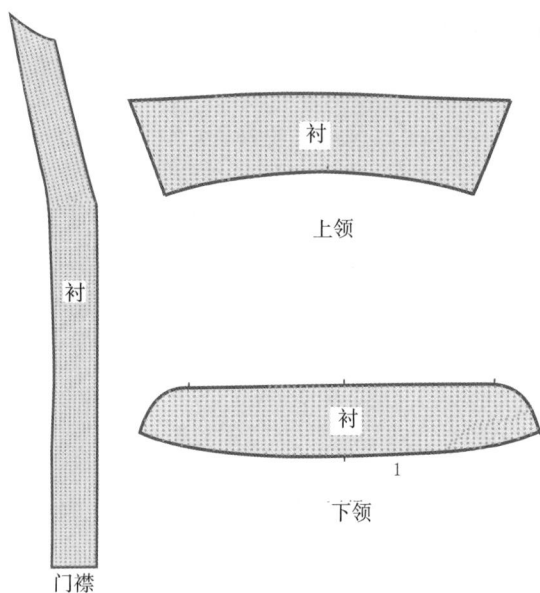

图3-3-5 烫黏衬

3. 缝制前准备

（1）针号和针距

针号：65/9~75/11号。

针距：14~16针/3cm，底、面线均用配色涤纶线。

（2）做标记

按样板在省位、腰带位、袖山位等处剪口作记号。要求：剪口宽不超过0.3cm，深不超过0.5cm。

（3）黏衬部位

门襟、上领、下领分别烫无纺黏合衬（图3-3-5）。

六、具体缝制工艺步骤及要求

1. 收省、烫省（图3-3-6）

（1）收省：按省道剪口及省道线车缝腋下省、后腰省。要求：缝线顺直，省尖要缝尖，不打回针，留10cm左右线头，打结处理，见图3-3-6①。

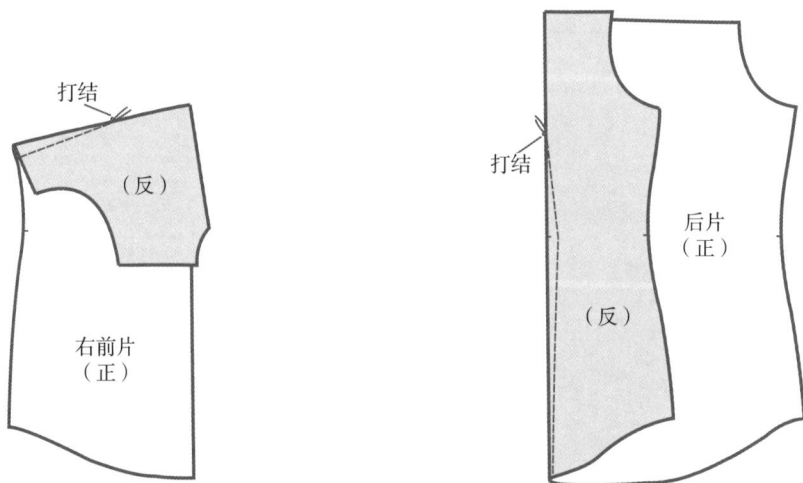

图3-3-6（1） 收省

（2）烫省：前片腋下省向上烫倒。要求：省尖部位的胖形要烫散，不应有细褶的现象出现。后腰省向后衣片的中心线方向烫倒。熨烫时腰节部位稍拔开，使省缝平服，不起吊，见图3-3-6②。

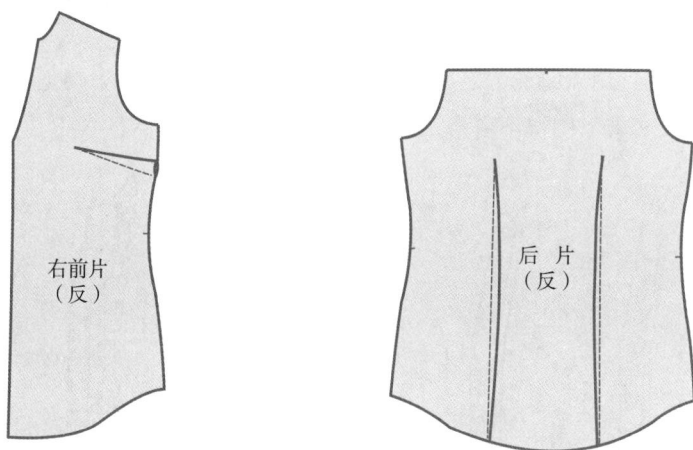

图3-3-6（2）　烫省

2. 做、装荷叶边（图3-3-7）

（1）做荷叶边：在裁片荷叶边1的弧度一侧用密拷机包边，另一侧用长针距沿边0.8cm缩缝，起、终点不需回针，但需留线头用以抽褶。荷叶边2四周用密拷机包边，其中一侧用长针距沿边0.8cm缩缝，起、终点不需回针，但需留线头用以抽褶。

（2）装荷叶边：抽拉上下两端缝线线头，使荷叶边细褶分布均匀。再根据标记位置，分别将荷叶边1、荷叶边2按要求装于前衣片。

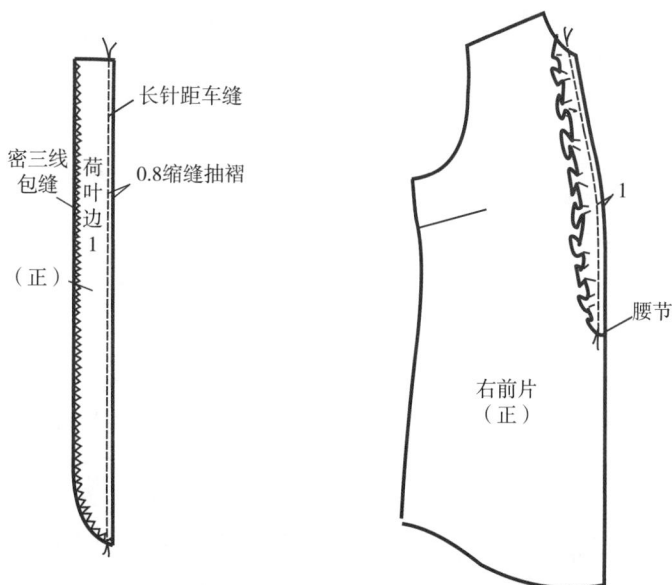

图3-3-7　做、装荷叶边

3. 做、装门里襟（图3-3-8）

（1）做门里襟：将烫上黏衬的门里襟按净样宽2cm扣烫缝份。然后门里襟的面、里分别正面相对，沿止口净线车缝，再修剪缝份留缝0.5cm，扣烫缝份并翻出止口（图3-3-8①）。

（2）装门里襟：用闷缝的方法将门里襟分别装于左右前衣片，再沿门里襟两侧分别缉0.1cm明止口。要求：门襟不变形，缉线顺直、宽窄一致（图3-3-8②）。

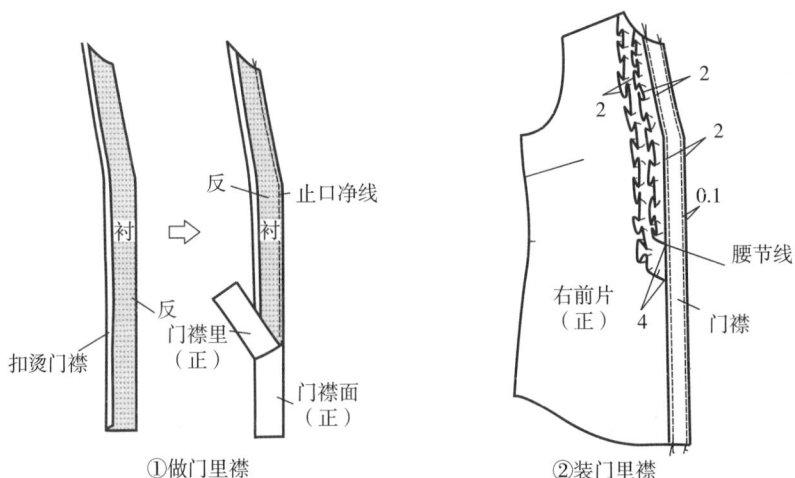

图3-3-8　做、装门襟

4. 装育克、合肩缝（图3-3-9）

（1）装育克：育克在上，后片在下，正面相对，对准背中对位记号按1cm缝份车缝固定。然后三线包缝，最后将缝份往育克方向烫倒（图3-3-9①）。

（2）缝合肩缝：前片在上，育克在下，正面相对，按1cm缝份将前后肩缝车缝固定，然后三线包缝，最后将缝份往后片方向烫倒（图3-3-9②）。

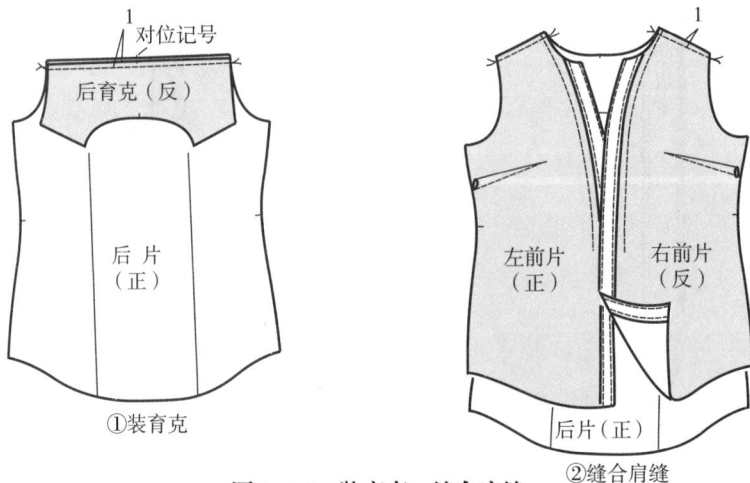

图3-3-9　装育克、缝合肩缝

5. 做领（图3-3-10）

（1）车缝上领：在上领里的黏衬上画出净样线，然后将领面、里正面相对，沿净线车缝上领。车缝时，领角两侧领里稍拉紧。拉紧程度视面料而定，目的是保证领角有一定的窝势，见图3-3-10①。

（2）修、烫、翻上领：沿上领外口修剪留缝0.5cm，两领角修成宝剑形留缝0.2cm，沿车缝线将缝份往领面一侧扣烫见图3-3-10②。然后翻出上领，领尖要翻足、不变形。领里在上，熨烫领外口线，要求止口不反吐、领角有窝势，左右对称，不反翘。

（3）缉上领明线：沿上领外口缉0.5cm明止口，在领角10cm范围内不允许接线。然后用长针车缝固定上领下口，并修剪下口缝份留缝0.6cm，定出居中对位记号。要求明线线迹松紧适宜、无跳针、浮线现象，见图3-3-10③。

（4）做下领：用铅笔在下领里的黏衬上画出净样线，并修剪缝份，上口留缝0.6cm，下口留缝1cm扣烫，再根据净样定出缝合绱领时所需的对位记号。最后下领面也按下领里修准并定出对位记号，见图3-3-10④。

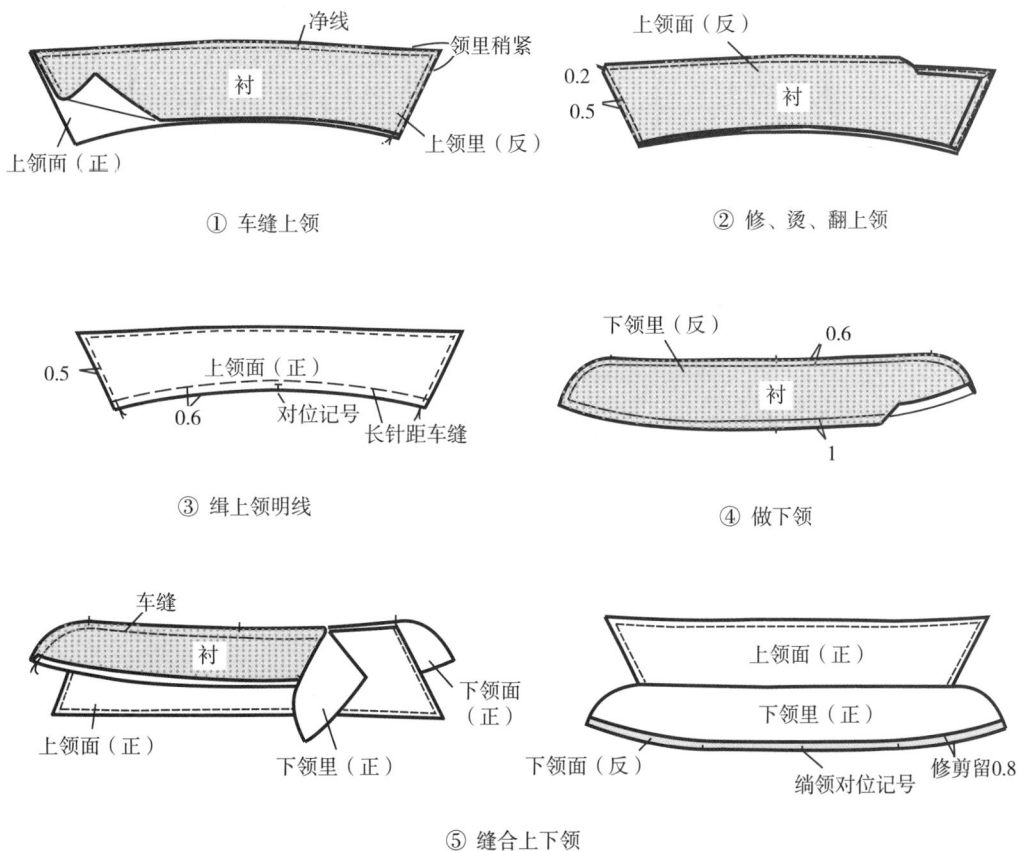

① 车缝上领

② 修、烫、翻上领

③ 缉上领明线

④ 做下领

⑤ 缝合上下领

图3-3-10　做领

（5）缝合上下领：下领里在上，面在下，正面相对，上领面在上夹在两层下领中间，沿净线并对准记号车缝合一。然后修剪缝份，两圆头留0.2cm，其余0.5cm，翻出下领并熨烫，最后修剪装领缝份留0.8cm，并定出对位记号，准备装领，见图3-3-10⑤。

6. 绱领（图3-3-11）

（1）绱领：下领面反面在上与衣片正面相对，按0.8cm缝份（净线）并对准记号车缝绱领。要求起始点必须与衣片对齐，回针固定，见图3-3-11①。

（2）闷领：下领里盖住绱领缝线，从下领里下口右肩缝处起针，沿下领一周缉0.1cm明线固定。要求：接线不双轨，背面坐缝不超过0.2cm，见图3-3-11②。

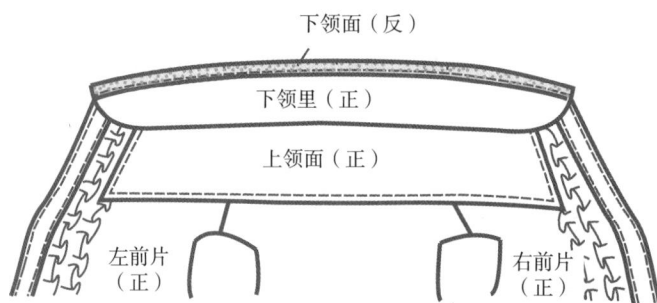

① 绱领

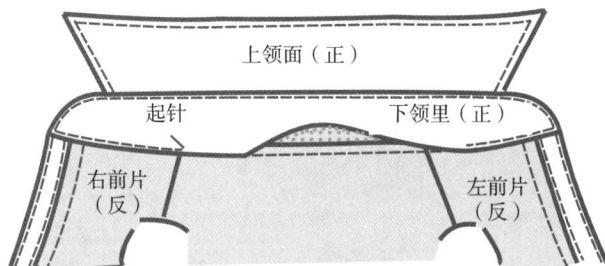

② 闷领

图3-3-11 绱领

7. 做袖（图3-3-12）

袖山弧线、袖口线抽褶：根据标记位置，分别沿袖山弧线和袖口线处，用长针距车缝抽褶，起、终点不需回针，但需留线头10cm左右，以抽褶用。然后以袖山头中点为中心抽拉两边缝线线头，将抽褶量按设计要求定位，使袖山弧线与衣身袖窿线弧线长度相匹配。要求：袖山细褶分布均匀。

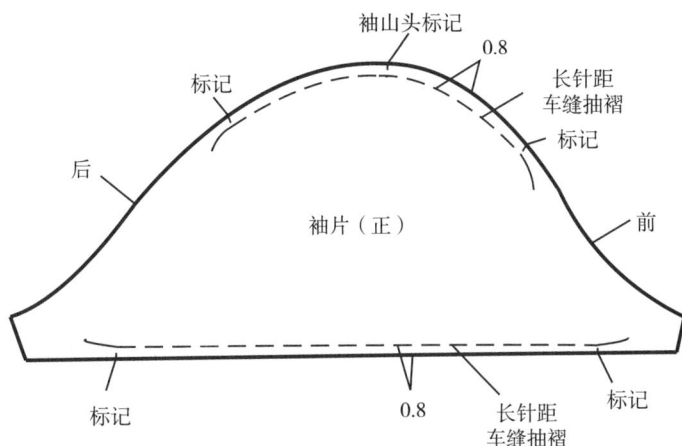

图3-3-12　做袖

8. 绱袖（图3-3-13）

袖片在上，衣片在下，正面相对，袖山、袖窿边缘对齐，袖山头标记对准肩缝，抽褶位置对准衣身袖窿标记，绱袖车缝1cm缝份。然后衣片在上，沿袖窿缝份三线包缝。要求缝线顺直，缝份宽窄一致。

9. 缝合袖底缝、侧缝（图3-3-14）

后衣片在下，前衣片在上，正面相对，1cm缝份将侧、袖缝车缝固定。然后前衣片在上，沿缝份三线包缝，再将缝份朝后片烫倒。要求袖底十字缝对准，缝份宽窄一致。

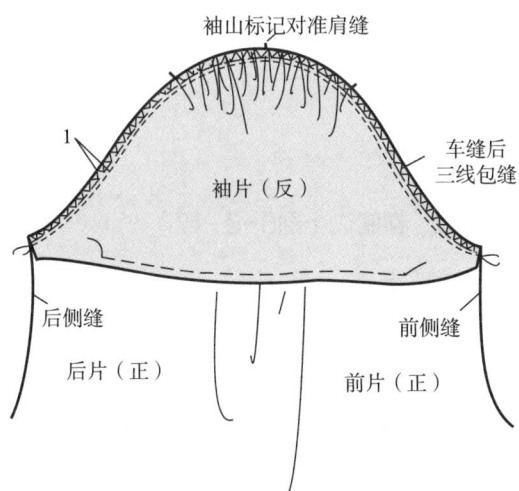

图3-3-13　绱袖

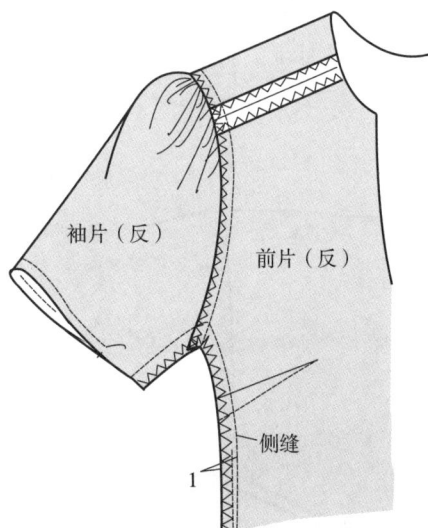

图3-3-14　缝合侧缝、袖底缝

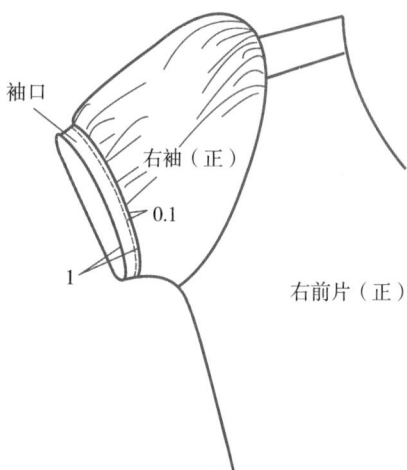

图3-3-15 绱袖口

10. 做、绱袖口（图3-3-15）

（1）做袖口布：将袖口布按净1cm宽扣烫，再根据袖口大小将两端车缝接合。

（2）绱袖口布：将抽褶后的袖口线以袖口中点为中心抽拉两边缝线线头，袖口细褶分布均匀，使袖口线与袖口布长度相匹配。然后袖口布面在上，用0.1cm闷缝的方法将袖口布绱于袖子。要求：袖口布接缝处与袖底缝对齐。

11. 做腰绳、装腰贴（图3-3-16）

（1）做腰绳：根据腰绳长度，两边折光净宽0.5cm，用0.1cm明线车缝。要求：两头也做光。

（2）装腰贴：在衣片上画出装腰贴布的位置及长度。腰贴布按净1cm宽扣烫，修剪缝份0.5cm。按位置要求在腰贴布两边分别用0.1cm明线车缝于衣片正面。车缝时将腰绳放入腰贴内。注意不要把腰绳车住。

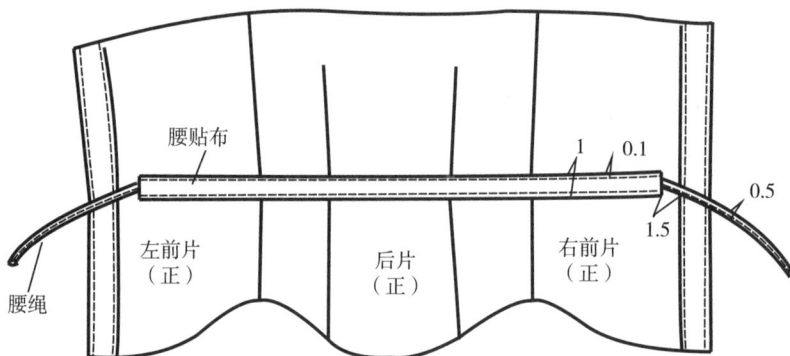

图3-3-16 装腰贴布

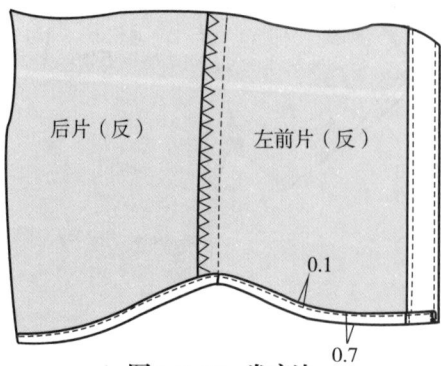

图3-3-17 卷底边

12. 卷底边（图3-3-17）

反面在上，修顺底摆，在弧度处用长针距车缝抽吃势。然后按放缝第一次折0.5cm，第二次折0.7cm，沿边缉0.1cm止口，正面见线0.6cm。也可采用卷边器卷边。要求门里襟长短一致，线迹松紧适宜，底边不起涟。

13. 锁眼、钉扣（图3-3-18）

（1）平头锁眼：门襟锁纵向扣眼6只，扣眼大1.2cm。

（2）钉扣：在各锁眼位相对应的里襟位置钉扣6颗。

14. 整烫

整件短袖衬衫缝制完毕，先修剪线头、清除污渍，再用蒸汽熨斗进行熨烫。首先上领里在上，沿领止口起将上领熨烫平服。要求领角有窝势、不反翘，与下领贴合，翻转自如。其次熨烫袖子、袖缝。最后烫大身，衣片反面在上，从里襟起，经后衣片至门襟，分别将衣身、底边等熨烫平整，然后扣上钮扣，熨烫肩、摆缝，折叠成型。

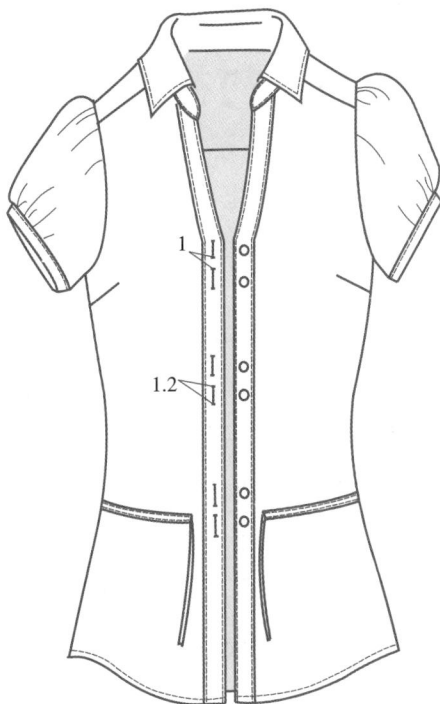

图3-3-18　锁眼、钉扣

七、缝制工艺质量要求及评分参考标准（总分：100分）

1. 规格尺寸符合要求。（10分）

2. 各部位缝制线路整齐、牢固、平服，针距密度一致。（15分）

3. 底面线松紧适宜、平整，无跳线、断线现象。（10分）

4. 领子平服，领面松紧适宜，不反翘。（15分）

5. 两袖前后一致，袖山头细褶分布均匀。（15分）

6. 荷叶边宽窄一致，细褶分布均匀，左右对称。（10分）

7. 锁眼位置准确，钮扣与眼位相对，大小适宜，整齐牢固。（10分）

8. 成衣整洁，各部位整烫平服，无水迹、烫黄、烫焦、极光等现象。（15分）

八、实训题

1. 实际训练男式衬衫领的缝制。

2. 实际训练两种门襟的缝制。

3. 实际检测一件短袖女衬衫的缝制工艺质量。

第四节 衬衫拓展训练

通过前三节衬衫缝制工艺的学习，读者可根据个人喜好，结合本节给出的款式进行实践训练，达到巩固知识、学以致用的目的。

一、宽松式休闲女衬衫

1. 款式分析

似男衬衫设计的落肩式宽松女衬衫，前后肩部设计了育克分割线，后中心加褶，前身有装饰明门襟和左胸贴袋，弧形下摆。宽松的程度、衣长、育克宽度、袖口宽度等，随流行可以有不同的变化，款式见图3-4-1。

2. 适用面料

可选用细灯芯绒、斜纹布、薄绒布、水洗或砂洗的牛仔布等全棉织物制作，适宜作为外穿，具有随意、洒脱的休闲风格，很受年轻人的喜爱。若采用悬垂性良好的轻薄型面料，如丝绸或麻织物制作，会有较好的效果。

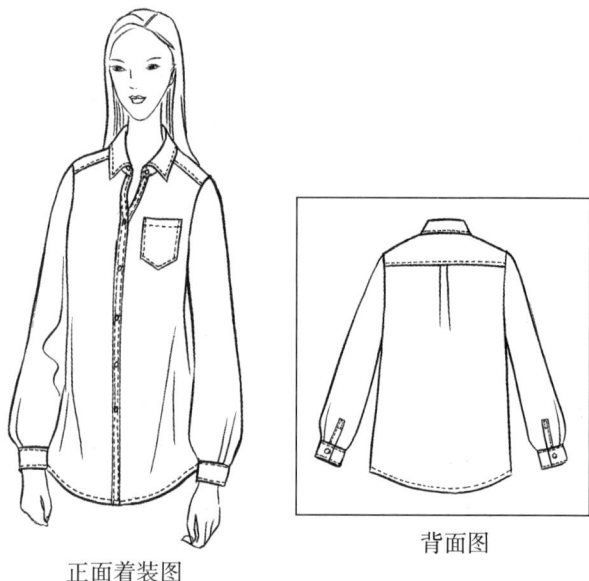

正面着装图

背面图

图3-4-1 宽松式休闲女衬衫款式图

3. 面辅料参考用量

（1）面料：幅宽144cm；估算式：衣长+袖长。

（2）辅料：衬衫扣10颗，黏合衬适量。

4. 结构图

（1）制图参考规格（不含缩率，表3-4-1）

表3-4-1 制图参考规格

号型	后中长	胸围(B)（不含背褶量）	肩宽(S)	袖长（含袖克夫高）	袖克夫长/高
160/84A	70	84+18=102	38+6=44	56	23/6

（单位：cm）

（2）结构图（图3-4-2）

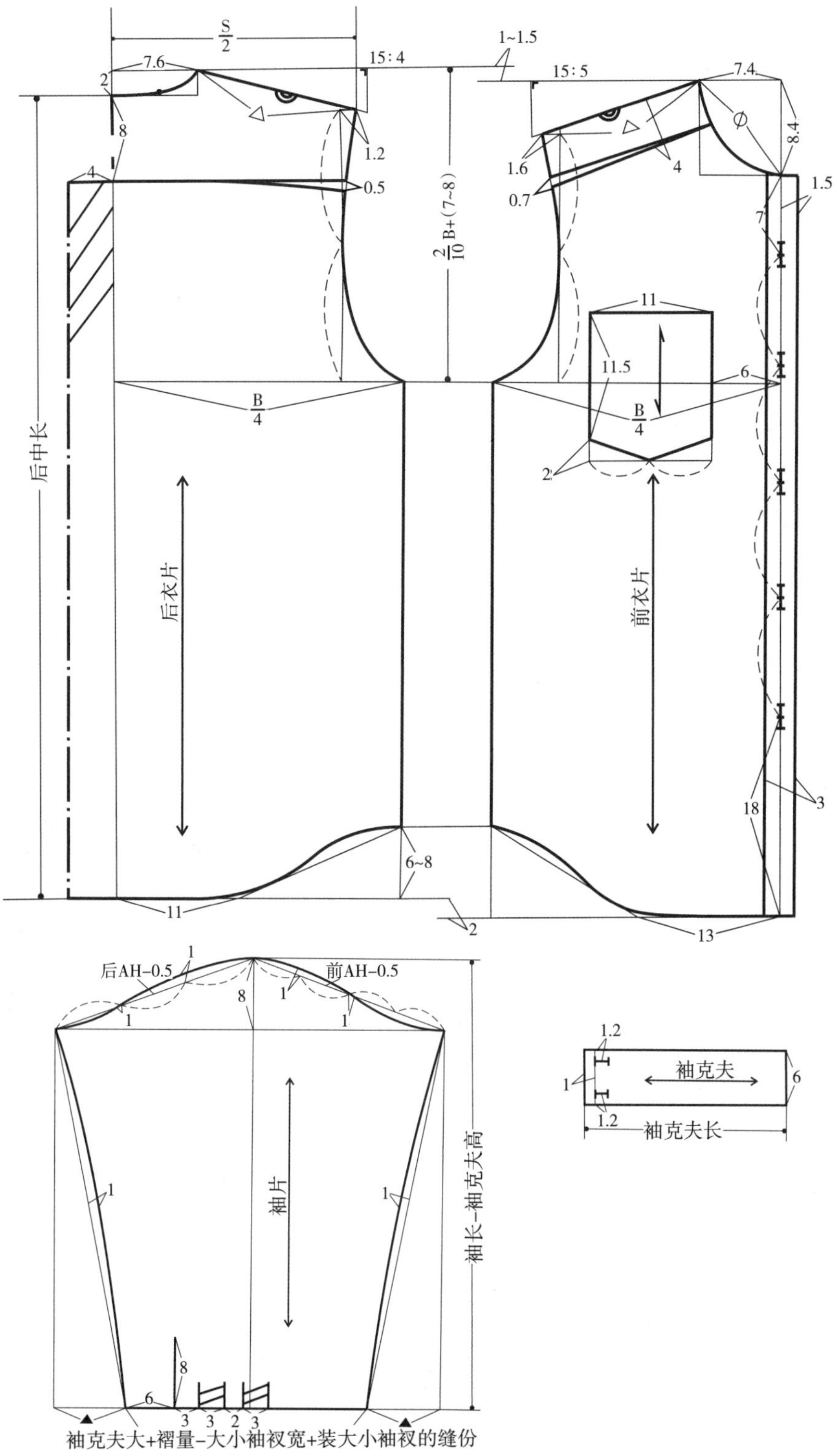

后中长

后AH−0.5　前AH−0.5

后衣片　前衣片

$\frac{S}{2}$

$\frac{2}{10}$B+(7~8)

$\frac{B}{4}$

袖片

袖长−袖克夫高

袖克夫大+褶量−大小袖衩宽+装大小袖衩的缝份

袖克夫

袖克夫长

图3-4-2　宽松式休闲女衬衫结构图

（3）领子、育克结构图（图3-4-3）

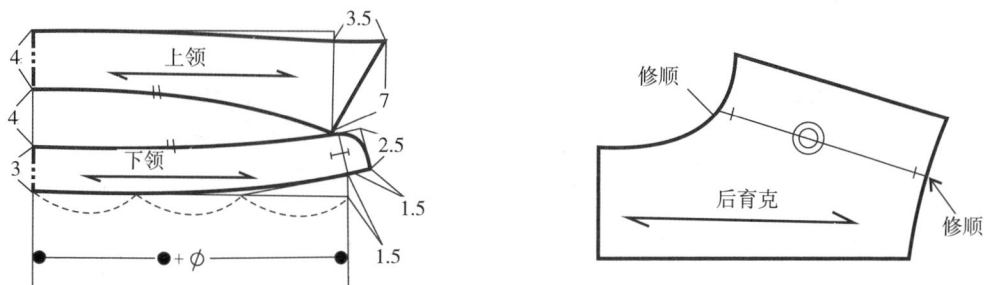

图3-4-3　领子、育克结构图

二、插肩短袖女衬衫

1. 款式分析

无领片大领圈、插肩短袖，前中半开襟，领圈细褶抽缩，形成自然、优雅、淑女的风格。领圈是由领内压一条0.8cm宽松紧带，两边车0.1cm单线而形成的，袖口装窄型克夫；下摆略呈弧形，款式见图3-4-4。

2. 适用面料

薄型全棉、真丝、仿真丝等花色或素色面料均可。

3. 面辅料参考用量

正面着装图

背面图

图3-4-4　插肩短袖女衬衫款式图

（1）面料：幅宽144cm；估算式：衣长+袖长+5cm左右。

（2）辅料：衬衫扣2颗，黏合衬适量。

4．结构图

（1）制图参考规格（不含缩率，表3-4-2）

表3-4-2　制图参考规格

号型	后中长	胸围 （不含抽褶量）(B)	背长	肩宽(S)	袖长	袖克夫 长/高
160/84A	65	88	37	38	12	30/1.5

（单位：cm）

（2）插肩短袖女衬衫结构图（图3-4-5）

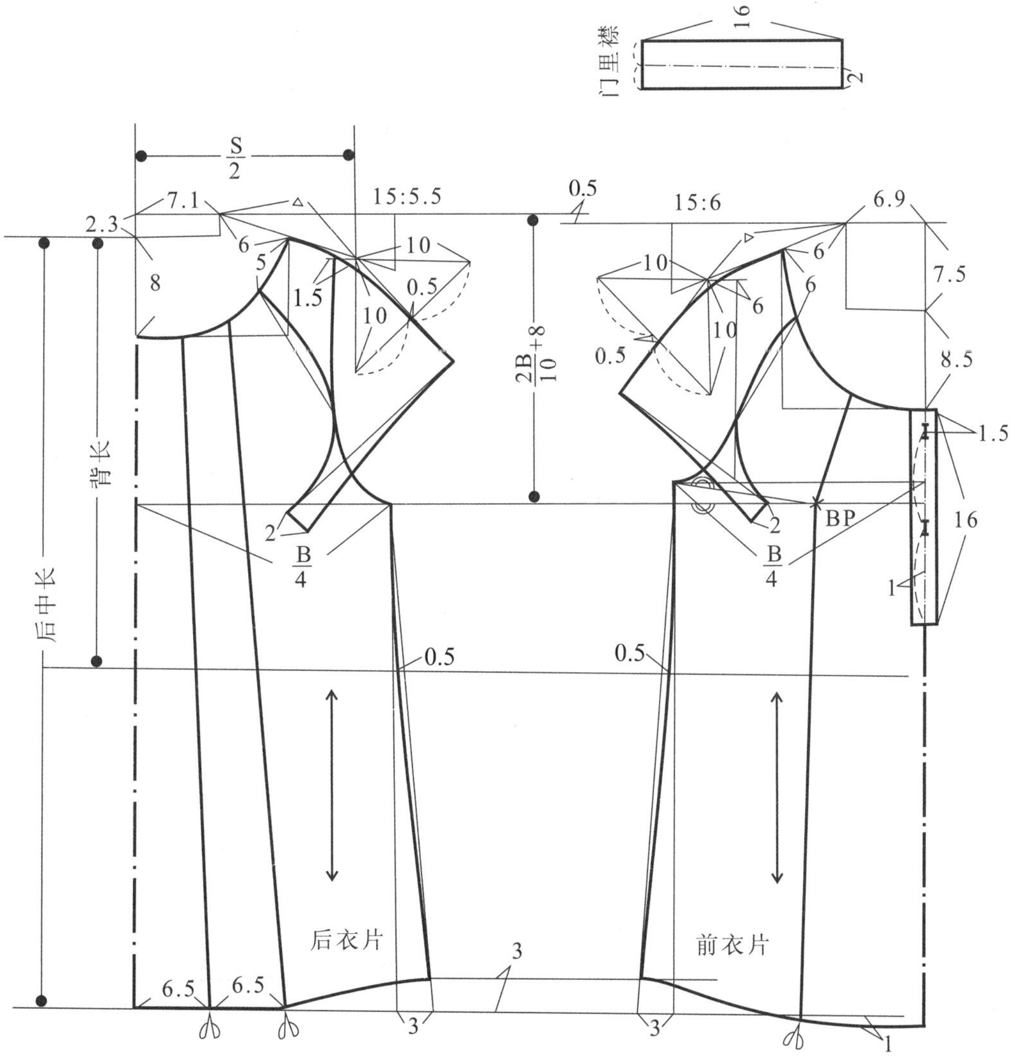

图3-4-5　插肩短袖女衬衫结构图

（3）前衣身结构展开图（图3-4-6）

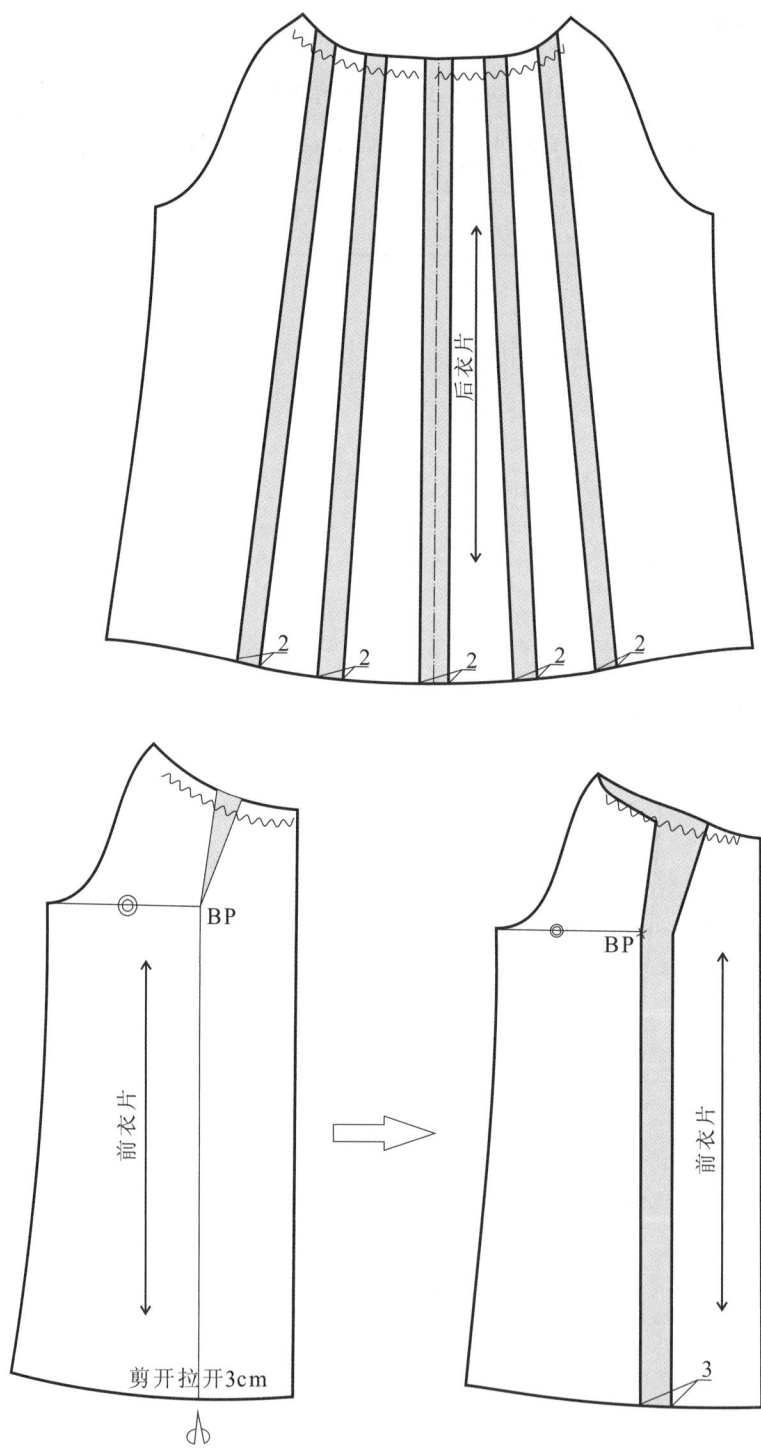

后衣片

前衣片

前衣片

剪开拉开3cm

BP

BP

2 2 2 2 2

3

图3-4-6　前衣身结构展开图

（4）袖子结构展开图（图3-4-7）

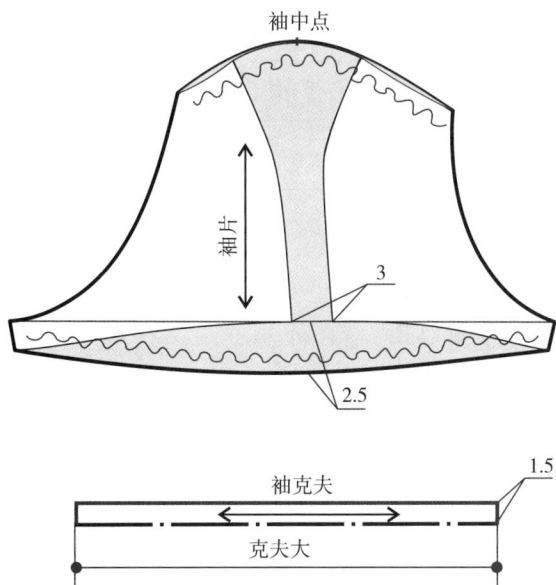

图3-4-7　袖子结构展开图

三、衬衫拓展变化

1. 后开衩无袖宽摆衬衫

（1）款式图（图3-4-8）

正面着装图

背面图

图3-4-8　后开衩无袖宽摆衬衫款式图

（2）制图参考规格（不含缩率，表3-4-3）

表3-4-3　制图参考规格

号型	部位名称	胸围（B）	背长	后衣长	肩宽
160/84A	净体尺寸	84	37		39
	制图尺寸	90	37	64	32

（单位：cm）

（3）衣片结构图（图3-4-9①）

（4）领子结构图（图3-4-9②）

（5）衣片下摆和袖窿修顺处理（图3-4-9③）

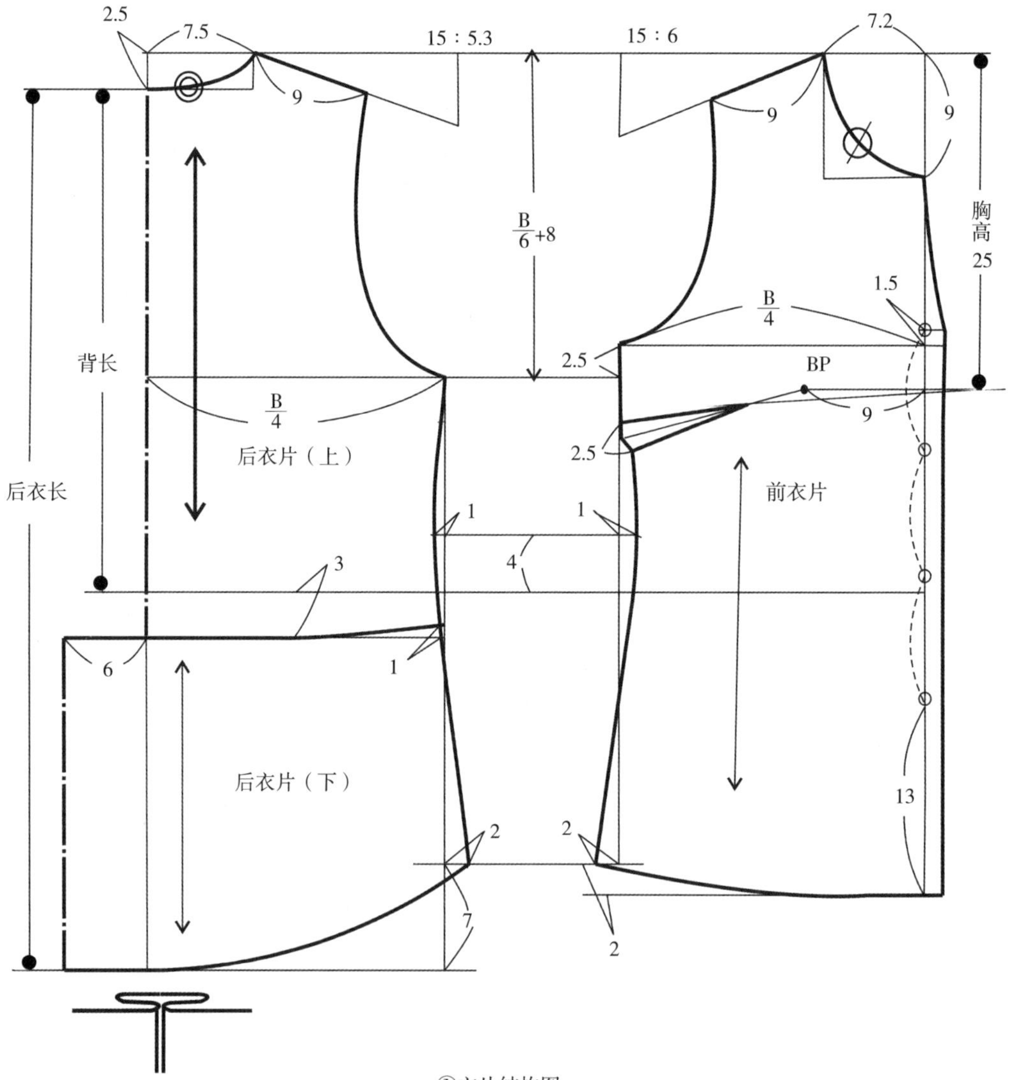

①衣片结构图

图3-4-9（1）　后开衩无袖宽摆衬衫结构图

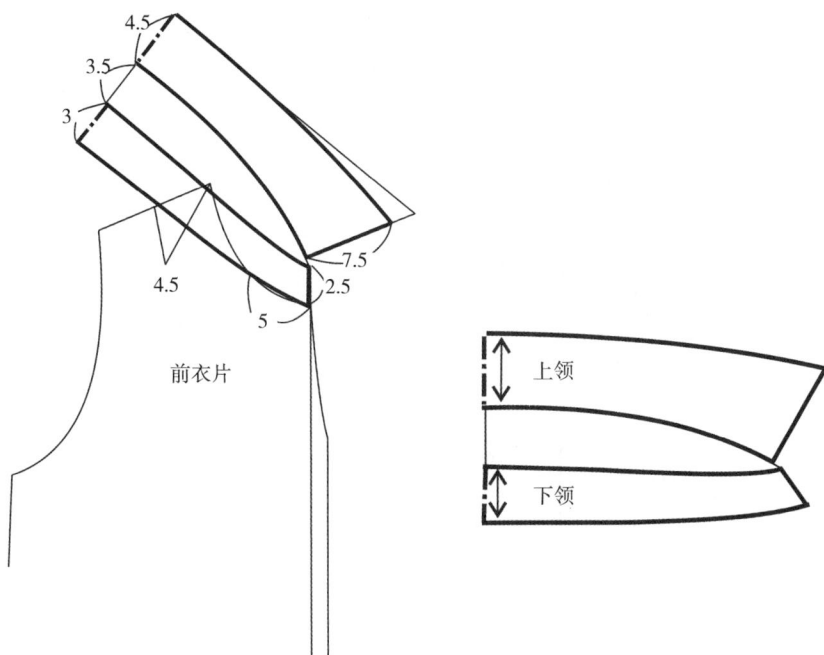

4.5

3.5

3

4.5

5

7.5

2.5

前衣片

上领

下领

② 领子结构图

后衣片（上）

后衣片（下）　前衣片

修圆顺

后衣片

修圆顺

前衣片

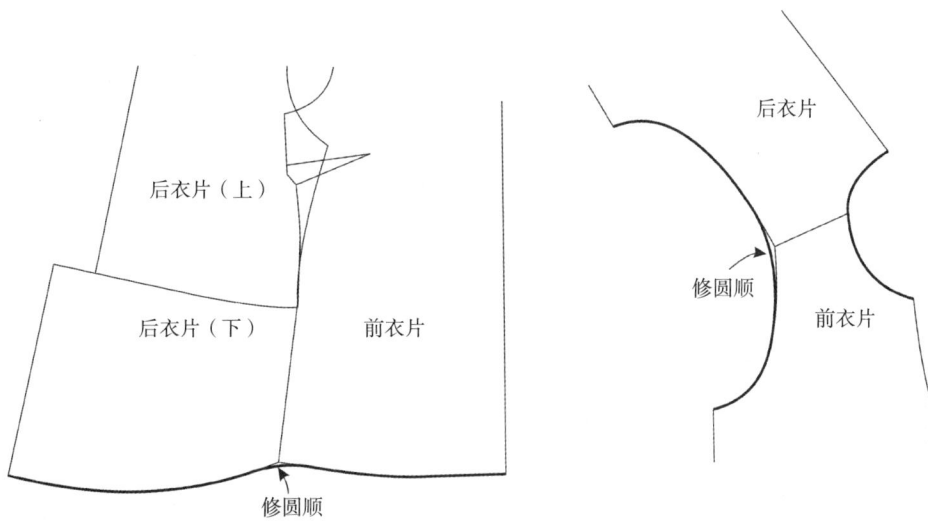

③下摆和袖窿修顺处理

图3-4-9（2）　后开衩无袖宽摆衬衫结构图

2. 无袖波浪摆衬衫

（1）款式图（图3-4-10）

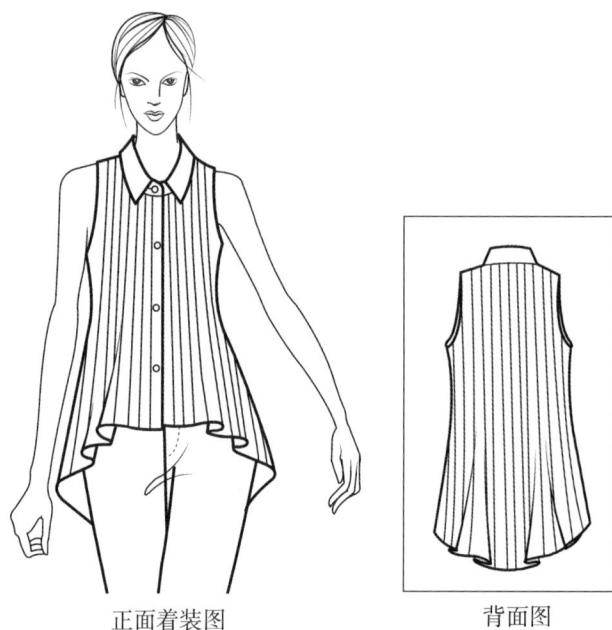

正面着装图　　　　　　　　背面图

图3-4-10　无袖波浪摆衬衫款式图

（2）制图参考规格（不含缩率，表3-4-4）

表3-4-4　制图参考规格

号型	部位名称	胸围（B）	背长	后衣长	肩宽
160/84A	净体尺寸 制图尺寸	84 90	37 37	 74	39 30

（单位：cm）

（3）结构图（图3-4-11①）

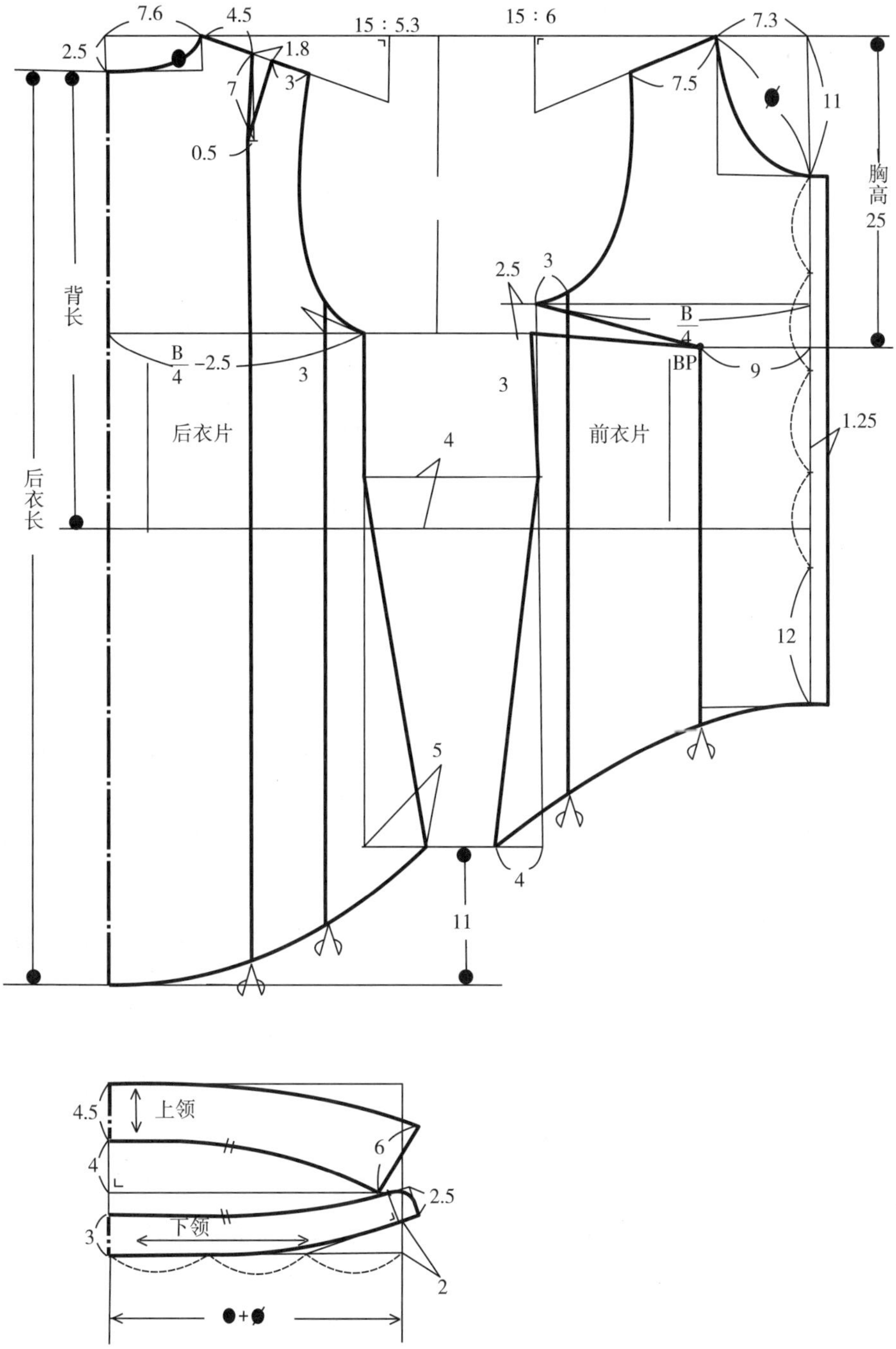

① 结构图

图3-4-11（1）　无袖波浪摆衬衫结构图

（4）下摆展开图（图3-4-11②、③）

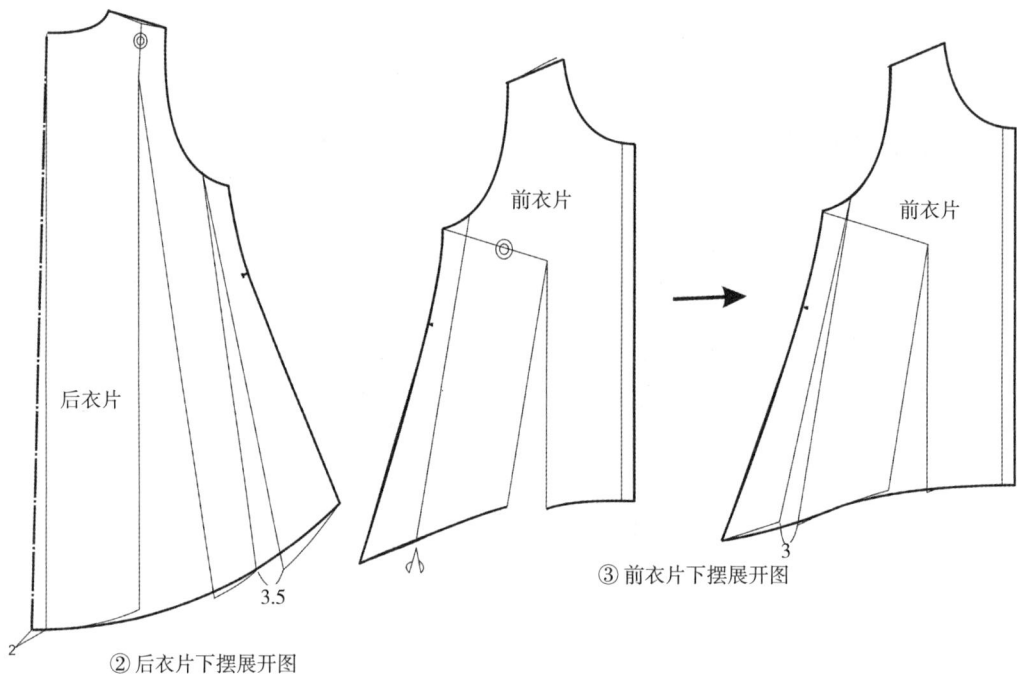

②后衣片下摆展开图

③前衣片下摆展开图

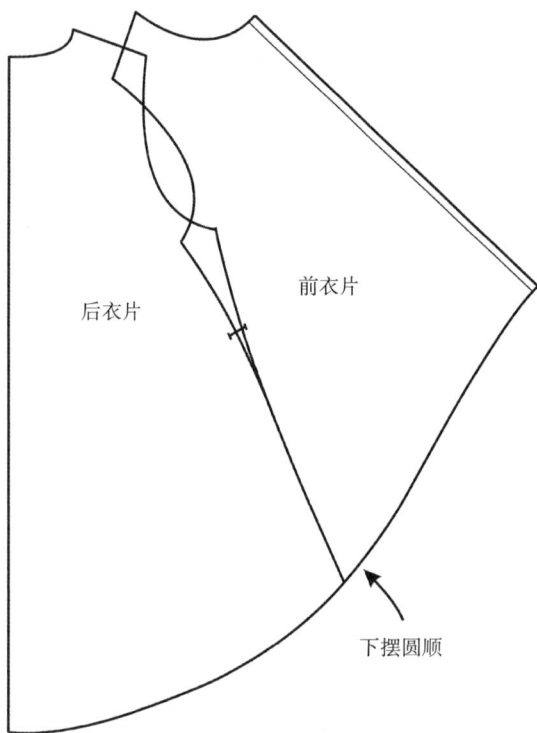

④检查前后下摆的圆顺度

图3-4-11（2）　无袖波浪摆衬衫结构图

（a）后衣片下摆展开方法：

第一步：合并肩省后，下摆自然展开成波浪；

第二步：后中下摆放出2cm成后中波浪；

第三步：靠后侧缝的下摆处剪开至袖窿，下摆放出3.5cm成波浪。

（b）前衣片下摆展开方法：

第一步：合并侧缝胸省后，下摆自然展开成波浪；

第二步：靠前侧缝的下摆处剪开至袖窿，下摆放出3cm成波浪。

（5）检查前后下摆的圆顺度（图3-4-11④）

检查方法：将前后侧缝处的下摆对齐，并使侧缝重叠，查看前后下摆的连线是否圆顺。

（6）袖窿修顺处理（图3-4-11④）

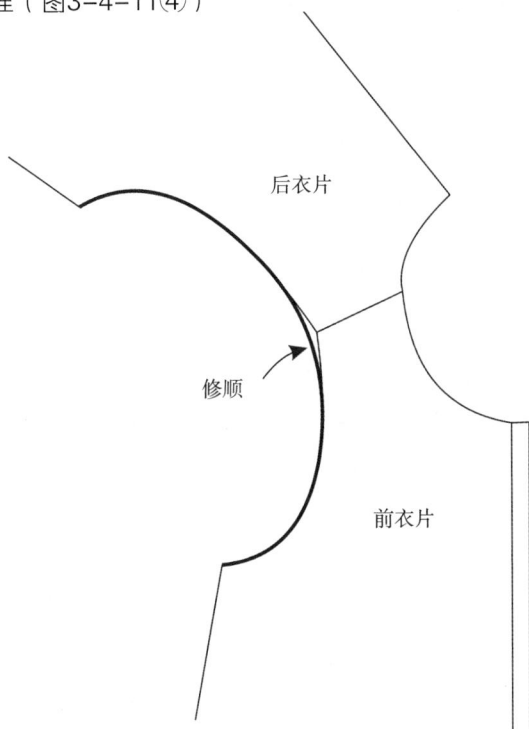

后衣片

修顺

前衣片

⑤袖窿修顺处理

图3-4-11（3）　无袖波浪摆衬衫结构图

3. 短袖斜摆衬衫（图3-4-12）

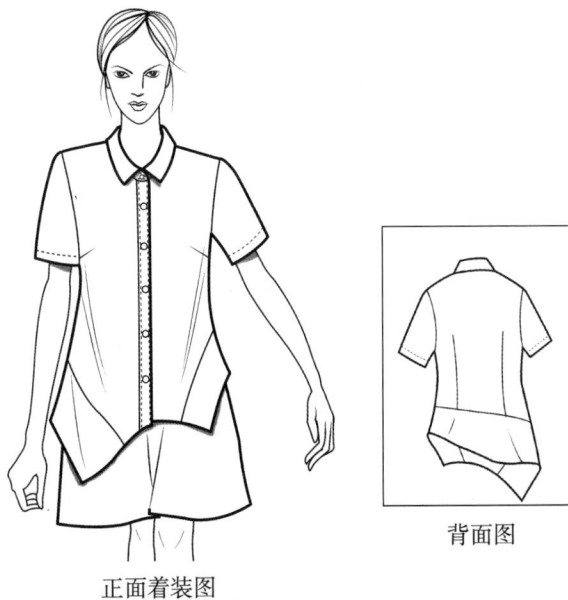

正面着装图

背面图

图3-4-12　短袖斜摆衬衫款式图

4. 落肩袖后背变化型衬衫（图3-4-13）

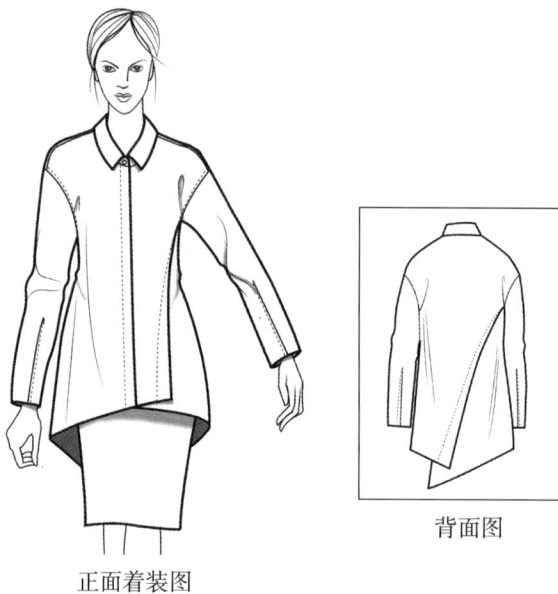

背面图

正面着装图

图3-4-13　落肩袖后背变化型衬衫款式图

5. 加长型时尚衬衫（图3-4-14）

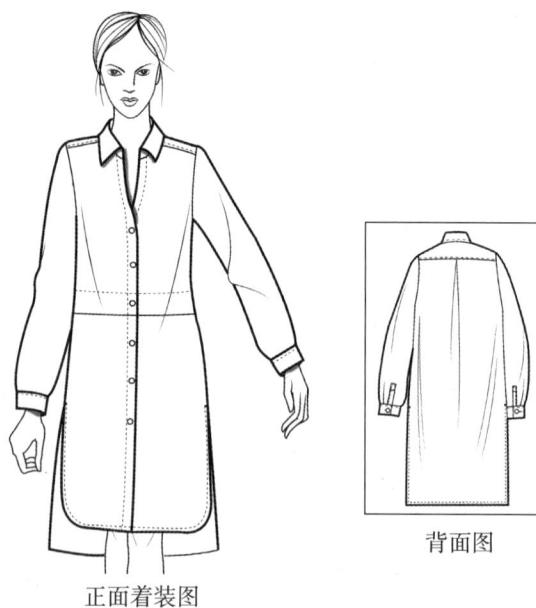

背面图

正面着装图

图3-4-13　加长型时尚衬衫款式图

第四章

女西装和大衣工艺

woman business suit and overcoat fabrication techuics

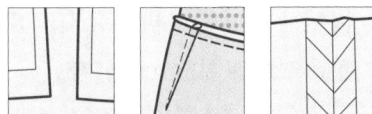

第一节　休闲式短西装

一、概述

1. 款式分析

这是一款较为经典的合体型休闲式短西装，无里布，公主线分割衣片、圆头平驳领、一粒扣、有碎褶贴袋、后下摆开衩、两片袖。拼缝、领边、下摆等处车装饰明线，缝份边缘滚边处理。适合中青年女性穿着，款式见图4-1-1。

背面图

正面着装图

图4-1-1　休闲式短西装款式图

2. 适用面料

可使用棉、麻、毛混纺面料制作，缝份滚边用里布可选素色或印花薄棉布，也可用配色仿真丝里布。

3. 面辅料参考用量

（1）面料：门幅144cm，用量约120cm。估算式：衣长+袖长+10cm左右。注意：因裁片在过黏衬机时会有一定的缩率，故上领、下领、挂面等样板在排料时要放些余量，一般四周放1cm左右。

（2）里料：门幅144cm，用量约80cm（用于缝份滚边）。

（3）辅料：黏合衬约60cm，大扣子1颗，小扣子2颗；粗线1个，配色线1个。

二、制图参考规格（不含缩率，表4-1-1）

表4-1-1　制图参考规格

号/型	胸围（B）	肩宽（S）	腰围（W）	后中长	背长	袖长	袖口大	后衩长
155/80A	80+6=86	36.8	64+6=70	49.5	36	56.5	23.5	9
155/84A 160/84A 165/84A	84+6=90	38	68+6=74	49.5 51 52.5	36 37 38	56.5 58 59.5	24	9.5
165/88A	88+6=94	39.2	72+6=78	52.5	38	59.5	24.5	10

（单位：cm）

注：（1）上装的型是指净胸围，该款西装制图时选用净胸围尺寸+6~8cm（松量）。
　　（2）腰围制图时采用净腰围尺寸+6~8cm（松量）。
　　（3）袖口大为净手腕尺寸+8~9cm。

三、结构制图

1. 休闲式短西装结构图（图4-1-2）

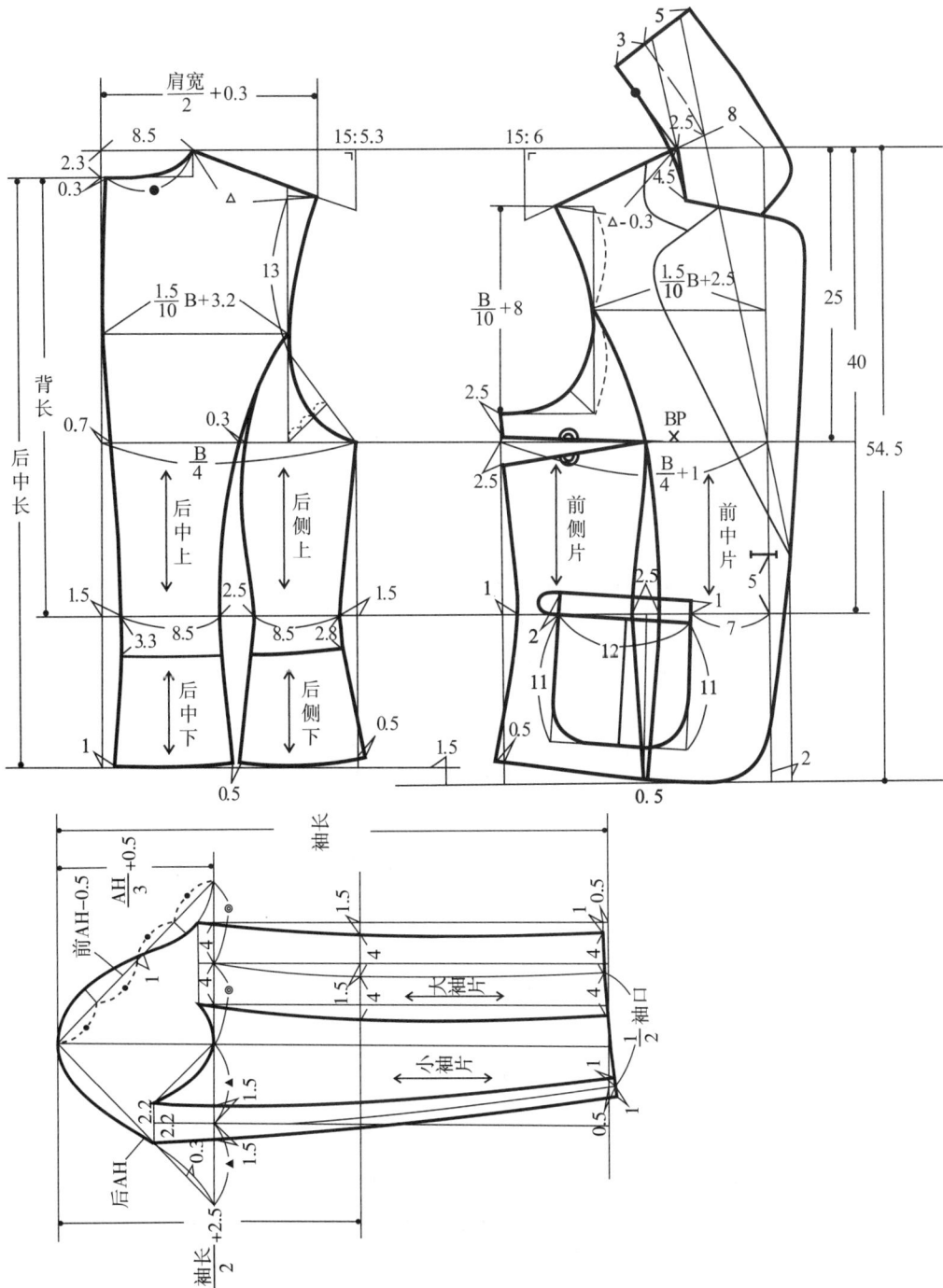

图4-1-2　休闲式短西装结构图

2. 领子结构处理图（图4-1-3）

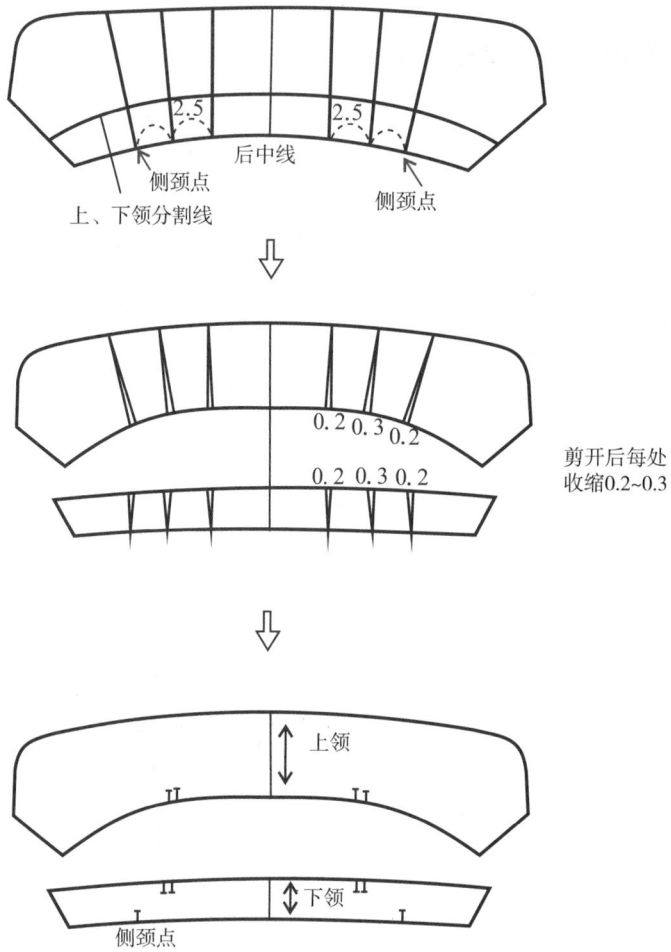

图4-1-3 领子结构处理图

3. 袋布结构图（图4-1-4）

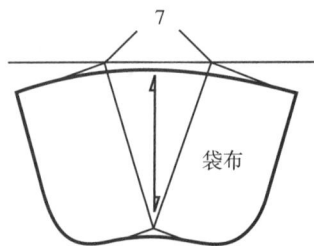

图4-1-4 袋布结构图

四、放缝、排料

1. 面料放缝参考图（图4-1-5）

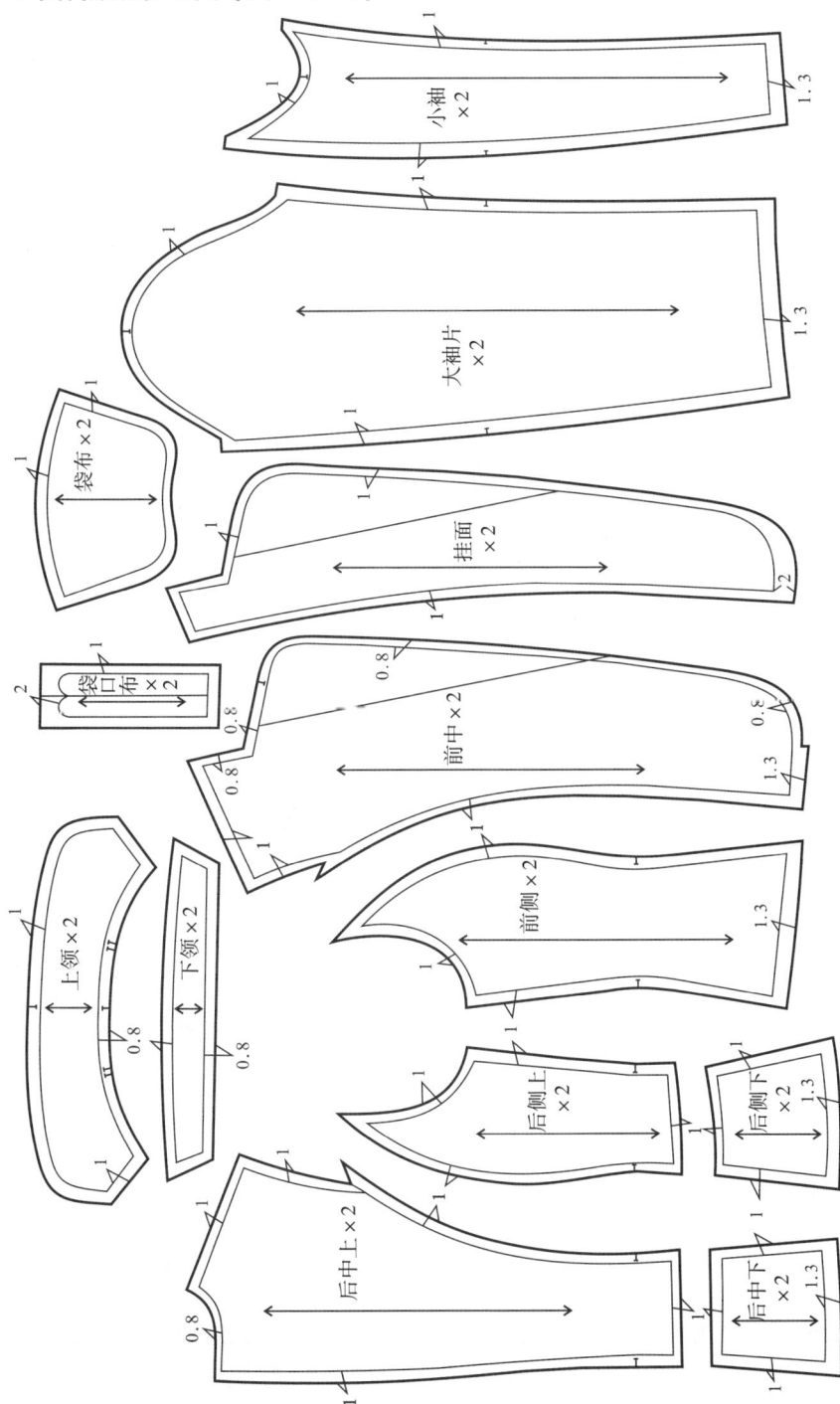

图4-1-5　休闲式短西装面料放缝参考图

2. 面料排料参考图（图4-1-6）

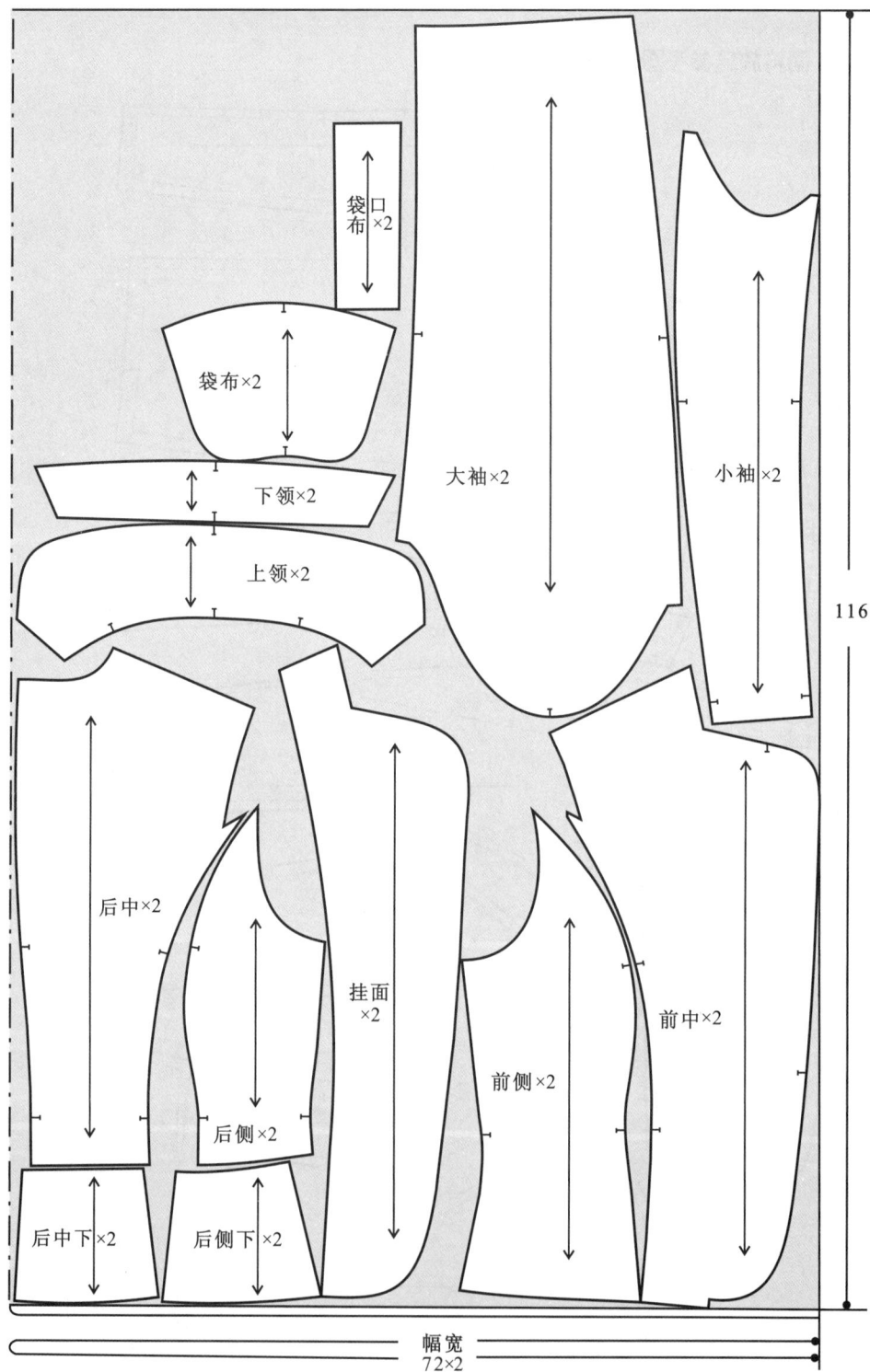

图4-1-6　休闲式短西装面料排料参考图

3. 里料排料参考图（图4-1-7）

此款为无里布，里料用于缝份滚边斜条的裁剪。

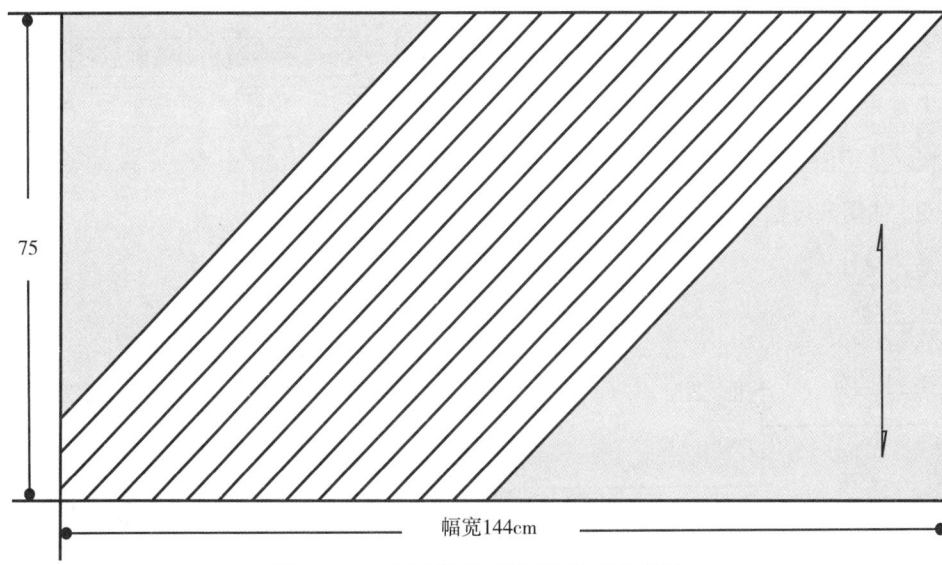

75

幅宽144cm

图4-1-7　休闲式短西装里料排料参考图

4. 黏衬排料参考图（图4-1-8）

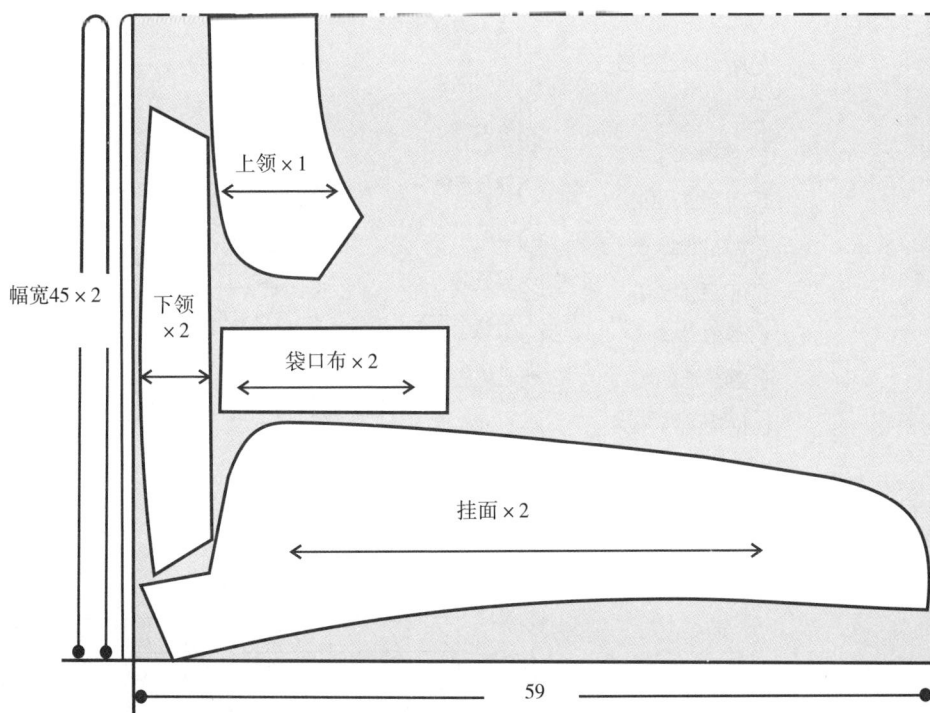

幅宽45×2

上领×1

下领
×2

袋口布×2

挂面×2

59

图4-1-8　黏衬排料参考图

五、缝制工艺流程、工序分析和缝制前准备

1. 休闲式短西装缝制工艺流程

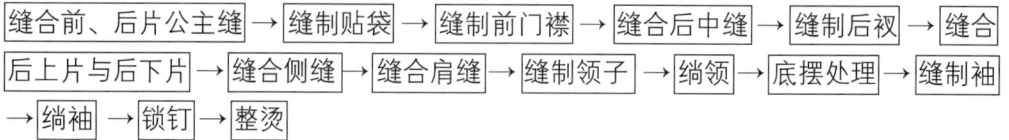

缝合前、后片公主缝 → 缝制贴袋 → 缝制前门襟 → 缝合后中缝 → 缝制后衩 → 缝合
后上片与后下片 → 缝合侧缝 → 缝合肩缝 → 缝制领子 → 绱领 → 底摆处理 → 缝制袖
→ 绱袖 → 锁钉 → 整烫

2. 休闲式短西装工序分析（见图4-1-9）

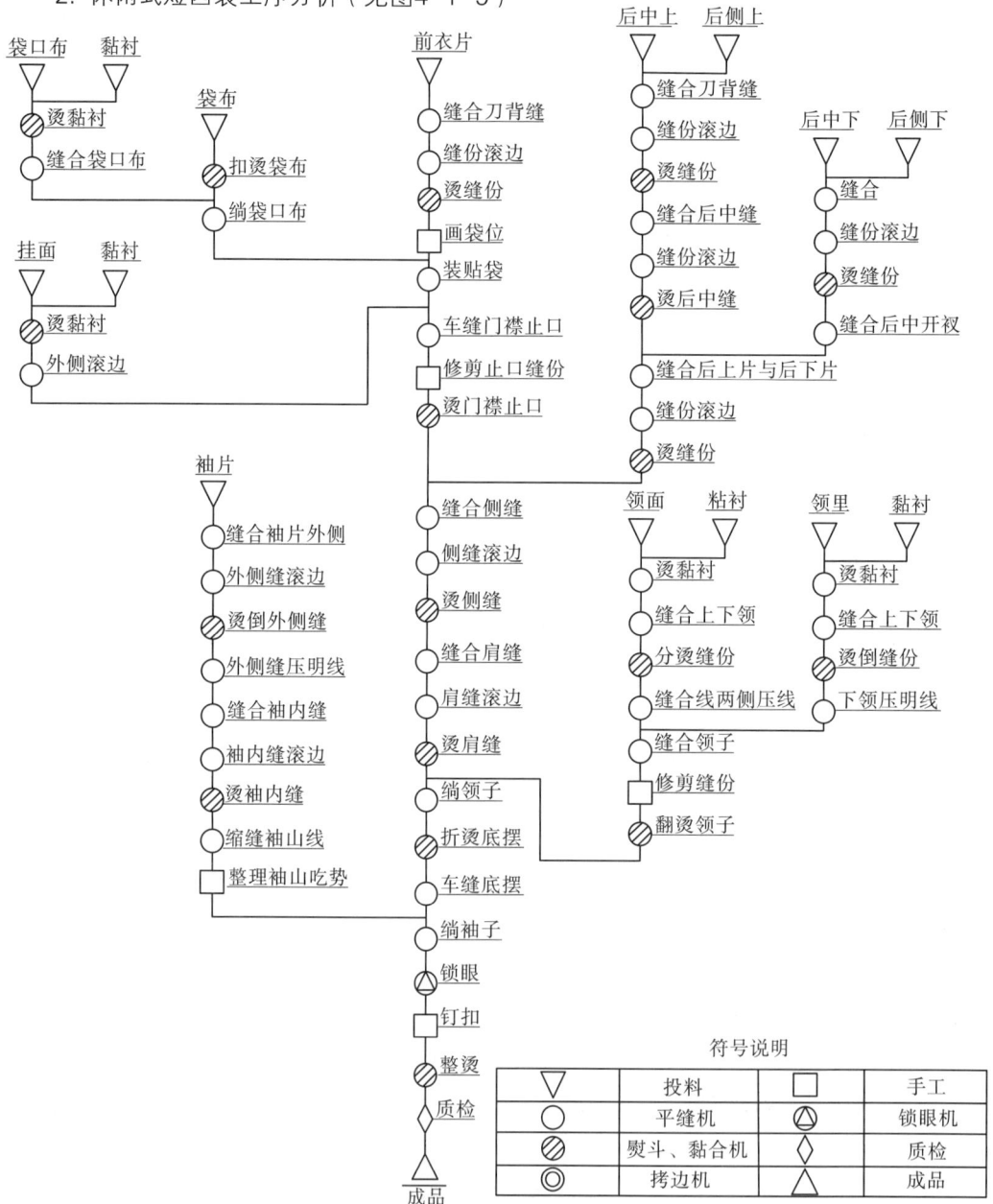

图4-1-9 休闲式短西装工序分析图

3. 缝制前准备

（1）针号和针距

针号：75/11号和90/14号。针距：明线13~14针/3cm，暗线14~16针/3cm。

（2）黏衬及修片

黏衬部位有：挂面、上领面、下领、袋口边。

裁片过黏合机后，摊平放凉，重新按裁剪样板修剪裁片（上领、下领、挂面）。

六、缝制工艺步骤及主要工艺

1. 缝合前、后片的公主缝（图4-1-10）

分别缝合前中片与前侧片、后中上与后侧上、后中下与后侧下：对准腰节刀眼，缝份1cm车缝，缝份边缘用拉筒车0.5cm滚边（里布斜条），缝份分别向前中、后中倒烫，然后在正面车0.6cm明线。

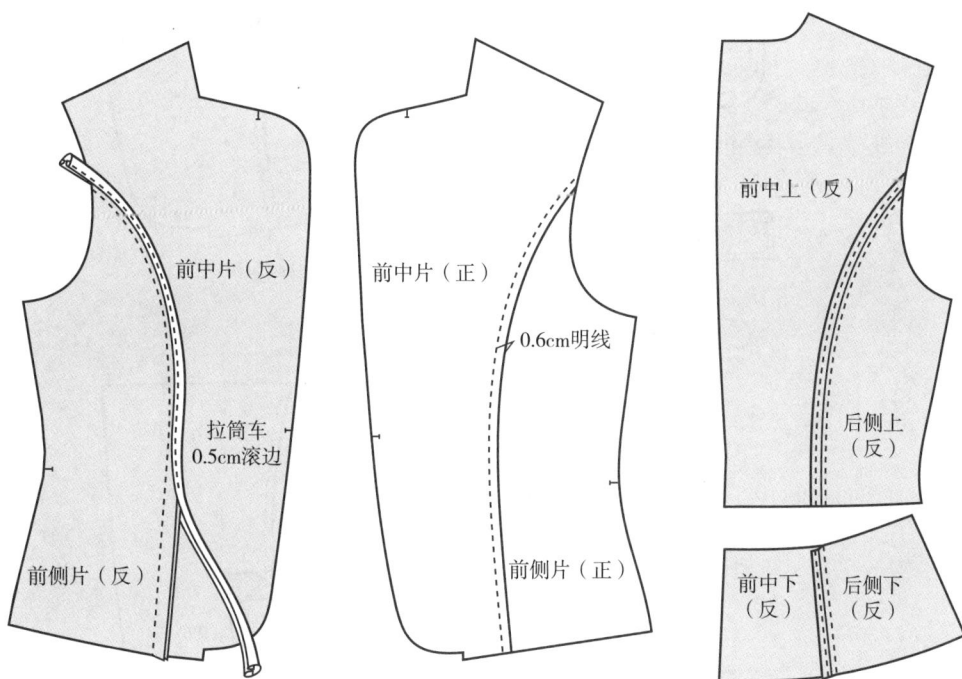

图4-1-10　缝合前、后片公主缝

2. 缝制贴袋（图4-1-11）

（1）扣烫袋布：先分别在袋布的袋口、圆角处放长针距车缝后抽缩，再用净样扣烫袋布，使其与净样吻合（图4-1-11①）。

（2）缝制袋口布：袋口布对折，按净线车缝圆头，然后修剪圆头处缝份至
0.2~0.3cm，再翻烫平整（图4-1-11②）。

（3）绱袋口布：将袋布上口缝份塞入袋口布，车0.1cm止口线，袋口布上下连圆头
三周车0.1cm明线（图4-1-11③）。

（4）画袋位：在衣片正面用划粉画出袋位，左右袋位需对称（图4-1-11④）。

（5）车缝固定贴袋：按袋位先假缝固定贴袋，然后车0.6cm明线。要求完成的贴袋
袋口宽窄均匀、贴袋圆角圆顺，左右对称（图4-1-11⑤）。

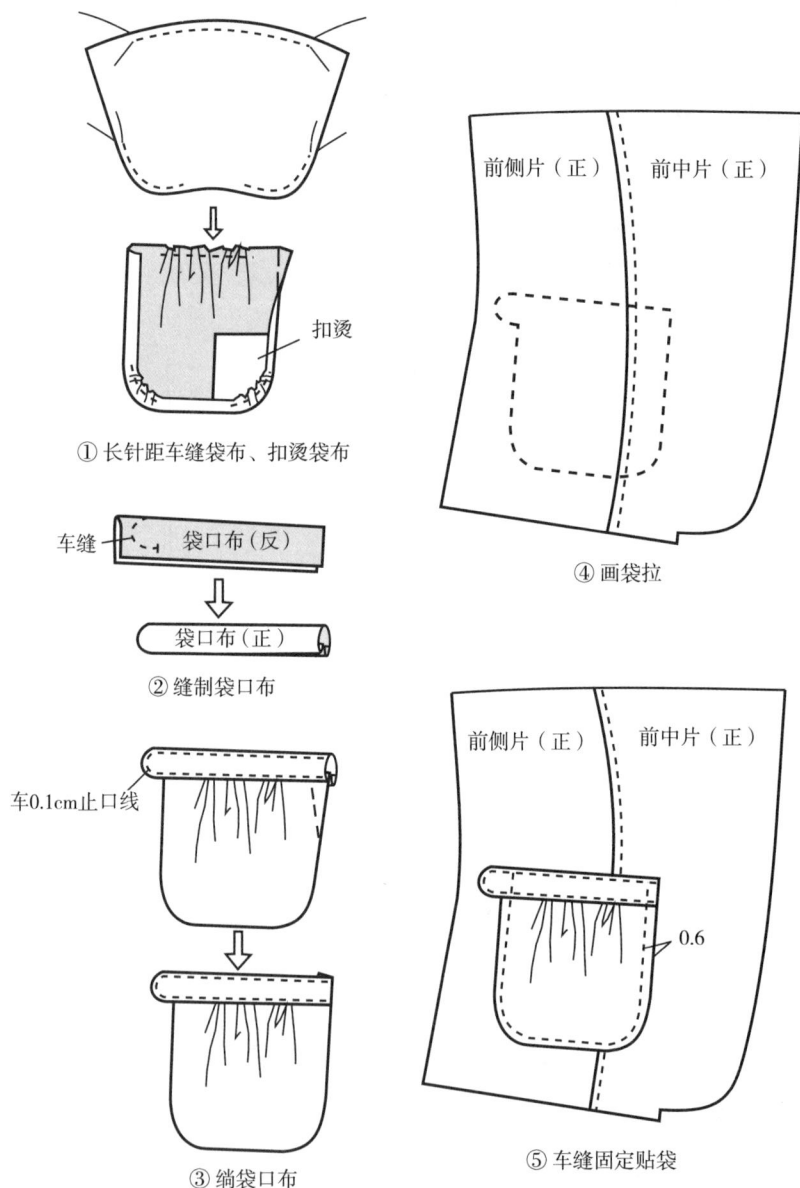

扣烫

① 长针距车缝袋布、扣烫袋布

车缝　袋口布（反）

袋口布（正）

② 缝制袋口布

车0.1cm止口线

③ 绱袋口布

前侧片（正）　前中片（正）

④ 画袋拉

前侧片（正）　前中片（正）

0.6

⑤ 车缝固定贴袋

图4-1-11　缝制贴袋

3. 缝制前门襟（图4-1-12）

（1）挂面外侧滚边：将挂面外侧弧线、小肩线用拉筒车0.5cm宽滚边，距接头要留1~2cm不车。注意两线的交接点的处理，小肩线接头缝份要折光，并补车滚边明线（图4-1-12①）。

（2）车缝门襟止口：按门襟净样核对衣片与挂面的装领点、翻折止点的刀眼是否准确，再从装领点起，到挂面下摆止，将衣片与挂面先假缝固定；确定左右对称，里外匀适当后再车缝0.8cm固定（图4-1-12②）。

注意：以翻折止点为分界点，翻折止点以上（驳头上端）挂面稍松，衣片稍紧；翻折止点以下的挂面下摆圆角处稍紧，衣片稍松。

（3）修剪门襟止口缝份：以翻折止点为分界点，翻折止点以上部分修剪衣片缝份到0.4cm左右，挂面缝份到0.6cm左右；翻折止点以下至下摆圆角处修剪衣片缝份到0.6cm、挂面缝份到0.3cm左右。

（4）熨烫门襟止口：门襟止口按要求烫出里外匀，不能有虚边。熨烫里外匀时注意翻折止点以上衣片退进0.1cm，翻折止点以下挂面退进0.1cm（图4-1-12③）。

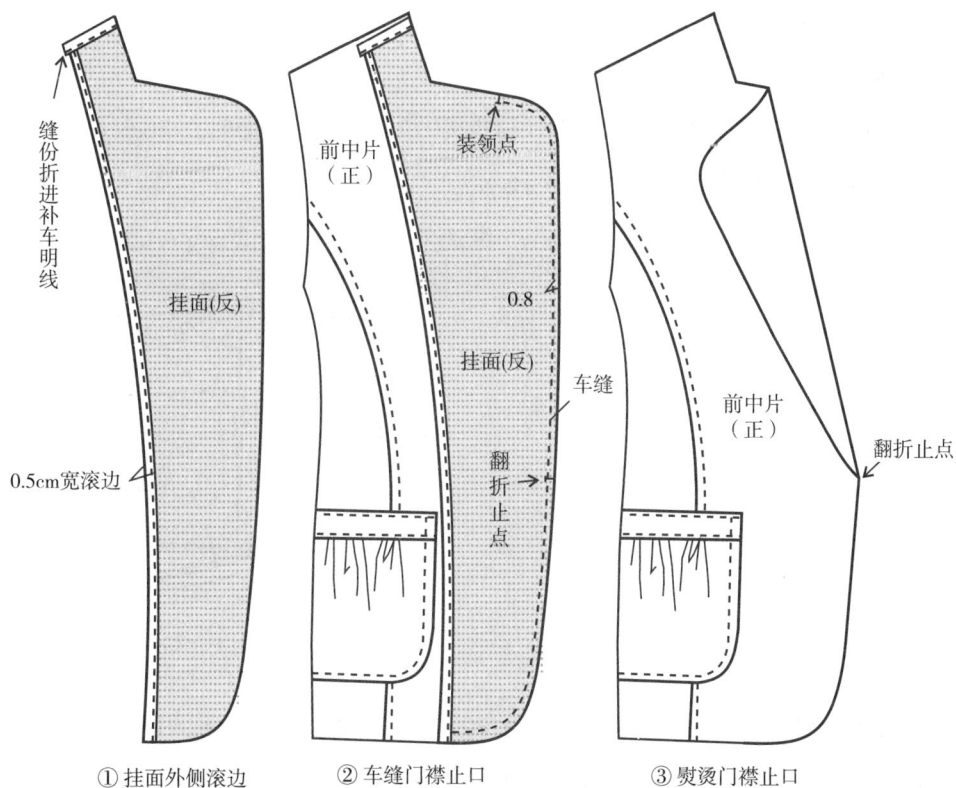

①挂面外侧滚边　②车缝门襟止口　③熨烫门襟止口

图4-1-12　缝制前门襟

4. 缝合后中缝（图4-1-13）

缝合衣片后中缝，缝份1cm，缝边用拉筒车0.5cm宽滚边，然后向左侧烫倒车0.6cm明线。

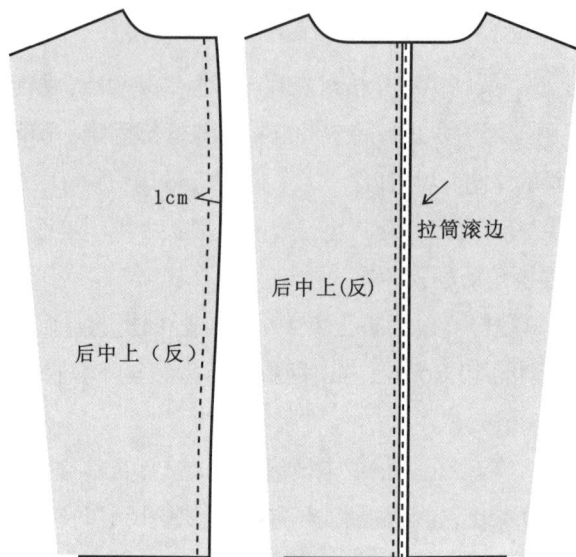

图4-1-13　缝合后中缝

5. 缝制后衩（图4-1-14）

将后中下片的后中缝份先折烫0.4cm再折烫0.7cm，然后反面朝上车0.6cm明线。

6. 缝合后上片与后下片（图4-1-15）

后上片与后下片正面相对车缝1cm，缝边用拉筒车0.5cm宽滚边，缝份向后上片烫倒。

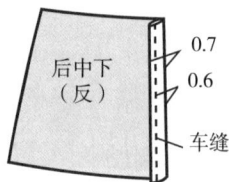

图4-1-14　缝制后衩

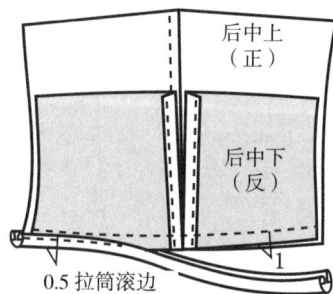

图4-1-15　缝合后上片与后下片

7. 缝合侧缝： 缝份1cm，缝边用拉筒车0.5cm宽滚边，然后烫倒向后侧。

8. 缝合肩缝： 缝合衣片的肩缝，缝份1cm，缝边用拉筒车0.5cm宽滚边，然后向后侧烫倒车0.6cm明线。

9. 缝制领子（图4-1-16）

（1）缝合领面、领里的上下领：分别将领面、领里的上下领正面相对车缝0.8cm，领面分烫缝份后两边各车0.1cm明线，领里缝份向下领烫倒，车0.1cm明线（图4-1-16①）。

（2）缝合领里与领面：在领里上画出净样，对准后中点，使领子圆头部位的领面略松，领里略紧，从而做出合适的里外匀，目的是使完成后的领子略向里窝，外观自然平服（图4-1-16②）。

（3）修剪并翻烫领子：领里缝份、领圆头部分修剪到0.3cm左右，领面缝份修剪到0.6cm左右，然后翻烫，将领止口烫成里外匀；最后按净样修剪领子装领部分的缝份到0.8cm。按净线扣烫下领面缝份（图4-1-16③）。

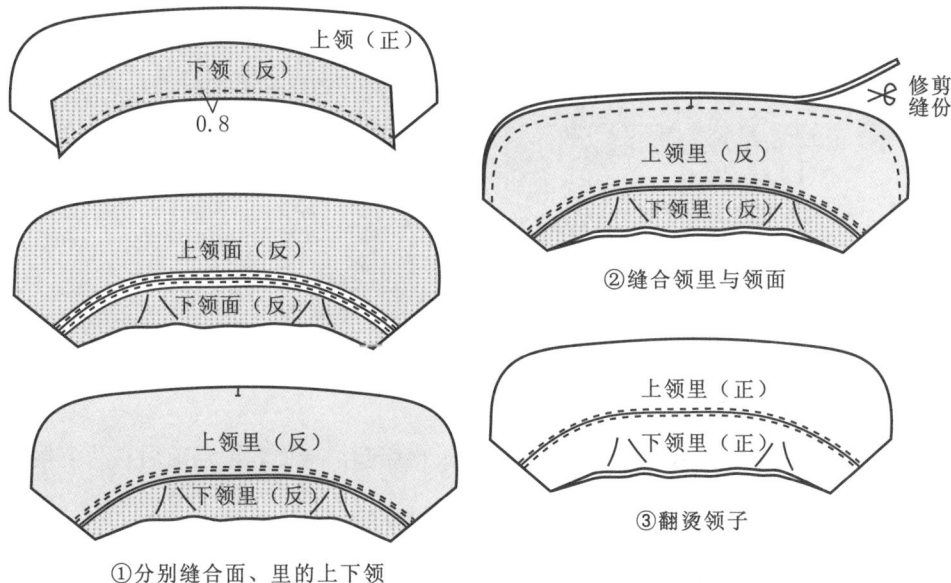

图4-1-16　缝制领子

10. 绱领（图4-1-17）

（1）假缝并车缝串口线：对准装领点，分别假缝领面与挂面的串口线、领里与衣片的串口线，缝份0.8cm，然后分缝烫开，转弯处要打剪口。

（2）缝合领底线：对准后中点、颈侧点，先缝合领里与衣片，缝份0.8cm，整理缝份倒向领子；然后将领面的领底线缝份扣烫0.9cm，领面的领底线盖住领里缝线，车0.1cm明线与衣片固定。

（3）手工缲缝固定串口线和肩线：用单根线在内侧用手针缲缝固定串口线、缲缝固定挂面与衣片肩缝。

（4）车止口明线：从衣片一侧翻折止点起，挂面朝上沿驳头、领子到另一侧翻折止点，车止口明线0.6cm。

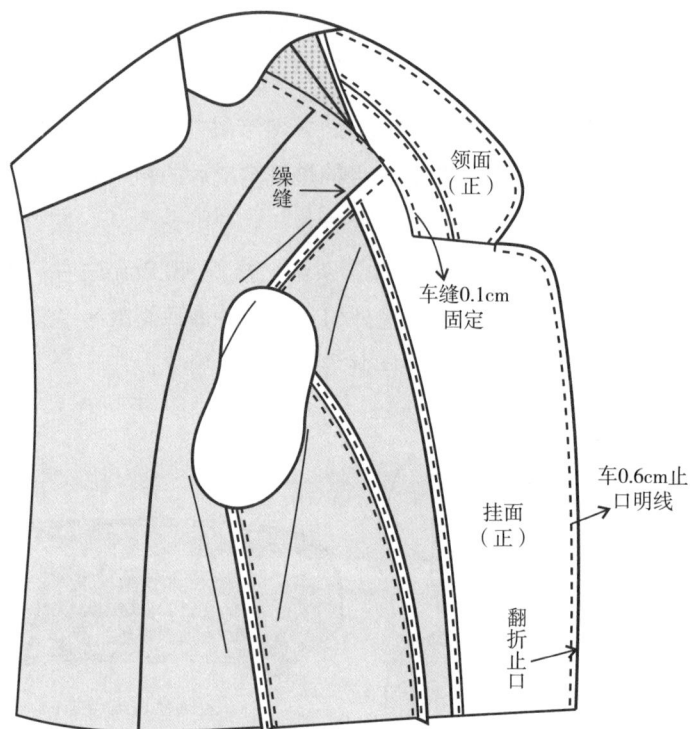

图4-1-17　绱领

11. 底摆处理（图4-1-18）

底摆先折0.6cm，再折0.7cm，从一侧翻折止点起，挂面朝上沿前后衣片下摆到另一侧翻折止点车止口明线0.6cm。

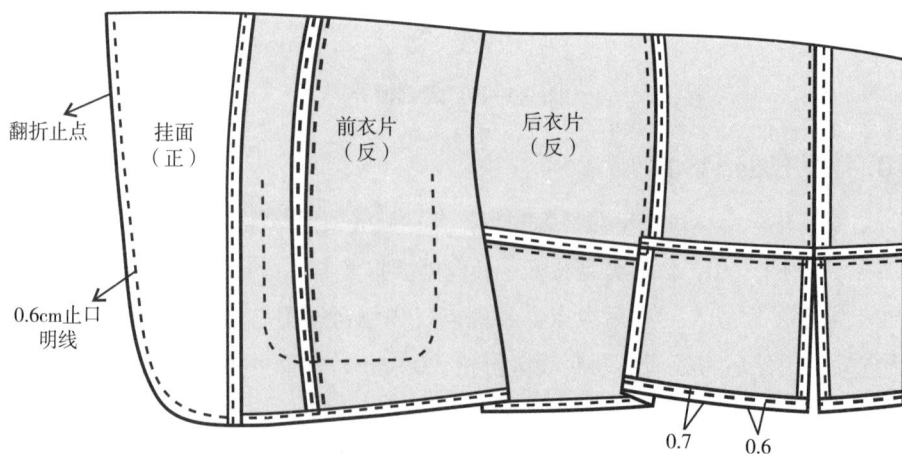

图4-1-18　底摆处理

12. 缝制袖子（图4-1-19）

（1）缝合外袖缝、内袖缝：大、小袖片正面相对，车缝1cm，缝边用拉筒车0.5cm宽滚边，然后烫倒向大袖片车0.6cm明线。

（2）在袖子袖山部位长针距车缝两道线：第一道距边0.6~0.7cm，第二道与第一道相距0.1~0.2cm。

（3）袖口折边：袖口缝份先折0.6cm，再折0.9cm，在反面车0.8cm明线。

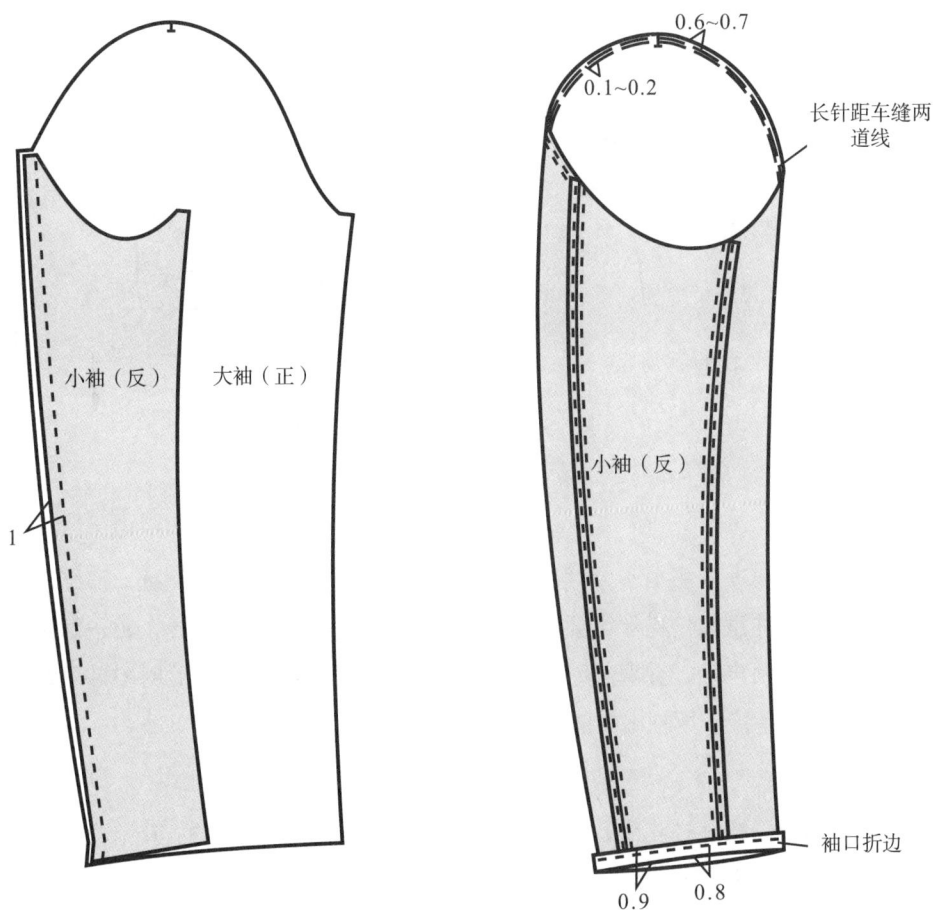

图4-1-19 缝制袖子

13. 绱袖（图4-1-20）

（1）抽袖山吃势：稍拉紧袖山两根缝线，将袖子的吃势抽到合适的程度，再把抽缩好的袖子放在烫凳上，反面朝上熨烫，使袖子吃势定位更为匀称（图4-1-20①）。

（2）车缝绱袖：先把袖子假缝固定到衣片的袖窿上，然后将衣服套在人台上试穿，观察左右两袖是否左右对称、吃势匀称。再车缝固定，缝份1cm，缝边用拉筒车0.5cm宽滚边，倒向袖片。注意，袖山处的装袖缝份不能烫倒，以保持袖子自然和袖山的饱满（图4-1-20②）。

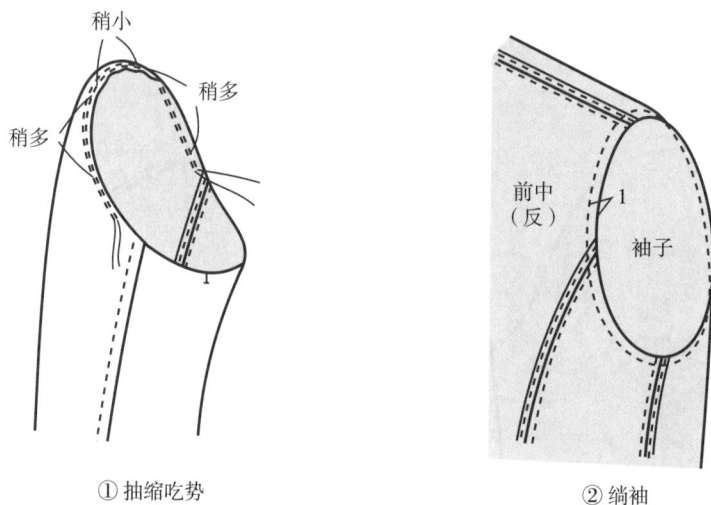

① 抽缩吃势 ② 绱袖

图4-1-20　绱袖

14. 整烫

拆去假缝线，剪净衣服上多余线头，依次烫平门里襟、公主线、侧缝、肩缝、后中缝等拼缝。整烫时注意前门襟丝绺要直，绱领线、驳口线要从里侧轻烫，领子翻折线下端不要烫死，翻驳领自然，烫肩部时，要穿在人台上或垫入布馒头，此时熨斗可贴住袖山熨烫，但要注意不能破坏袖山的圆度。

15. 锁钉

在衣片右侧即门襟处锁扣眼，在翻折止点位置，距门襟止口线约1.7cm左右，锁一个横向圆头扣眼，扣眼大小=扣子直径+扣子厚度。在衣片左侧即里襟处，按扣眼位置钉扣子，钉扣绕脚的长度与门襟的厚度基本相同，在贴袋袋口布的圆头位置，左右各钉一颗小扣，要钉穿衣片固定。

七、缝制工艺质量要求及评分参考标准（总分：100分）

1. 领子：驳头圆顺，驳口、串口顺直，左右领子圆头大小一致，里外匀恰当，窝势自然。（20分）

2. 袖子：两袖长短一致、左右对称，装袖圆顺，前后一致。（20分）

3. 门里襟左右对称、长短一致，钮位高低对齐。（10分）

4. 袋位高低一致，左右对称。（10分）

5. 挂面及各部位松紧适宜平顺。（10分）

6. 线迹平整，无跳线、浮线，线头修剪干净。（10分）

7. 缉线顺直，无跳线、断线现象，符合尺寸。（10分）

8. 各部位熨烫平整。（10分）

八、实训题

1. 实际训练有褶裥的贴袋的缝制。

2. 实际训练圆头驳领的制作，注意圆角圆顺，左右对称。

3. 实际训练滚边工艺，能熟练运用缝纫附件—拉筒对缝份滚边，注意滚边布的接法。

4. 实际训练绱袖，能了解袖子吃势的一般分布规律，掌握不同材质面料的绱袖技巧。

第二节　戗驳领女西装

一、概述

1. 款式分析

该款为两粒扣合体型戗驳领女西装，四开身公主线造型，圆下摆，左右双嵌线挖袋，两片式合体袖，袖口处开真衩并钉两粒钮扣，款式见图4-2-1。

2. 适用面料

全毛、毛涤混纺或化纤面料均可。里料可选择涤丝纺、尼丝纺、醋脂纤维绸等织物。袋布可选用普通里料，也可选用全棉或涤棉布。

正面着装图　　　背面图

图4-2-1　戗驳领女西装款式图

3. 面辅料参考用量

（1）面料：幅宽144cm，用量约140cm。估计式：衣长+袖长+20cm左右。

（2）里料：幅宽144cm，用量约130cm。估计式：衣长+袖长+10cm左右。

（3）辅料：有纺黏合衬适量，薄垫肩1副，斜丝黏合牵条100cm，直丝黏合牵条300cm，大钮扣2粒，小钮扣4至8粒，配色线适量。

二、制图参考规格（不含缩率，表4-2-1）

表4-2-1　制图参考规格

号/型	胸围（B）	肩宽（S）	后中长	背长	袖长	袖克大	袖衩长
155/80A	80+10=88	37.8	46.5	36	55.5	20.5	9.5
155/84A 160/84A 165/84A	84+10=94	39	46.5 58 59.5	36 37 38	55.5 57 58.5	25	10
165/88A	88+10=98	40.2	59.5	38	58.5	25	10.5

（单位：cm）

注：（1）上装的型是指净胸围，该款西装制图时胸围选用净胸围尺寸+10~12cm（松量）。

　　（2）袖口大为净手腕尺寸+9~10cm。

三、结构制图

1. 戗驳领女西装结构图（图4-2-2）

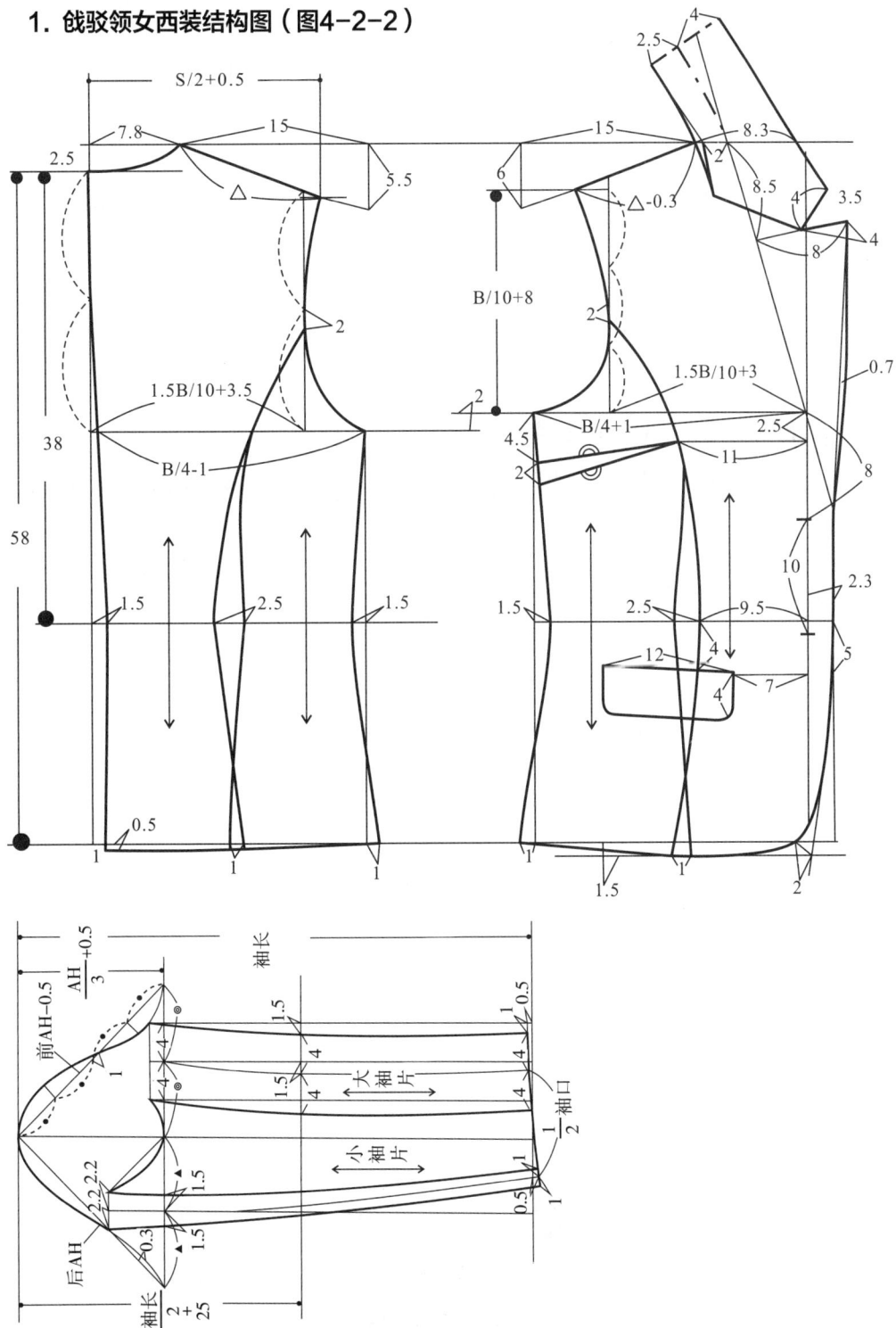

图4-2-2 戗驳领女西装结构图

2. 领面、领座结构处理（图4-2-3）

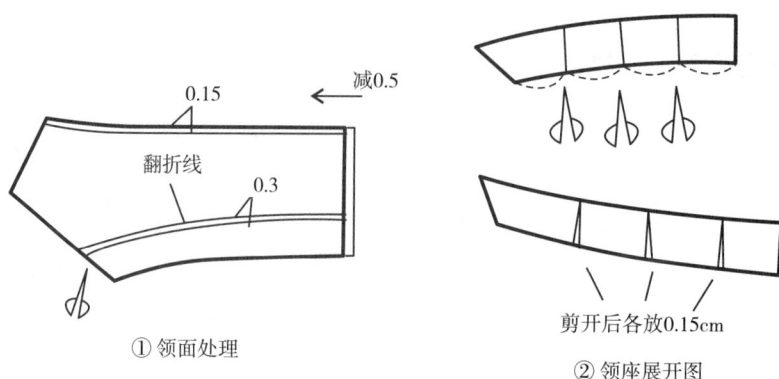

① 领面处理　　　　　　② 领座展开图

图4-2-3　领面、领座结构处理

3. 挂面纸样制作（图4-2-4）

（1）挂面制图：以前衣片为基础，在肩线上和腰线上分别取3cm和9cm，画出挂面内侧的边缘线。

（2）在驳领翻折线、驳头止口线、挂面底边分别放出松量：将驳领翻折线剪开，平行展开0.3cm（同领面翻折线展开量相同），在驳头止口线上放出0.15cm（同领面外口线放量相同），挂面底边处放出0.15cm。

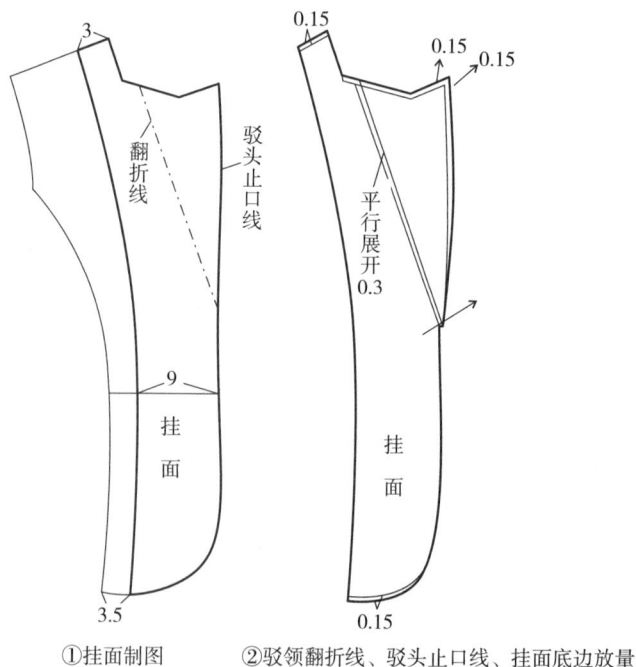

①挂面制图　　②驳领翻折线、驳头止口线、挂面底边放量

图4-2-4　挂面样板制作

四、放缝、排料

1. 放缝

（1）面料放缝参考图（图4-2-5）

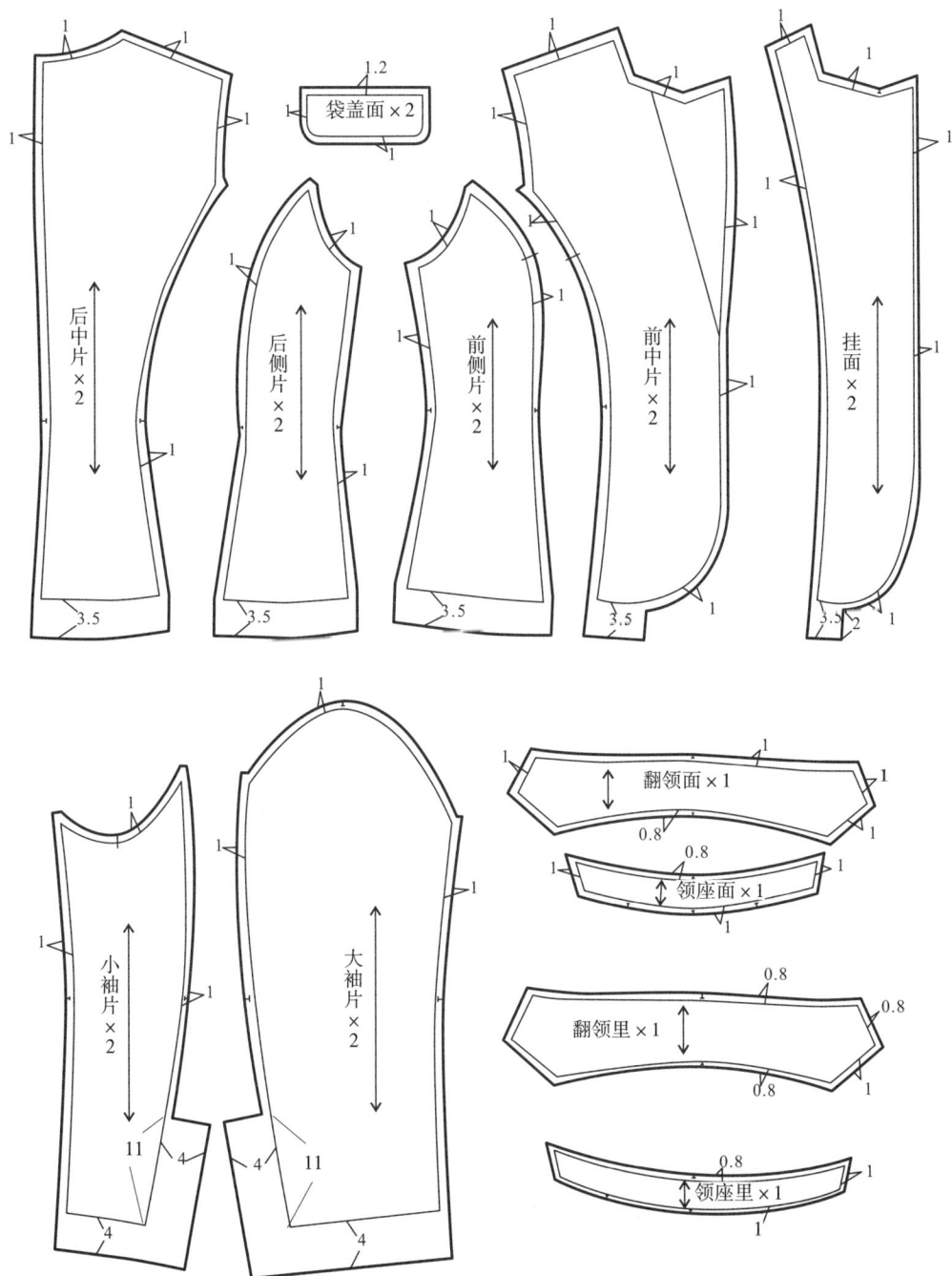

图中各裁片标注：

袋盖面×2　1.2

后中片×2　3.5

后侧片×2　3.5

前侧片×2　3.5

前中片×2　3.5

挂面×2　3.5　2

翻领面×1　0.8

领座面×1　0.8

翻领里×1　0.8

领座里×1　0.8

小袖片×2　11　4

大袖片×2　11　4

图4-2-5　面料放缝参考图

（2）里料放缝参考图（图4-2-6）

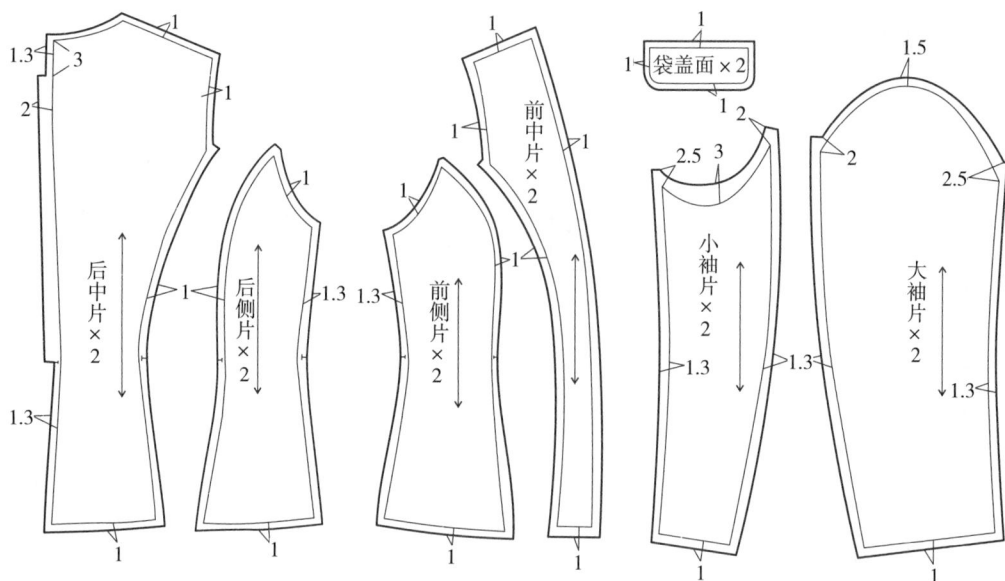

图4-2-6　里料放缝参考图

2. 排料

（1）面料排料参考图（图4-2-7）

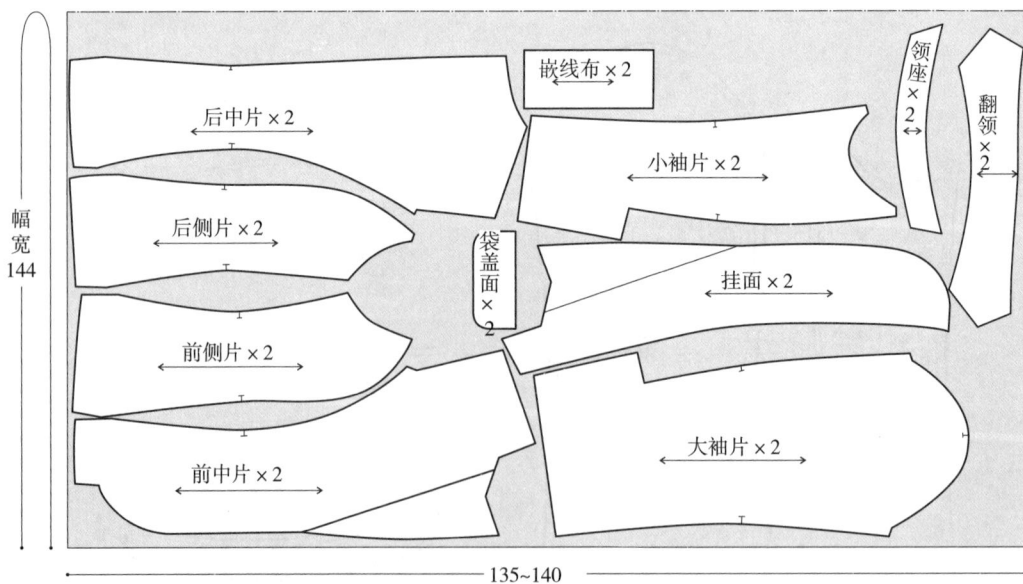

图4-2-7　面料排料参考图

（2）里料排料参考图（图4-2-8）

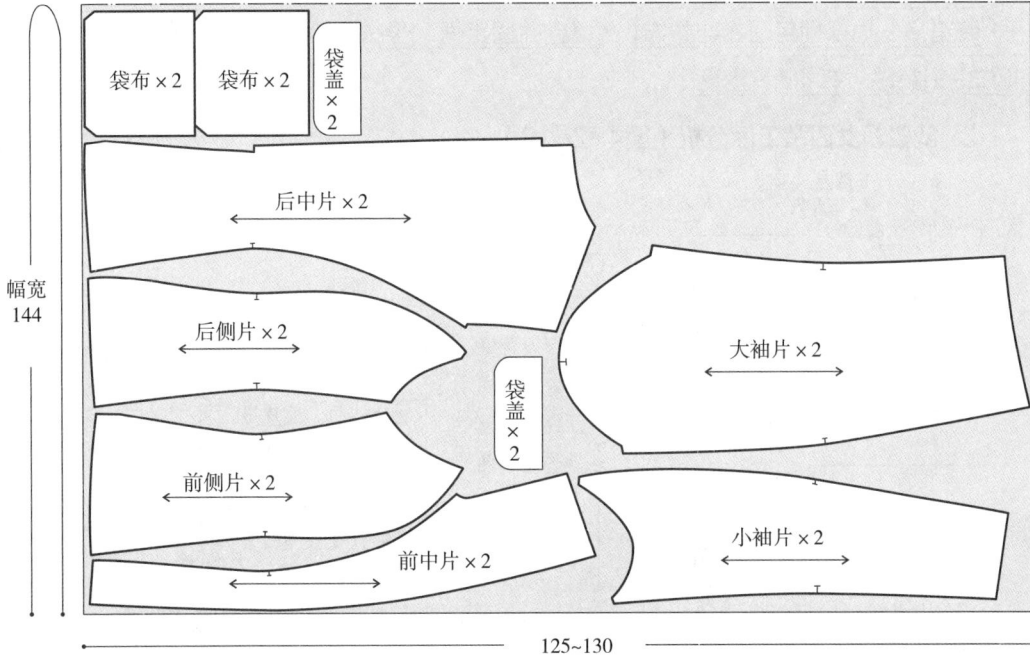

图**4-2-8** 里料排料参考图

（3）黏合衬排料参考图（图4-2-9）

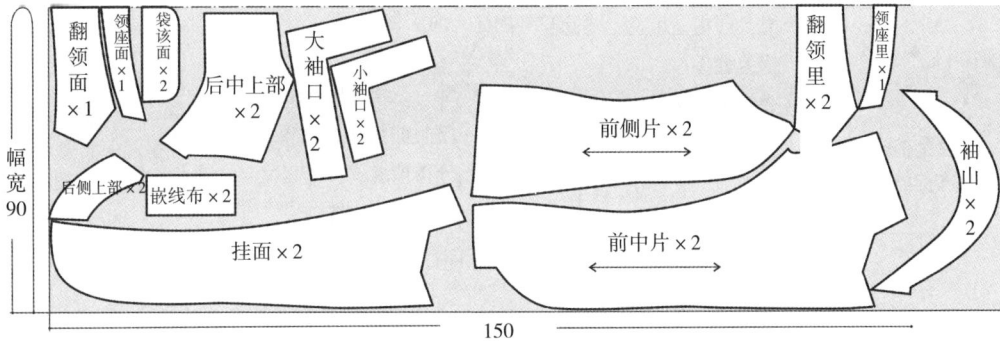

图**4-2-9** 黏合衬排料参考图

五、缝制工艺流程、工序分析和缝制前准备

1. 戗驳领女西装缝制工艺流程

缝合面布前、后衣片的分割缝 → 缝制前挖袋 → 缝合面布侧缝、肩缝 → 拼接翻领面与领座 → 装领里 → 缝合里布前、后衣片 → 缝合里布肩缝、侧缝 → 装领面 → 缝合衣片面布和挂面、领面和领里 → 缝制袖片面布、做袖开衩 → 绱袖片面布 → 缝制袖

片里布、绱袖片里布 → 缝合并固定袖口面、里 → 固定领面和领里的串口线、领底线 → 装垫肩、局部固定面布与里布 → 缝合并固定面、里布底摆 → 翻膛、车缝袖片里布留口 → 锁眼、钉扣 → 整烫

2. 戗驳领女西装工序分析（图4-2-10）

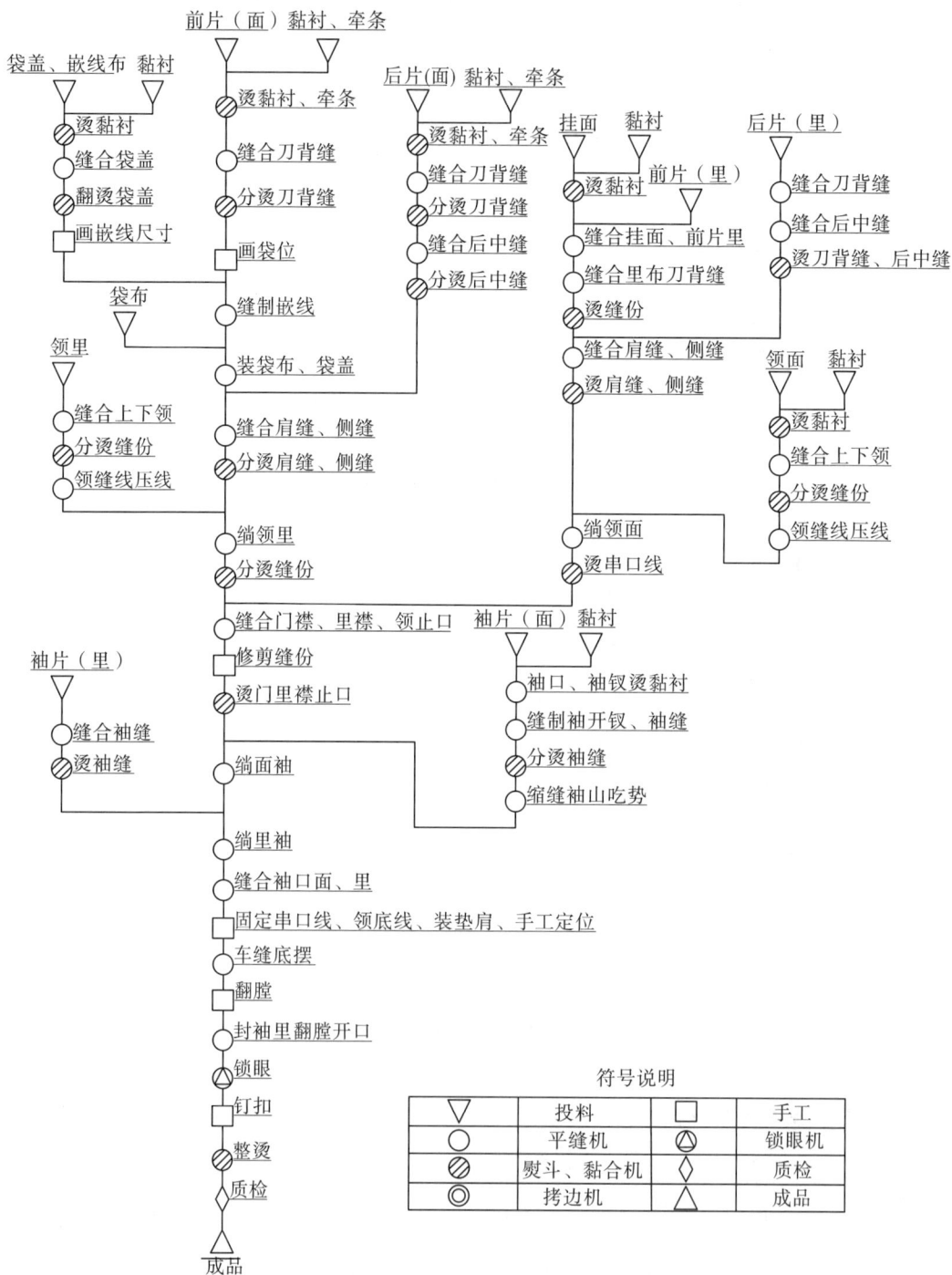

前片（面）黏衬、牵条

袋盖、嵌线布　黏衬
烫黏衬
缝合袋盖
翻烫袋盖
画嵌线尺寸

领里
缝合上下领
分烫缝份
领缝线压线

袖片（里）
缝合袖缝
烫袖缝

烫黏衬、牵条
缝合刀背缝
分烫刀背缝
画袋位
袋布
缝制嵌线
装袋布、袋盖
缝合肩缝、侧缝
分烫肩缝、侧缝
绱领里
分烫缝份
缝合门襟、里襟、领止口
修剪缝份
烫门里襟止口
绱面袖
绱里袖
缝合袖口面、里
固定串口线、领底线、装垫肩、手工定位
车缝底摆
翻膛
封袖里翻膛开口
锁眼
钉扣
整烫
质检
成品

后片(面) 黏衬、牵条
烫黏衬、牵条
缝合刀背缝
分烫刀背缝
缝合后中缝
分烫后中缝

挂面　黏衬
前片（里）
烫黏衬
缝合挂面、前片里
缝合里布刀背缝
烫缝份
缝合肩缝、侧缝
烫肩缝、侧缝
绱领面
烫串口线

后片（里）
缝合刀背缝
缝合后中缝
烫刀背缝、后中缝

领面　黏衬
烫黏衬
缝合上下领
分烫缝份
领缝线压线

袖片（面）黏衬
袖口、袖钗烫黏衬
缝制袖开钗、袖缝
分烫袖缝
缩缝袖山吃势

符号说明			
▽	投料	□	手工
◯	平缝机	⬤	锁眼机
◍	熨斗、黏合机	◇	质检
◎	拷边机	△	成品

图4-2-10　戗驳领女西装工序分析图

3. 准备工作

（1）针号：75/11号、90/14号。针距14~15针/3cm ，面线、底线均用配色涤纶线。

（2）黏衬：先将衣片黏合衬用熨斗固定。注意黏合衬比裁片略小0.2cm左右，固定时不能改变布料的经纬向丝缕，再将衣片通过黏合衬黏合固定（图4-2-11）。

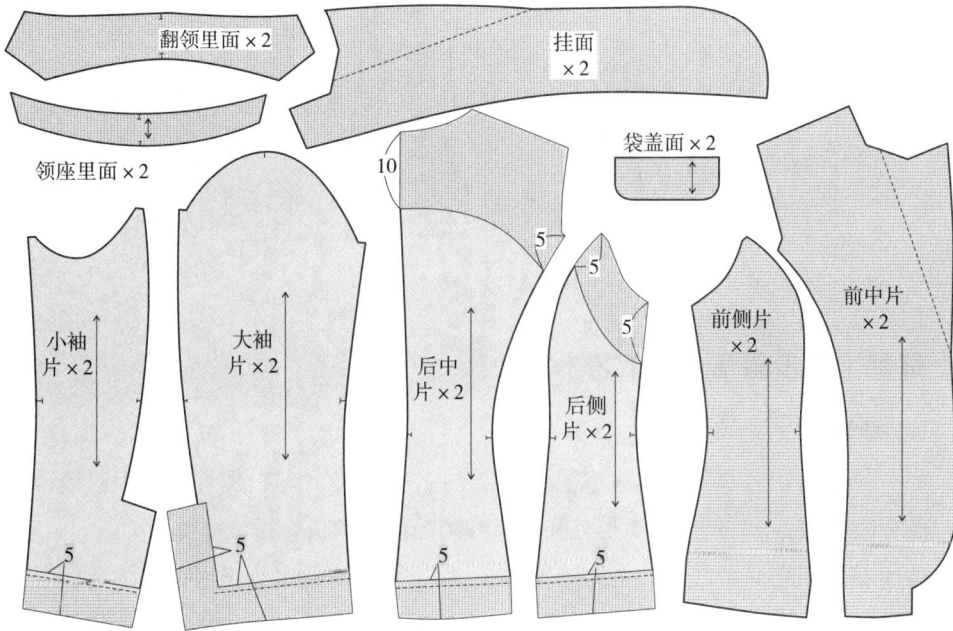

图4-2-11　烫黏衬

（3）修片：衣片过衬黏合机后，需将其摊平冷却后再重新按裁剪样板修剪裁片。考虑到面料过黏合机的热缩量，实际排料时应该将需黏衬的裁片按裁剪样板（毛样板）适当放量，待裁片过黏合机冷却后再按裁剪样板进行修正。

（4）黏牵条：为防止领口、袖窿、止口等部位拉伸变形，需烫黏合牵条，领圈和前衣片圆摆处为斜牵条，其余部位为直牵条（图4-2-12）。

黏合牵条
0.1~0.2

黏合牵条

牵条从净缝份
内侧0.1~0.2cm
处往外烫服贴

黏合牵条

黏合牵条

黏合牵条

1

1

1

1

1

3

后中片
（反）

后侧片
（反）

前侧片
（反）

前中片
（反）

黏合牵条

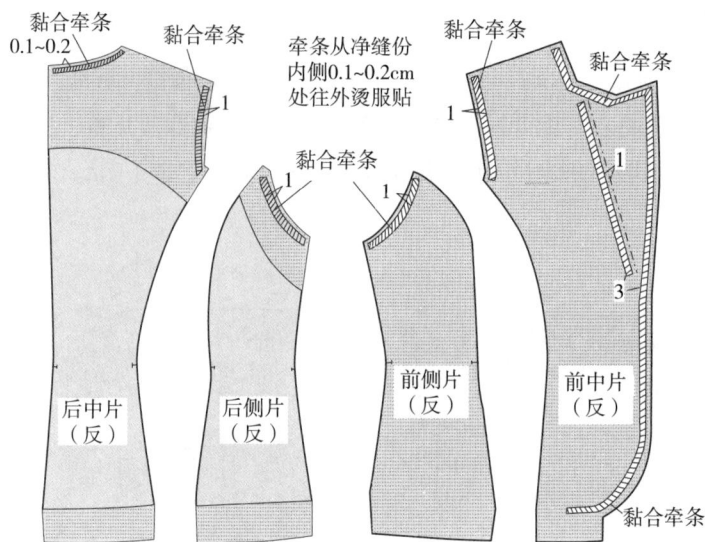

图4-2-12　烫牵条

七、缝制工艺步骤及主要工艺

1. 缝合面布前、后衣片

（1）缝合面布前衣片公主线（图4-2-13）：将前衣片与前侧片正面相对缝合公主线（要求对准刀眼），然后在弧形处和腰节线的缝份上剪口，再分缝烫平。

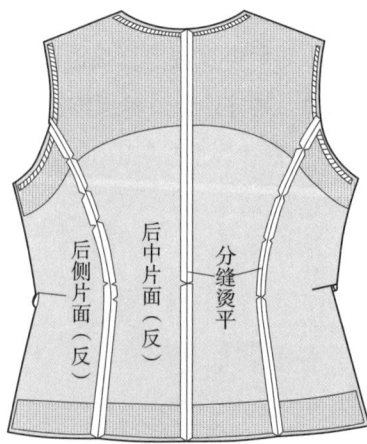

（2）缝合面布后中线和公主线（图4-2-14）：先将后中片正面相对缝合后中线，再将后侧片与后中片正面相对缝合公主线（要求对准刀眼），然后将弧形处和腰节线的缝上份剪口，再分缝烫平。

（3）画袋位（图4-2-15）：按样板袋位在前衣片正面用划粉画出口袋位置，要求袋位左右对称。

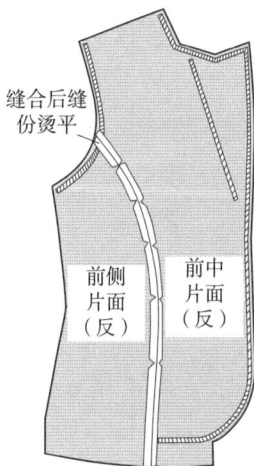

缝合后缝
份烫平

前侧
片面
（反）

前中
片面
（反）

后侧
片面
（反）

后中
片面
（反）

分缝
烫平

前侧片
（正）

前中片
（正）

画出袋位

图4-2-13　缝合面布前衣片公主线　　图4-2-14　缝合面布后中线和公主线　　图4-2-15　画袋位

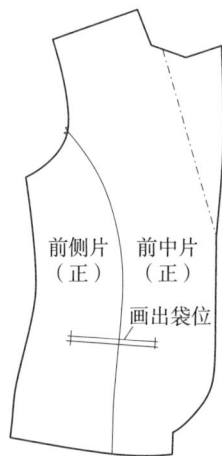

2. 缝制袋盖（图4-2-16）

（1）检查袋盖裁片，在袋盖里反面画出袋盖净样（图4-2-16①）。

（2）车缝袋盖：袋盖面、里正面相对，袋盖里在上，沿净线车缝三边。车缝袋盖两侧及圆角时，要求袋盖里适当拉紧，两圆角圆顺（图4-2-16②）。

（3）修剪缝份：先将车缝后的三边缝份修剪至0.3~0.4cm，圆角处剪至0.2cm；然后将缝份向袋盖面一侧烫倒（图4-2-16③）。

（4）烫袋盖：先将袋盖翻到正面，翻圆袋角，止口烫成里外匀，圆角窝势自然（图4-2-16④）。

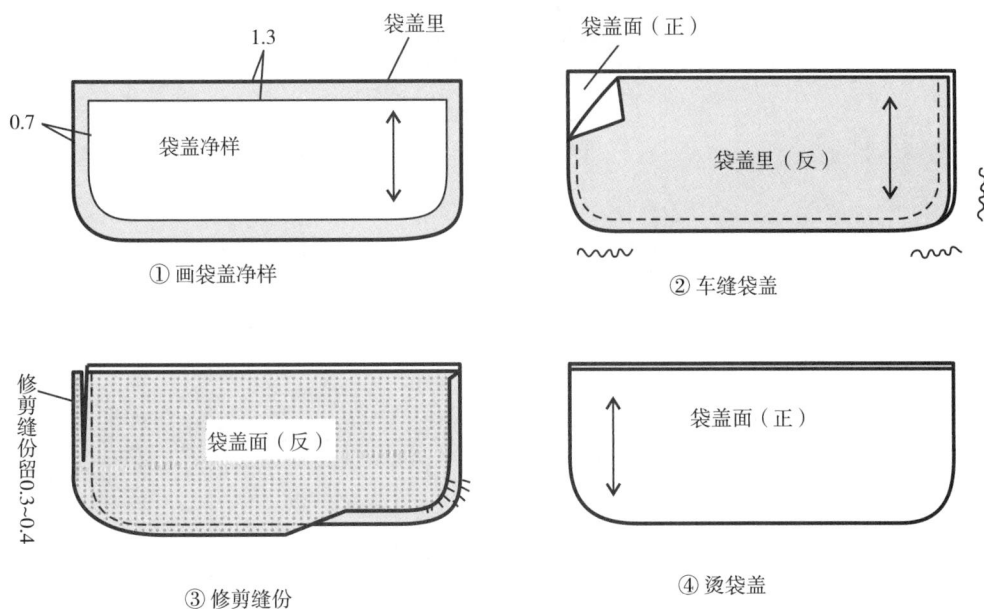

① 画袋盖净样　　　　　　　　　　　② 车缝袋盖

③ 修剪缝份　　　　　　　　　　　④ 烫袋盖

图4-2-16　缝制双嵌线袋袋盖

3. 缝制双嵌线挖袋、装袋盖及袋布（图4-2-17）

（1）画嵌线长度和宽度：先在嵌线布反面烫上无纺黏合衬，然后画出嵌线的长度和宽度，再沿嵌线的中线从一端起剪至距另一端1cm处为止（图4-2-17①）。

（2）缉缝嵌线布：将嵌线布放在衣片袋位处，与衣片正面相对，缉缝嵌线布，两端倒回针固定，再剪开余下的1cm（图4-2-17②）。

（3）翻烫、车缝嵌线布：将衣片上袋口两端剪成"Y"形开口，把嵌线布从袋口处翻到衣片反面，整理嵌线布的宽度至0.5cm后，用手针假缝固定，最后车缝固定袋口两端的三角，并车缝固定袋布A与下嵌线布（图4-2-17③）。

（4）安装、固定袋盖：先将袋垫布的下端与袋布B车缝固定，再把袋盖与袋垫布及袋布上端对齐，三者一起车缝固定，然后将袋盖从袋口处穿到正面，最后把袋布A与袋布B对齐车缝四面固定。注意上、下嵌线布不能豁开（图4-2-17④）。

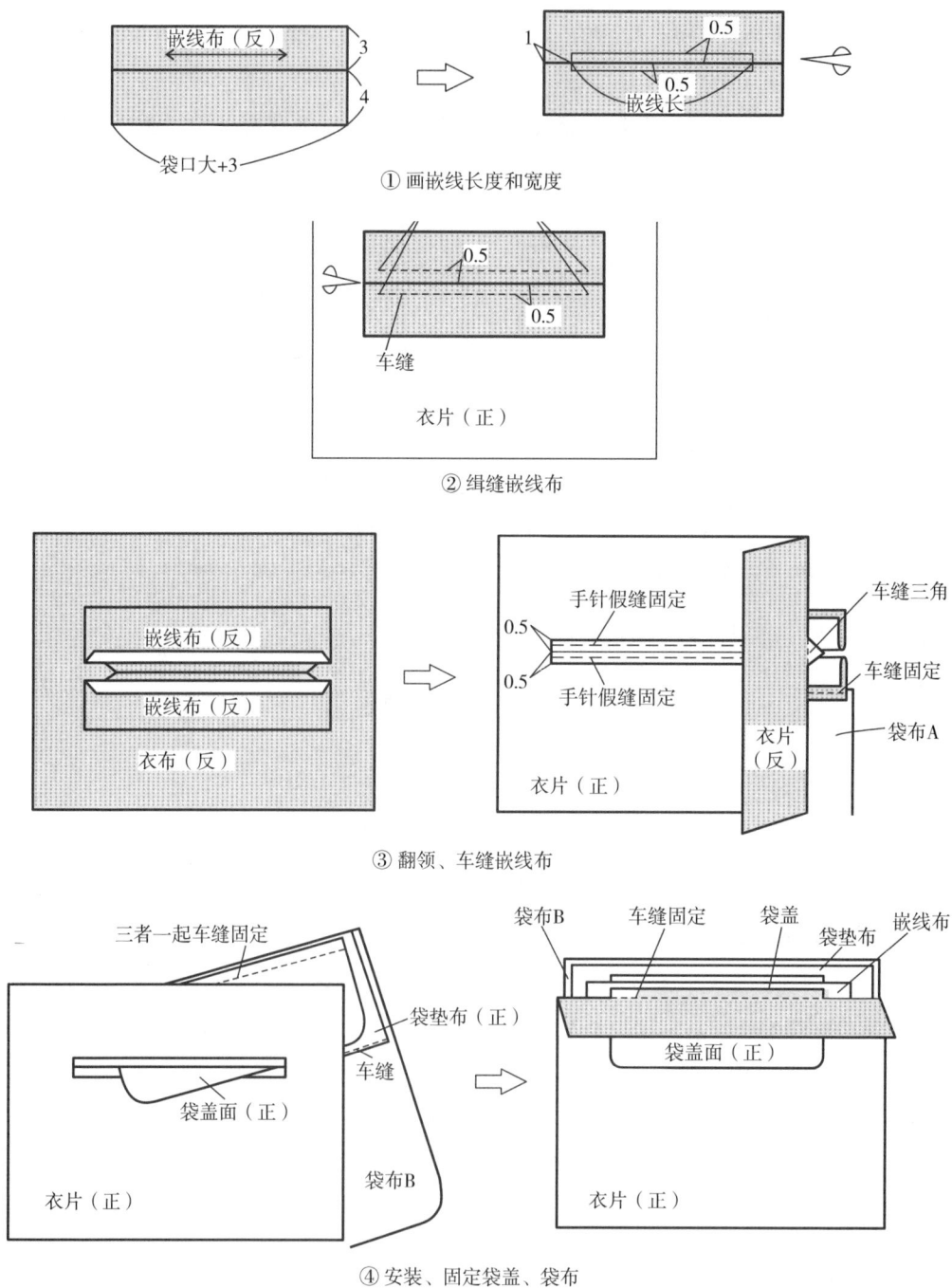

① 画嵌线长度和宽度

② 缉缝嵌线布

③ 翻领、车缝嵌线布

④ 安装、固定袋盖、袋布

图4-2-17 缝制嵌线布、装袋盖及袋布

4. 缝合面布侧缝、肩缝（图4-2-18）

肩线的缝合要求后肩中部缩缝，侧缝的缝合要求腰节线的刀眼对齐，然后分别将缝份分开烫平。

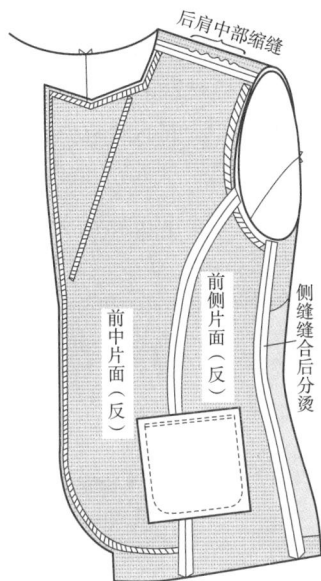

图4-2-18　缝合面料侧缝、肩缝

5. 拼接翻领和领座（图4-2-19）

分别将翻领的面里和领座的面里正面相对，按净线车缝，然后修剪缝份后分烫开，在领缝合线的上、下各缉线0.1cm。领面的拼接方法与领里相同。

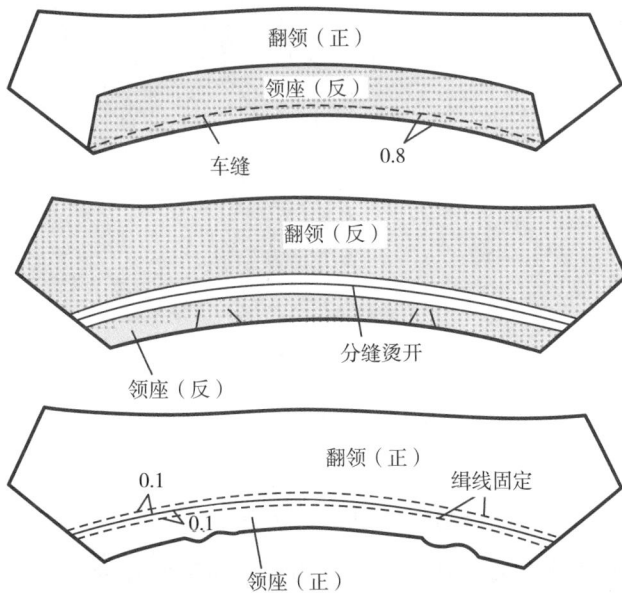

图4-2-19　拼接翻领和领座

6. 装领里（图4-2-20）

（1）缝合左片串口线：左衣片面布领口与领里串口正面对齐，从左衣片装领止点开始缝至装领转角处，落下机针，抬起压脚，在衣片装领转角处的缝份上打剪口（图4-2-20①）。

（2）缝合领底线和右衣片串口线：从左衣片转角处缝合领底线至右衣片转角处时，同样落下机针，抬起压脚，在衣片装领转角处的缝份上打剪口，再继续缝合右衣片串口线至装领止点（图4-2-20②）。

（3）分烫装领线：将缝合后的左、右串口线和领底线的缝份分开烫平，同时将驳领角的缝份扣烫1cm（图4-2-20③）。

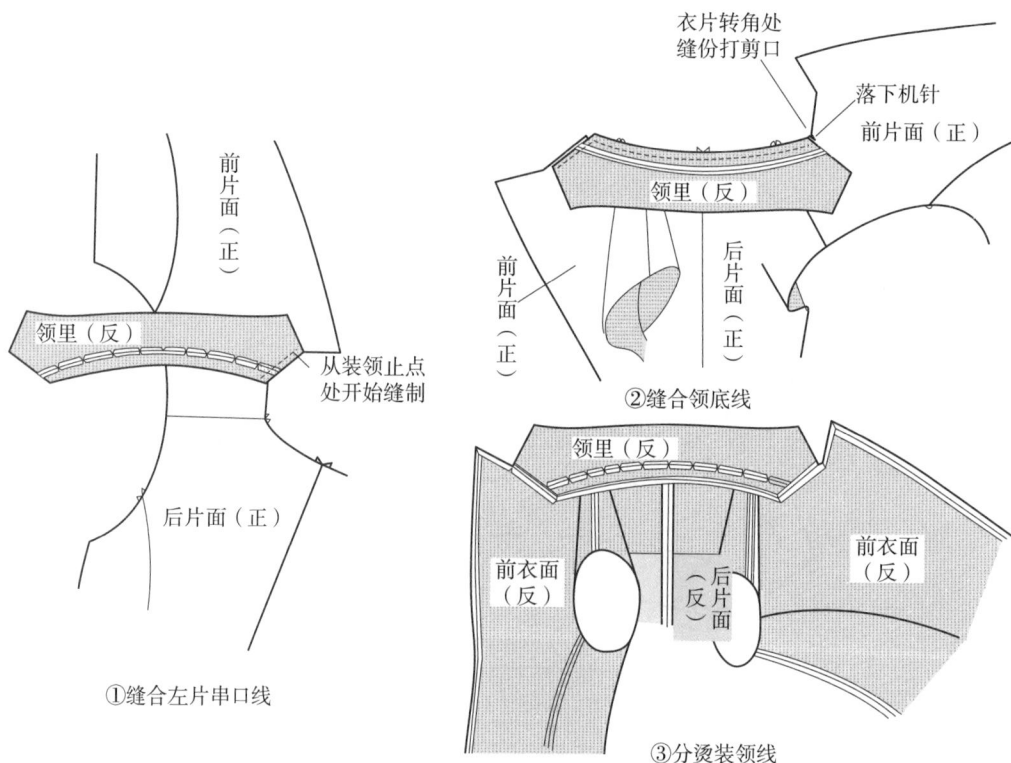

图4-2-20　装领里

7. 缝合里布前、后衣片（图4-2-21）

（1）缝合里布前衣片公主线：将里布前中片与前侧片正面相对进行缝合，缝份1cm，然后将缝份往里布前侧片烫倒（图4-2-21①）。

（2）缝合里布前衣片与挂面：将里布前中片与挂面缝合，缝份向侧缝烫倒（图4-2-21②）。

（3）缝合里布后衣片的中线并熨烫：将左右里布后中片正面相对，缝合后中线，缝份1cm，然后将缝份向右后中片直线烫倒，要求上下两端烫到坐缝0.3cm，中间烫到坐缝1cm（图4-2-21③）。

（4）缝合里布后衣片公主线：将里布后侧片与后中片正面相对缝合公主线，然后将缝份向侧缝烫倒（图4-2-21④）。

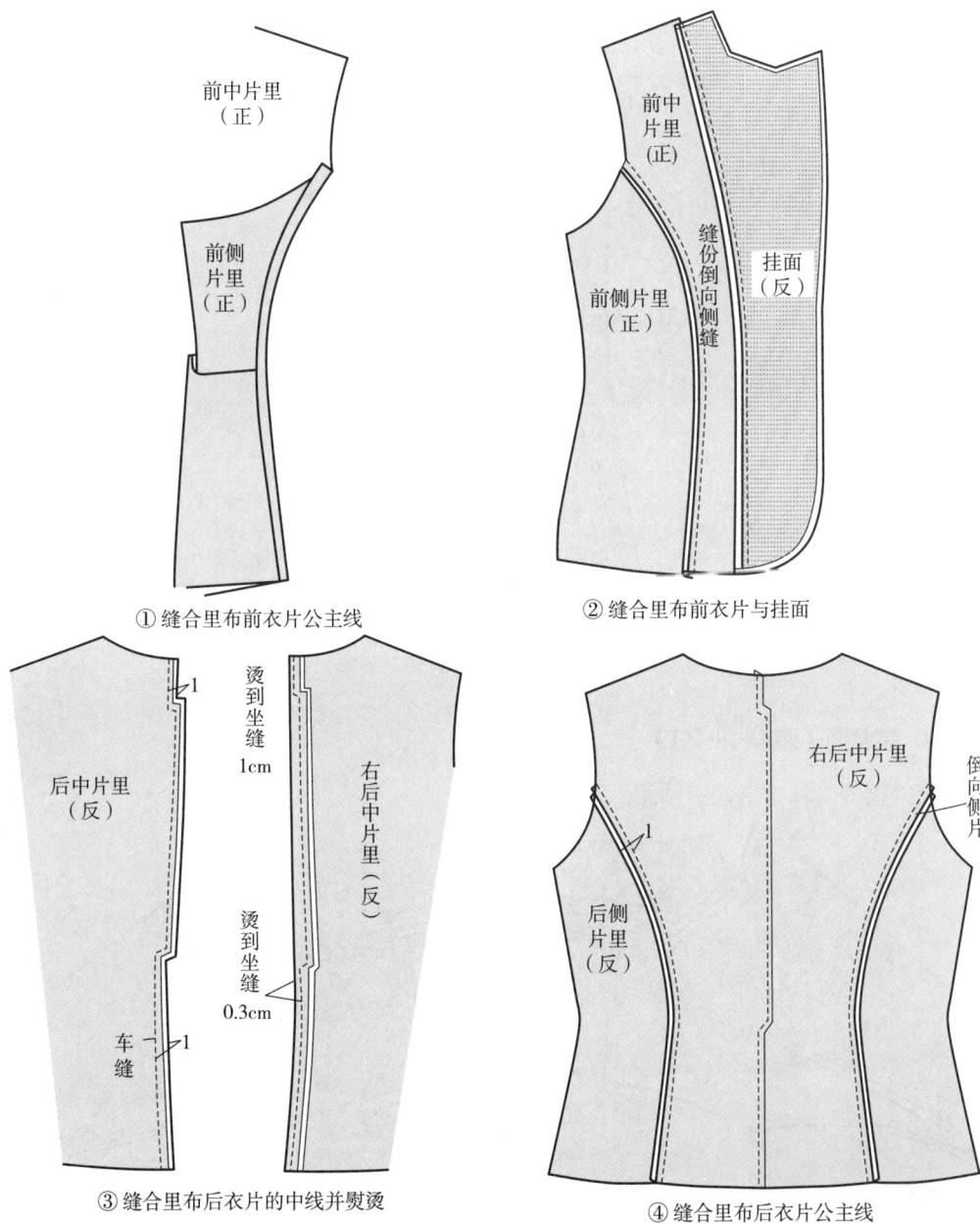

①缝合里布前衣片公主线

②缝合里布前衣片与挂面

③缝合里布后衣片的中线并熨烫

④缝合里布后衣片公主线

图4-2-21　缝合里布前、后衣片

8. 缝合里布肩缝、侧缝（图4-2-22）

里布的肩缝按1cm缝份缝合，然后将缝份向后衣片烫倒；再缝合前后衣片侧缝，缝份1cm，最后将缝份向后侧片烫倒，要求坐缝0.3cm。

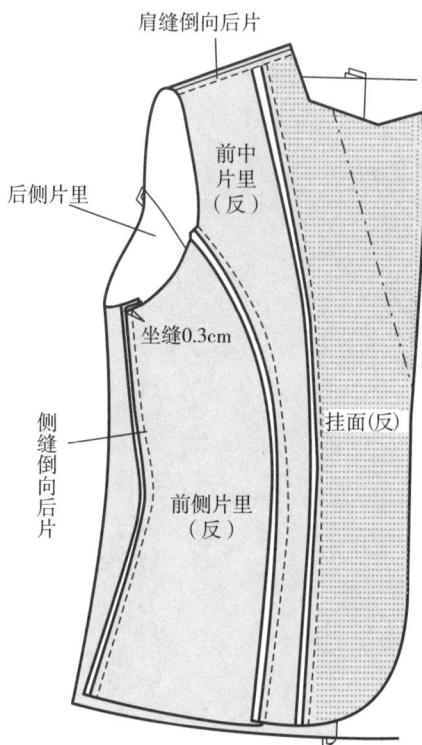

图4-2-22　缝合里布肩缝、侧缝

9. 装领面（图4-2-23）

装领面的具体方法同装领里。

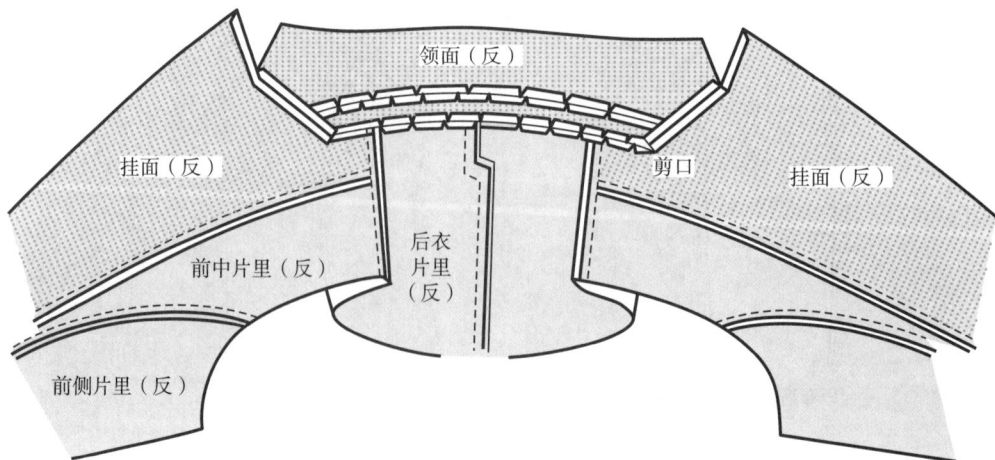

图4-2-23　装领面

10. 缝合门襟止口、领外口（图4-2-24）

（1）固定装领点：衣片面布与挂面、领面与领里正面相对，在装领止点用手缝线穿过，打结固定住四片（图4-2-24①）。

（2）缝合领外口、门襟止口、挂面底边：注意缝合至装领止点处时，不要将装领线的缝份缝进去（图4-2-24②）。

（3）修剪衣片止口缝份：从挂面底边到驳领翻折线止点，挂面缝份修剪至0.5cm，在挂面底边圆角处缝份修剪留0.2~0.3cm（图4-2-24③）。

（4）修剪驳领、翻领的缝份并分烫：驳领里、翻领里的缝份修剪至0.5cm，领角斜向修剪，缝份留0.2~0.3cm。再将挂面底边、衣片门襟止口、领里的缝份分烫（图4-2-24④）。

（5）扣烫面布底边：将衣片面布的底边按净线扣烫，留后待用。

（6）衣片翻到正面：将衣片翻至正面，并整理领子、门襟止口。

（7）缉缝门襟、领子止口：将门襟、领子止口的内侧车缝0.1cm压住缝份，使止口不外吐。注意，驳折点上下1cm处的内侧不车缝。

（8）止口烫成里外匀：将门襟止口、驳领止口、翻领止口熨烫成里外匀（图4-2-24⑤）。

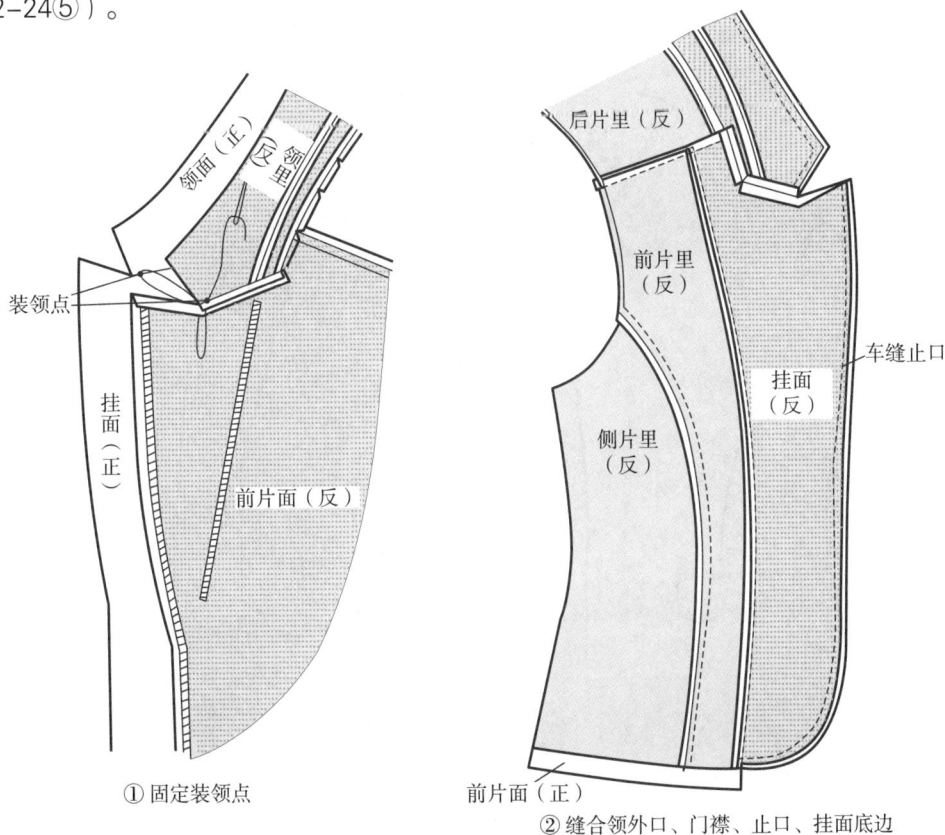

① 固定装领点

② 缝合领外口、门襟、止口、挂面底边

图4-2-24（1） 缝合门襟止口、领外口

挂面
（反）

前片
（里）

翻折止点

0.5

0.2~0.3

前片面（正）

0.5

斜向修剪
0.2~0.3

0.5

前衣片面
（反）

③ 修剪衣片止品缝份

④ 修剪驳领、翻领的缝份

领里退进0.1
烫成里外匀
衣片退进0.1烫成里外匀

缉缝止口内侧

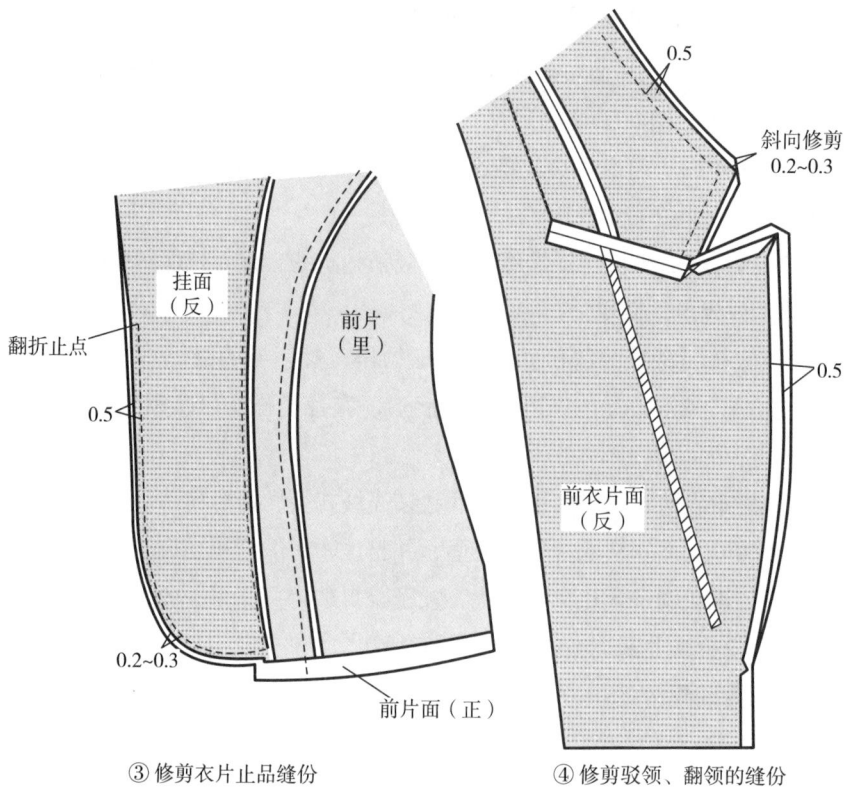

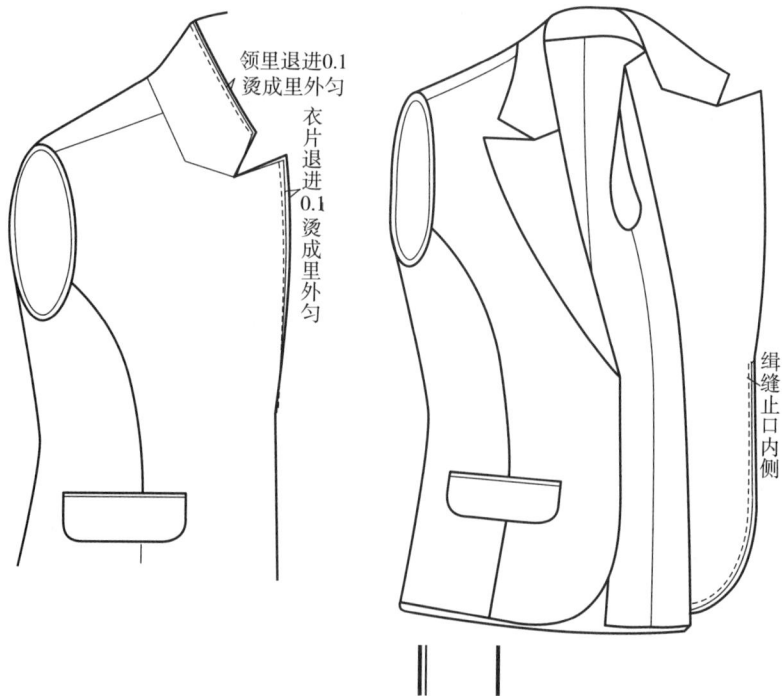

图4-2-24（2） 缝合门襟止口、领外口

11. 缝制面布袖片（图4-2-25）

（1）归拔大袖片面布：将两片大袖面布正面相对，反面朝上，在肘线位置用熨斗拔开（图4-2-25①）。

（2）缝制大袖衩：先将大袖面布的袖衩剪去一角，再缝合大袖衩的三角（图4-2-25②）。

（3）缝制小袖衩：小袖衩按净线位置反折距1cm车缝。然后把袖口折边翻到正面，按净线扣烫（图4-2-25③）。

（4）缝合袖缝、烫袖口折边：缝合外袖缝至袖衩头，在小袖片上打剪口，开衩止口以上分缝烫开（图4-2-25④）。注意，大袖片外袖缝的袖肘处稍缩缝。最后缝合内袖缝，分缝烫平后，将袖口折边按净线折烫。

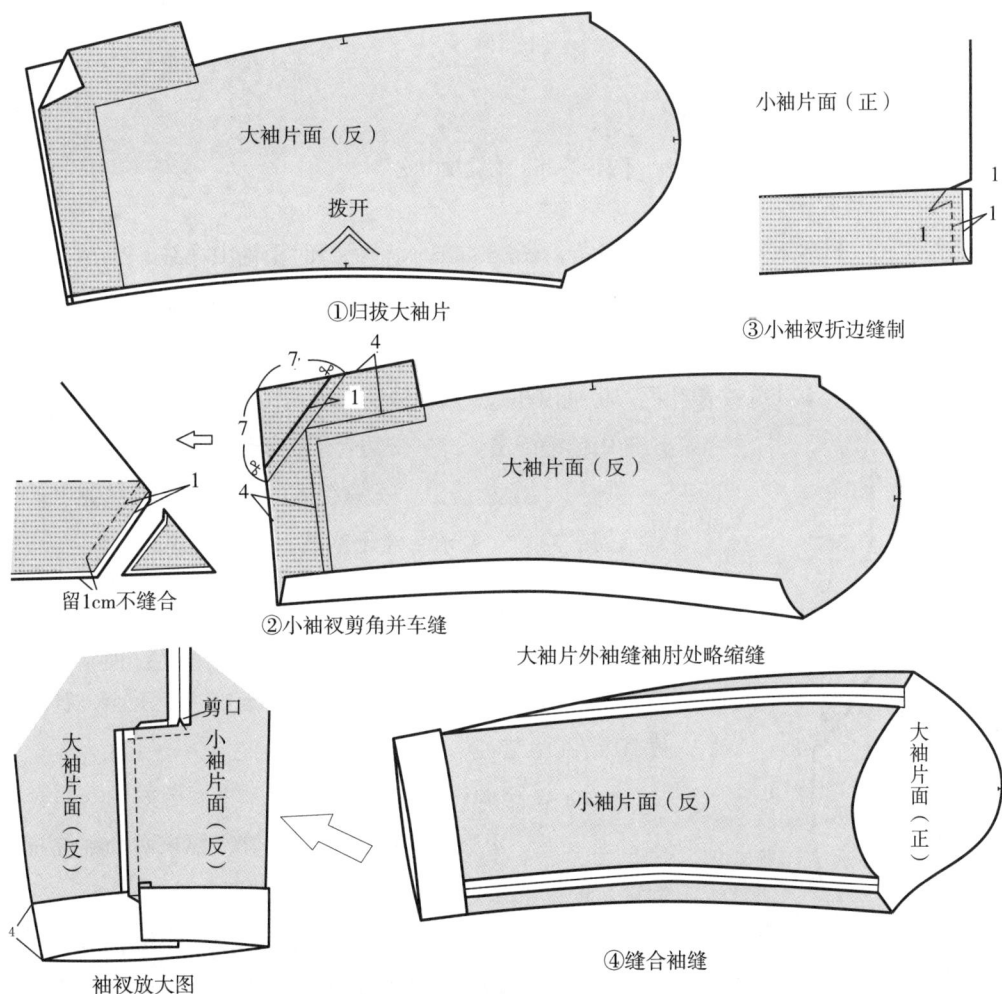

①归拔大袖片

③小袖衩折边缝制

留1cm不缝合

②小袖衩剪角并车缝

大袖片外袖缝袖肘处略缩缝

袖衩放大图

④缝合袖缝

图4-2-25 缝制面布袖片

12. 缩缝袖山吃势

（1）缩缝袖山吃势（图4-2-26）

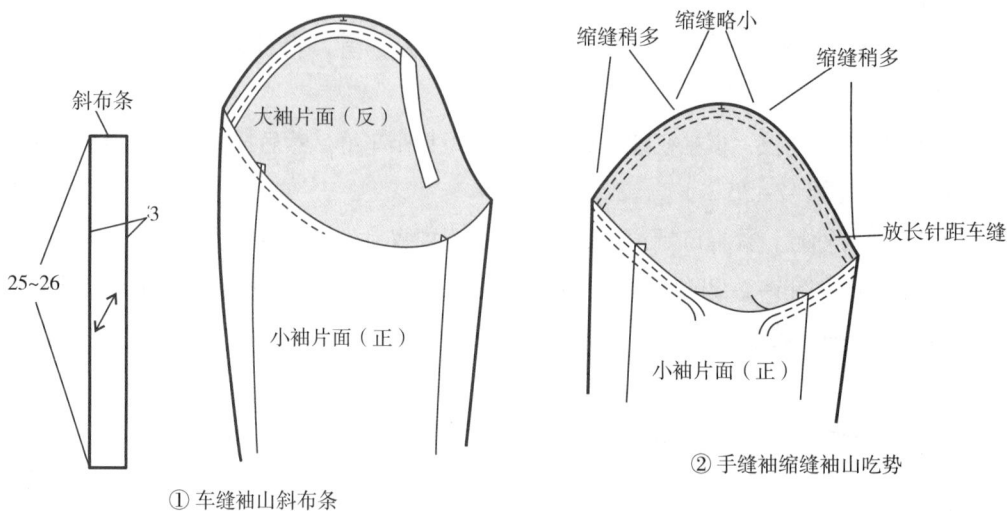

图4-2-26　缩缝袖山吃势

方法一：斜裁本料布（牵条）2条，长25～26cm，缩缝时距袖山净线0.2cm，开始缝时斜布条放平，然后逐渐拉紧斜布条，袖山顶点拉力稍大，然后逐渐减小拉力至放松平缝。此方法适用于较熟练的操作者（图4-2-26①）。

方法二：用手针缝或长针距，距袖山净线0.2cm外侧车缝两道线，然后抽紧缝线并整理袖山的缩缝量。此方法适合于初学者（图4-2-26②）。

（2）熨烫缩缝量：把缩缝好的袖山头放在铁凳上，将缩缝熨烫均匀，要求平滑无褶皱，袖山饱满。

13. 绱袖片面布

（1）手缝固定袖子与袖窿：对准袖中点、袖底点等对位记号，假缝袖子与衣片袖窿，缝份0.8～0.9cm，针距密度10针/3cm左右。

（2）试穿调整（图4-2-27）：将假缝好的衣服套在人台上试穿，观察袖子的位置与吃势，要求两个袖位左右对称，吃势均匀，如无需修正即可进行车缝。

（3）绱袖：沿袖窿一周以1cm的缝份车缝，缝份倒向袖片。注意：袖山处的装袖缝份不能烫倒，以保持自然的袖子吃势。

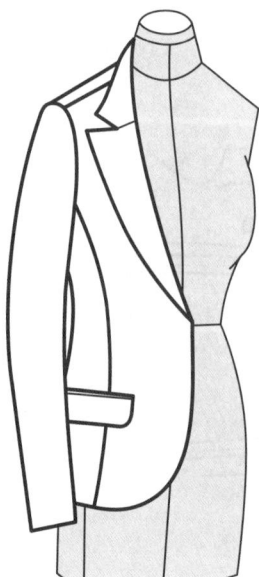

图4-2-27　试穿调整

14. 缝制袖片里布、绱袖片里布

（1）缝合袖片的内、外袖缝并熨烫（图4-2-28）：大、小袖片的内、外袖缝按1cm缝份缝合，要求左袖的内袖缝以袖肘点为中心，留出10cm左右不缝合，以备用于翻膛，袖片里料的袖缝均向大袖片烫倒，要求烫出坐缝0.3cm。

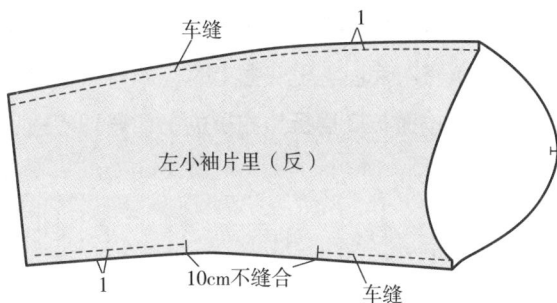

图4-2-28　缝制袖片里布

（2）绱袖片里布：将袖片里料的袖山顶点与衣片的肩线对齐，缝合袖窿一周。

15. 缝合并固定袖口面、里

（1）将袖口面、里的内袖缝对齐，沿袖口车缝一周。

（2）按面袖上袖口折边扣烫的折印整理袖口，然后在内袖缝和袖衩缝上与袖口缝份车缝几针固定。

16. 固定领面和领里的串口线、领底线

对准领面、领里的串口线、领底线上的后领中点，车缝固定缝份。

17. 装垫肩、局部固定面布与里布

（1）装垫肩（图4-2-29）：将垫肩外口与袖窿缝边（毛边）对齐，并要求垫肩外口的前、后与衣片前后一致，用手缝针回针缝固定垫肩和袖窿缝份。注意缝线不宜拉紧，再将垫肩的圆口与肩缝手缝固定几针。

（2）局部固定面、里布：在肩点处、腋下十字处，用手缝针将面布与里布固定，缝线应松紧适宜。

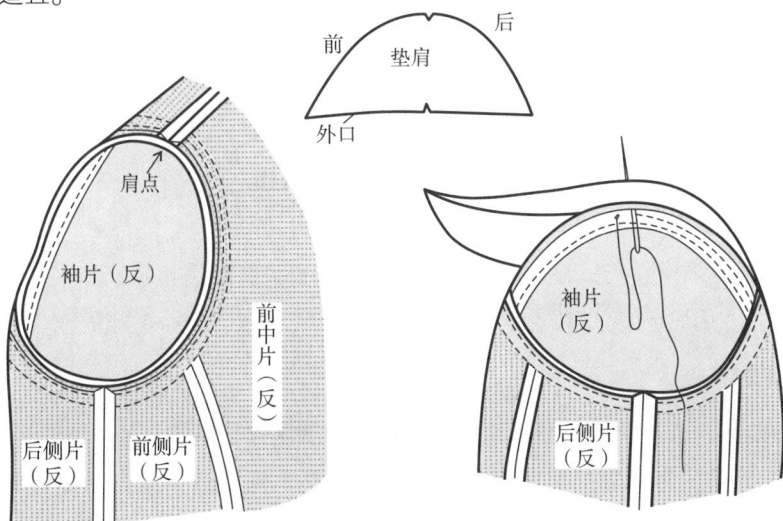

图4-2-29　装垫肩

18. 缝合并固定面、里布底摆（图4-2-30）

（1）将衣片面、里底摆上对应的拼接线对齐后车缝。

（2）按面布底摆折边扣烫的折印整理底摆，然后将所有拼接线的缝份与底摆缝份车缝几针固定。

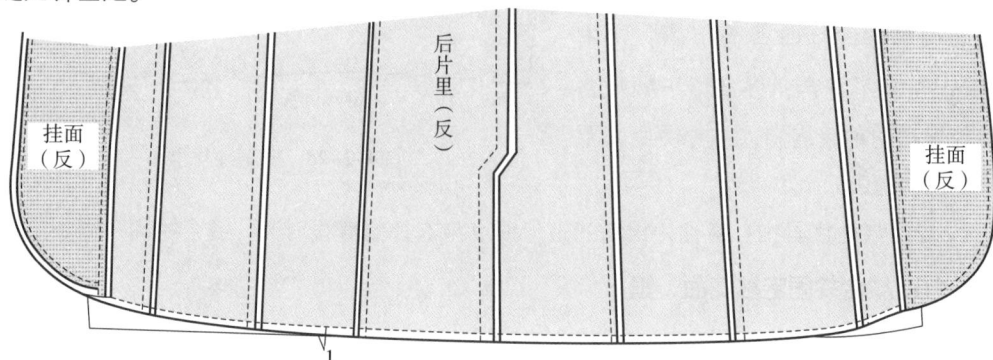

图4-2-30　缝合并固定面、里布底摆

19. 翻膛、车缝袖片里料留口

（1）翻膛：在左袖里布的留口处，将手伸进袖子面、里之间，将整件衣服翻到正面，然后将里袖的翻膛留口处车缝0.1cm固定。

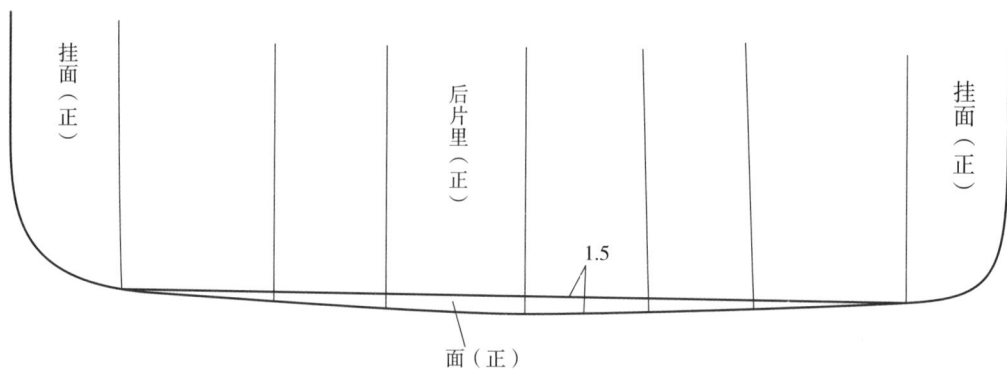

（2）整烫底摆（见图4-2-31）。

图4-2-31　翻膛、整烫底摆

20. 锁眼、钉扣

（1）锁眼：采用圆头锁眼机用配色线在右衣片扣眼位置锁扣眼2个。

（2）钉扣：用配色线在左衣片的相应位置钉钮2粒，在左、右袖衩扣位上各钉2粒钮扣。

21. 整烫

先清除线头，去除污迹，然后用大熨机将整件衣服进行整烫。

（1）烫下摆：将衣服的里布朝上，下摆放平整，用蒸汽烫斗先将面布的下摆烫平服，再将里布底边的坐势烫平，然后顺势将衣服的里布轻轻烫平。

（2）烫驳头及门、里襟止口。

（3）烫驳头和领片：先将挂面、领面正面朝下放平，用蒸汽烫斗将串口线烫顺直，再将驳头向外翻出放在布馒头上，按驳头的宽度进行熨烫。注意，驳折线以上2/3用熨斗烫平服，1/3以下不可整烫，以保持驳头自然的形态。最后将翻领的领片按领面的宽度向外翻出，放在布馒头上烫顺领片的翻折线。注意：驳头的驳折线与领片的翻折线应该自然连顺。

（4）烫肩缝和领圈：将肩部放在烫凳上，归正前肩丝缕，用蒸汽烫斗将其烫正，并顺势将领圈熨烫平服。

（5）烫胸部和挖袋：将衣片放在布馒头上，用蒸汽烫斗熨烫拼接缝和胸部，使其饱满并符合人体胸部造型；再顺势将挖袋进行熨烫，袋盖要平直。

（6）烫侧缝：将侧缝放平，从衣摆开始向上熨烫。

（7）烫后片：将后衣片放在布馒头上，用蒸汽熨斗熨烫分割缝和后中缝。

七、缝制工艺质量要求及评分参考标准（总分100）

（1）规格尺寸符合要求。（5分）

（2）翻领、驳头、串口均要对称，并且平服、顺直，领翘适宜，领止口不倒吐。（25分）

（3）两袖山圆顺，吃势均匀，袖子自然前倾，左右对称。两袖长短一致，袖口大小一致，袖开衩倒向正确，大小一致，袖扣位左右一致。（25分）

（4）分割线、侧缝线、袖缝、背缝、肩缝顺直、平服。（10分）

（5）左、右门襟长短一致，下摆圆角左右对称，扣位高低对齐。（10分）

（6）胸部丰满、挺括，袋位正确，袋上口不紧绷，左右袋位一致。（10分）

（7）里布、挂面及各部位松紧适宜、平顺。（10分）

（8）各部位熨烫平服，无亮光、水花、烫迹、折痕，无油污、水渍，表里均无线头。锁眼位置准确，钮扣与眼位相对，大小适宜，整齐牢固。（5分）

八、实训题

1. 实际训练面布、里布的放缝和排料，能正确处理里布的缝份。
2. 实际训练有袋盖双嵌线挖袋的缝制，注意袋盖的里外匀和双嵌线挖袋两侧的平整。
3. 实际训练合体袖衩的制作、面里袖的合理配置。
4. 实际训练牵条的熨烫，能正确设计牵条的熨烫部位。
5. 实际训练里布翻膛的工艺，能熟练加以运用。

第三节　连帽女大衣

一、概述

1. 款式分析

　　该款女大衣为连帽式，三开身结构，两片合体袖，整体造型略微合体，总体风格休闲而活泼，较适合年轻女士穿着。衣片为暗门襟设计，并有三副牛角扣装饰；前、后肩设有风雪挡布，前衣身挖袋设计，袖口有装饰襻，款式见图4-3-1。

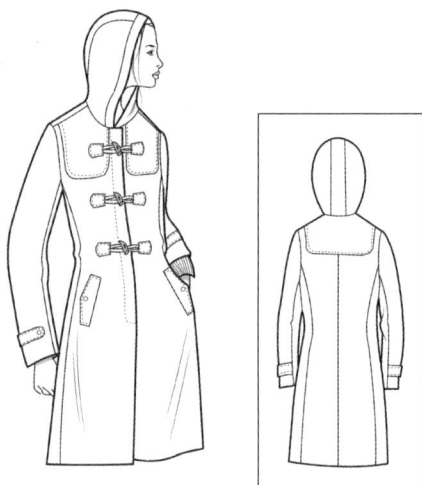

正面着装图　　　背面图

图4-3-1　连帽女大衣款式图

2. 适用面料

（1）面料：大衣呢、麦尔登、学生呢等均可。

（2）里料：涤丝纺、尼丝纺、人丝软缎、美丽绸均可。

3. 面辅料参考用量

（1）面料：门幅144cm，用量约200cm。估算式：衣长+袖长+70cm。

（2）里料：门幅144cm，用量约130cm。估算式：衣长+袖长。

（3）辅料：薄型有纺黏合衬：门幅90cm，用量约130cm。

　　　　　牛角扣：3副。

　　　　　暗门襟扣：4颗。

　　　　　袖口、袋位扣：4颗。

二、制图参考规格（不含缩率，表4-3-1）

表4-3-1　制图参考规格

号/型	胸围（B）	肩宽（S）	衣摆围	前衣长	背长	袖长	袖口大	袖襻长/宽
155/80A	80+12=92	37.8	114	76	36	56.5	28.5	15/3.5
155/84A	84+12=96	39	116	76	36	56.5	29	15/3.5
160/84A				78	37	58		
165/84A				80	38	59.5		
165/88A	88+12=100	40.2	118	80	38	59.5	29.5	15/3.5

（单位：cm）

注：（1）上装的型是指净胸围，该款西装制图时胸围选用净胸围尺寸+12~14cm（松量）。

　　（2）袖口大为净手腕尺寸+12~14cm。

三、结构制图

1. 衣身和帽子结构图（图4-3-2）

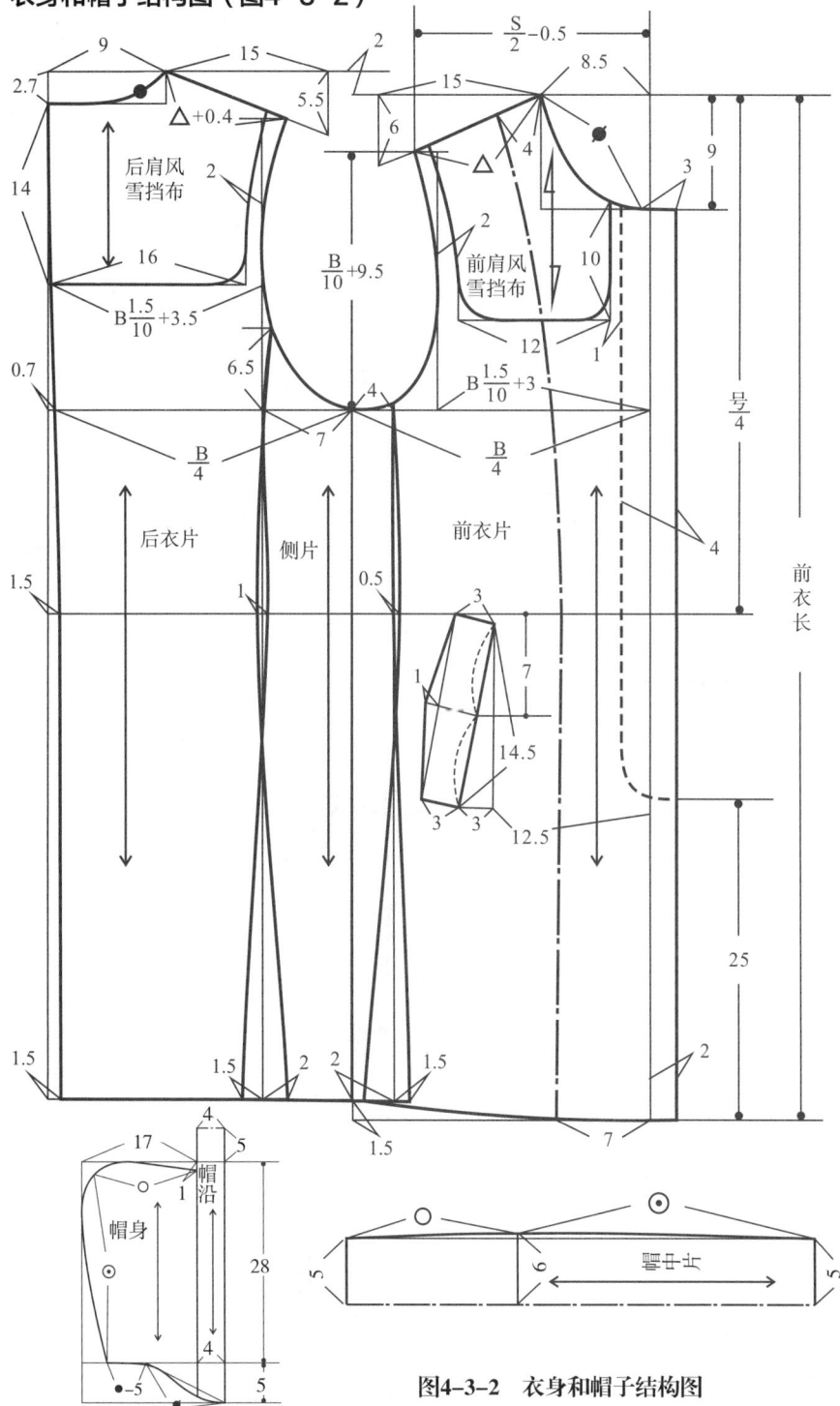

图4-3-2 衣身和帽子结构图

2. 袖子结构图（图4-3-3）

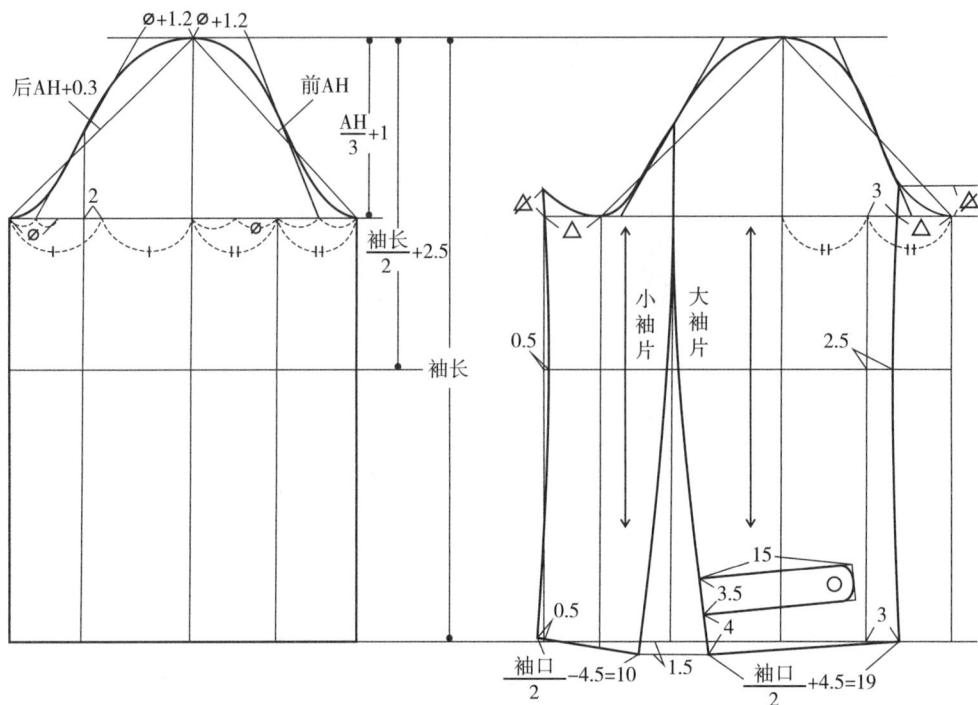

图4-3-3　袖子结构图

3. 袋布、扣位图（图4-3-4）

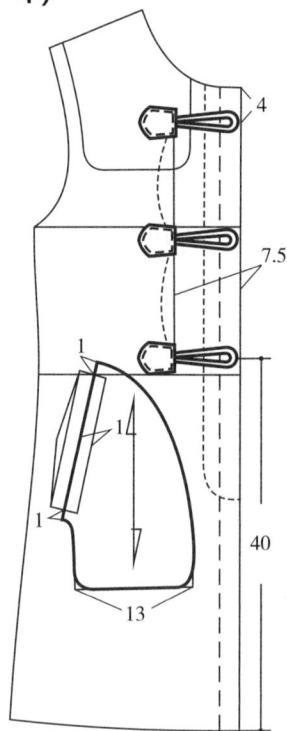

图4-3-4　袋布、扣位图

四、放缝、排料和裁剪

1. 放缝

（1）面料放缝参考图（图4-3-5）

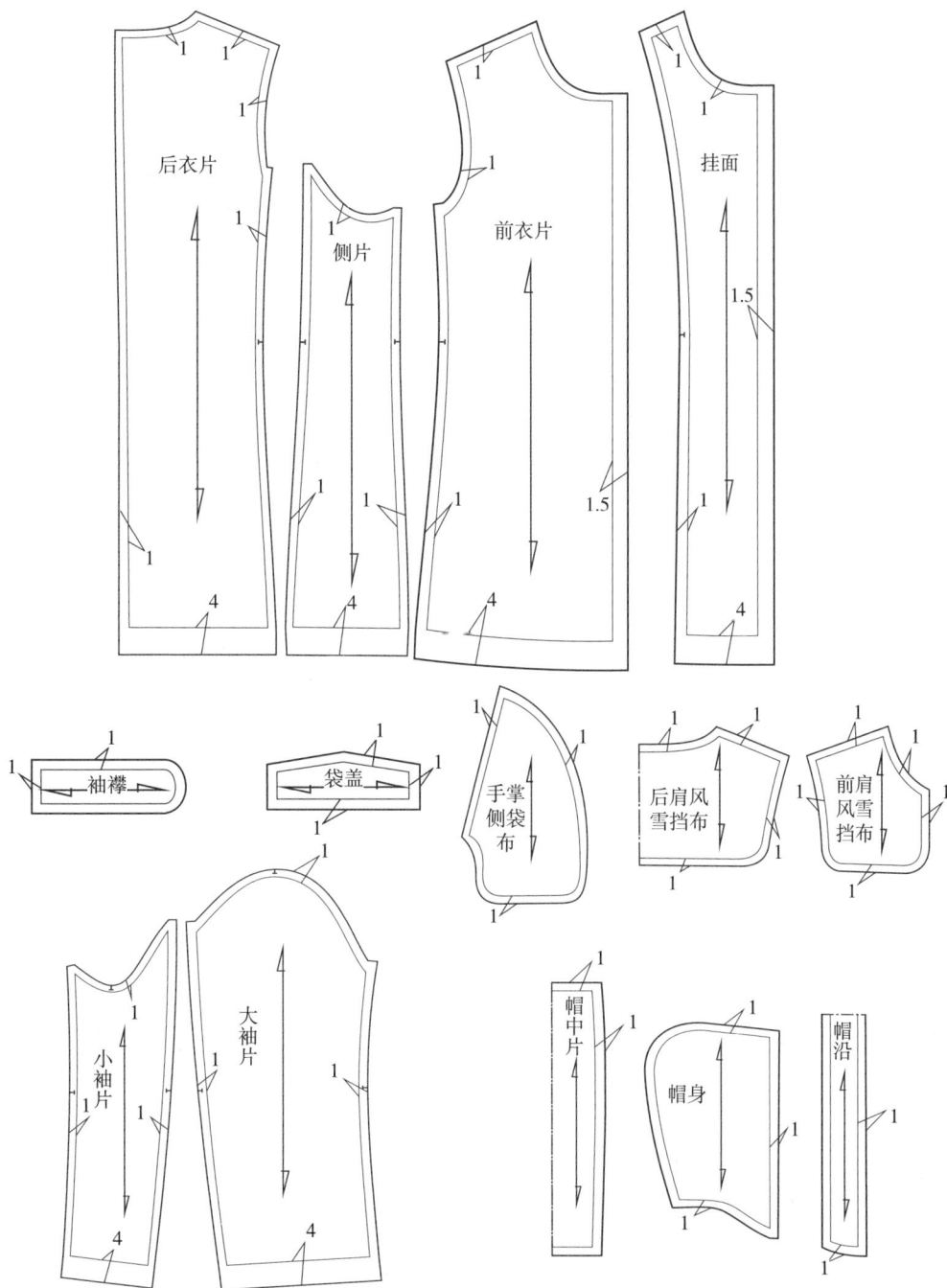

图4-3-5　面料放缝参考图

（2）里料放缝参考图（图4-3-6）

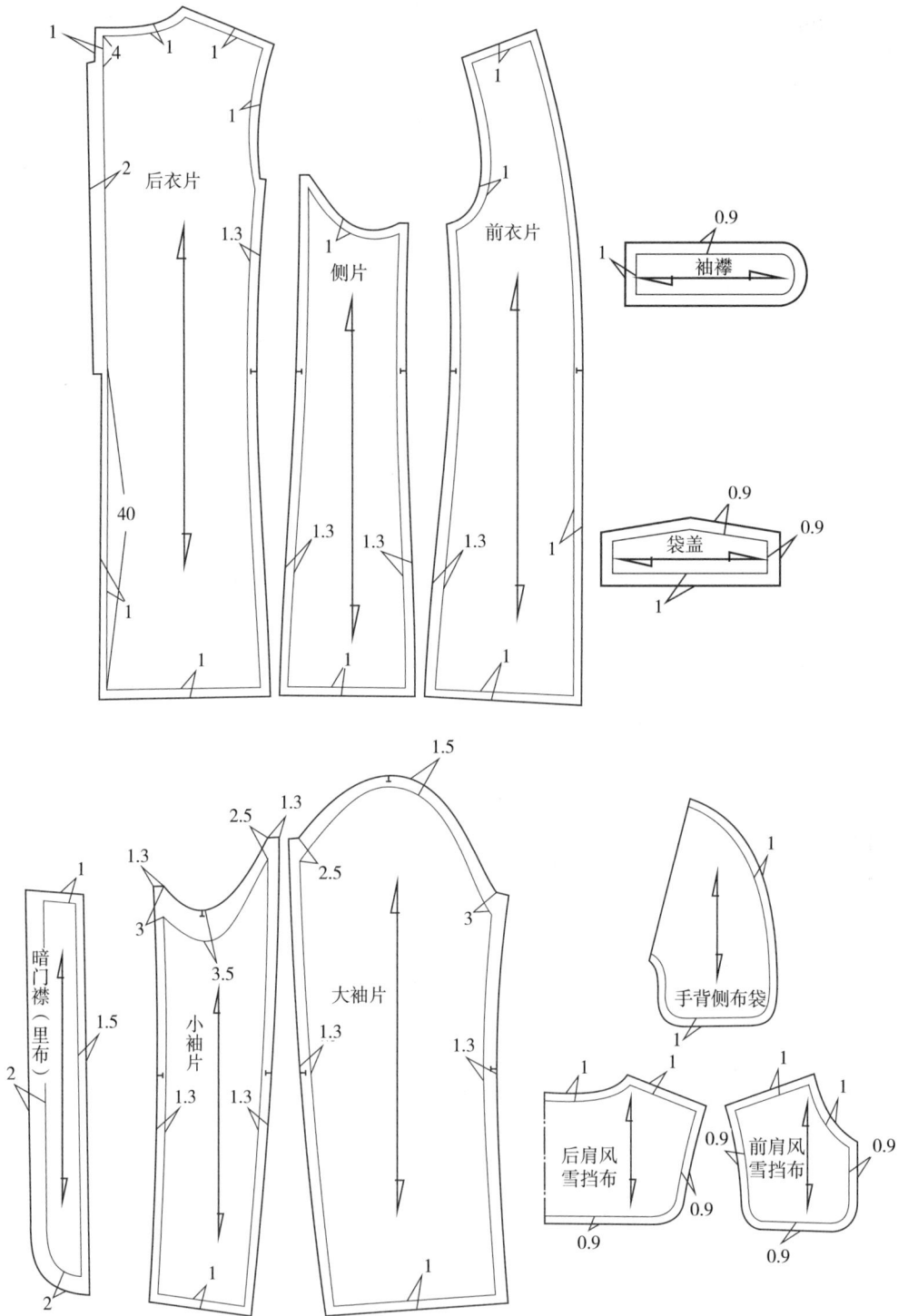

后衣片

1
4
1
1
1
2
1.3
40
1.3
1
1

侧片
1
1.3
1.3
1

前衣片
1
1
0.9
袖襻
1

0.9
袋盖
0.9
1

1.5
2.5
1.3
2.5
1.3
3
3.5
3
暗门襟（里布）
1
1.5
2
小袖片
1.3
1.3
1.3
大袖片
1.3
1

手背侧布袋
1

后肩风雪挡布
1
1
0.9
0.9

前肩风雪挡布
1
1
0.9
0.9

2

图4-3-6 里料放缝参考图

（3）黏合衬部位（图4-3-7）

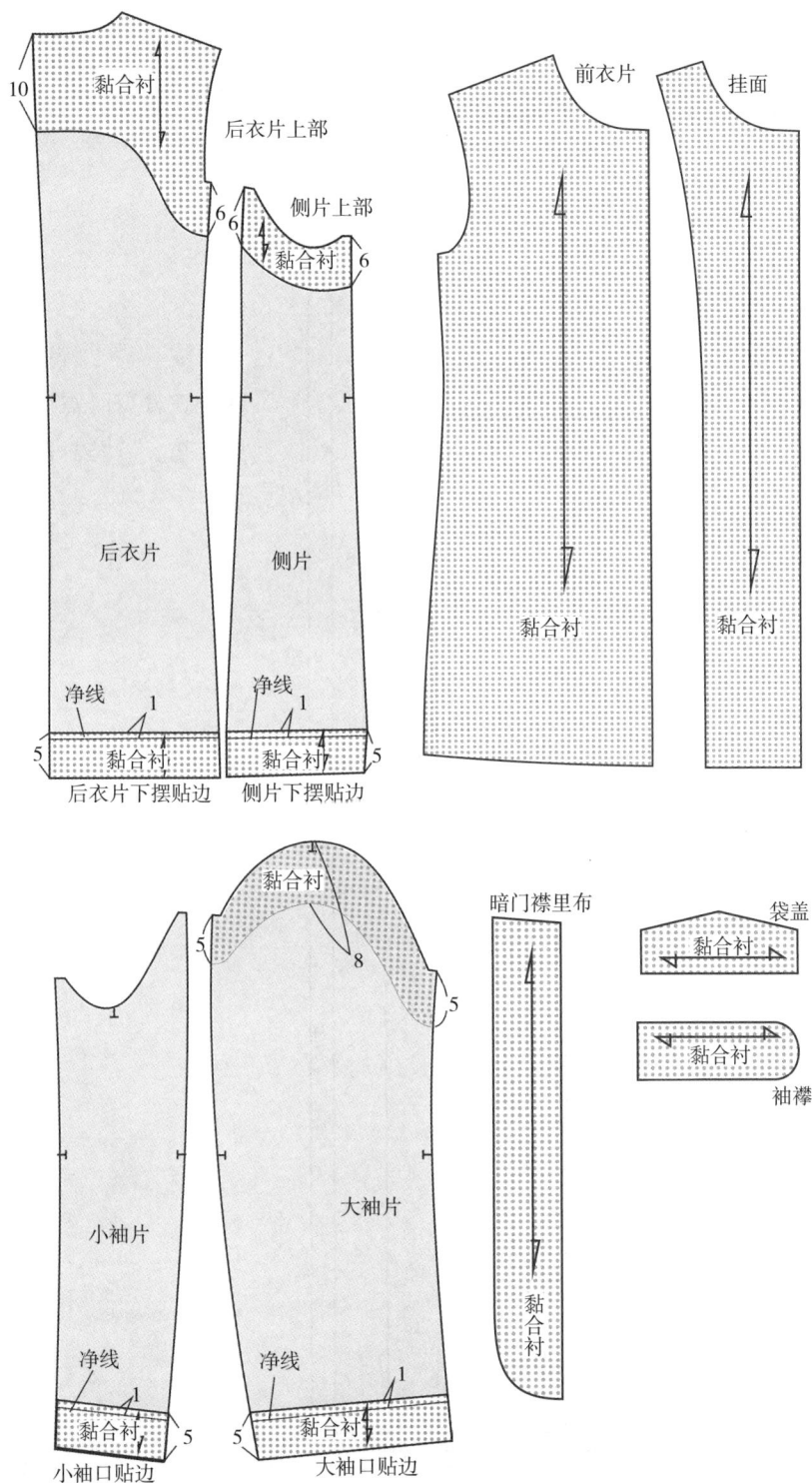

后衣片上部

侧片上部

前衣片

挂面

黏合衬

黏合衬

黏合衬

后衣片

侧片

净线

净线

黏合衬

黏合衬

后衣片下摆贴边

侧片下摆贴边

黏合衬

黏合衬

袋盖

黏合衬

袖襻

暗门襟里布

黏合衬

小袖片

大袖片

净线

净线

黏合衬

黏合衬

小袖口贴边

大袖口贴边

图4-3-7 黏合衬部位图

2. 排料

（1）面料排料参考图（图4-3-8）

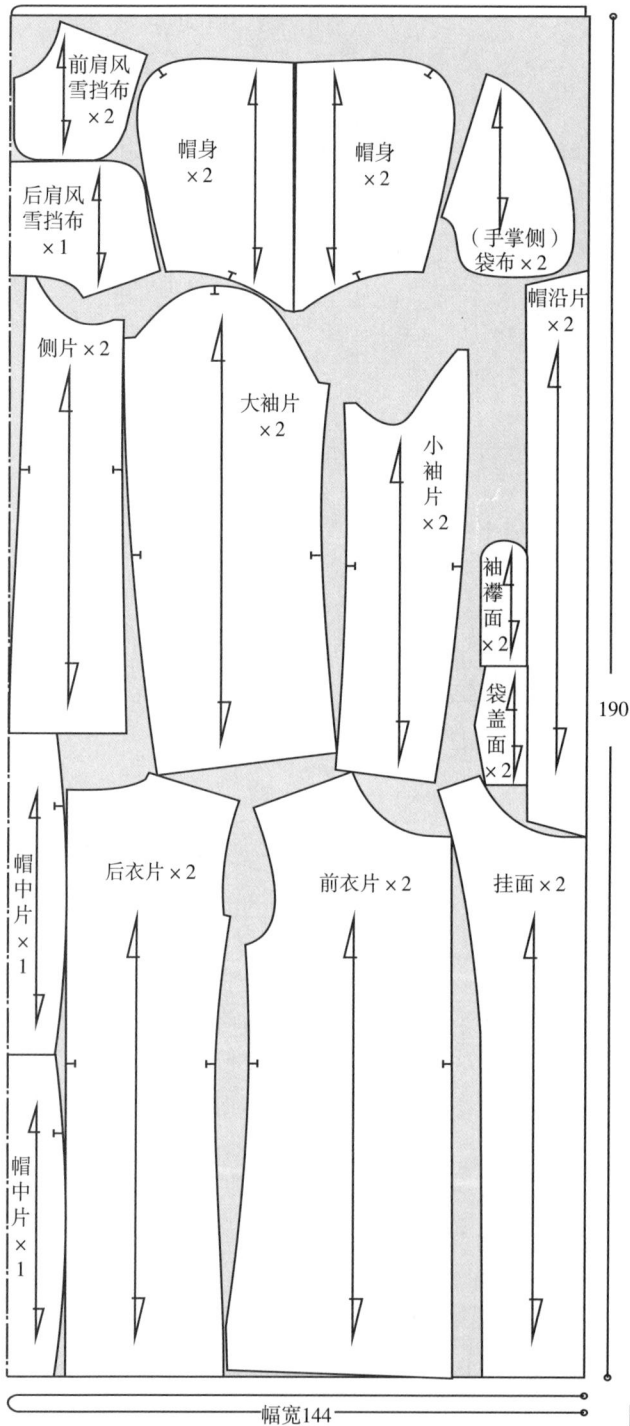

注：需烫黏合衬的裁片，在裁剪时需在四周多放些余量，以防裁片在黏合过程中产生热缩。

图4-3-8 面料排料参考图

（2）里料排料参考图（图4-3-9）

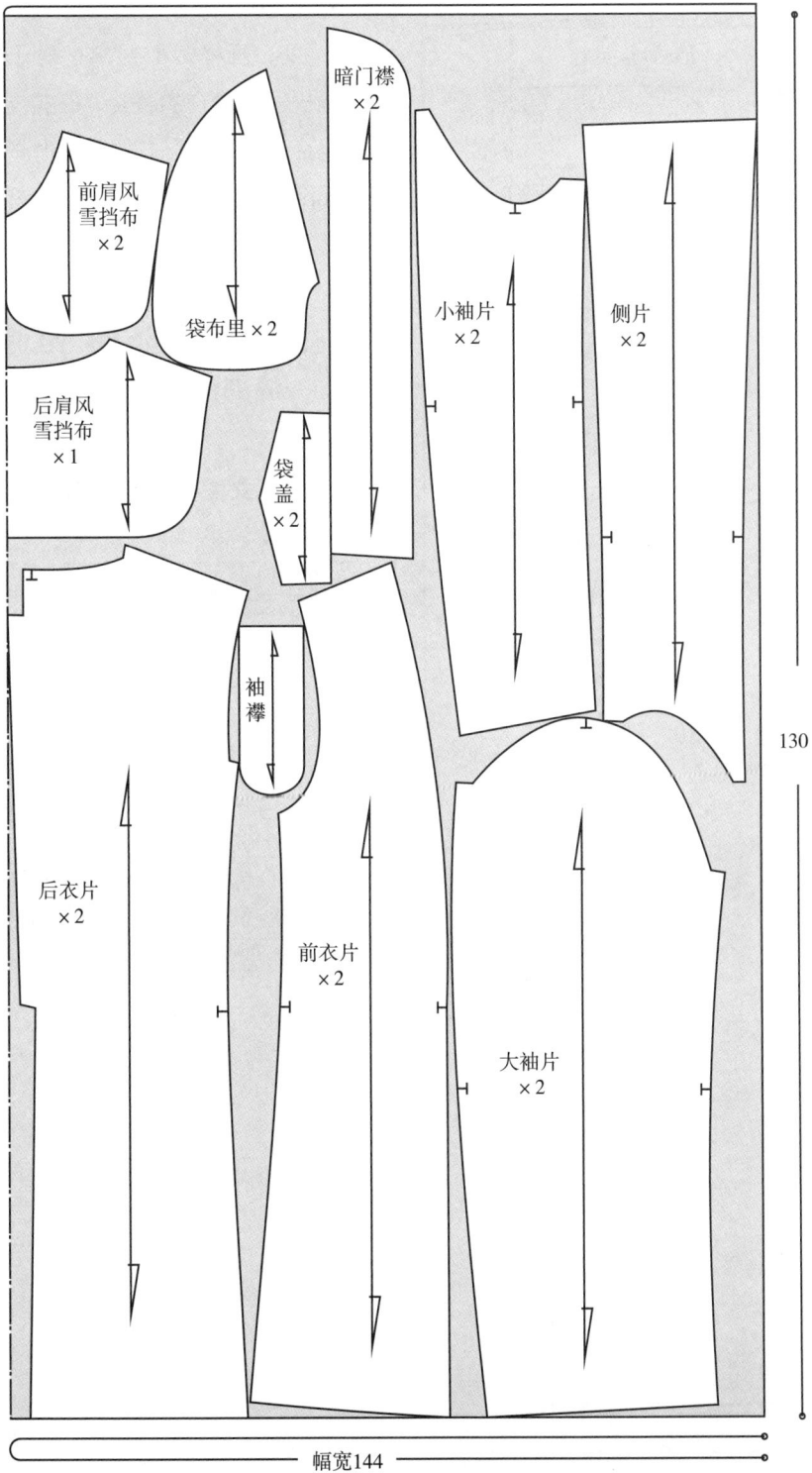

暗门襟
×2

前肩风
雪挡布
×2

袋布里×2

小袖片
×2

侧片
×2

后肩风
雪挡布
×1

袋
盖
×2

袖
襻

后衣片
×2

前衣片
×2

大袖片
×2

130

幅宽144

图4-3-9　里料排料参考图

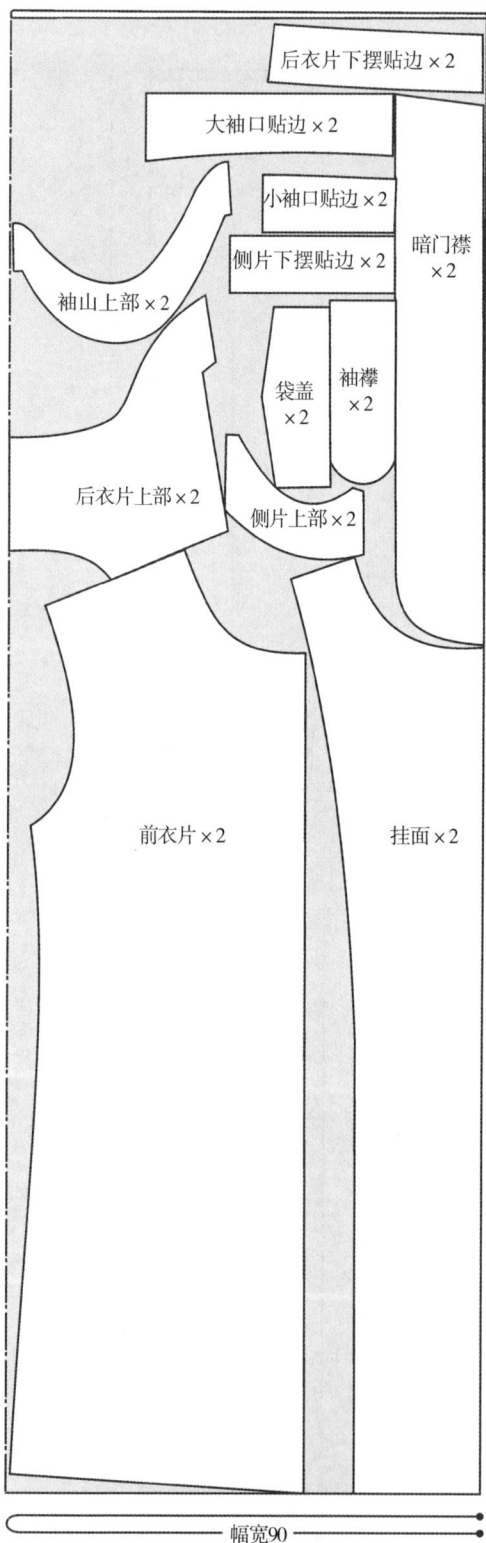

图中标注：
后衣片下摆贴边×2
大袖口贴边×2
小袖口贴边×2
侧片下摆贴边×2
暗门襟×2
袖山上部×2
袋盖×2
袖襻×2
后衣片上部×2
侧片上部×2
前衣片×2
挂面×2
130
幅宽90

图4-3-10　黏合衬排料参考图

（3）黏合衬排料参考图（图4-3-10）

3. 画样裁剪要求：对于需通过黏合机进行黏合的裁片，在排料时应放出裁片的余量，画样时在裁片的四周放出1cm左右的预缩量，再按画样线进行裁剪。

五、缝制工艺流程、工序分析和缝制前准备

1. 女大衣缝制工艺流程

烫前衣片袖窿牵条 → 做袋盖 → 挖口袋 → 缝合后衣片中缝 → 缝合并车缝固定前后肩风雪挡布 → 做右前衣片暗门襟 → 做右挂面暗门襟面 → 做左前衣片止口 → 缝合侧片面布 → 缝合衣片面布的肩缝 → 缝合里布的后中缝和侧缝、里布侧片与里布前片缝合 → 缝合里布肩线 → 缝合帽子 → 绱帽子 → 车缝固定右衣片的暗门襟 → 缝制袖襻和面袖 → 缩缝袖山吃势 → 绱面袖 → 缝制里袖 → 绱里袖 → 缝合并固定袖口面、里 → 缝合底摆 → 车缝固定牛角扣、钉缝里襟扣和袖襻扣 → 整烫

2. 女大衣工序分析（图4-3-11）

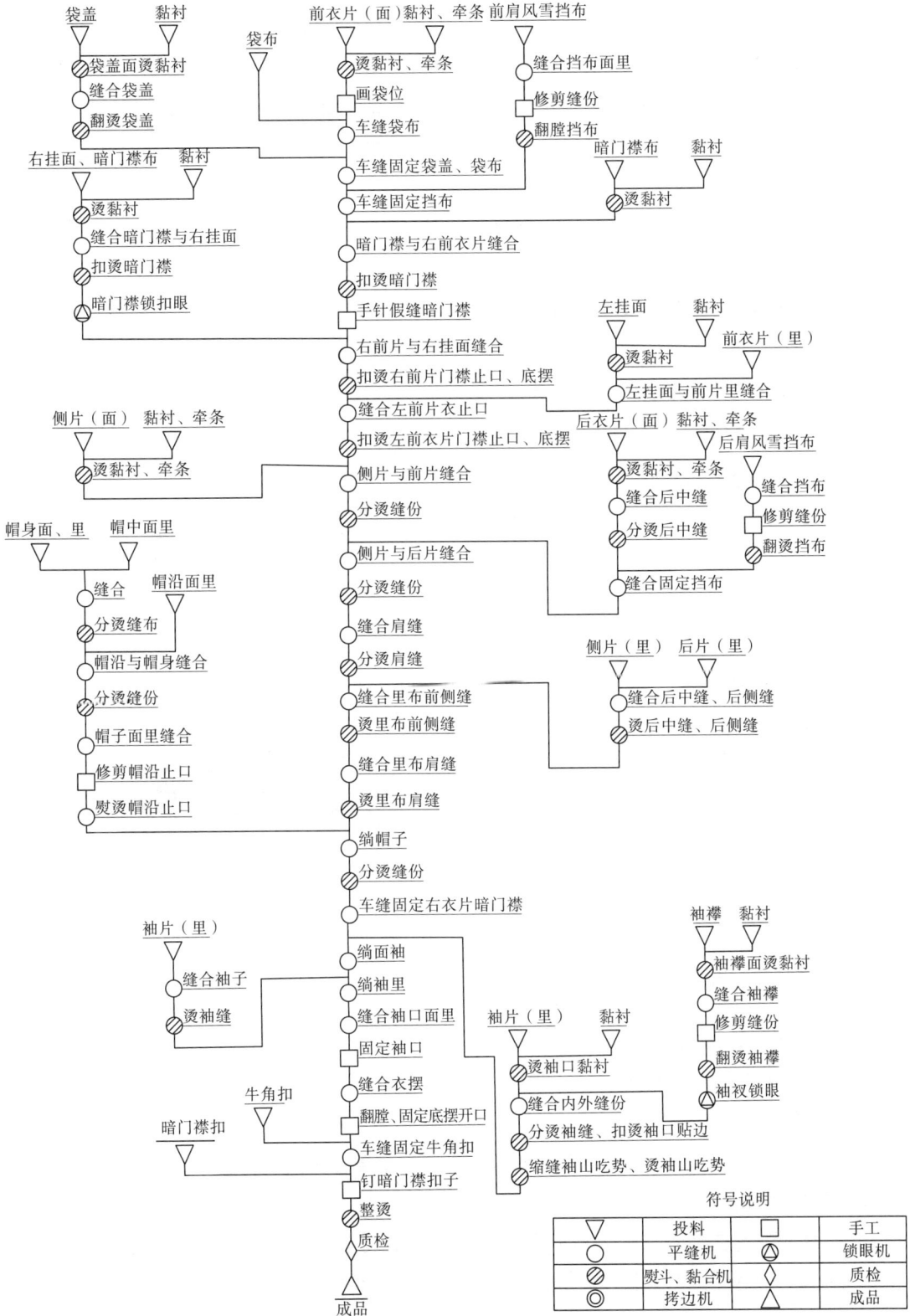

图4-3-11 女大衣工序分析图

符号说明			
▽	投料	□	手工
○	平缝机	◬	锁眼机
◍	熨斗、黏合机	◇	质检
◎	拷边机	△	成品

2. 缝制前准备

（1）针号和针距：针号为90/14号，针距为13~15针/3cm。

（2）黏衬部位（图4-3-7）：前衣片、挂面、暗门襟（里布）、后衣片上部、侧片上部、后衣片贴边、侧片贴边、袋盖、袖襻、大袖口贴边、小袖片贴边。

裁片需用黏合机进行黏合。在裁片进行黏合之前，需对所黏合的面料进行小面积测试，以获取该面料黏合时的温度、压力、时间。

（3）修片：对黏合后的裁片，按修片样板进行修片。

六、缝制工艺步骤及主要工艺

1. 烫前衣片袖窿牵条（图4-3-12）

在前衣片的袖窿处，烫上黏合牵条。

2. 做袋盖（图4-3-13）

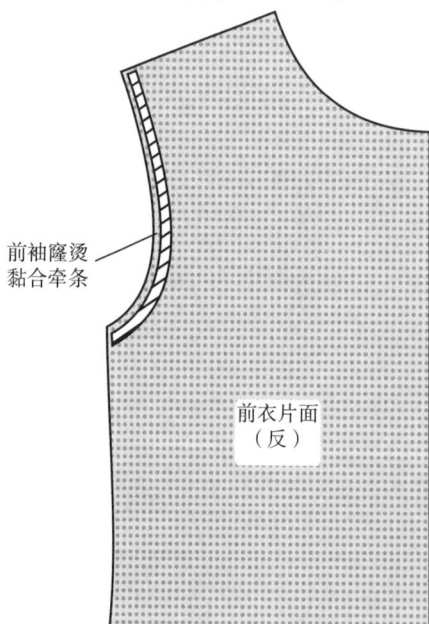

图4-3-12　烫前衣片袖窿牵条

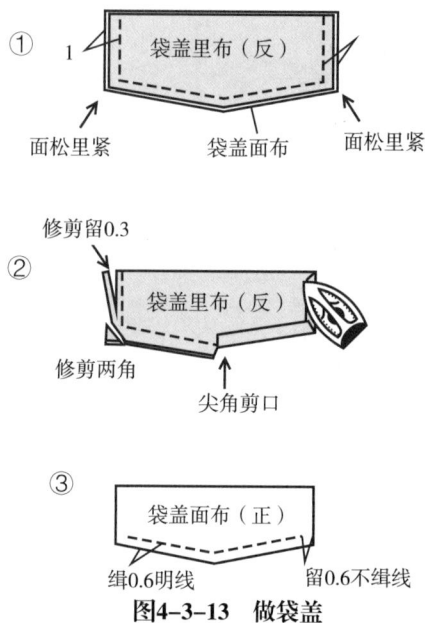

图4-3-13　做袋盖

（1）在袋盖里布上画出净线，将袋盖面、里布正面相对，对齐上口后按净线缝合，要求两袋角面布略松、里布略紧（图4-3-13①）。

（2）修剪缝份留0.3cm，剪去两袋角，并在袋盖中间尖角处剪口，然后扣烫缝份（图4-3-13②）。

（3）翻烫袋盖，注意尖角处要翻到位，止口烫成里外匀；然后在袋盖的外沿车0.6cm装饰明线。此时袋盖左右边暂时不压线（图4-3-13③）。

3. 挖口袋（图4-3-14）

（1）画袋位：在前衣片正面画出袋位，如图按袋位将袋盖放上，袋盖口的净线与袋位对齐（图4-3-14①）。

（2）车缝袋布A（里布）：将袋布A（里布）放在袋盖上层，其直边净线与袋盖口的净线对齐，并距上口2cm，按袋位线车缝固定（图4-3-14②）。

（3）车缝袋布B（面布）：将袋布B（面布）的直边与袋布A的直边车缝线对齐，距直边1cm处与衣片缝合，上下各距袋位0.8cm不缝合（图4-3-14③）。

（4）袋位剪口：将袋布A、B的缝份分开后，在衣片的袋位上，距两条缝合线的中间剪口（图4-3-14④）。

（5）翻出袋布A（里布）：将袋布A（里布）从剪口处翻到衣片的反面，如图把袋布上下的缝合止点处剪口，再车缝固定缝份（图4-3-14⑤）。

（6）翻出袋布B（面布）、固定袋盖：将袋布B（面布）也从剪口处翻到衣片的反面，在衣片的正面将袋盖放平整后，车缝明线0.6cm固定袋盖的上下两端，要求袋盖将衣片下的袋布也一起缝住（图4-3-14⑥）。

（7）缝合袋布A（里布）和袋布B（面布）：将两片袋布放平整后，沿边车缝1cm的缝份。注意：在袋角处要缝上一条宽约1cm的牵带（可用里布直丝裁剪），其作用是与门襟止口一起缝住，固定袋布（图4-3-14⑦）。

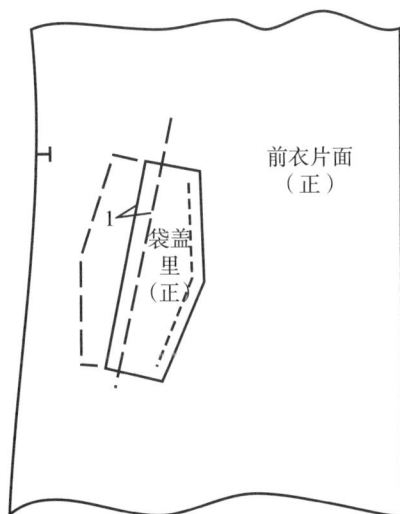

① 画袋位

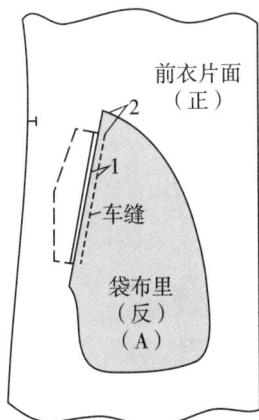

② 车缝袋布里

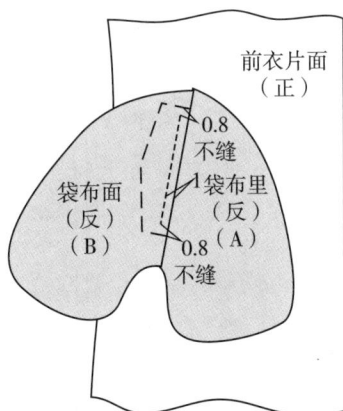

③ 车缝袋布面

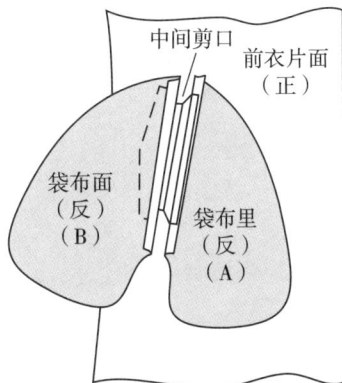

④ 袋位剪口

图4-3-14（1） 挖口袋 ①

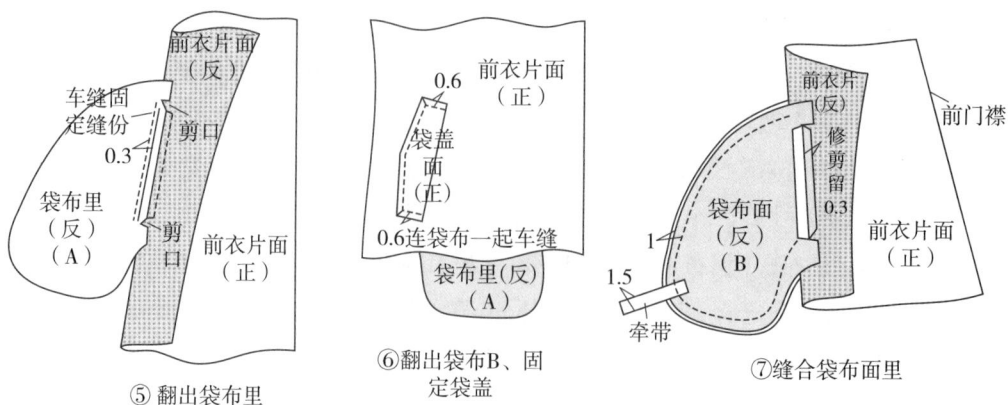

⑤ 翻出袋布里

⑥ 翻出袋布B、固定袋盖

⑦ 缝合袋布面里

图4-3-14（2） 挖口袋

4. 缝合面布后衣片中缝（图4-3-15）

（1）烫黏合牵条：在距后衣片领圈和袖窿的边缘0.5cm处烫上黏合牵条，袖窿处烫直牵条，领圈处烫斜牵条（图4-3-15①）。

（2）缝合后中缝：将后衣片正面相对，对齐后中缝车缝1cm，然后分缝烫平（图4-3-15②）。

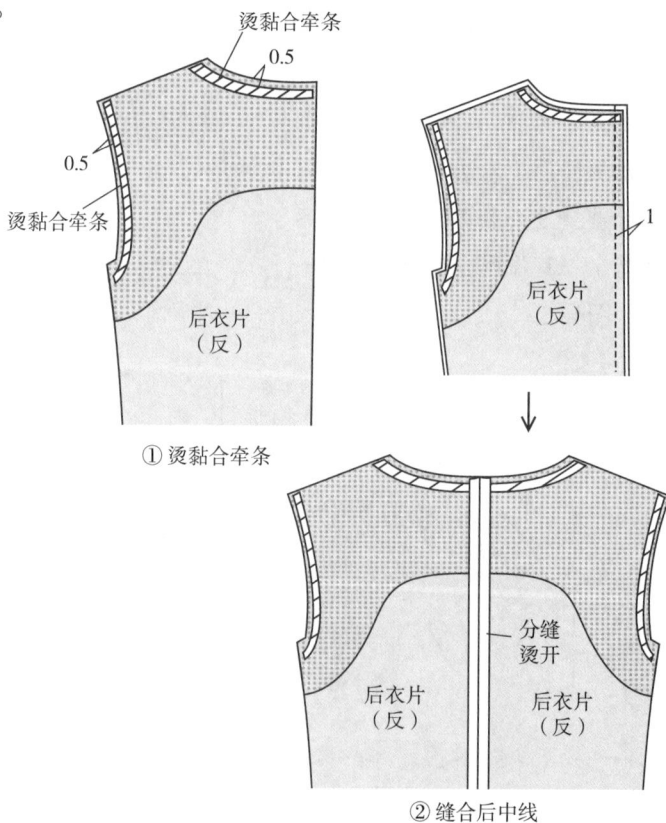

① 烫黏合牵条

② 缝合后中线

图4-3-15 缝合面布后衣片中缝

5. 缝制并车缝固定前、后肩风雪挡布（图4-3-16）

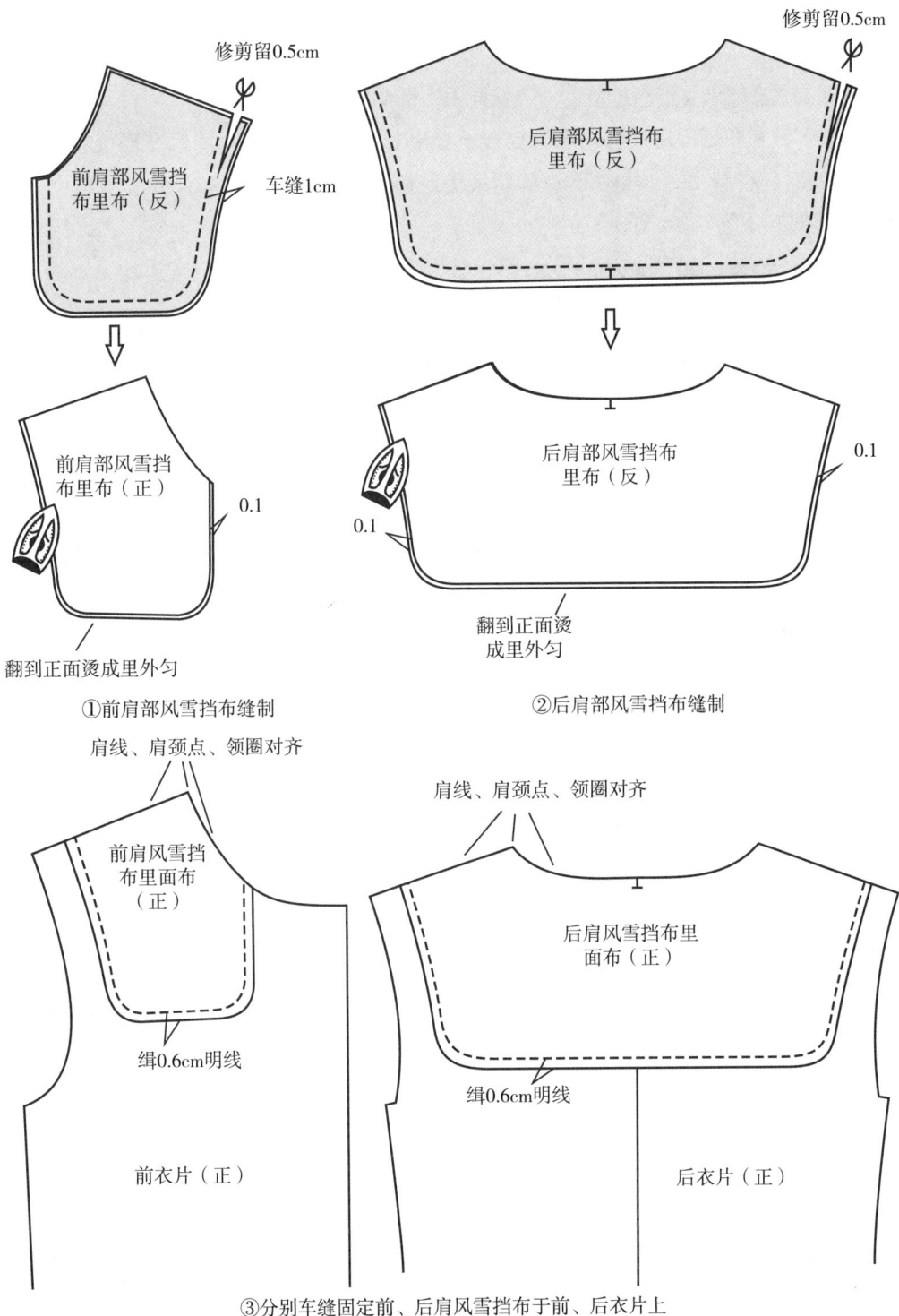

修剪留0.5cm

修剪留0.5cm

前肩部风雪挡布里布（反）

车缝1cm

后肩部风雪挡布里布（反）

前肩部风雪挡布里布（正）

0.1

后肩部风雪挡布里布（反）

0.1

0.1

翻到正面烫成里外匀

翻到正面烫成里外匀

①前肩部风雪挡布缝制

②后肩部风雪挡布缝制

肩线、肩颈点、领圈对齐

肩线、肩颈点、领圈对齐

前肩风雪挡布里面布（正）

后肩风雪挡布里面布（正）

缉0.6cm明线

缉0.6cm明线

前衣片（正）

后衣片（正）

③分别车缝固定前、后肩风雪挡布于前、后衣片上

图4-3-16　缝合并车缝固定前、后肩风雪挡布

（1）前肩部风雪挡布的缝制：将挡布的面布与里布正面相对，四周对齐，除肩部与领圈外缝合其余三边，然后修剪缝份留0.5cm，将其翻到正面，烫成里外匀（图4-3-16①）。

（2）后肩部风雪挡布的缝制：方法同上（图4-3-16②）。

（3）分别车缝固定前后肩风雪挡布于衣片上：分别将前、后肩风雪挡布放在前、后衣片的对应位置上，车缝0.6cm的明线固定前、后肩部风雪挡布，要求肩颈点、领圈、肩线对齐（图4-3-16③）。

6. 做右前衣片暗门襟（图4-3-17）

（1）确定暗门襟位置：将右前衣片与右挂面的门襟对齐，上口留2.2cm，确定暗门襟的位置，下口暗门襟止点按照样板确定（图4-3-17①）。

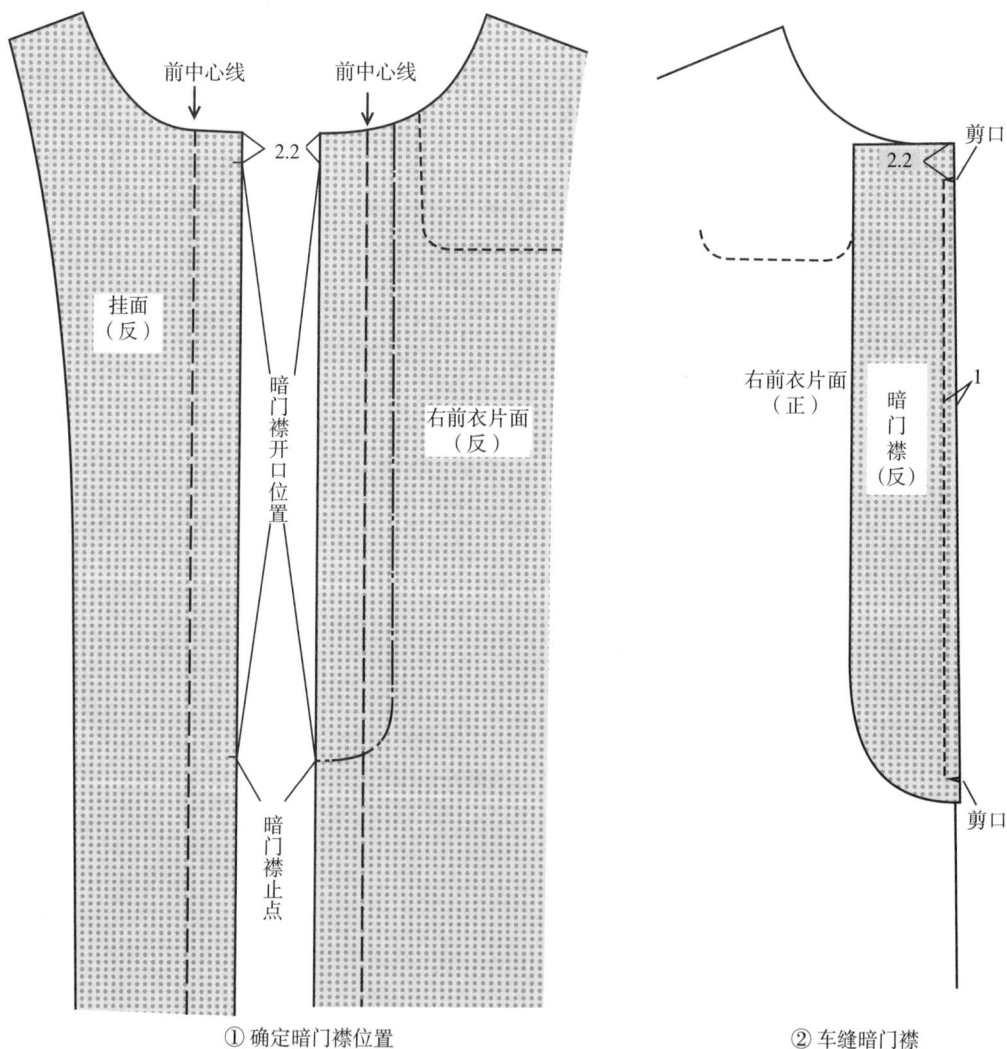

① 确定暗门襟位置　　　　　　　② 车缝暗门襟

图4-3-17（1）　做右前衣片暗门襟

（2）车缝暗门襟：将右前衣片和暗门襟布正面相对，按门襟开口位置车缝，缝份1cm。然后在暗门襟止点处剪口（图4-3-17②）。

（3）扣烫暗门襟：将暗门襟翻到正面，把右前片门襟止口的净线退进0.4cm（余下的0.1cm作为面料的厚度），扣烫成里外匀（图4-3-17③）。

（4）手针假缝固定暗门襟：在右前片的正面，距止口净线4.5cm画一直线，用手针绗缝固定暗门襟（图4-3-17④）。

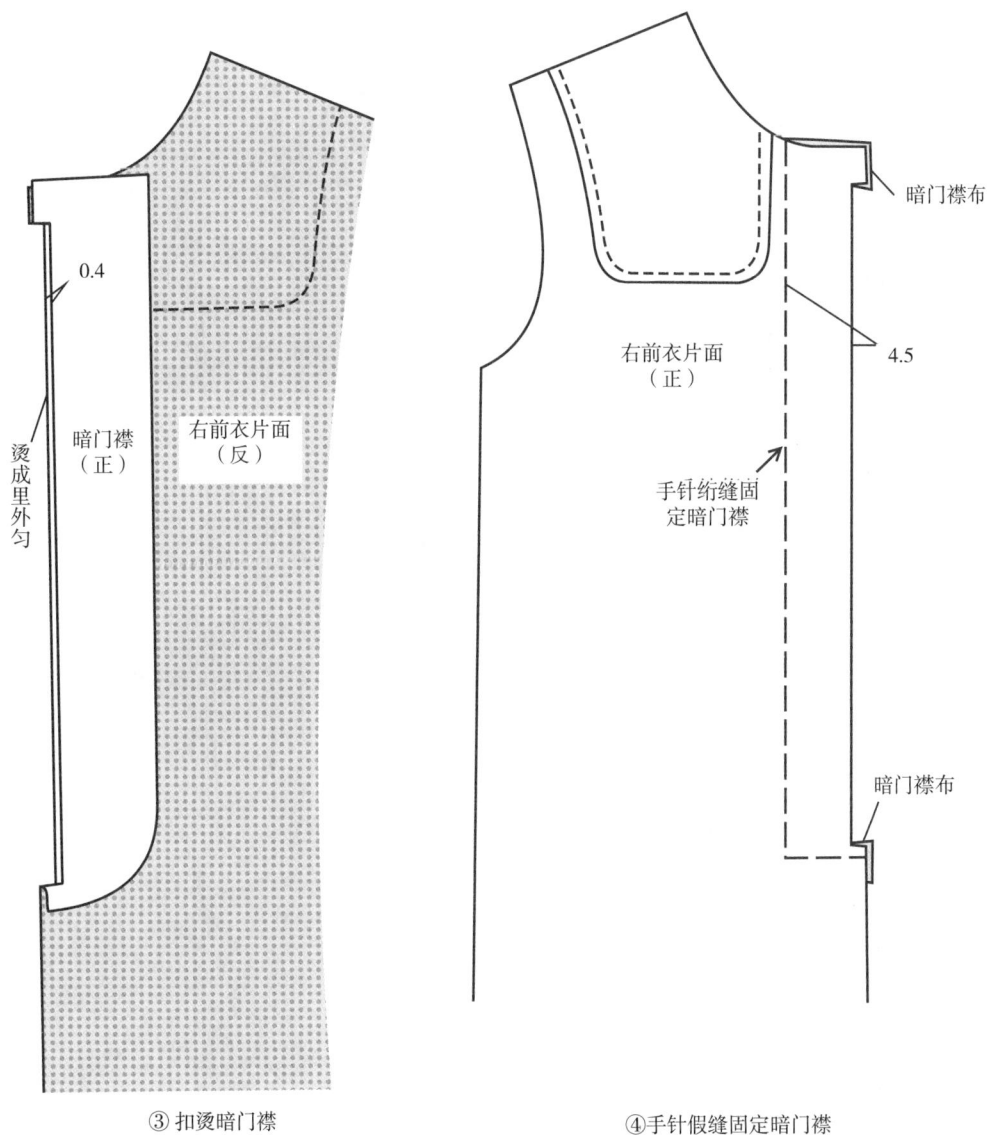

0.4

烫成里外匀

暗门襟（正）

右前衣片面（反）

③ 扣烫暗门襟

暗门襟布

右前衣片面（正）

手针绗缝固定暗门襟

4.5

暗门襟布

④手针假缝固定暗门襟

图4-3-17（2）　做右前衣片暗门襟

7. 做右挂面暗门襟（图4-3-18）

（1）暗门襟布与右挂面缝合：将右挂面与暗门襟布正面相对缝合，上下缝合止点同右前衣片；然后在上下缝合止点剪口（图4-3-18①）。

（2）扣烫暗门襟、锁扣眼：暗门襟布翻到正面，把右挂面门襟止口的净线退进0.4cm（余下的0.1cm作为面料的厚度），扣烫成里外匀。再在右挂面的正面，沿止口净线4.5cm画一直线，用手针绗缝固定暗门襟。最后按门襟上的扣位用圆头锁眼机锁纵向圆头扣眼四个（图4-3-18②）。

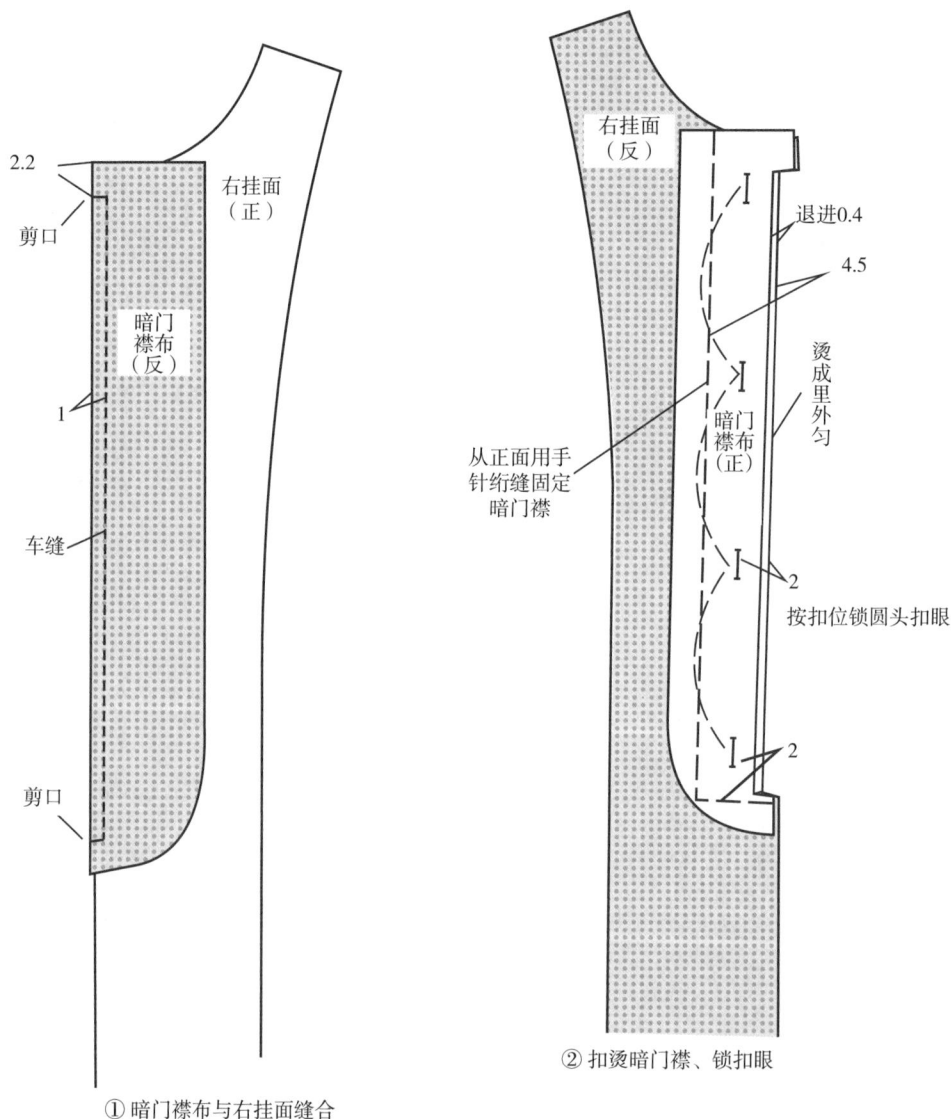

① 暗门襟布与右挂面缝合

② 扣烫暗门襟、锁扣眼

图4-3-18 做右挂面暗门襟

8. 做右前衣片止口（图4-3-19）

（1）右前衣片与挂面缝合：先将右前里子和右挂面正面相对，从肩部缝合至距挂面底摆4cm处（右前片底摆与挂面底摆相差3cm），然后将缝份往里布处烫倒（图4-3-19①）。

（2）缝合右前衣片门襟上、下止口：将右前衣片与右挂面正面相对，对齐上下止口。上部从装领处净线起针，缝合3cm到门襟净线转弯继续缝合至暗门襟上口为止，缝份为1.5cm；再从暗门襟下口起针以1.5cm的缝份缝合至挂面和衣片的底摆处，再转弯按4cm的缝份缝合至挂面与衣片的拼接处，要求袋布加一条1cm宽的布条与门襟止口一道缝住，用以固定袋布。然后将门襟上端和下端的方角修剪掉，再剪去挂面下摆的余量（与衣片里布下摆平齐）。最后修剪衣身门襟的缝份留0.6cm，在装领点剪口（图4-3-19②）。

（3）扣烫右前衣片门襟上、下止口和下摆：将衣片翻到正面，整理上下方，然后将门襟止口的缝份在挂面处以0.1cm车缝固定（此线只在挂面处能看到，衣片正面看不到缝线，见后面相关图片）。最后用熨斗烫出领嘴的方角和衣片底摆处的方角，同时将衣片底摆折上4cm烫平（图4-3-19③）。

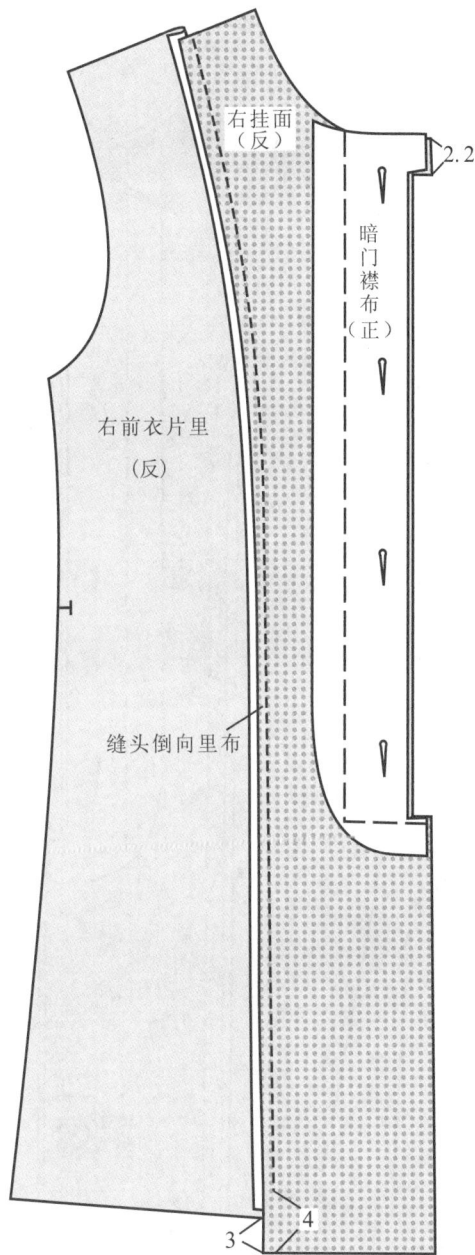

右挂面（反）

2.2

右前衣片里（反）

暗门襟布（正）

缝头倒向里布

4

3

① 右前衣片与挂面缝合

图4-3-19（1） 做右前片止口

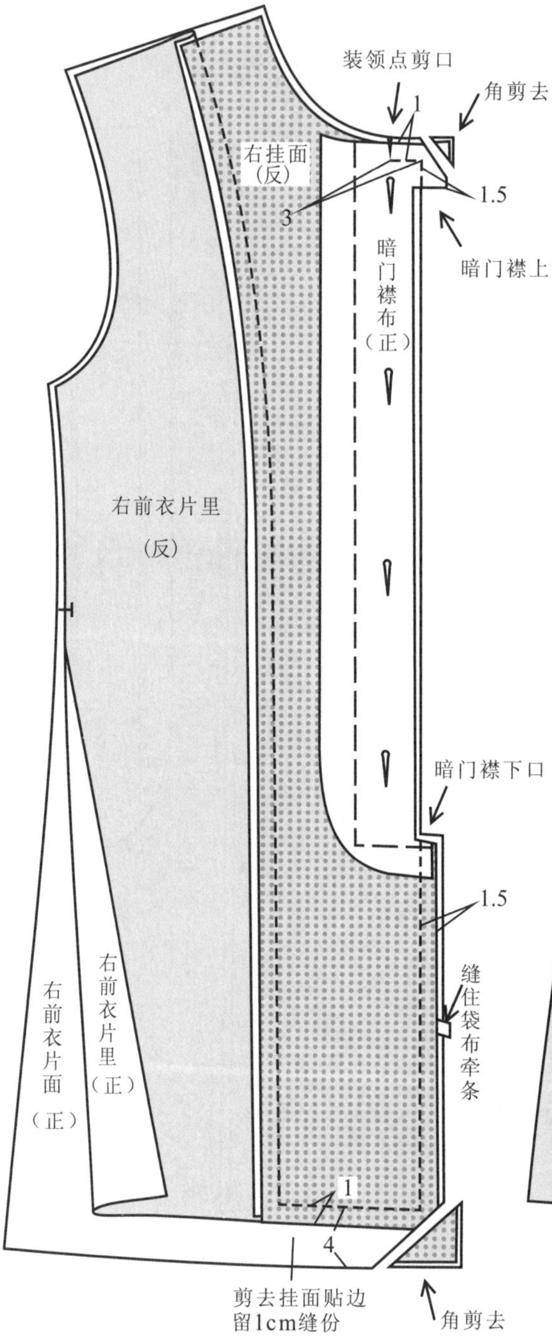

装领点剪口

角剪去

1

右挂面
（反）

3

1.5

暗门襟上口

暗门襟布
（正）

右前衣片里
（反）

右前衣片面
（正）

暗门襟下口

1.5

右前衣片面
（正）

右前衣片里
（正）

缝住袋布牵条

1

4

剪去挂面贴边
留1cm缝份

角剪去

②缝合右前衣片门襟上、下止口

右前衣片面
（正）

3

右前衣片里
（反）

4

2

0.1

挂面
（正）

扣烫底摆

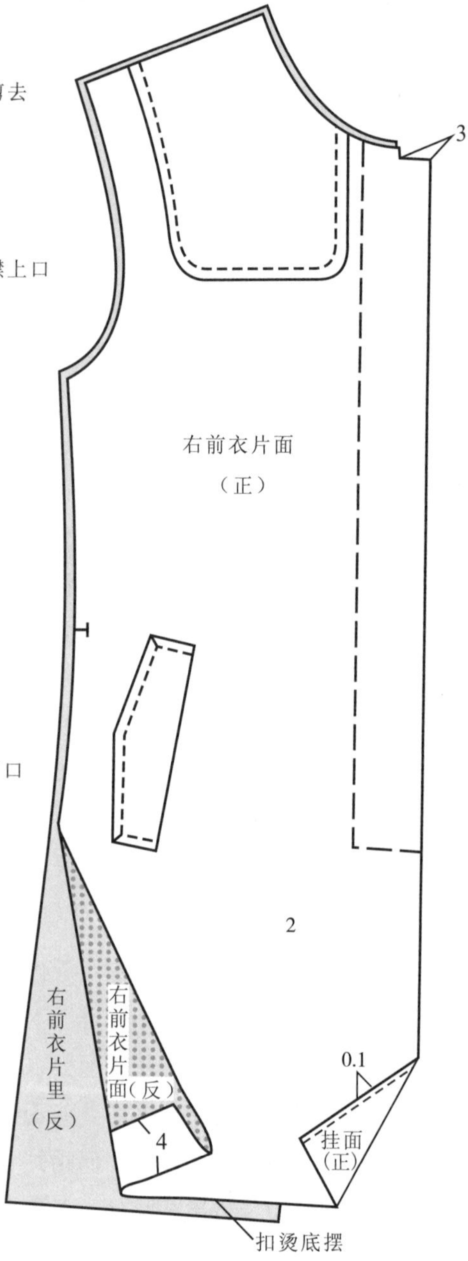

③扣烫右前衣片门襟上、下止口和下摆

图4-3-19（2） 做右前片止口

9. 做左前衣片止口（见图4-3-20）

（1）缝合左前衣片与挂面：先将左前衣片里子和左挂面正面相对，从肩部缝合至距挂面底摆4cm处（左前片底摆与挂面底摆相差3cm），然后将缝份往里布处烫倒（图4-3-20①）。

（2）缝合左前衣片门襟止口：将左前衣片面布与左挂面正面相对，领圈、门襟处放平齐后，从装领处净线起针缝合3cm到门襟净线转弯继续缝合至挂面底部，缝份为1.4cm；再转弯按4cm的缝份缝合至挂面与衣片的拼接处，要求袋布加一条1cm宽的布条与门襟止口一道缝住，用以固定袋布。然后将门襟上端和下端的方角修剪掉，再剪去挂面下摆的余量（与衣片里布下摆平齐）。最后修剪衣身门襟的缝份留0.6cm，在装领点剪口（图4-3-20②）。

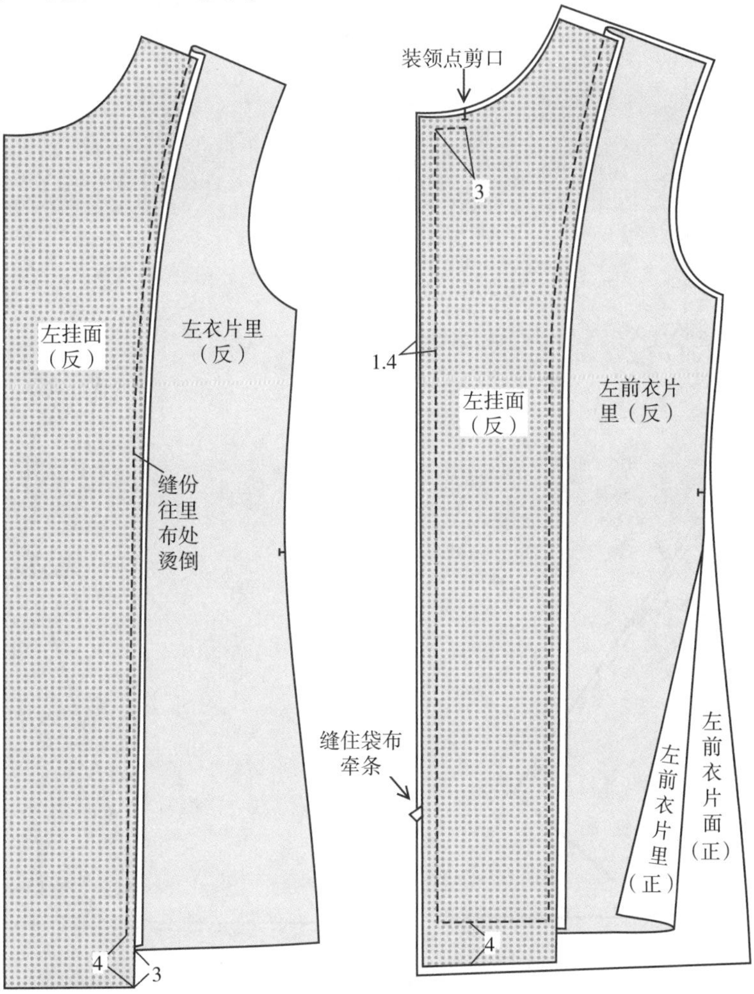

① 缝合左前衣片与挂面 ② 缝合左前衣片门襟止口

图4-3-20（1）　做左前片止口

（3）扣烫左前衣片门襟止口和底摆：将衣片翻到正面，整理上下角部，然后将门襟止口的缝份在挂面处以0.1cm车缝固定（此线只在挂面处能看到，衣片正面看不到缝线片）。最后用熨斗烫出领嘴的方角和衣片底摆处的方角，同时将衣片底摆折上4cm烫平（图4-3-20③）。

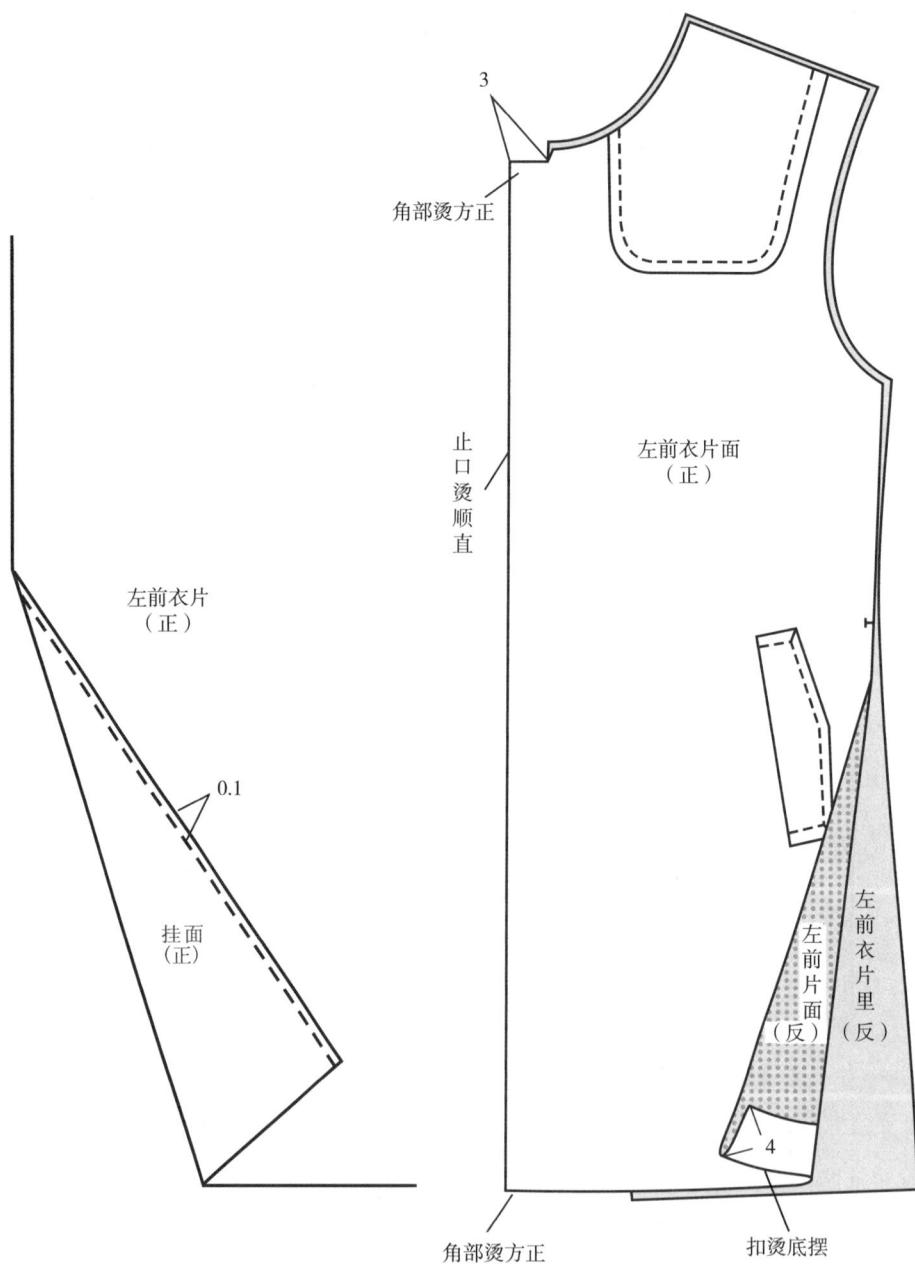

③ 扣烫左前衣片门襟止口和底摆

图4-3-20（2）　做左前片止口

10. 缝合侧片面布（图4-3-21）

（1）将侧片面布分别与前、后衣片面布缝合，缝份为1cm，然后分缝烫平。

（2）将底摆处贴边的缝份修剪留0.3~0.4cm，然后将底摆贴边折上4cm烫平。

右前片里
（正）

右前片里
(正)

右前片面
(反)

侧片面
(反)

后衣片面
(反)

右挂面
（正）

修剪留0.3~0.4

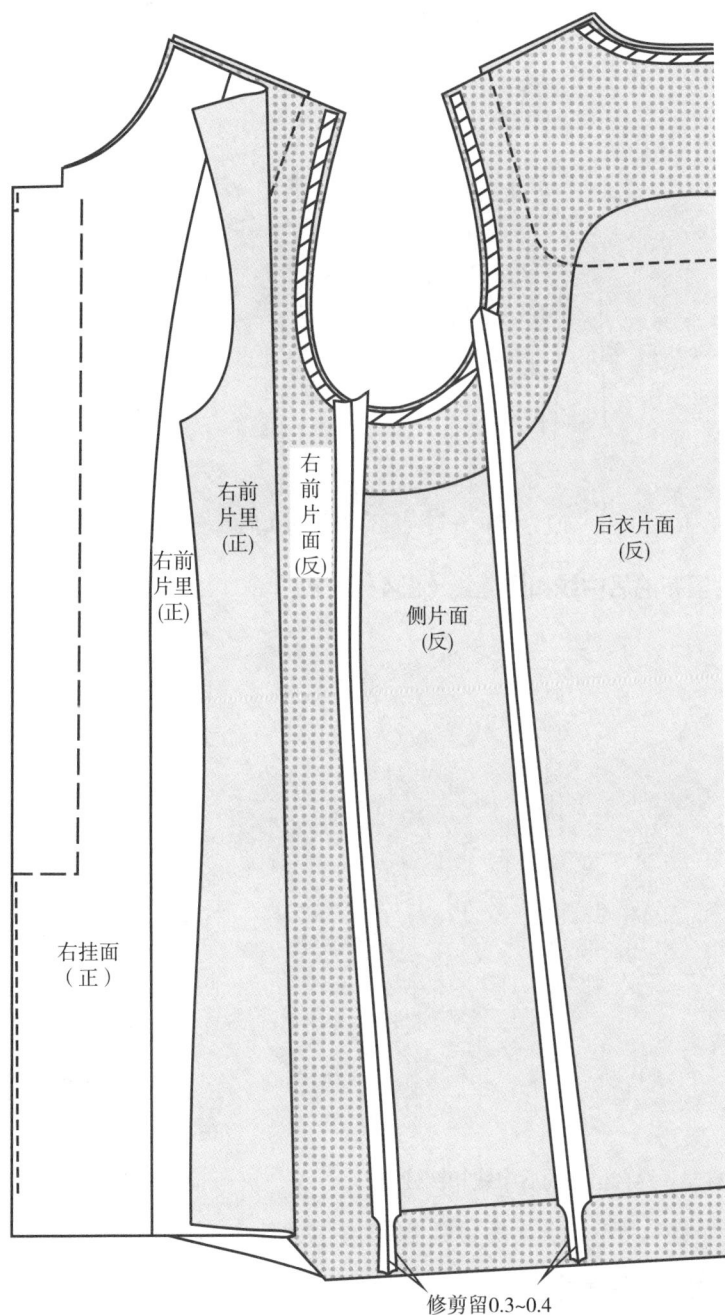

图4-3-21 缝合侧片面布

11. 缝合衣片面布的肩缝（图4-3-22）

将前后面布的肩缝对齐以1cm的缝份车缝，要求后肩线中部缩缝0.3~0.4cm，然后分缝烫平。

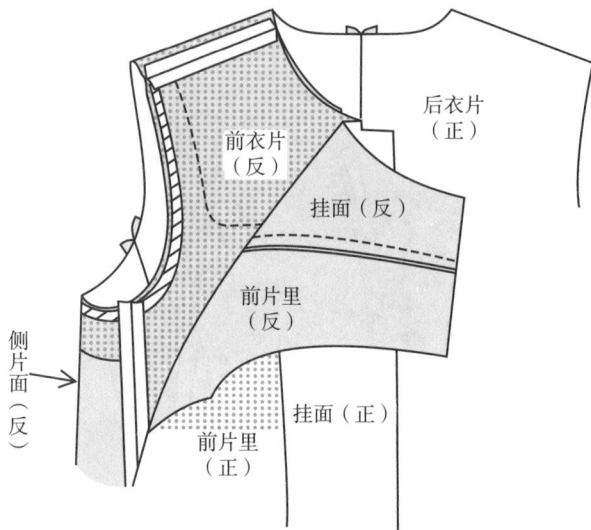

图4-3-22　缝合衣片面布肩缝

12. 缝合里布的后中线和侧缝线（图4-3-23）

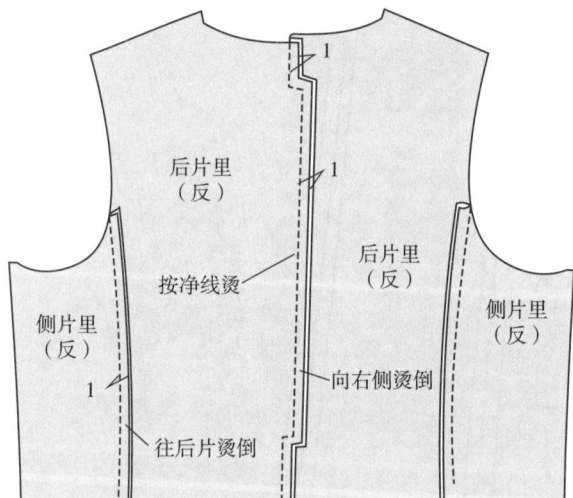

图4-3-23　缝合里布的后中线和侧缝线

（1）先将后片里布左右片正面相对，沿后中线按1cm缝份缝合；再将侧片与后片缝合，缝份为1cm。

（2）熨烫缝份。后中缝倒向右侧按净线扣烫，正面的中上部有1cm的座缝；侧缝的缝份往后片烫倒1.3cm，正面有0.3cm的座缝。

13. 里布侧片与里布前片缝合

将里布侧片与里布前片正面相对，沿侧缝线车缝1cm，然后将缝份往前片烫到1.3cm，正面有0.3cm的座缝。

14. 缝合里布前后肩线

对齐里布的前后肩线，车缝1cm，要求后肩线中部缩缝0.3cm左右，然后将肩缝往后片烫倒。

15. 缝合帽子（图4-3-24）

（1）拼合帽身和帽中片：将帽身与帽中片正面相对，对齐刀眼后车缝，缝份为1cm，然后在帽顶的圆弧处剪口，将缝份分开烫平（图4-3-24①）。

（2）拼合帽沿和帽身及帽中片：将帽沿与帽身及帽中片缝合，缝份为1cm，然后分开烫平。注意：由于帽里与帽面均为本色布，故缝制的方法相同（图4-3-24②）。

（3）缝合帽子面、里的帽沿止口：将帽子的面、里正面相对，对齐帽沿边，以0.9cm的缝份缝合（图4-3-24③）。

（4）翻烫帽子、扣烫帽沿止口：将帽里的止口缝份修剪留0.5cm，把帽子翻到正面，烫平帽沿止口。然后在帽顶圆弧拼接处，用手缝针拉线襻固定面、里（图4-3-24④）。

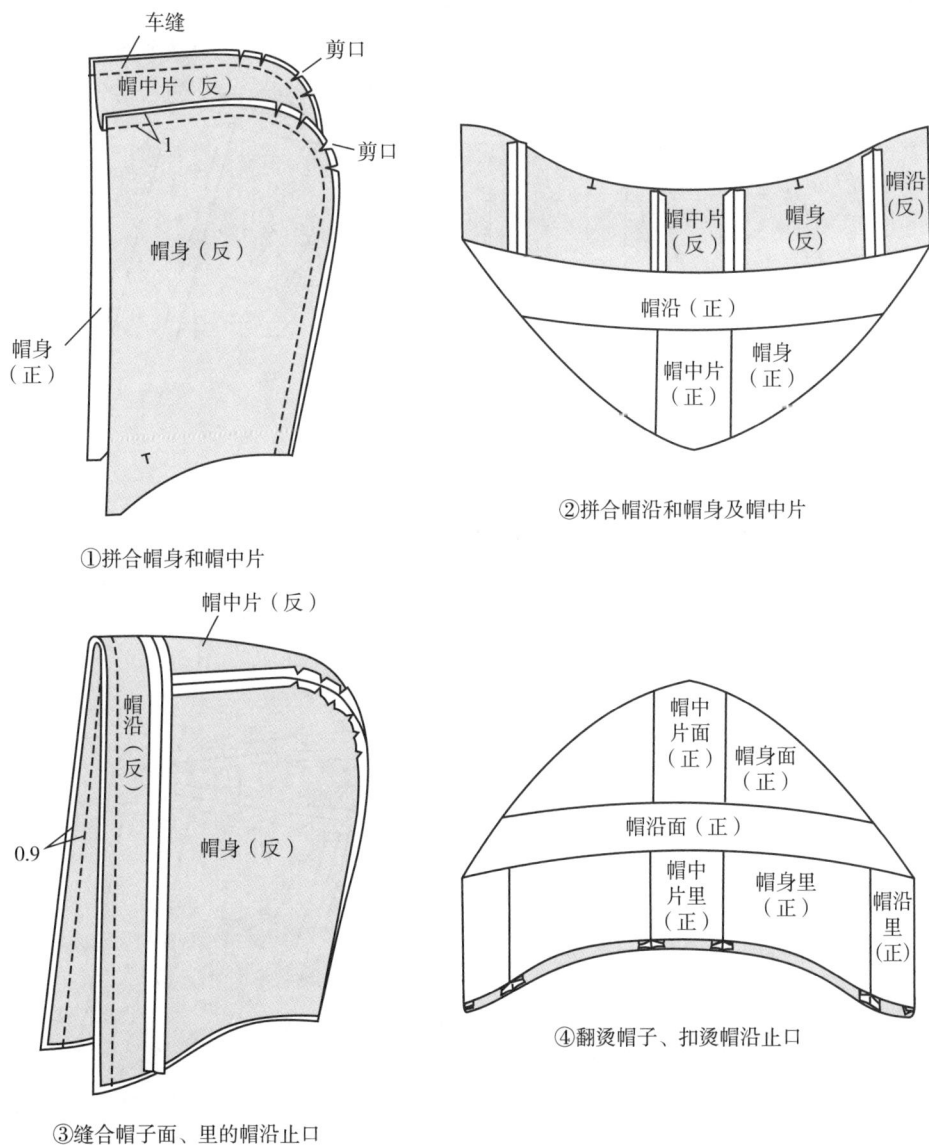

①拼合帽身和帽中片

②拼合帽沿和帽身及帽中片

③缝合帽子面、里的帽沿止口

④翻烫帽子、扣烫帽沿止口

图4-3-24　缝合帽子

16. 绱帽子（图4-3-25）

（1）绱帽子：将衣片翻到反面，在领圈处分别与帽子面、里的下口缝合，缝份为1cm。要求：从衣片一侧的装领点起针车缝到另一侧的装领点为止，帽里下口与衣片里布的领圈各对位点对准，帽面的下口与衣片面布的领圈各对位点对准。缝合后，在前、后衣片领圈的圆弧处剪口（图4-3-25①）。

（2）分烫缝份：将面布领圈的缝份烫开；把衣片里布领圈处的肩缝剪口，前领圈处的缝份分缝烫开，后领圈的缝份往里布处烫倒。最后将面布与里布的领圈缝份用手缝或车缝固定（图4-3-25②）。

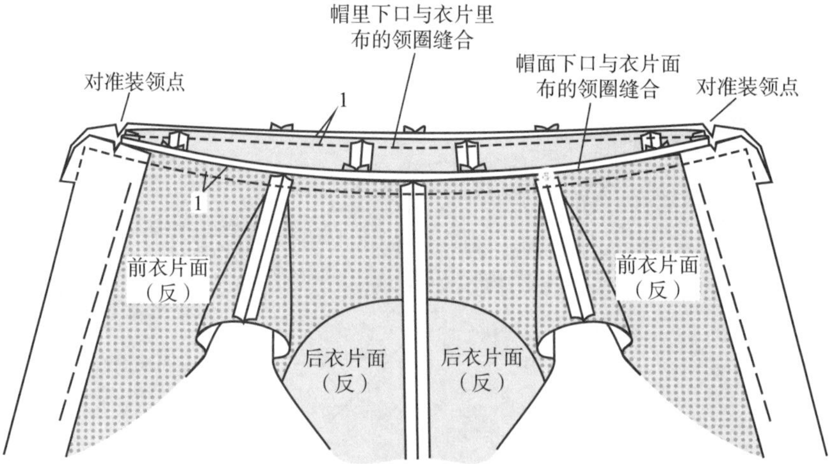

①绱帽子

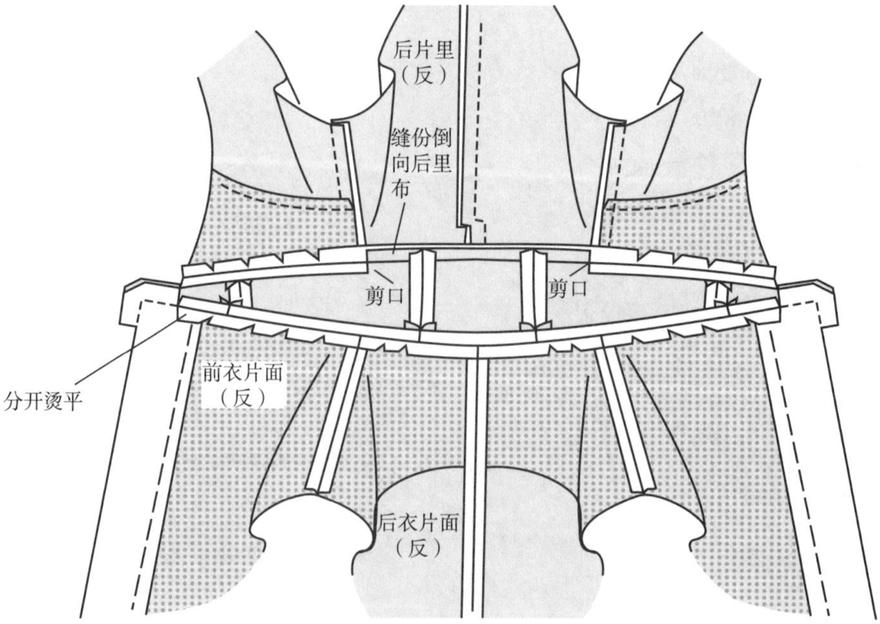

②分烫缝份

图4-3-25　绱帽子

17. 车缝固定右衣片的暗门襟（图4-3-26）

在右前衣片上，距止口4cm、底摆25cm处，车缝固定暗门襟。

18. 缝制袖襻、面袖（图4-3-27）

（1）缝制袖襻：先在袖襻面的反面烫黏衬，再将袖襻的面里布正面相对，按净线车缝。然后修剪缝份留0.5cm，圆角处剪口；再将袖襻翻到正面，熨烫后，正面朝上缉0.6cm明线。最后在圆头处锁圆头扣眼（图4-3-27①）。

（2）缝合外袖缝：将大小袖片正面相对，把袖襻夹装到外袖缝上距袖口贴边毛缝8cm，按1cm缝份缝合；在距袖襻夹装处1cm位置，把大袖片缝份剪口，然后分烫缝份（图4-3-27②）。

（3）缝合内袖缝后，分烫缝份；再扣烫袖口贴边4cm（图4-3-27③）。

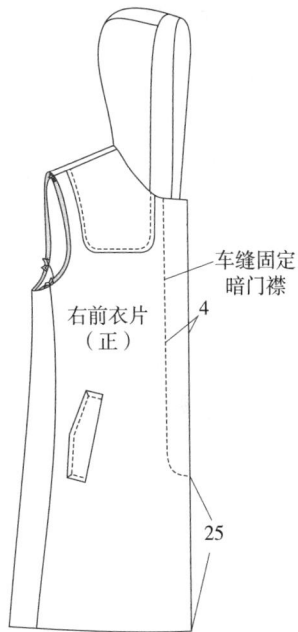

图4-3-26　车缝固定右衣片的暗门襟

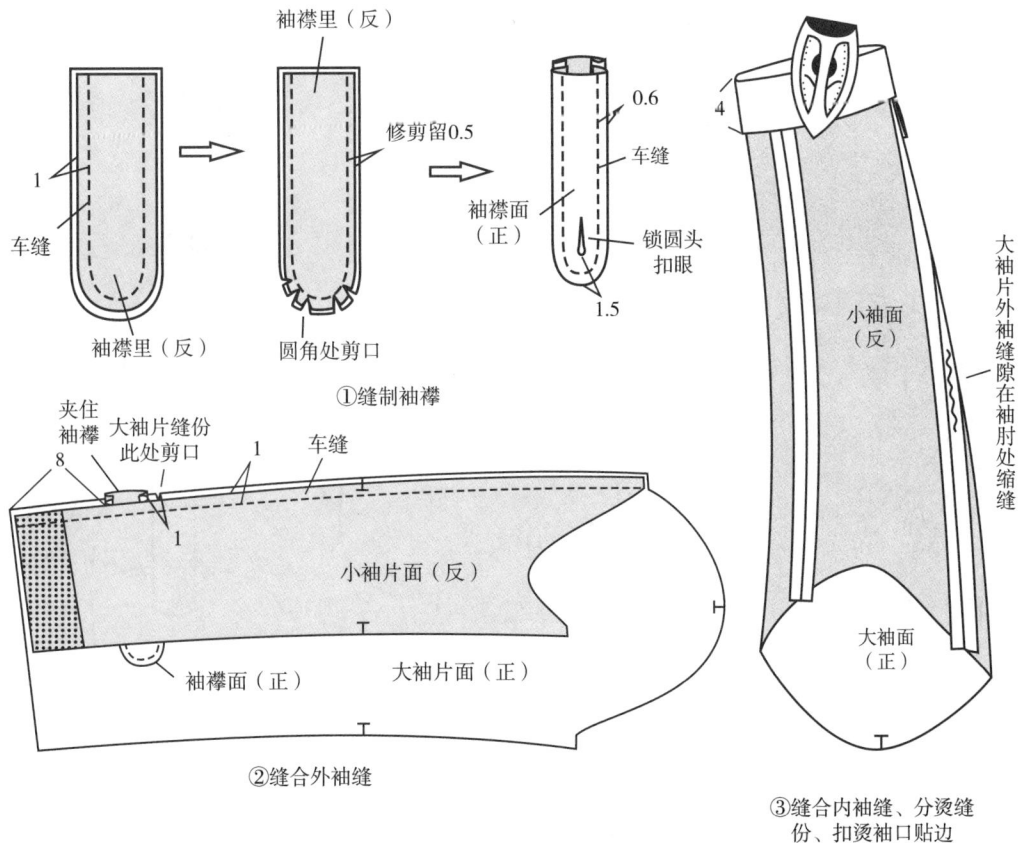

①缝制袖襻

②缝合外袖缝

③缝合内袖缝、分烫缝份、扣烫袖口贴边

图4-3-27　缝制袖襻、面袖

19. 缩缝袖山吃势（图4-3-28）

（1）缩缝袖山吃势（图4-3-28）

方法一：（见图①）斜裁2条本料布，长25cm左右，宽3cm，缩缝时距袖山净线0.2cm，调长针距车缝，开始时斜布条放平，然后逐渐拉紧斜条，袖山顶点拉力最大，然后逐渐减少拉力直至放松平缝。此方法适合较熟练的操作者。

方法二：（见图②）用手缝针在距袖山净线0.2cm外侧绗缝2道线，然后抽紧缝线并整理袖山的缩缝量，此方法适合初学者。

（2）熨烫缩缝量：（见图③）把缩缝好的袖山头放在铁凳上，将缩缝熨烫均匀，要求平滑无褶皱，袖山饱满。

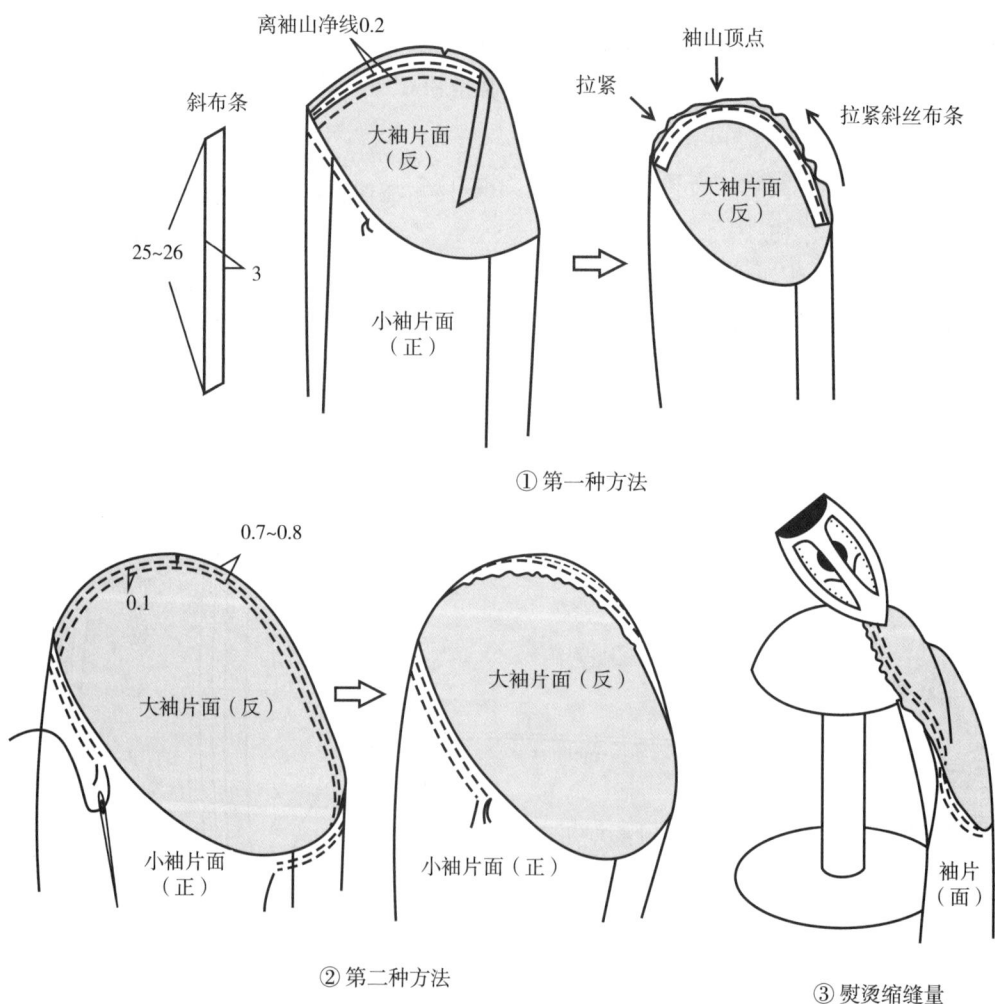

① 第一种方法

② 第二种方法

③ 熨烫缩缝量

图4-3-28　缩缝袖山吃势

20. 绱面布袖子、检查装袖后的外形（图4-3-29）

（1）手缝固定袖子与袖窿：对准袖中点、袖底点或对位记号，假缝固定袖子与袖窿，缝份0.8~0.9cm，缝迹密度约0.3cm/针。

（2）试穿调整：将假缝好的衣服套在人台上试穿，观察袖子的定位与吃势，要求两个袖子定位左右对称、吃势匀称，然后进行车缝。

（3）车缝绱袖：沿袖窿车缝一周，缝份为1cm，缝份自然倒向袖片。注意，袖山处的装袖缝份不能烫倒，以保持自然的袖子吃势。

21. 缝制里袖、绱里袖（见图4-3-30）

（1）缝合袖片的内、外袖缝并熨烫：大小袖片的内、外袖按1cm缝份缝合，里袖的袖缝均往大袖片烫倒，要求烫出座缝0.3cm。

（2）绱里袖：将袖里子的袖山顶点与衣片的肩线对齐进行车缝。

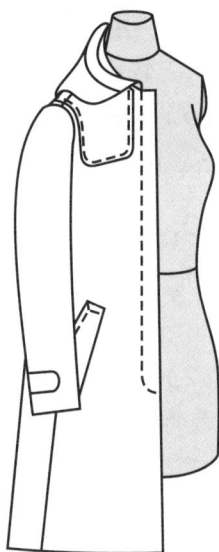

图4-3-29　检查装袖后的外形

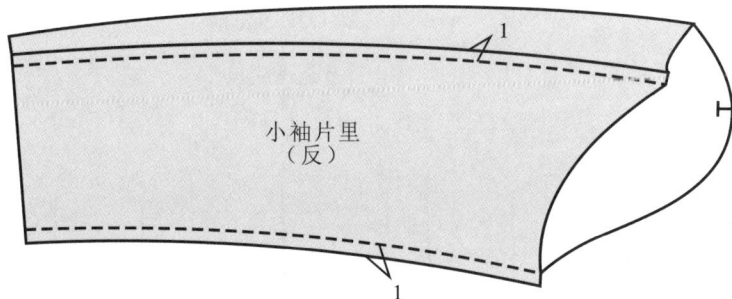

① 缝合里袖的内、外袖缝

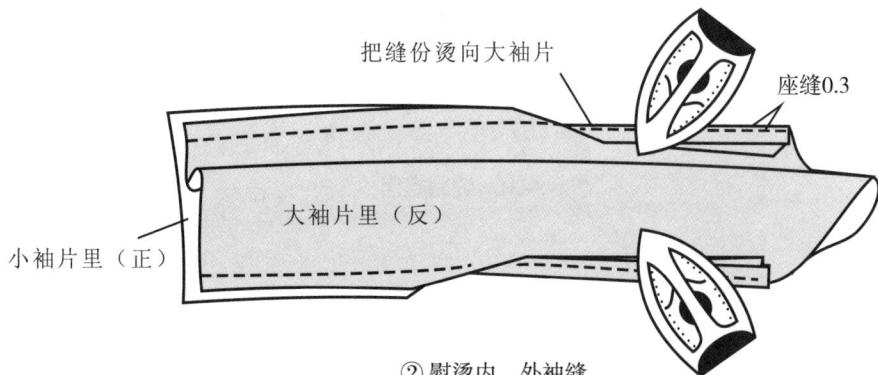

把缝份烫向大袖片

座缝0.3

大袖片里（反）

小袖片里（正）

② 熨烫内、外袖缝

图4-3-30　缝制里袖

22. 缝合并固定袖口面、里

（1）将袖口面、里的内、外袖缝对齐，车缝一周。

（2）按面子上袖口贴边扣烫的折印整理袖口，然后在内袖缝和袖衩缝上与袖口缝份车缝几针固定。

23. 缝制底摆（图4-3-31）

（1）车缝底摆：将衣片面、里底摆上对应的拼接线对齐后车缝，注意在后中部分留出15cm不缝合，以作为翻膛用（从此处将衣片从反面翻到正面）（图4-3-31①）。

（2）翻膛衣片、扣烫里布底摆：从翻膛口，将衣片从反面翻到正面，按面子底摆贴边扣烫的折印整理底摆，然后将所有拼接线的缝份与底摆缝份车缝几针固定。翻膛口用手针固定（图4-3-31②）。

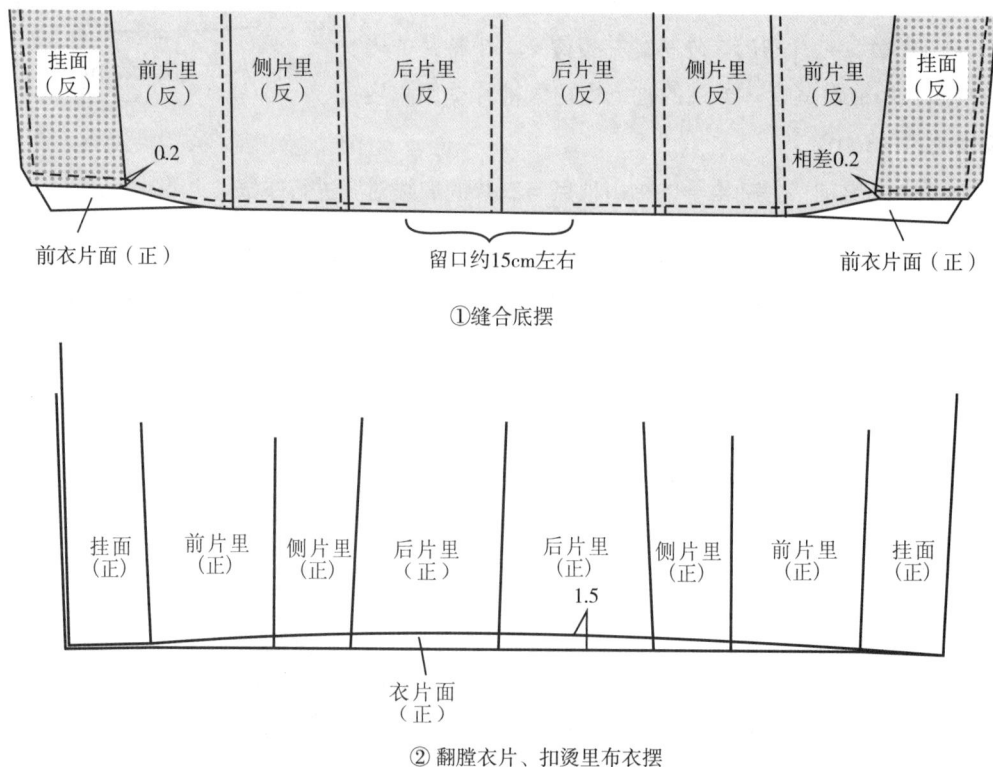

①缝合底摆

②翻膛衣片、扣烫里布衣摆

图4-3-31　缝制底摆

24. 车缝固定牛角扣、钉缝里襟扣和袖襻扣（图4-3-32）

（1）固定牛角扣：先在左、右前衣片上画出扣位，再在左前衣片上车缝固定牛角扣，右前衣片上车缝固定牛角扣襻。

（2）钉扣子：在左前衣片上按照暗门襟的扣位，手缝钉上扣子。

25. 整烫

整烫的顺序和要点参照"戗驳领女西装"。

七、缝制工艺质量要求及评分参考标准（总分100）

1. 挖袋平整，袋盖里外匀恰当，左右袋对称一致。（10分）

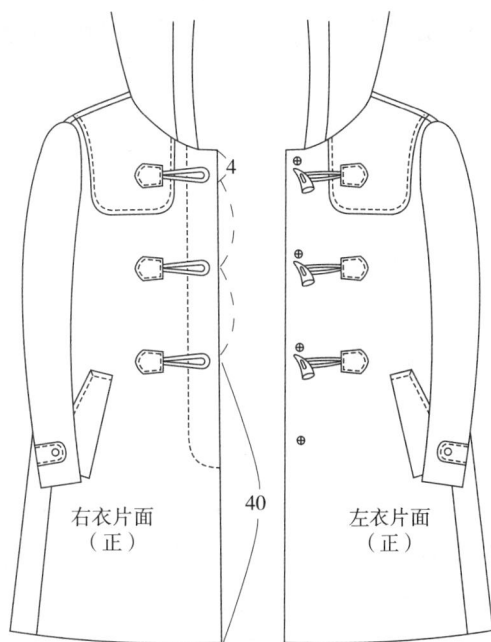

图4-3-32　车缝固定牛角扣、钉缝里襟扣和袖襻扣

2. 前、后肩风雪挡布、熨烫里外匀恰当，与衣片缝合平整，位置准确。（10分）

3. 暗门襟缝制正确，表面平整。（10分）

4. 门里襟左右长度一致，平服无牵扯。（10分）

5. 帽子缝制正确，面里配合平整。（15分）

6. 装帽位置正确，成型后左右对称、平服。（10分）

7. 装袖圆顺、饱满，袖子前倾合适，左右对称一致。（15分）

8. 各条拼合线平服，缉线顺直，无跳线、断线现象。（10分）

9. 规格符合尺寸要求，各部位熨烫平整。（10分）

八、实训题

1. 实际训练斜向挖袋，能加以熟练运用。

2. 实际训练暗门襟的缝制，注意缝制的步骤和要点。

3. 实际训练帽子的缝制和装帽子，注意各对位点的正确对位。

4. 实际训练合体两片袖的缝制和绱袖，掌握两种袖山吃势的抽缩方法。

第四节　女西装和女大衣拓展变化

通过前面三节西服和大衣工艺的学习，读者可根据个人喜好，结合本节给出的款式进行实践训练，达到巩固知识，学以致用的目的。

一、平驳领一粒扣女西装

1. 款式分析

四开身结构，前身刀背分割，收斜腰省，刀背分割线上设计插袋；后身中缝收腰，并开背衩，斜向收省。平驳领一粒扣设计，前身长后身短；合体两片袖，袖衩钉两粒扣，有较强的时尚感，款式见图4-4-1。

2. 适用面料

可选用毛混纺或化纤面料，里料可选用涤丝纺等。

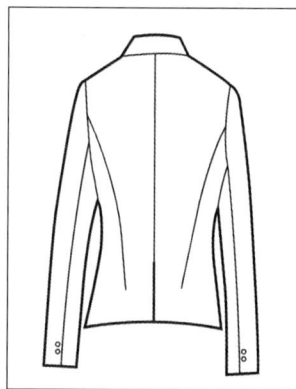

正面着装图

背面图

图4-4-1　平驳领一粒扣女西装款式图

3. 面辅料参考用量

（1）面料：幅宽144cm；估算式：衣长+袖长+10cm左右。

（2）辅料：里料，幅宽144cm；估算式：衣长+袖长。

黏合衬、口袋布适量，衣身大扣子1颗，袖衩小扣子4颗。

4. 结构图

（1）制图参考规格（不含缩率，表4-4-1）

表4-4-1　制图参考规格

号型	后中长	胸围(B)	肩宽(S)	袖长	袖口大
160/84A	59	92	38.5	58	25

（单位：cm）

（2）结构图（见图4-4-2）

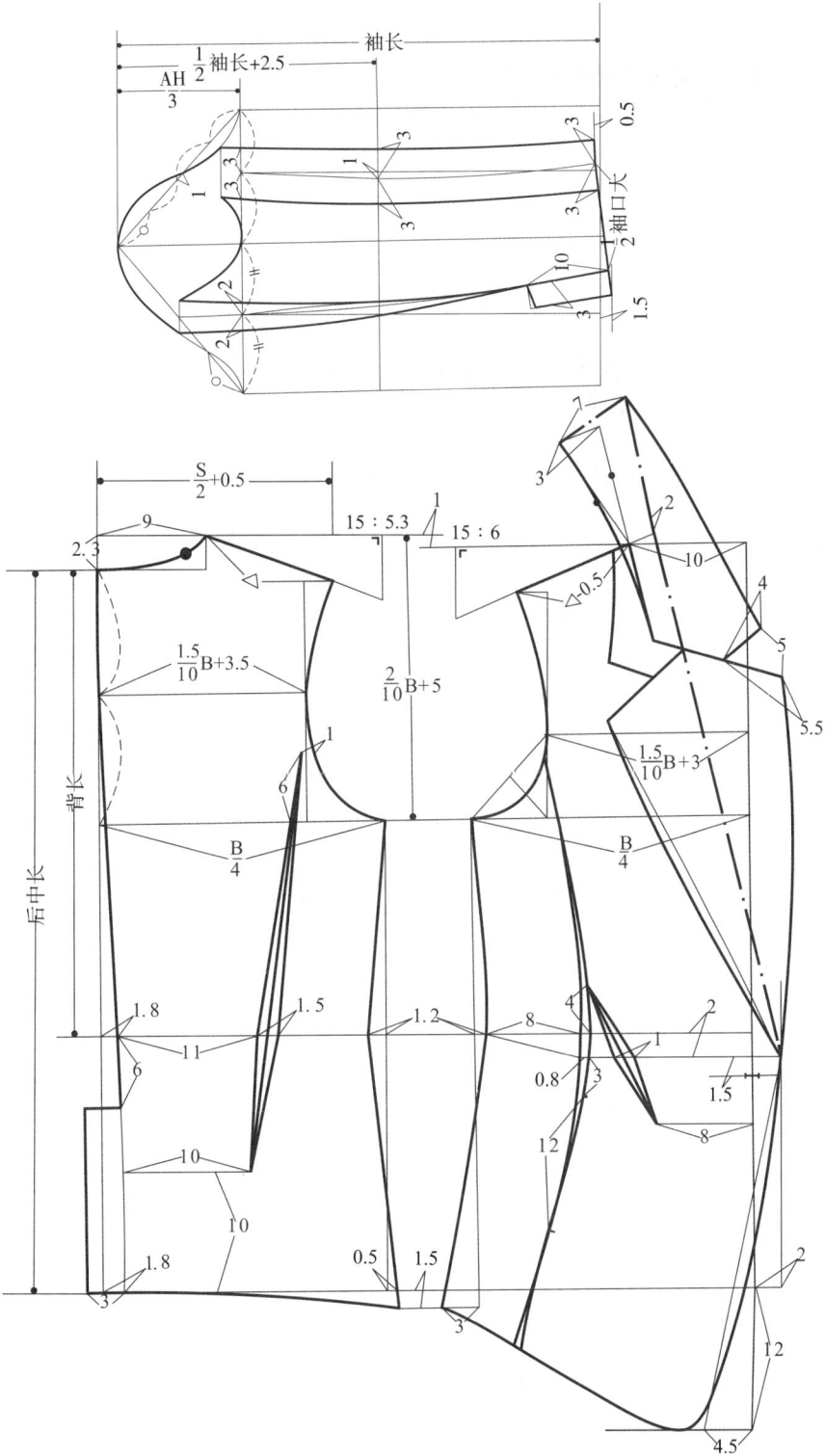

图4-4-2 平驳领一粒扣女西装结构图

二、西装、大衣拓展练习

1. 平驳领下摆变化女西装（图4-4-3）

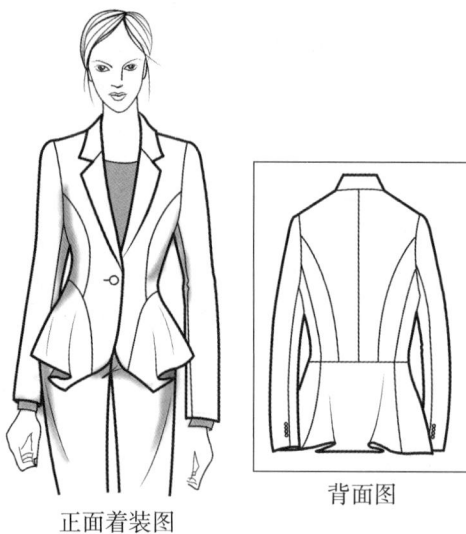

背面图

正面着装图

图4-4-3　平驳领下摆变化女西装

2. 青果领腰带式短西装（图4-4-4）

背面图

正面着装图

图4-4-4　青果领腰带式短西装

3. 平驳领经典长大衣（图4-4-5）

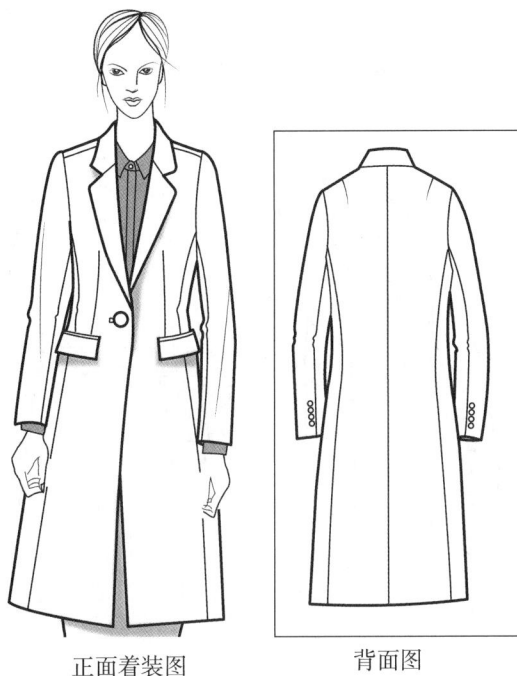

正面着装图   背面图

图4-4-5   平驳领经典长大衣

4. 插肩袖短大衣（图4-4-6）

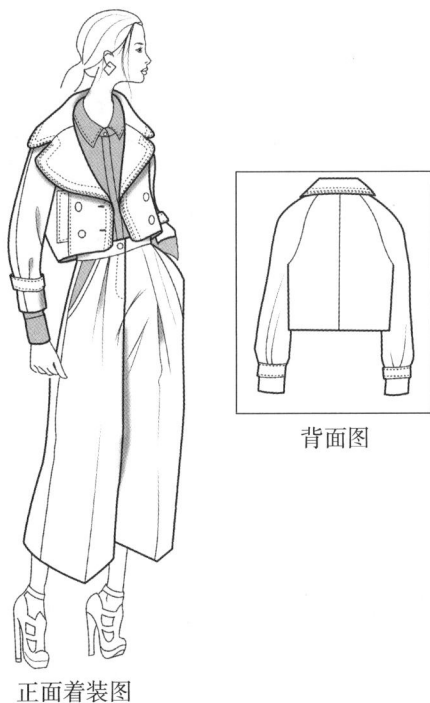

背面图

正面着装图

图4-4-6   插肩袖短大衣

5. 战壕式长大衣（图4-4-7）

正面着装图   背面图

图4-4-7 战壕式长大衣

第 五 章

旗袍工艺

Formal clothes Production

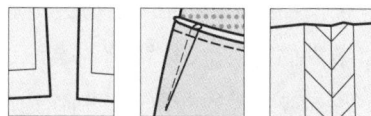

第一节　旗袍概述

旗袍是中国传统服饰文化的杰出代表。她历经百年的演变，随着人们的生活方式和审美情趣的变化，演绎出多姿多彩的款式，让人目不暇接。无论是在国际时装舞台，还是日常工作和生活中，旗袍以多变的姿态展现着女性美，演绎着别样的东方风情。

一、旗袍特征、类型和细节变化

1. 旗袍的特征

旗袍是上下连为一体的衣裙，外观特征一般要求全部或部分具有以下特征：右衽大襟的开襟或半开襟形式，立领盘扣、摆侧开衩，衣身连袖、无袖或装袖；有长旗袍、短旗袍、夹旗袍、单旗袍等。旗袍整体造型相对固定，但细节变化多样。

2. 旗袍的类型

旗袍历经变迁，款式丰富、设计风格多样，现代旗袍主要有传统型、时装型（改良旗袍）和礼服型三大类。

（1）传统型旗袍：在款式造型、工艺细节、面料选用等方面较多地保留了旗袍固有的特征，保留立领、盘扣、收腰、开衩等特点；且选料高档、装饰考究、用色艳丽、工艺精良。其最大的特点是，以精细的镶滚边表现做工的精良，以及结构上的层次感。采用仿古的如意形式或现代的抽象形式制作边饰。面料以真丝织锦缎、香云纱、高级真丝绸等为主。

（2）时装型（改良旗袍）旗袍：在传承旗袍主要特征外，同时增加时尚流行的元素，在衣襟、开衩、领型、下摆等细部进行改良变化，不刻意强调曲线的表露，热衷于花型面料，式样简约，较多的融入了现代意识，在面料（也可采用不同面料的相拼）、装饰手法、工艺处理等方面结合时尚元素，整体有较强的时代感。面料选用范围很广，除了传统旗袍常用面料外，还可选用化纤类、针织类面料，以及蕾丝、丝绒及各种体现纹理效果和做旧的面料。

（3）礼服型旗袍：主要适合礼仪场合穿着，在传承旗袍主要特征外，增加礼服的一些设计要素，如肩部或背部的袒露设计，以及裙摆长度变化和裙摆形状的变化，如后裙摆拖地型、鱼尾型、不规则型等，常选用蕾丝类、镂空类、真丝丝绒、香云纱、高级真丝绸等礼服型面料，以及各种化纤面料。

3. 旗袍细节变化

旗袍的细节主要体现在以下几方面。

（1）领型变化

旗袍的领型除了典型的立领外，还有元宝领、圆领、方领、低领、凤仙领、水滴领、V字领、连立领等款式。为了保证旗袍领子在穿用时硬挺，可采用浆糊将白布浆硬放入领内的工艺处理；有些高级面料制成的旗袍，在低于领口处，手工缝上一条刮浆白棉布，便于拆洗。

（2）袖型变化

旗袍袖型变化主要有宽袖型、窄袖型、长袖、中袖、短袖或无袖等，还有荷叶袖、开衩袖、镶蕾丝袖、套花袖、喇叭形的倒大袖等。

（3）衣襟变化

旗袍衣襟可谓是旗袍的一大特色，其款式多样，包括单襟、双襟、斜襟、直襟、曲襟、琵琶襟、中长襟、如意襟、大圆襟、双圆襟、方襟等。工艺处理上，双襟比单襟复杂，双襟旗袍在视觉上更显美观、高贵。

（4）裙摆变化

旗袍裙摆除了简单的长短变化外，还有宽摆、直摆、A字摆、礼服摆、鱼尾摆、前短后长、锯齿摆等。

（5）盘扣工艺变化

盘扣也称盘钮，是传统的中国服装使用的一种钮扣，用来固定衣襟或装饰，在旗袍上起到画龙点睛般的传神作用。

盘扣的花样主要分直形扣、花扣和琵琶扣三大类。无论哪一种盘扣，都要先做成硬条，然后再盘制而成。从普通直形扣到栩栩如生的蝴蝶扣、蜻蜓扣、菊花扣、梅花扣和象征吉祥如意的寿形扣等，有近百种之多。

（6）装饰变化

装饰工艺是旗袍的点睛之笔，其手法多样，除盘扣装饰外，还有滚边、如意、嵌线、镶边、绣花、荡条等变化，各种装饰手法，为平淡的款式增添优雅含蓄的韵味。

二、旗袍面料选择

1. 真丝类织物

面料特性：天然蛋白质纤维，有益于人体健康。富有光泽，有独特"丝鸣感"，手感滑爽，穿着舒适，高雅华贵。但真丝面料天性比较"娇贵"，对碱反应敏感，耐光性差，强度比毛高，但抗皱性差，不耐摩擦。

2. 真丝乔绒/真丝烂花绡

面料特性：真丝绒是旗袍常用的高端面料，有着滑腻入骨髓的触感，总是给女人每一寸肌肤的完美呵护，柔和舒适给人一种舒服贴心的感觉，其高贵气质在旗袍的呼应中变得典雅而柔和，渲泄着满满的浪漫韵味，为整体穿搭融入了一点点柔美以及遥不可及的优雅味道。

3. 织锦缎

面料特性：表面光亮细腻，质地紧密厚实，轻微凹凸手感，光感下色泽会有变幻，十分华美，纹理浑厚优雅，是传统型旗袍的常用面料。

4. 双宫真丝

面料特性：一条蚕结一颗茧，这是正常茧，有时两条蚕结成一颗茧，这就是双宫茧，用双宫茧缫的丝就叫双宫丝。双宫茧的单根丝比正常茧的单根丝要粗好多，所生产的双宫丝也比正常蚕茧的丝要粗，用双宫茧缫制的丝，丝条上会附有各种大小不同，分布规则不同的天然丝结，织成绸后会在绸的表面弄成一些天然的疙瘩，很具立体感，与其他绸类明显不同。双宫真丝是比较独特的一种，产量有限，面料很珍贵，而双宫真丝的明显优势是不容易起皱，制成的旗袍别有风韵。

5. 香云纱

面料特性：香云纱为原生态传统面料，冬暖夏凉，十分环保，属于真丝中比较高端的品种，也称"软黄金"。坯布为100%桑蚕丝，广东特有植物"薯莨"染织而成，前后30多道工序完成，染织晾晒需要60多天，有一种与生俱来的大自然植物气息，色泽古朴怀旧，制成的旗袍具有古典韵味。香云纱衣物有易干的特性，抗皱性和还原性都较普通真丝好，属国家非物质文化保护遗产。

6. 棉织物

面料特性：吸湿性好，手感柔软，穿着卫生舒适。湿态强度大于干态强度，但整体上坚牢耐用。染色性能好，光泽柔和，有自然美感。耐碱，高温碱处理可制成丝光棉。棉布制成的旗袍有质朴、纯真之感。

7. 麻织物

面料特性：透气，有独特凉爽感。出汗不沾身。手感粗糙，容易起皱，悬垂性差。麻纤维刚硬，抱合力差。现多数采用棉麻混纺纤维，避免了单一麻纤维的不足，同时增加了面料的柔软程度。棉麻混纺面料制成的旗袍有一种乡村纯朴感。

8. 混纺面料

面料特性：相对于单一材质的面料，由不同材质混合织成的面料就叫混纺面料。混纺面料克服了单一材质的弱点，在干、湿情况下弹性和耐磨性都比较好，尺寸稳定，缩水率小，具有挺拔、不易皱、易洗、快干的特点，不能用高温熨烫和沸水浸泡。

9. 蕾丝面料

蕾丝是一种舶来品，网眼组织，最早由钩针手工编织。由于其具有华丽、浪漫之感，在欧美较多用于婚纱或晚礼服上，在我国的礼服型旗袍中也较多选用蕾丝面料。

三、定制旗袍量体

由于旗袍合体度高，尤其对于定制的旗袍，不仅要量取人体相关部位的数据，还要把握人体的形态特征，故正确测体显得更为重要。

1. 测体前准备

（1）准备一把软尺（单位要求厘米制）。

（2）要求被测者穿着贴身轻薄内衣自然站立，目光平视，手臂自然下垂、手心向内。

（3）测者站在被测者的右斜前方，测量右半体。

（4）测量时，仔细观察被测者的体型，特殊部位做好记录。

（5）测量围度时，测者手持软尺零起点，右手持软尺水平围绕人体一周，注意软尺紧贴测位，软尺不宜过紧或过松，以不脱落或扎紧感为准。

2. 人体测量点（图5-1-1）

人体测量点大多选在骨骼的端点、关节点、突起点和肌肉的沟槽等部位（图5-1-1）。

（1）头顶点：人体自然站立，目光平视时，头部中央最高点。是测量身高的基准点。

（2）前颈点（FNP）：左右锁骨在前中线的汇合点，又称锁骨窝。

（3）后颈点（BNP）：头部低下时，后颈根部最为突起的点，即第七颈椎点，是测量背长的基点。

（4）侧颈点（SNP）：颈部与肩部的转折点，也视为肩线的基点。

（5）背高点：后背肩胛骨突出点。

（6）肩端点（SP）：手臂与肩交点，上臂正中央。是测量肩宽、袖长等尺寸的基准点。

（7）前腋点：手臂自然下垂时，臂根与胸部形成纵向褶皱的起始点，是测量人体胸宽的基准点。

（8）后腋点：手臂自然下垂时，臂根与背部形成纵向褶皱的起始点，是测量人体背宽的基准点。

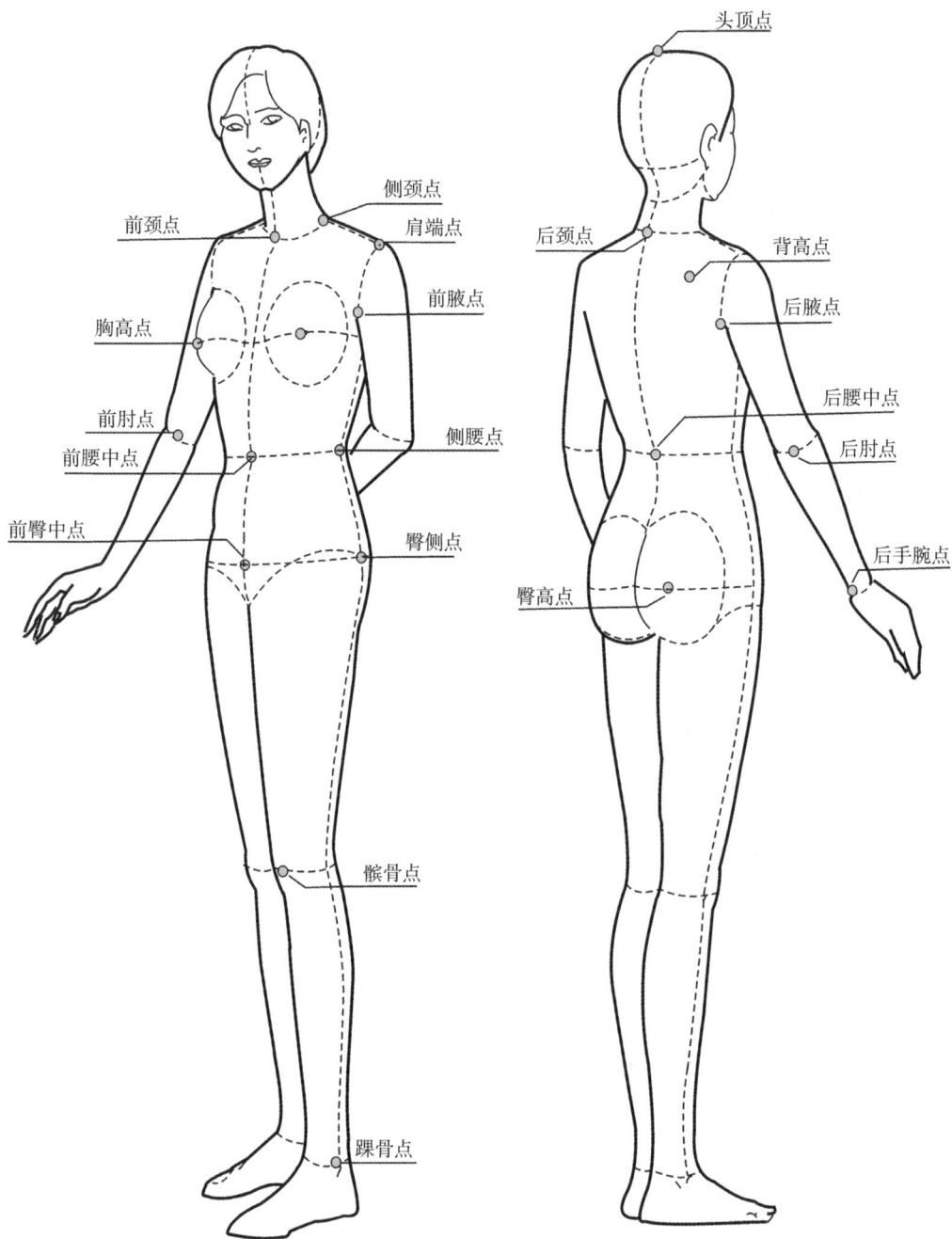

图5-1-1　人体测量点

（9）胸高点（BP）：胸部最高的乳点，即制图时的BP点。戴文胸时，乳房最高点。

（10）前腰中点：前中心线与腰部最细处水平线的交点，是测量腰围和前中心长度的基准点。

（11）后腰中点：后中心线与腰部最细处水平线的交点，与前腰中点和侧腰点构成腰围线，是测量人体背长的基准点。

（12）侧腰点：人体侧面腰部最细处，与前腰中点和后腰中点构成腰围线，是测量人体裤长的基准点。

（13）臀高点：臀部最凸出点，与侧臀点和前臀点构成臀围线，是测量臀围的基准点。

（14）后肘点（EP）：肘关节的外突点，与前肘点形成袖肘线（EL），决定服装样板中袖肘线的水平位置及袖肘省的位置。

（15）髌骨点：膝关节的髌骨处，是确定短旗袍长度和中长旗袍长度的基准点。

（16）踝骨点：外踝胫骨下端点，是测量长旗袍裙长的基准点。

3. 旗袍测量部位及测量方法

旗袍测量主要有水平围度测量、长度测量和宽度测量。

（1）水平围度测量见图5-1-2。

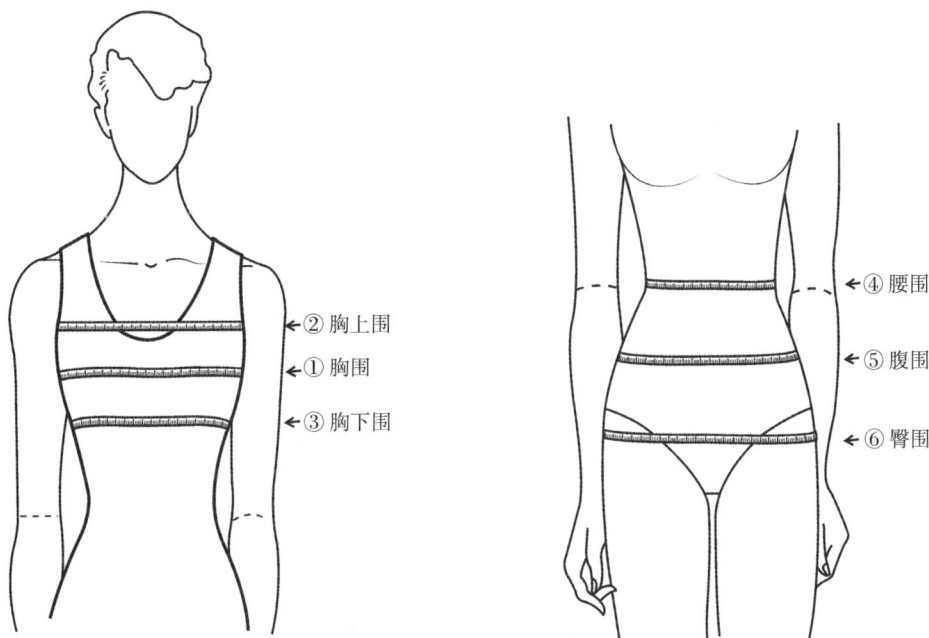

图5-1-2　水平围度测量

① 胸围：以胸高点（BP点）作为测量点，水平围测量一周。

② 胸上围：从乳房的上端经腋下点测量一周。

③ 胸下围：经乳房的下端水平围测量一周。

④ 腰围：以前、后腰中点及侧腰点作为测量点，水平围测量一周。

⑤ 腹围（中腰围）：在腰围和臀围的中间水平测量一周。

⑥ 臀围：以侧臀点（大转子点）作为测量点，沿后臀点（臀部最突出点）水平围测量一周。

（2）水平围度测量要点（图5-1-3）：

水平围度测量强调的是"水平"，即测量时，软尺围绕人体一周须做到水平状，不能有歪斜，否则取得的尺寸不会准确，影响成衣尺寸。

① 胸围测量：由于人体躯干轴线从腰往上多数是呈后倾状态，后背从肩胛骨到腰部倾斜度较大，故软尺量到后背时容易下滑，使测得的尺寸不准确。为使胸围尺寸测量正确，可用身高尺从地面量到胸高点（BP点）读取数据，然后用同样的数据在背面做记号，再用软尺从前面的BP点通过背面的记号点围量一周即可（图5-1-3①）。

② 腹围测量：人体的特点是腰部至臀部由细变大，腹围随着后臀突倾斜，软尺测量腹围时，尺子容易往上移动。为正确测量腹围，可采用测量胸围的方法（图5-1-3②）。

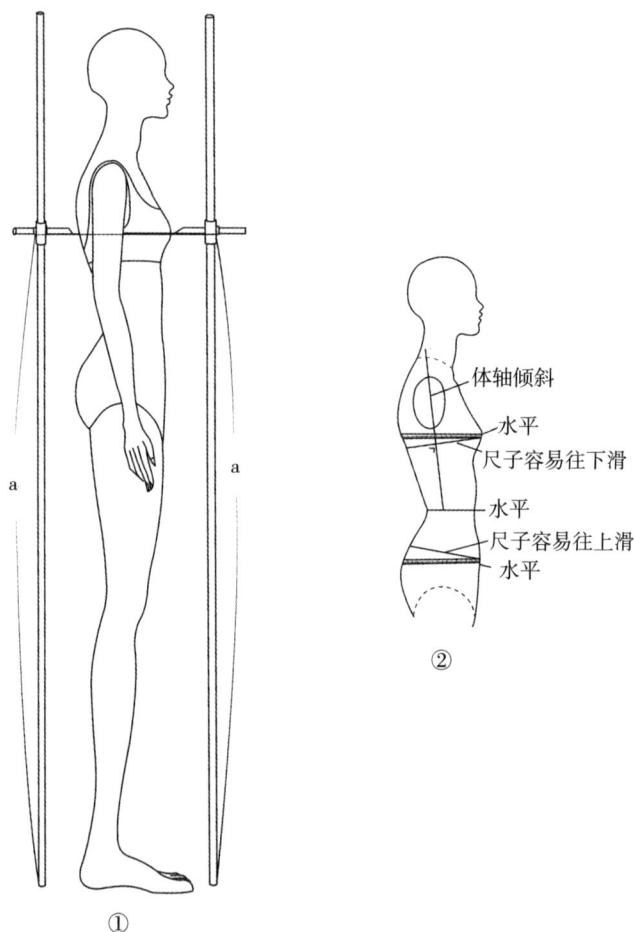

图5-1-3 水平围度测量要点

（3）长度测量

长度测量是指测量两点之间纵向距离的尺寸（图5-1-4）。

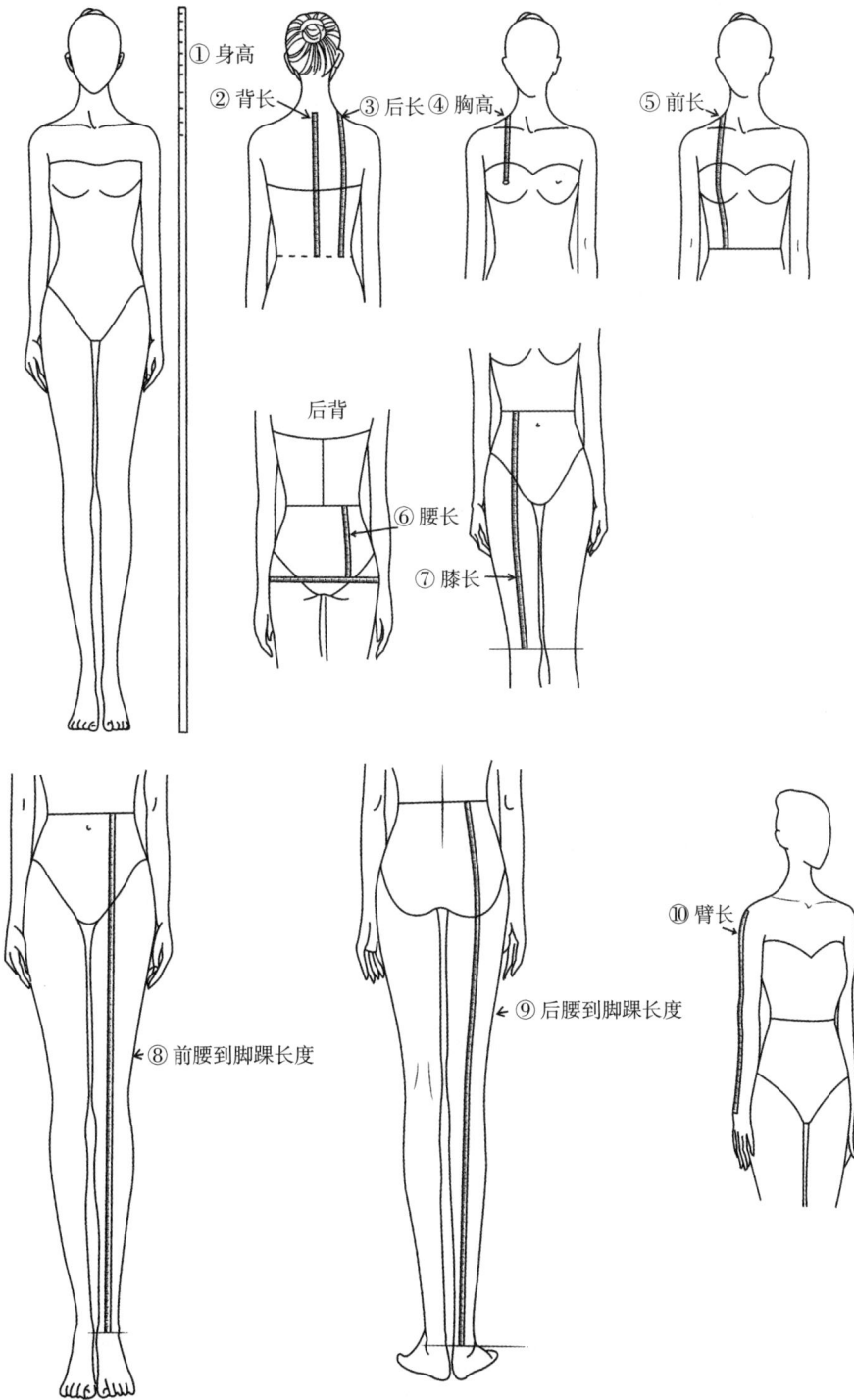

图5-1-4　长度测量示意图

① 身高：赤脚站立，从头顶点测量到地面的长度。

② 背长：从后颈点（第七颈椎点）沿背形量到后腰点的长度。

③ 后长（后腰节长）：从侧颈点开始经背高点（肩胛点）垂直量到腰线的长度。

④ 胸高（乳高）：从侧颈点到胸高点（BP点）的长度。

⑤ 前长（前腰节长）：从侧颈点开始经胸高点（BP点）垂直量到腰线的长度。

⑥ 腰长（臀长）：腰围线到臀围线的长度。

⑦ 膝长：从前腰围线量到髌骨点（膝盖外凸点）的长度，是设计短旗袍和中长旗袍长度的依据。

⑧ 前腰到脚踝的长度：从前腰围线量到脚外踝骨点水平处的长度。是设计长旗袍长度的依据。

⑨ 后腰到脚踝的长度：从后腰围线到脚外踝骨点水平处的长度。此数据也是设计长旗袍长度的依据。

⑩ 臂长：从肩端点经后肘点到手腕点的长度。

（4）围度测量（图5-1-5）

① 领围：将软尺竖起，从前颈点（FNP）开始，经侧颈点（SNP）、后颈点（BNP）至另一侧颈点（SNP）回到前颈点（FNP），测量一周的尺寸。旗袍领的领围，测量时需留一根食指可伸进去的松量。

② 腋围（夹圈）：从前腋点沿臂底（腋下点）到后腋点，再到肩端点（SP），最后回到前腋点。测量一周所得的尺寸，是确定无袖旗袍袖窿大小的依据。

③ 臂根围（上臂围）：将软尺紧贴腋下，水平测量上臂最丰满（最粗）处一周的尺寸。

④ 肘围：放下手臂时，经后肘点测量一周所得的尺寸。

⑤ 手腕围：将软尺紧贴皮肤，经手腕点测量一周的尺寸。该尺寸可作为袖口尺寸设计参考。

（5）宽度测量（图5-1-6）

① 肩宽：从左肩端点经后颈点到右肩端点的水平弧长。

② 背宽：从左后腋点量至右后腋点的水平距离。

③ 胸宽：从左前腋点量至右前腋点的水平距离。

④ 乳距：测量左右两胸高点（乳点）之间的距离。

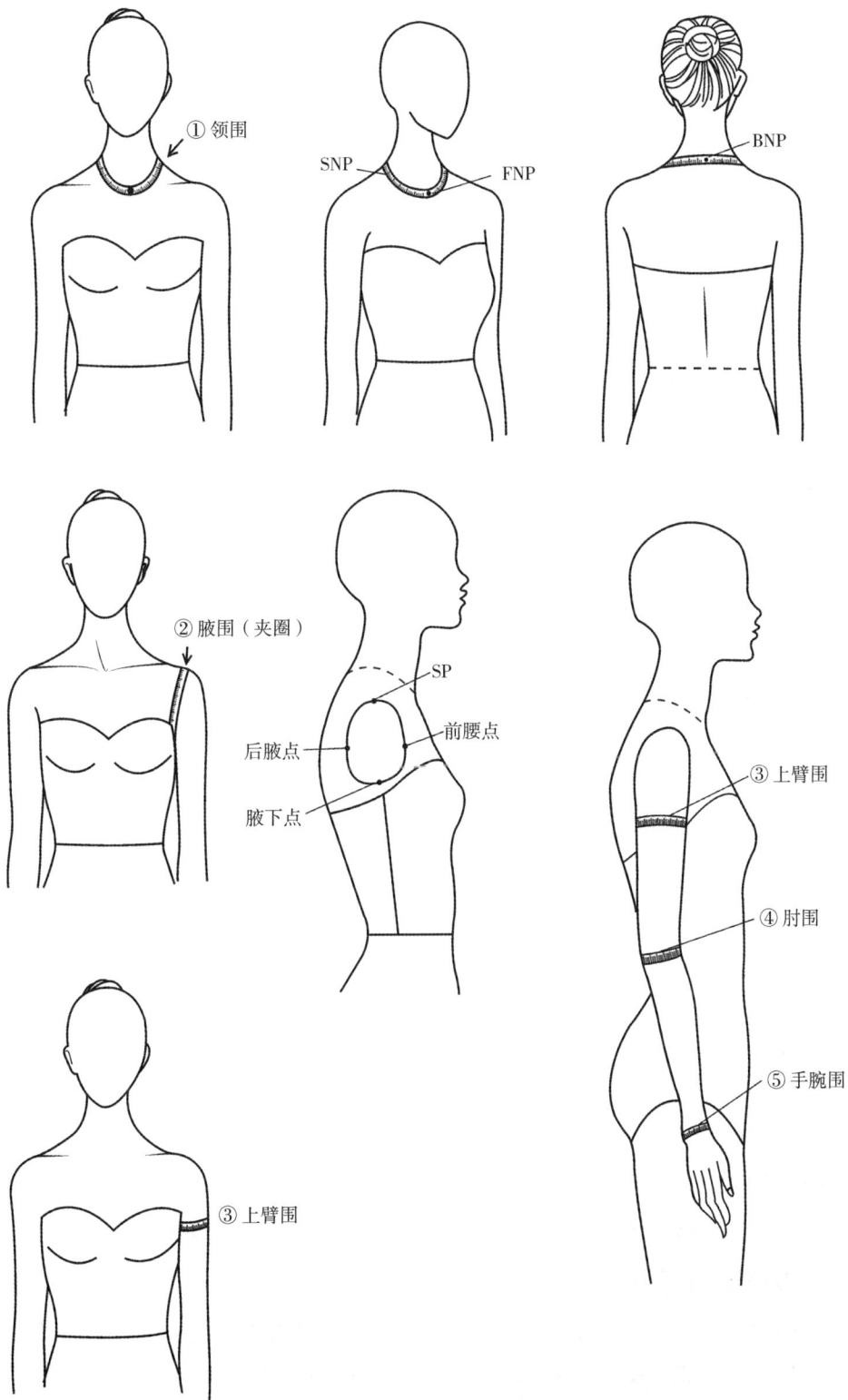

① 领围

SNP　　　FNP

BNP

② 腋围（夹圈）

SP

后腋点　　　前腰点

腋下点

③ 上臂围

④ 肘围

⑤ 手腕围

③ 上臂围

图5-1-5　围度测量示意图

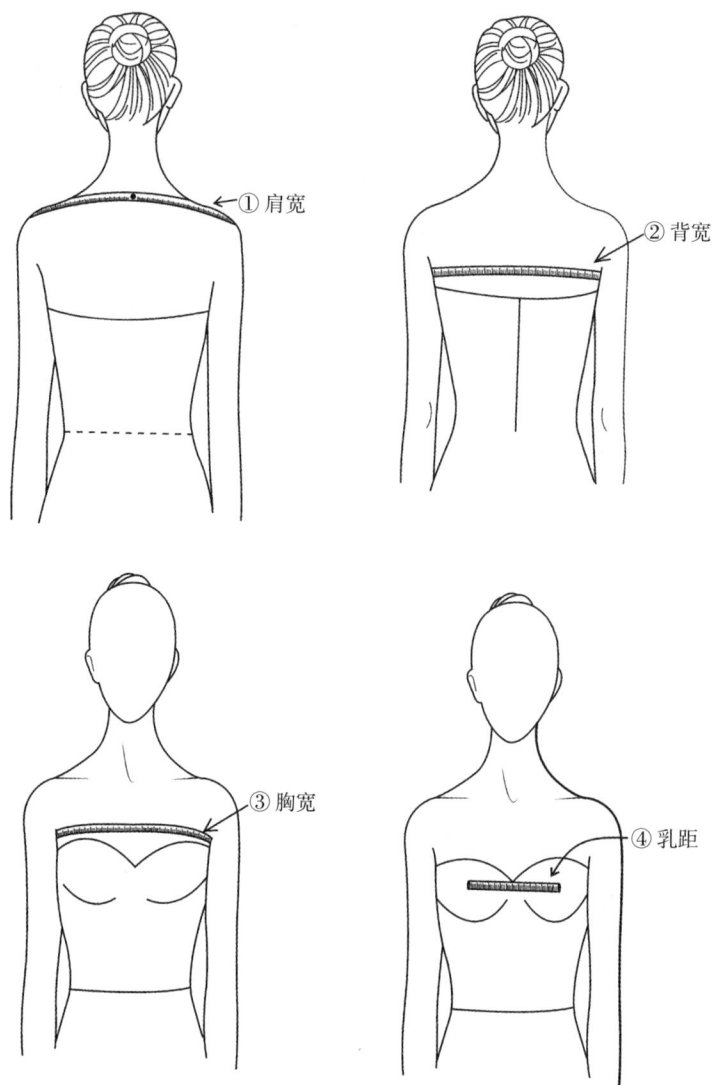

图5-1-6　宽度测量示意图

三、旗袍规格设计

规格是指服装成品的实际尺寸，是以服装号型数据、服装具体款式为依据，加放适当的松量而形成的，规格尺寸是服装样板制图的依据。如单件成衣制作，需测量穿着者的人体数据，从而进行规格设计。现以单件定制旗袍为例，进行旗袍的规格设计。

1. 旗袍裙身长度规格设计

（1）长旗袍：后侧颈点到脚踝点水平线的距离减去3~10cm。

（2）中长旗袍：膝关节点（髌骨点）往下加10cm左右。

（3）短旗袍：膝关节点（髌骨点）往上减10cm左右。

2. 旗袍袖长规格设计

（1）长袖：实测臂长减去2cm左右。

（2）七分袖：长袖长度减12cm左右（实测臂长减去14cm左右）。

（3）短袖：袖肥线下4cm左右。

3. 旗袍围度规格设计

（1）胸围（B）：胸围实测尺寸加2~4cm松量（实测时内穿文胸）。

（2）腰围（W）：腰围实测尺寸加2~4cm松量。

（3）臀围（H）：臀围实测尺寸加2~4cm松量。

（4）领围（N）：测量人体领围时加进一根食指的松量。

4. 旗袍宽度规格设计参考

（1）肩宽（S）：测体肩宽减1cm。

（2）胸宽/2：前肩端点进1.5cm左右（定制时采用实测尺寸）。

（3）背宽/2：后肩端点进1.5cm左右（定制时采用实测尺寸）。

5. 其他细部规格设计参考

（1）开衩位置：臀围线下8~10cm。

（2）长袖袖口宽：袖肥大减去8cm左右（定制时采用实测尺寸）。

（3）胸省大：通常为2.5~3.5cm，以实际测量为准。

第二节　经典旗袍结构设计与纸样制作

一、款式分析

　　该款旗袍为半开襟形式，右侧装拉链，立领盘扣、侧开衩，长度为经典长款、中款和短款，袖子可选无袖、短连肩袖、盖肩袖、短袖七分袖和长袖，立领，斜襟，侧开衩，裙摆、袖口等部位采用单滚边或双滚边处理。款式见图5-2-1。

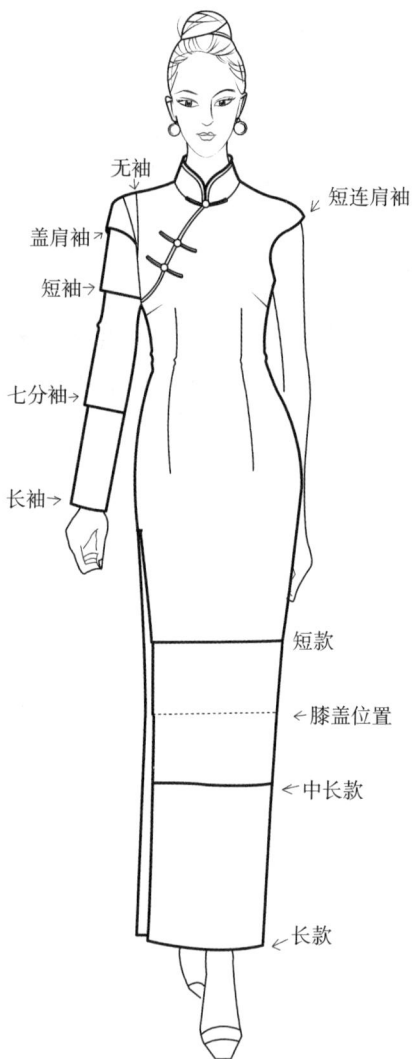

图5-2-1　经典旗袍款式图

二、制图参考规格（不含缩率，表5-2-1）

表5-2-1　制图参考规格

号/型		160/84A	
部位	测体尺寸	制图尺寸	备　注
后衣长（长款）		132	后侧颈点到脚踝点水平线的距离减去3~10cm
后衣长（中长款）		102	膝关节点（髌骨点）往下加10cm左右
后衣长（短款）		82	膝关节点（髌骨点）往上减10cm左右
胸围（B）	84	86~88	胸围实测尺寸加2~4cm松量（实测时内穿文胸）
腰围（W）	68	70~72	腰围实测尺寸加2~4cm松量
臀围（H）	90	92~94	臀围实测尺寸加2~4cm松量
肩宽（S）	40	39	实测人体肩宽尺寸减1cm
领围（N）		39	测量人体领围时加进一根食指的松量
前腰节长	40	40	采用实测尺寸
后腰节长	38.5	38.5	采用实测尺寸
长袖长	56	54	实测袖长减去2cm左右
七分袖长	56	42	长袖长度减12cm左右（实测袖长减去14cm左右）
短袖长		18	袖肥线下4cm左右

（单位：cm）

三、面辅料选用

面料可选用真丝类织物、真丝乔绒、真丝烂花绡、织锦缎、香云纱、棉织物、麻织物、混纺面料、蕾丝面料等。里料宜选用透气滑爽的真丝电力纺面料。

四、结构设计

1. 衣身结构图（图5-2-2）

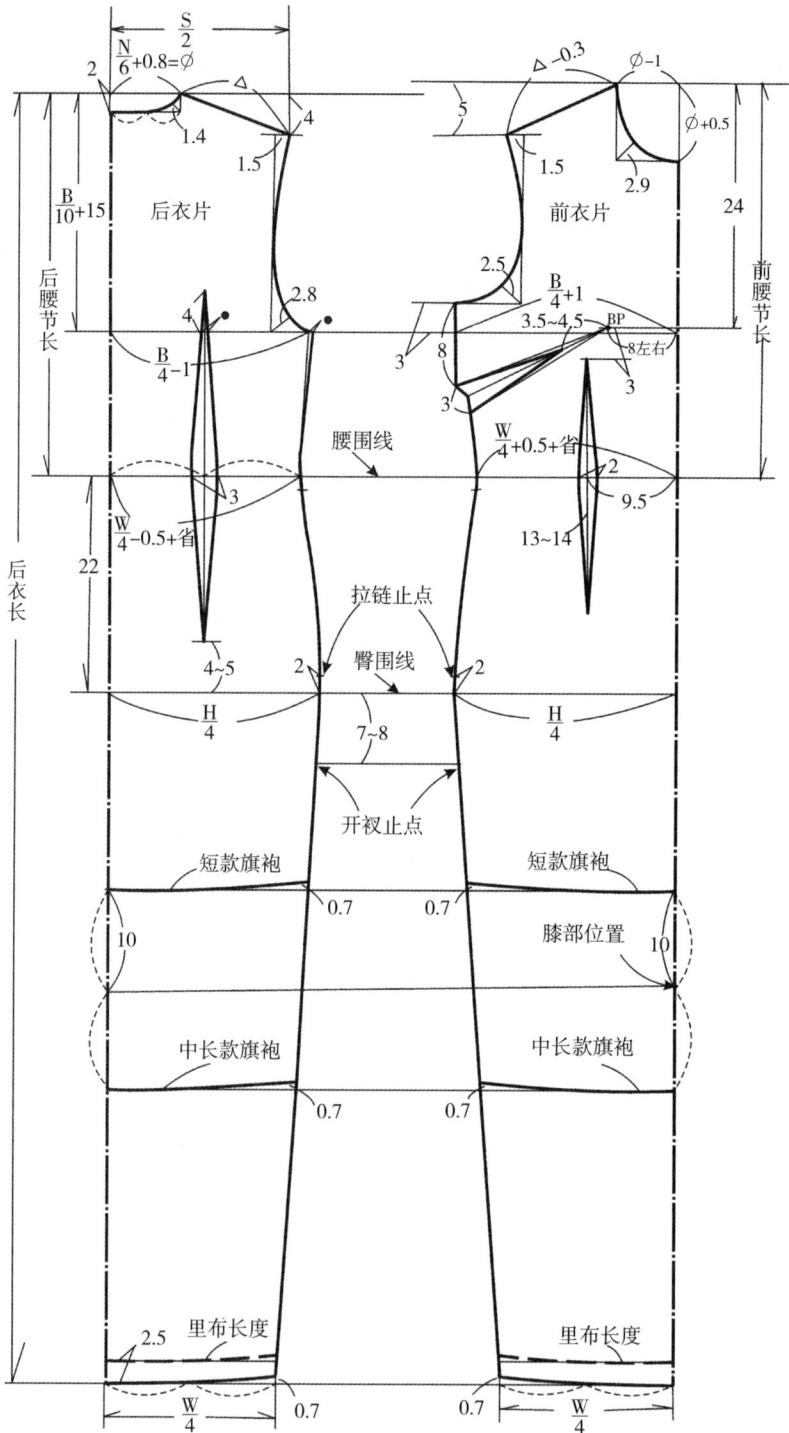

图5-2-2　衣身结构图

制图要点：

①制图步骤：先画后衣片，再画前衣片。

②肩斜度的确定：可采用定数；也可前肩斜采用21°（15∶6），后肩斜采用19°（15∶5.5）。

③后胸围制图注意点：由于后腰省穿过胸围线，使后胸围量减少，故需在侧缝补足。

④旗袍衣长的确定：先确定膝围线的位置，中长款从膝围线向下加10cm，短款从膝围线向上减10cm，其他制图方法同长款。

2. 前衣片（大襟处）结构图（图5-2-3）

制图要点：在前衣片原始图的基础上，画出衣片大襟线。

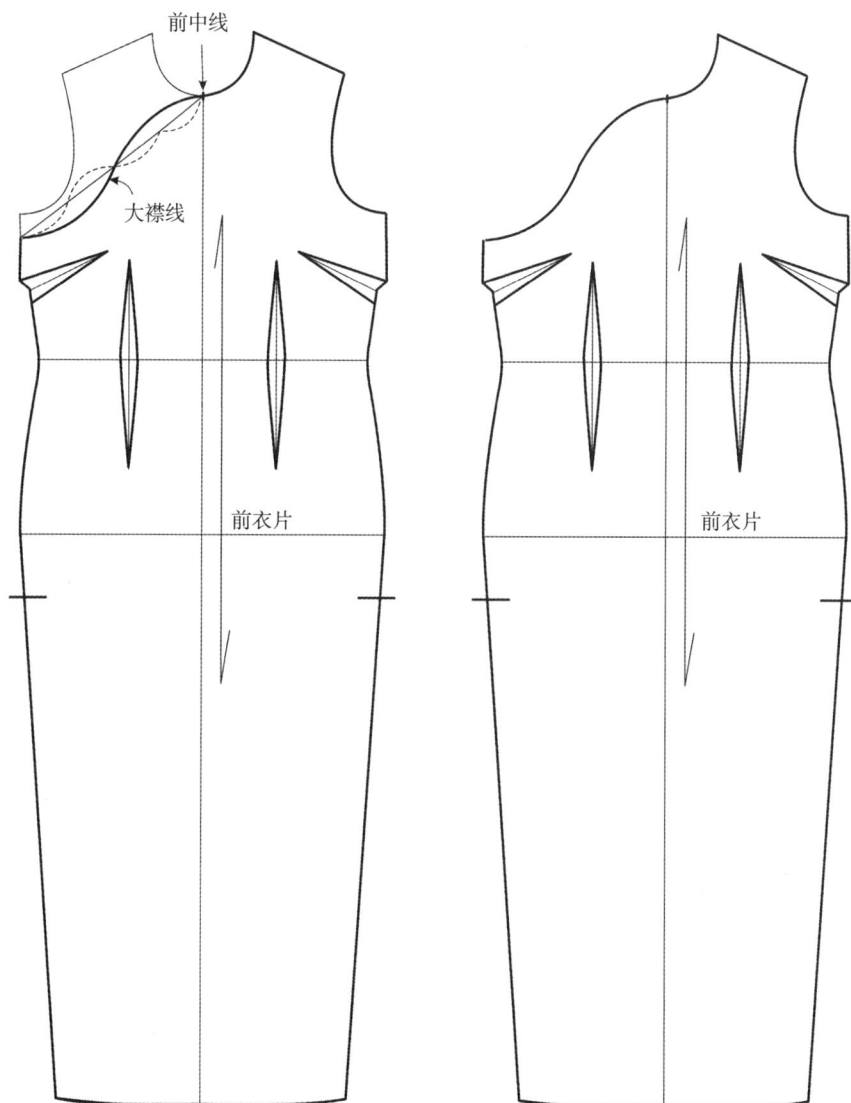

图5-2-3　前衣片（大襟处）结构图

3. 前衣片小襟结构图（图5-2-4）

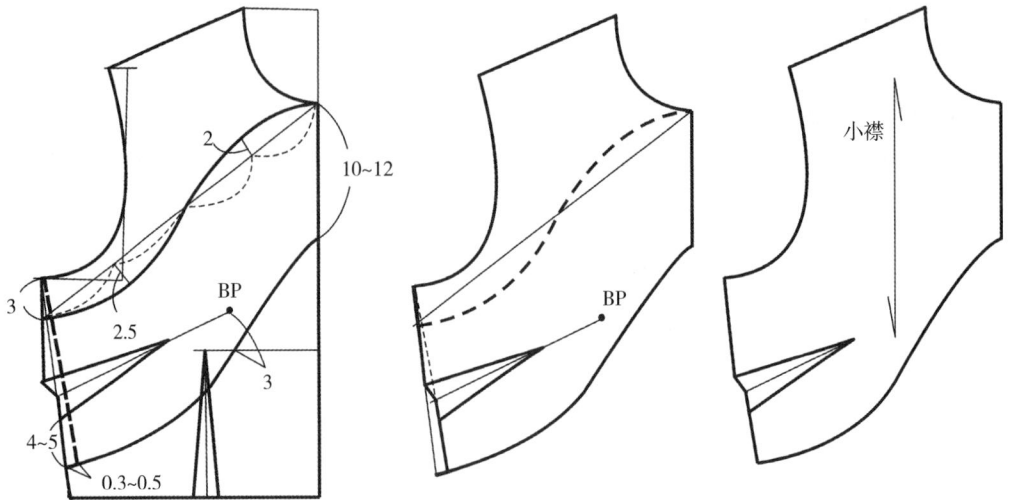

图5-2-4　前衣片小襟结构图

制图要点：小襟的长度确定，在前衣片大襟线往下放出一定的长度，由于衣片有腰省的量，故小襟下端长度要减短腰省的量，具体在侧缝处收进0.3~0.5cm。

4. 袖子结构

（1）短袖结构图（图5-2-5）

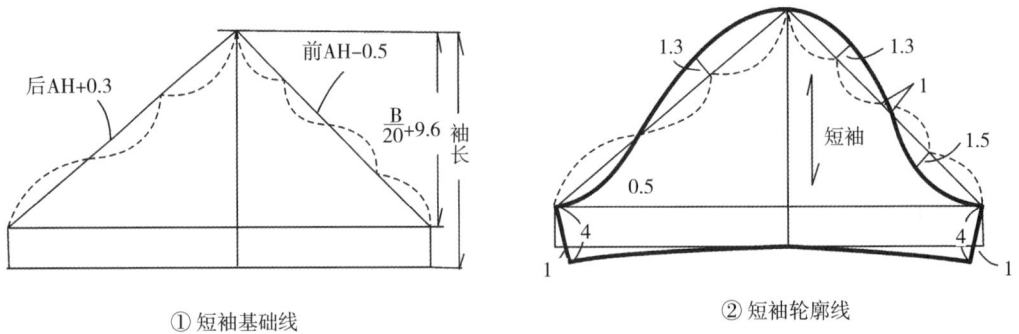

① 短袖基础线

② 短袖轮廓线

5-2-5　短袖结构图

制图要点：袖长通常在4cm左右，两侧收进1cm左右。

（2）盖肩袖结构（图5-2-6）

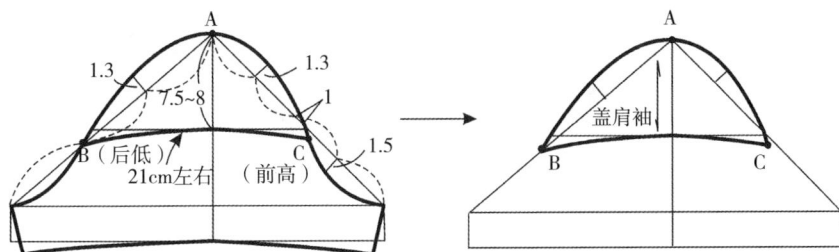

注：B点为盖肩袖的后袖点，C点为盖肩袖的前袖点；在后衣片的袖窿上量取AB-0.8cm作对位记号；
在前衣片的袖窿上量取AC-0.8cm作对位记号。

图5-2-6　盖肩袖结构图

　　制图要点：在普通袖的基础上，从袖顶端往下量取7.5~8cm，袖口线呈水平弧线，
后低前高。

（3）长袖和七分袖结构图（图5-2-7）

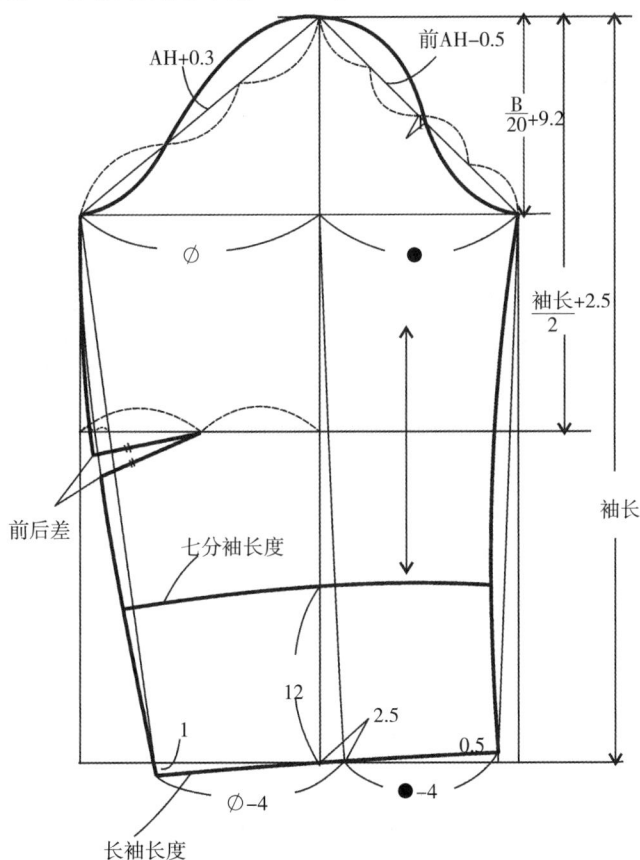

图5-2-7　长袖和七分袖结构图

　　制图要点：长袖的袖中线前倾，符合人体手臂前倾的特点，袖口较为合体，具体制图
时，在袖口处往前偏2.5cm左右。七分袖的长度是在长袖的基础上减短12cm左右。

（4）超短连肩袖结构图（图5-2-8）

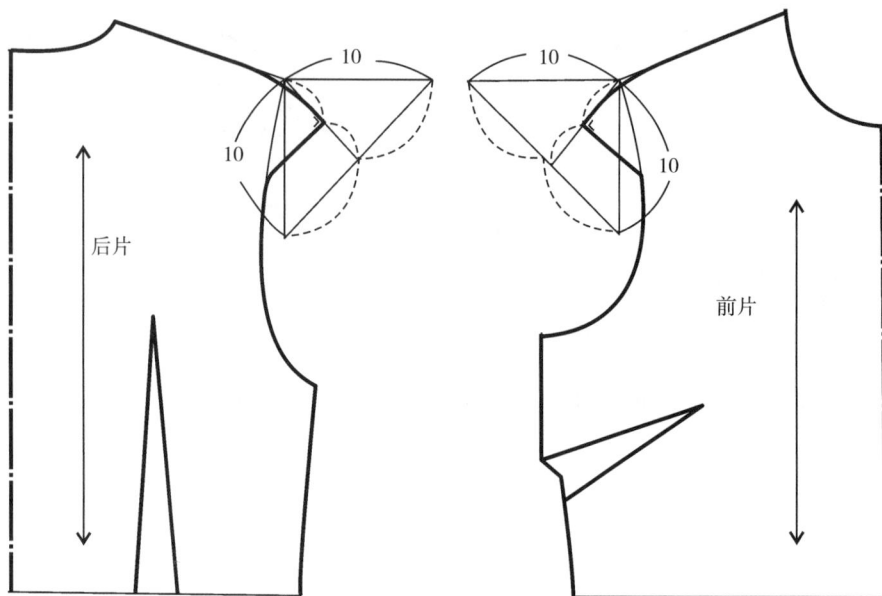

图5-2-8 超短连肩袖结构图

5. 领子结构图（图5-2-9）

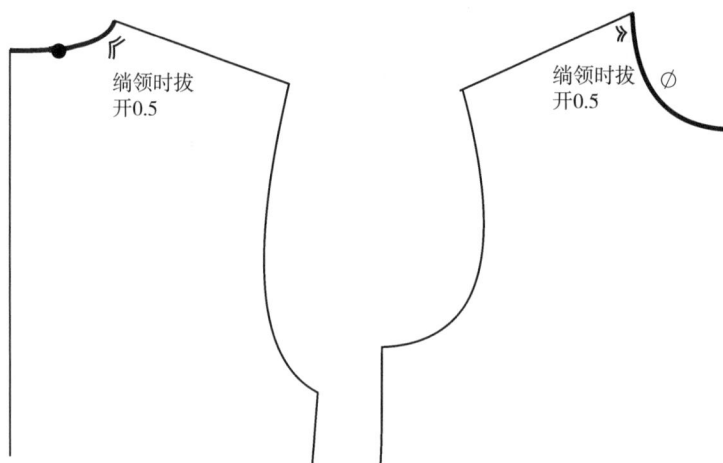

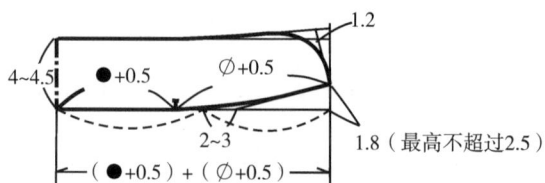

图5-2-9 领子结构图

制图要点：前、后衣片领圈的长度需各加0.3 cm作为领底线的长度进行制图。在工艺制作时，衣片的前、后领圈在靠近侧颈点位置需各自拔长0.3 cm进行绱领。

五、样板放缝

1. 面布放缝

（1）前、后衣片面布放缝图（图5-2-10）

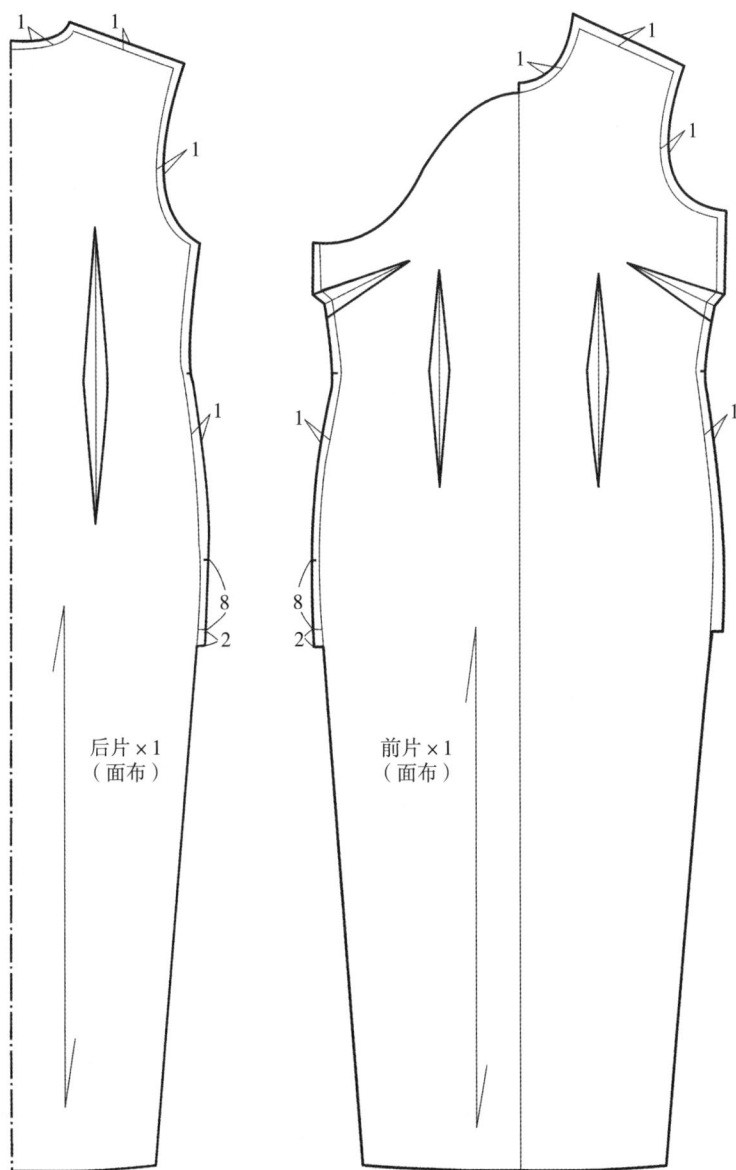

后片×1
（面布）

前片×1
（面布）

图5-2-10　前、后衣片面布放缝图

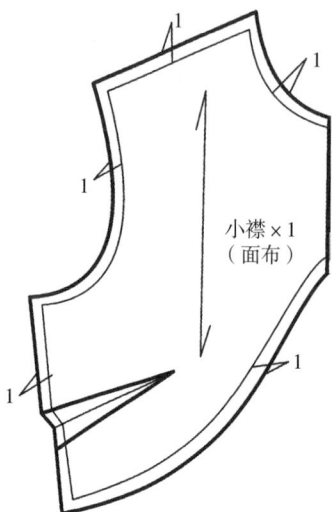

图5-2-11 衣片小襟面布放缝图

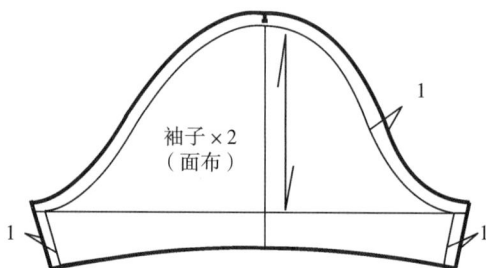

图5-2-12 袖子面布放缝图

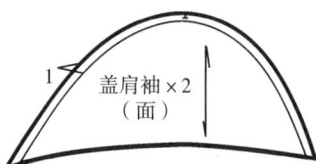

图5-2-13 盖肩袖面布放缝图

放缝要点：前衣片的大襟、前后衣片两侧开衩和底边由于滚边工艺，故不放缝，其余放缝1cm。

（2）衣片小襟面布放缝图（图5-2-11）

放缝要点：由于小襟与领子缝合后，领子外围线与小襟的前中线连续滚边，故小襟的前中线不放缝，其余放缝1cm。

（3）袖子面布放缝

① 装袖类袖子面布放缝，见图5-2-12。

放缝要点：由于滚边工艺，故袖口不放缝，其余放缝1cm。长袖放缝方法相同。

② 盖肩袖面布放缝，见图5-2-13。

放缝要点：由于滚边工艺，故袖口不放缝，其余放缝1cm。

（4）领子放缝图（图5-2-14）

放缝要点：由于领子工艺采用刮浆糊工艺，四周放缝量较大，等刮浆糊工艺完成后再按样板修剪。

2. 里布放缝

里布放缝要点：

① 里布的前、后衣片在前胸宽和后背宽处需放0.2~0.3cm的容量，里布衣片的

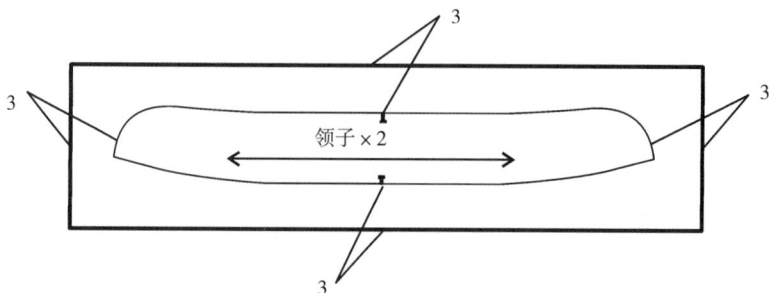

图5-2-14 领子放缝图

长度要在腰节处放长1cm的容量。里布的前后衣片下摆在面布下摆的基础上放长1cm，缝制时采用三折卷边工艺。

② 里布袖子的袖底处，考虑绱袖后，袖底缝份的重叠造成的增量，故在面布袖子的基础上，里布的袖底处抬高0.5~0.8cm，袖口处放长0.2~0.3cm，防止袖子起吊。

（1）前后衣片里布放缝（图5-2-15）

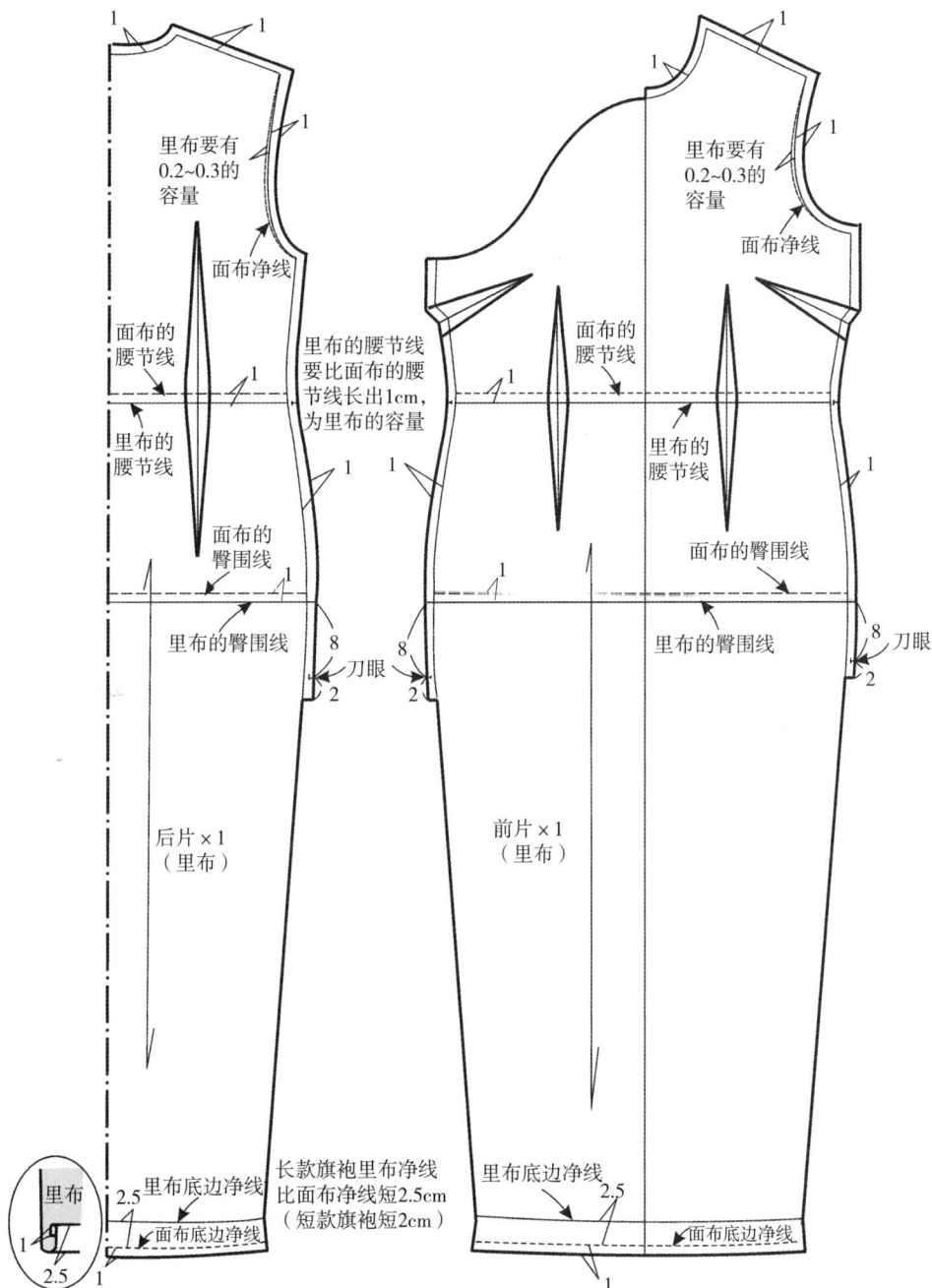

图5-2-15 前、后衣片里布放缝图

（2）衣片小襟里布放缝（图5-2-16）

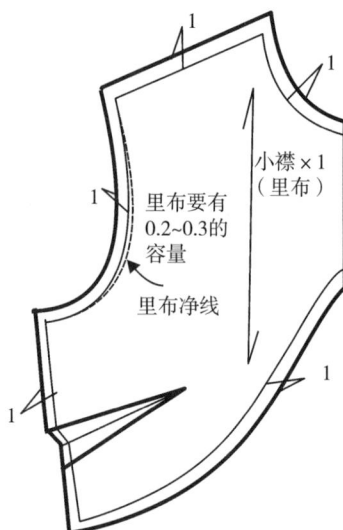

图5-2-16　衣片小襟里布放缝图

（3）袖子里布放缝

① 装袖类袖子里布放缝

短袖放缝，见图5-2-17。

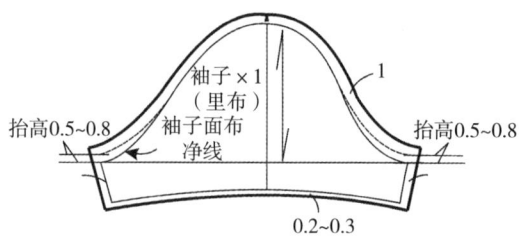

图5-2-17　短袖里布放缝图

② 盖肩袖里布放缝，见图5-2-18。

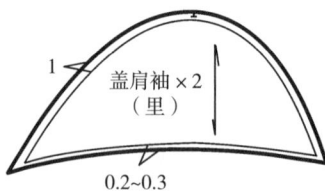

图5-2-18　盖肩袖里布放缝图

第三节　盖肩旗袍

一、概述

1. 款式分析

旗袍是具有浓郁的民族特色、体现着中华民族传统艺术、在国际上独树一帜的中国妇女代表服装。该款特点：立领、半装袖、右偏装饰开襟，后背装隐形拉链。前片收腋下省、腰省，后片收腰省，两侧开衩。领上口弧线、装饰开襟弧线、开衩、底摆、袖口处均采用镶色嵌线加滚边。领口、装饰偏襟钉镶色葡萄钮3付，款式见图5-3-1

2. 适用面料

一般采用真丝、织锦缎、纯棉类面料，也可选择变化多样的混纺及化纤面料。

3. 面辅料参考用量

（1）面料：门幅110 cm，用量约110cm。估算式：衣长＋10cm。

（2）辅料：见表5-3-1。

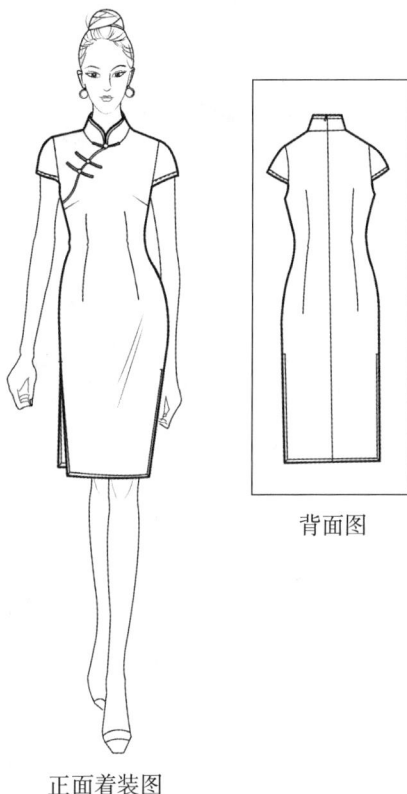

图5-3-1　旗袍款式图

背面图

正面着装图

表5-3-1　辅料

名称	无纺黏合衬	隐形拉链	葡萄钮	嵌线斜条	嵌线	风纪扣	配色线
数量	50cm	1条	3m	4m	4m	2副	2个

二、制图参考规格（不含缩率，表5-3-2）

表5-3-2　制图参考规格

号/型	前衣长	胸围（B）	腰围（W）	臀围（H）	领大（N）	肩宽（S）	背长	袖长	袖口宽
160/84A	100	90	72	94	37	37	38	8.5	20

（单位：cm）

三、结构图（图5-3-2）

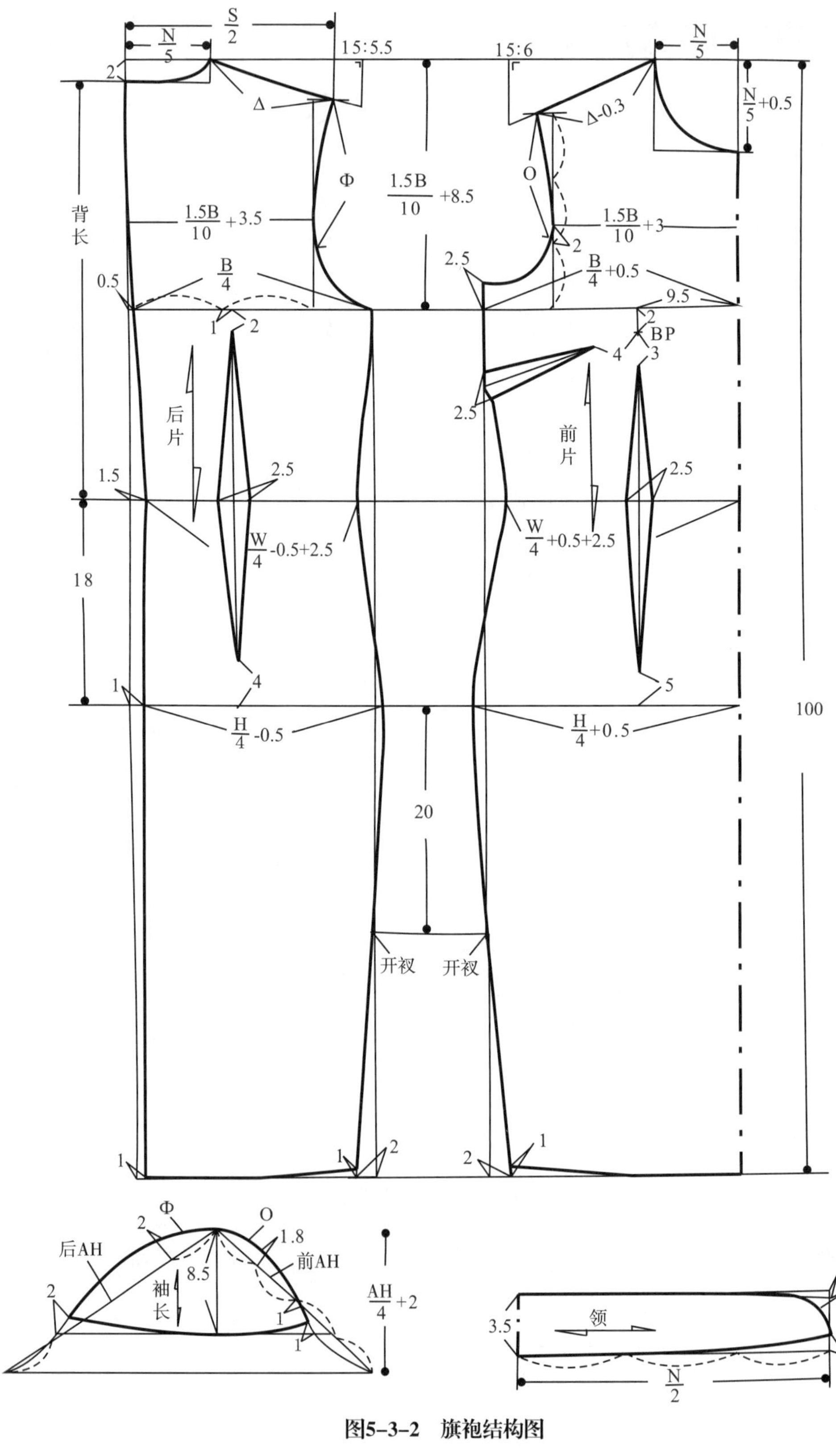

图5-3-2　旗袍结构图

四、放缝、排料参考图（图5-3-3）

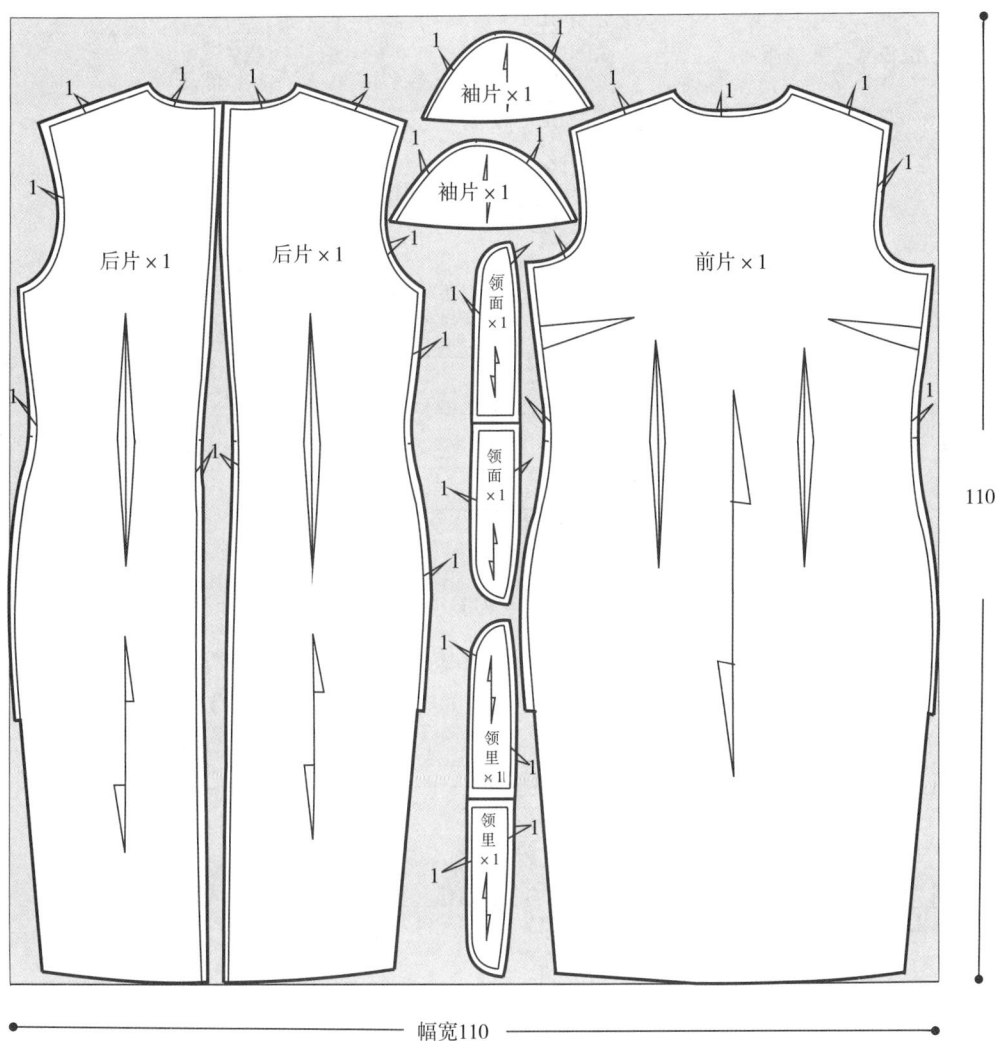

图5-1-3　旗袍放缝、排料参考图

五、缝制工艺流程、工序分析和缝制前准备

1. 旗袍缝制工艺流程

收省、烫省 → 归拔衣片 → 滚边布、纽条布、嵌线布的裁剪与制作 → 车缝门襟装饰条
→ 烫黏牵条、三线包缝 → 缝合背缝并分烫 → 装拉链 → 开衩、下摆滚边 → 缝合肩
缝、侧缝 → 开衩、下摆缉漏落缝 → 做领、绱领 → 做袖、绱袖 → 做纽条、制作葡萄钮
→ 手工 → 整烫

2. 旗袍工序分析（图5-1-2）

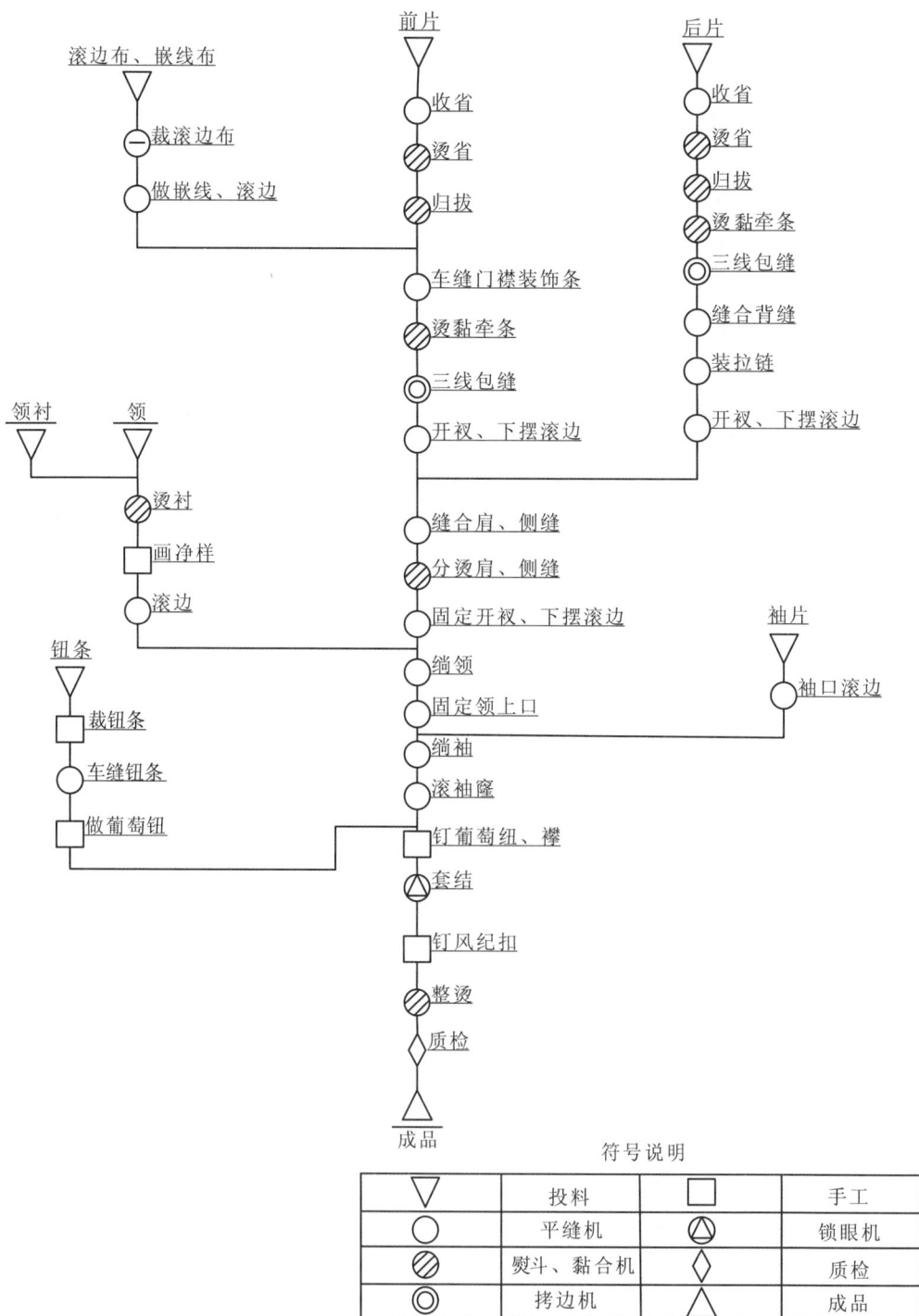

前片 → 收省 → 烫省 → 归拔 → 车缝门襟装饰条 → 烫黏牵条 → 三线包缝 → 开衩、下摆滚边

后片 → 收省 → 烫省 → 归拔 → 烫黏牵条 → 三线包缝 → 缝合背缝 → 装拉链 → 开衩、下摆滚边

滚边布、嵌线布 → 裁滚边布 → 做嵌线、滚边

领衬、领 → 烫衬 → 画净样 → 滚边

钮条 → 裁钮条 → 车缝钮条 → 做葡萄钮

袖片 → 袖口滚边

缝合肩、侧缝 → 分烫肩、侧缝 → 固定开衩、下摆滚边 → 绱领 → 固定领上口 → 绱袖 → 滚袖窿 → 钉葡萄纽、襻 → 套结 → 钉风纪扣 → 整烫 → 质检 → 成品

符号说明

	投料		手工
	平缝机		锁眼机
	熨斗、黏合机		质检
	拷边机		成品

图5-2-4 旗袍工序分析图

3. 缝制前准备

（1）针号与针距

针号：75/11~80/12号

针距：14~16针/3cm，底、
面线均用配色涤纶线。

图5-2-5 领面、领里烫无纺黏合衬

（2）做标记

按样板在前、后片省位、臀围线、腰节线、开衩止点、腋下省、绱领点、后领中
缝、袖山顶点、前后绱袖点等处剪口作记号，要求：剪口深不超过0.3cm。并注意上下
两层衣片要完全吻合。

（3）黏衬部位（图5-2-5）

在领面、领里的反面分别烫上无纺黏合衬。

六、缝制工艺步骤及主要工艺

1. 收省、烫省（图5-2-6）

（1）收省：按省道剪口及省道线车缝腋下省、前腰省、后腰省。要求：缝线顺
直，省尖要缝尖，不打回针，留10cm左右线头，打结处理（图5-2-6①）。

（2）烫省：前片腋卜省向上烫倒。前、后腰省分别向前、后衣片的中心线方向烫
倒。熨烫时在腰节线部位要拔开，使省缝平服，不起吊。要求：省尖部位的胖形要烫
散，不可有细褶的现象出现（图5-2-6②）。

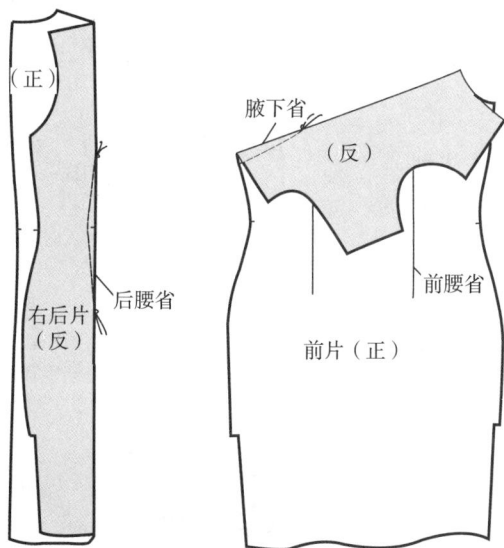

图5-2-6（1） 收省

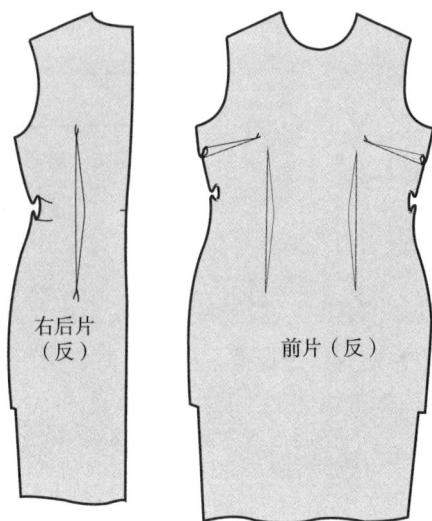

图5-2-6（2） 烫省

2. 归拔衣片（图5-2-7）

（1）归拔前衣片

① 将前衣片按前中心线正面相对折叠，用熨斗在侧缝腰节部位处拔开熨烫，同时在侧缝臀围处归拢，使衣片符合人体。

② 胸部在烫省后的基础上垫上布馒头进行熨烫，以烫出胸部胖势。

③ 对于腹部突出的体型，需在腹部区域拔出一定的弧度。

（2）归拔后衣片

① 两后片正面相对，用熨斗在侧缝腰节部位处拔开熨烫，同时在侧缝臀围处归拢，使衣片符合人体。

② 同样在背中线侧缝腰节部位拔开熨烫，并配合体型的要求，拔出臀部曲线。

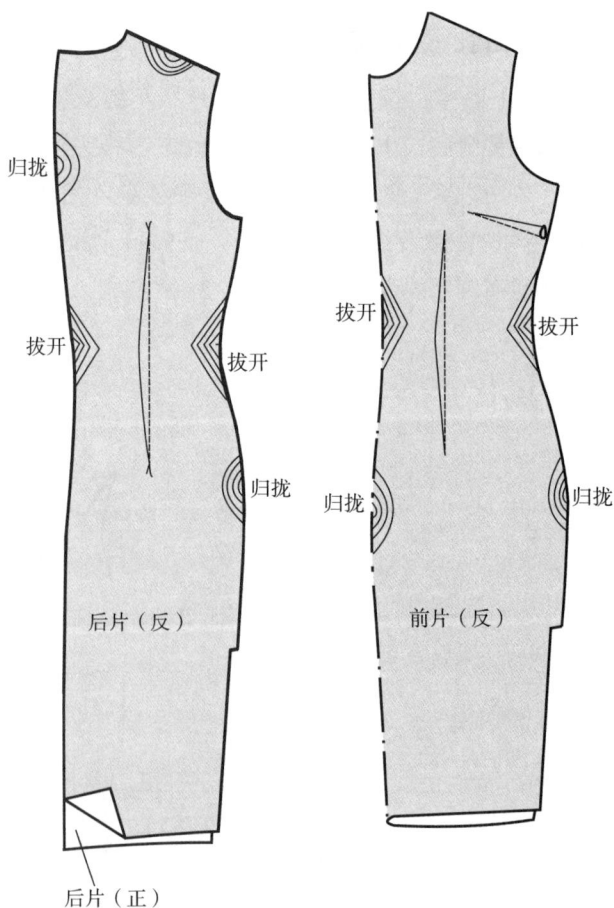

图5-2-7 归拔衣片

3. 滚边布、纽条布、嵌线布的裁剪与制作

（1）准备滚边布、纽条布（图5-2-8）

滚边布、纽条布选用较柔软、轻薄、富有光泽的单色面料。一般采用镶色料，取45°斜丝，裁剪前在其反面通常进行刮浆或黏衬处理，以防变形，滚边布宽度3cm左右。纽条布宽度2cm左右。一件普通的旗袍大约需要滚边布、纽条布约2m。另外还需

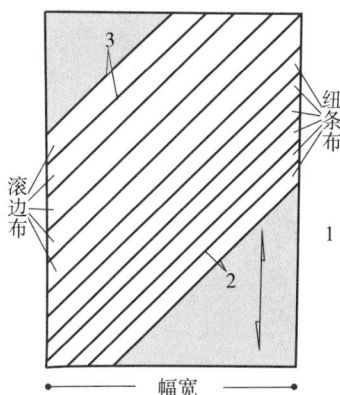

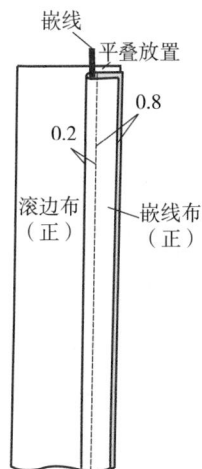

图5-2-8　准备滚边布、纽条布　　图5-2-9　做嵌线、滚边

要准备嵌线布、嵌线，长度各4m左右。一般不允许拼接，如无法避免，应以直丝拼接。

（2）嵌线、滚边布的制作（图5-2-9）

将嵌线布正面朝外对折熨烫，居中夹入一根嵌线。然后与滚边布正面相对，并相互平叠，用单边压脚将嵌线布、滚边布一起以0.8cm的缝份车缝固定，再将嵌线条、滚边布熨烫平整，要求嵌线条净宽0.2cm。

4. 车缝门襟装饰条（图5-2-10）

在前衣片上沿假门襟装饰线位置，将做好的嵌线、滚边布与衣片正面相对车缝，见图①。修剪缝份，翻转嵌线、滚边，在嵌线正面、滚边的中间车漏落缝固定门襟装饰条。要求：嵌线条净宽为0.2cm，滚边条正面净宽0.6cm，见图②。

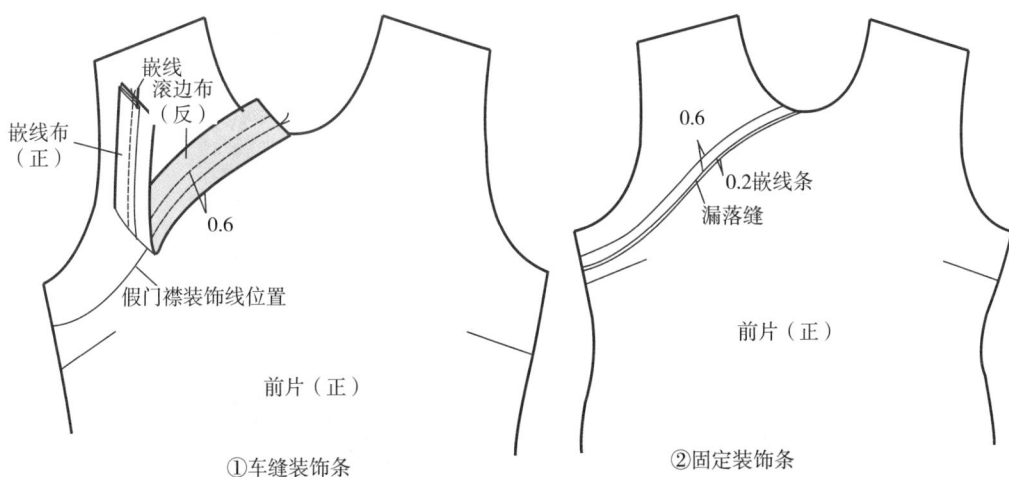

图5-2-10　门襟装饰条

5. 烫黏牵条、三线包缝(图5-2-11)

将旗袍小肩缝、侧缝、背缝的缝份处分别烫上1.5 cm宽的无纺黏牵条，然后用配色线三线包缝。

6. 缝合背缝并分烫 （图5-2-12）

将两后片正面相对，对齐后中从拉链止点起按缝份1cm车缝至下摆，然后将缝份分开烫平，并延伸烫至后领口。

7. 装拉链 （图5-2-13）

打开隐形拉链，拉链在上，后衣片在下，正面相对，用隐形拉链压脚或单边压脚，沿背缝净线和拉链齿边车缝固定。要求：合上拉链，拉链不外露，衣片平服，高低一致。再将拉链布边和缝份用0.5cm车缝固定。

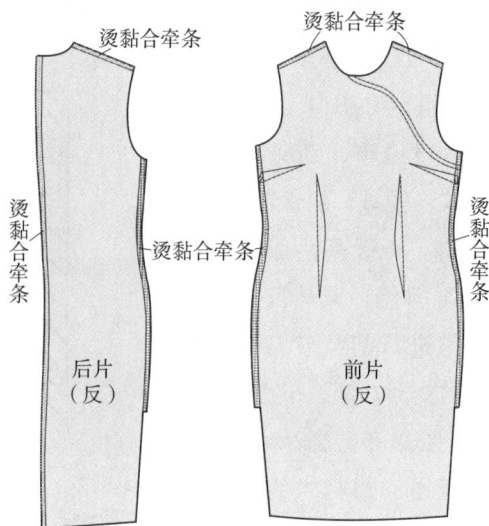

图5-2-11　烫黏牵条

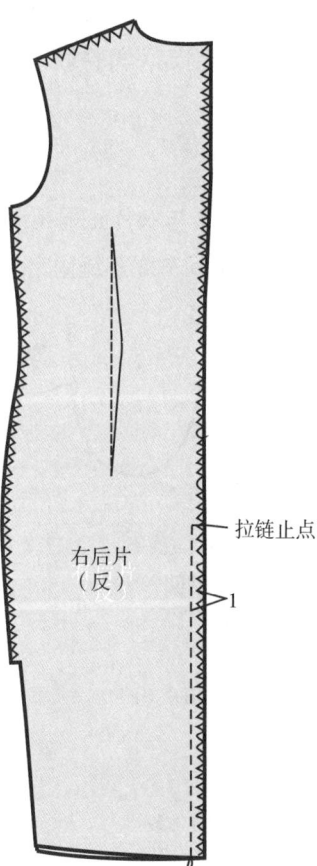

图5-2-12　缝合背缝

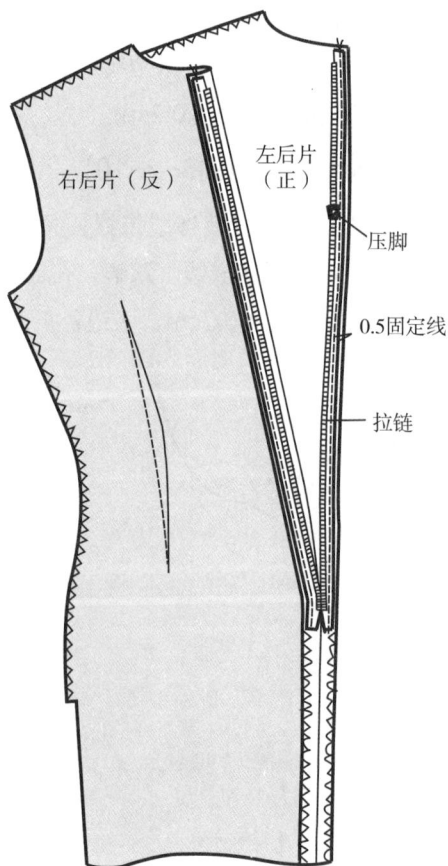

图5-2-13　装拉链

8. 开衩、下摆滚边（图5-2-14）

（1）将做好的嵌线、滚边布和前衣片正面相对，从前侧缝开衩点2.5cm起针，按衣片净线进0.6cm缝合，经下摆至另一侧缝开衩上2.5cm止（见图）。在下摆转角处需折叠。后衣片做法同前衣片。

（2）折烫嵌线，滚边布衣片正面在上，将嵌线、滚边布折向正面熨烫。起、止两端缝份向反面折烫45°角。要求：下摆两转角折叠对称。

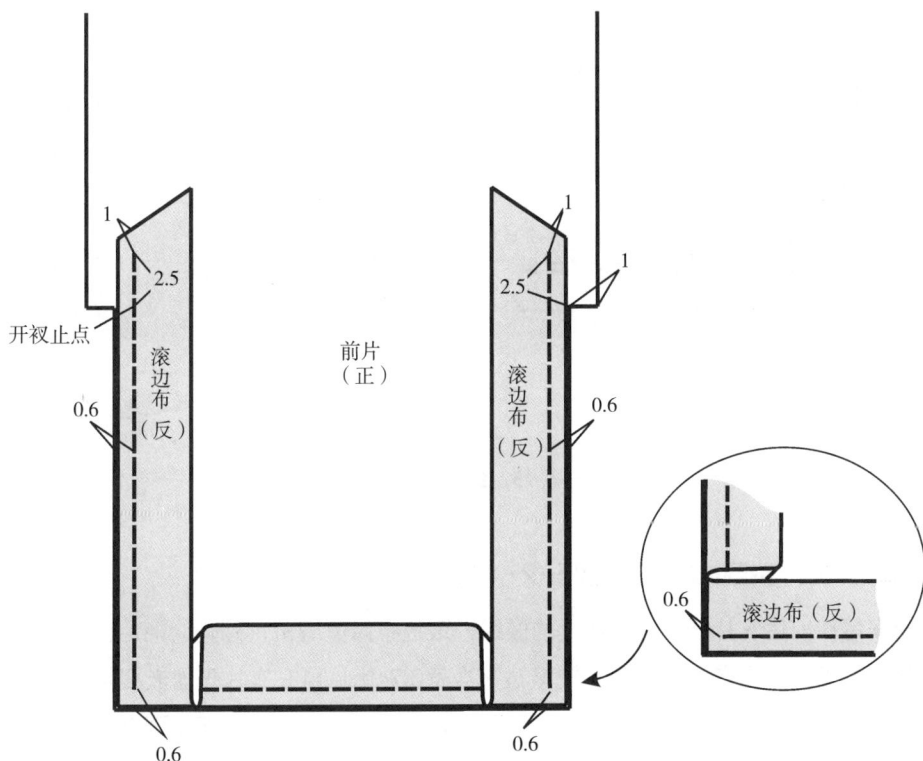

图5-2-14　开衩、下摆滚边

9. 缝合肩缝、侧缝（图5-2-15）

（1）缝合肩缝

前衣片在上，后衣片在下，正面相对，前、后小肩缝对齐后车缝1cm缝份。缝合时要求后小肩缝略有吃势，缝合后缝份分开烫平。

（2）缝合侧缝

前衣片在上，后衣片在下，正面相对，前、后侧缝对齐车缝1cm缝份。缝合时对准前后衣片各对位点：即腰节线、臀围线、开衩止点。注意在缝到开衩止点上2cm处，需把嵌线、滚边布一起缝进，然后侧缝分开烫平。要求：两侧缝开衩处嵌线、滚条对称，高低一致。

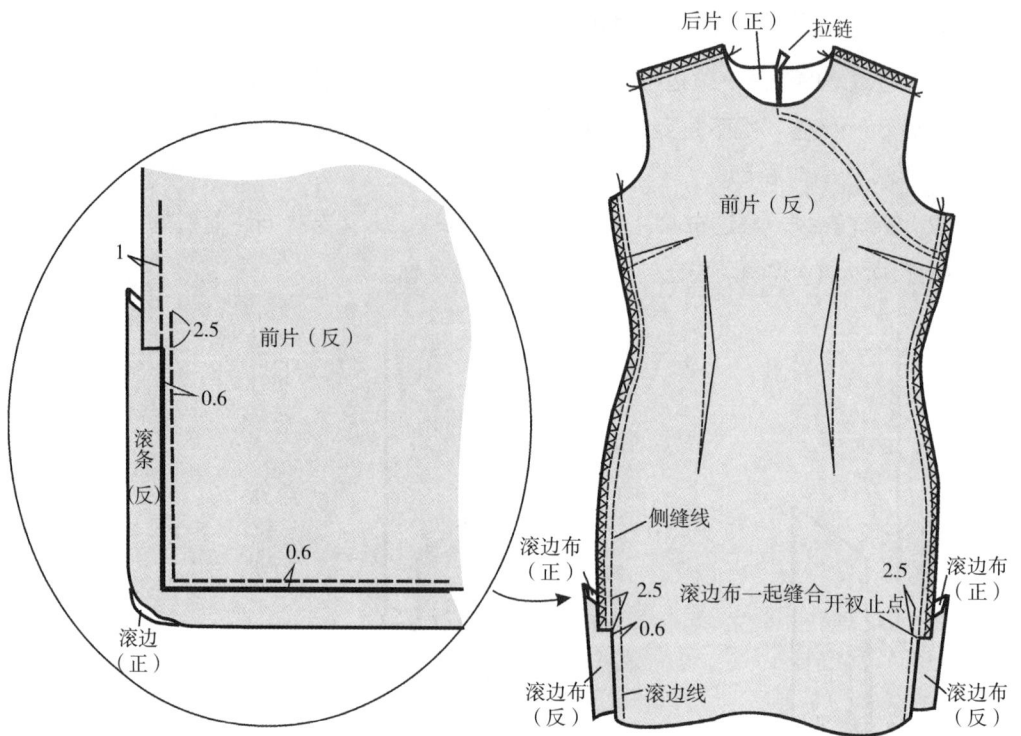

图5-2-15 缝合肩缝、侧缝

10.开衩、下摆缉漏落缝（图5-2-16）

将车缝在前后衣片开衩、下摆处的嵌线、滚边布修剪缝份，翻转、翻足，特别是下摆转角处要方正。然后在衣片反面扣烫滚边布净宽0.7cm，再在衣片正面嵌线与滚边之间缉漏落缝，同时反面车住滚边布0.1cm。要求：嵌线净宽0.2cm，滚边正面净宽0.6cm。

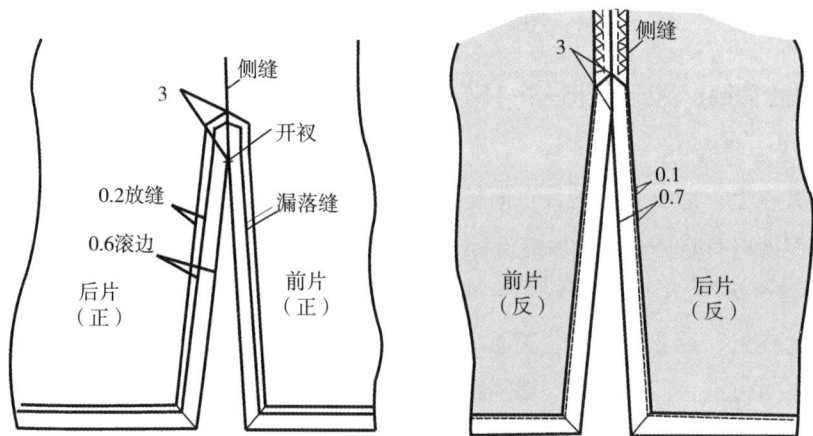

图5-2-16 开衩、下摆缉漏落缝

11. 做领、绱领（图5-2-17）

（1）画净样、修剪

领子分左右两片。先将烫上无纺黏合衬的领面画出净样，然后修剪缝份，上口为净样，后中缝及下口放1 cm缝份，同时定出绱领对位标记（图5-2-17①）。

（2）滚边

将做好的嵌线、滚边布和领面正面相对，按领上口净样线进0.6cm处车缝，缝至后领中缝净线止。注意两圆头处嵌线、滚边布松紧适宜，左右对称（图5-2-17②）。

（3）绱领

先领面、领里正面相对，按净线缝合领后中缝。绱领时领面在上，领里在下，正面相对，同时衣片正面在上置于其中间，按1 cm 缝份（净线）并对准绱领对位标记三层合一车缝。注意领子前端要绱足，领子后中与背中线要并齐。要求：左右领对称，衣身平服（图5-2-17③）。

（4）固定领上口

翻转领里、领面至正面并烫平，领上口按领面净样校对并修准领里，然后沿领上口净样线进0.5 cm车缝固定领上口（图5-2-17④）。

（5）领上口缉漏落缝

修剪领上口嵌线、滚边布缝份，翻转、翻足，领子前后两端要折叠方正。要求嵌线净宽0.2cm，滚边止面净宽0.6cm，背面折光扣烫净宽0.7cm，然后在领面正面的嵌线与滚边中间车漏落缝，同时背面车住滚边布0.1cm（图5-2-17⑤）。

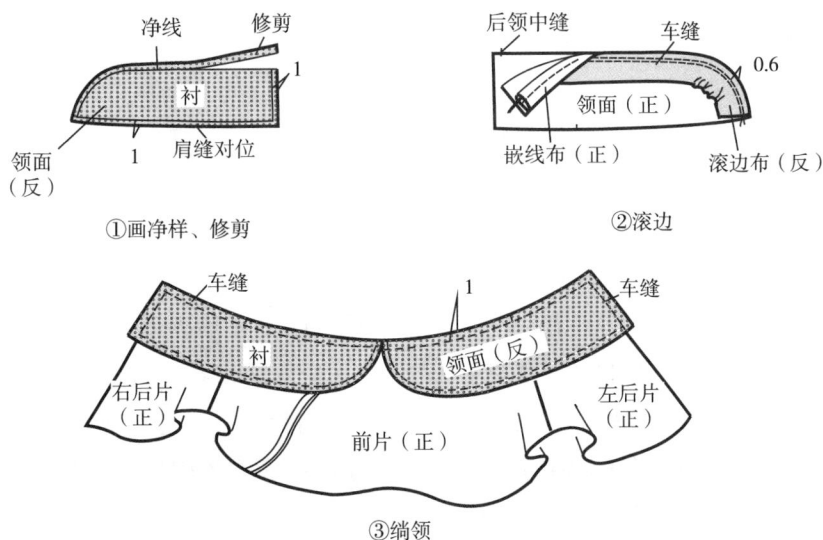

①画净样、修剪

②滚边

③绱领

图5-2-17（1） 做领、绱领

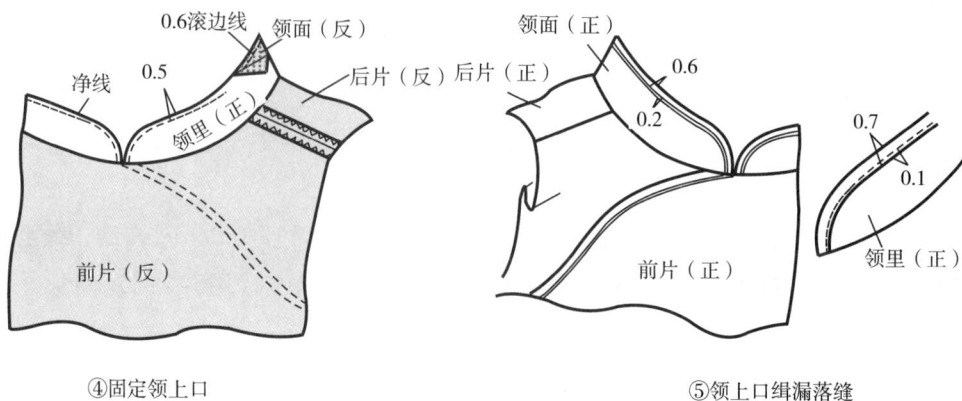

④固定领上口

⑤领上口缉漏落缝

图5-2-17（2） 做领、绱领

12. 做袖、绱袖(图5-2-18)

（1）袖口滚边

将做好的嵌线、滚边布和袖口正面相对，沿袖口净样线进0.6cm缝合。修剪嵌线、滚边布缝份，翻转、翻足，要求嵌线净宽0.2cm，滚边正面净宽0.6cm，背面折光净宽0.7cm扣烫，然后在正面嵌线与滚边中间车漏落缝，同时背面车住滚边布0.1cm。要求：两袖口嵌线、滚边布松紧适宜，左右对称（图5-2-18①）。

（2）抽吃势

用较长针距沿袖山弧线进0.8cm车缝抽吃势，起止点留线头，无需打回针。然后抽缩袖山弧线，并核对袖山弧线与衣片袖窿弧线的长度，要求袖山头斜丝部位吃势稍多一些，中间横丝部位可少一些（图5-2-18②）。

（3）绱袖

袖片在上，衣片在下，正面相对，对准前后绱袖点、袖山顶点，按1cm缝份车缝。要求：袖山圆顺，左右对称（图5-2-18③）。

（4）滚袖窿

袖窿缝份采用滚袖窿条的方法包光袖窿，具体做法是：先根据袖窿弧长尺寸拼接滚条布。滚条布反面在上，并置于衣片正面袖窿缝份上，从腋下侧缝处起针，沿袖窿线车缝一周，要求滚条布拼接处对准腋下侧缝，然后修缝留0.5cm，翻折袖窿条，包住缝份，正面净宽0.6cm，背面折光净宽0.7cm，最后沿袖窿条边车缝0.1cm于衣片，同时背面车住滚条布0.1cm。此方法袖窿缝份干净，袖山头饱满自然圆顺。要求：滚条布的车缝线圆顺，宽窄一致，两袖对称（图5-2-18④）。

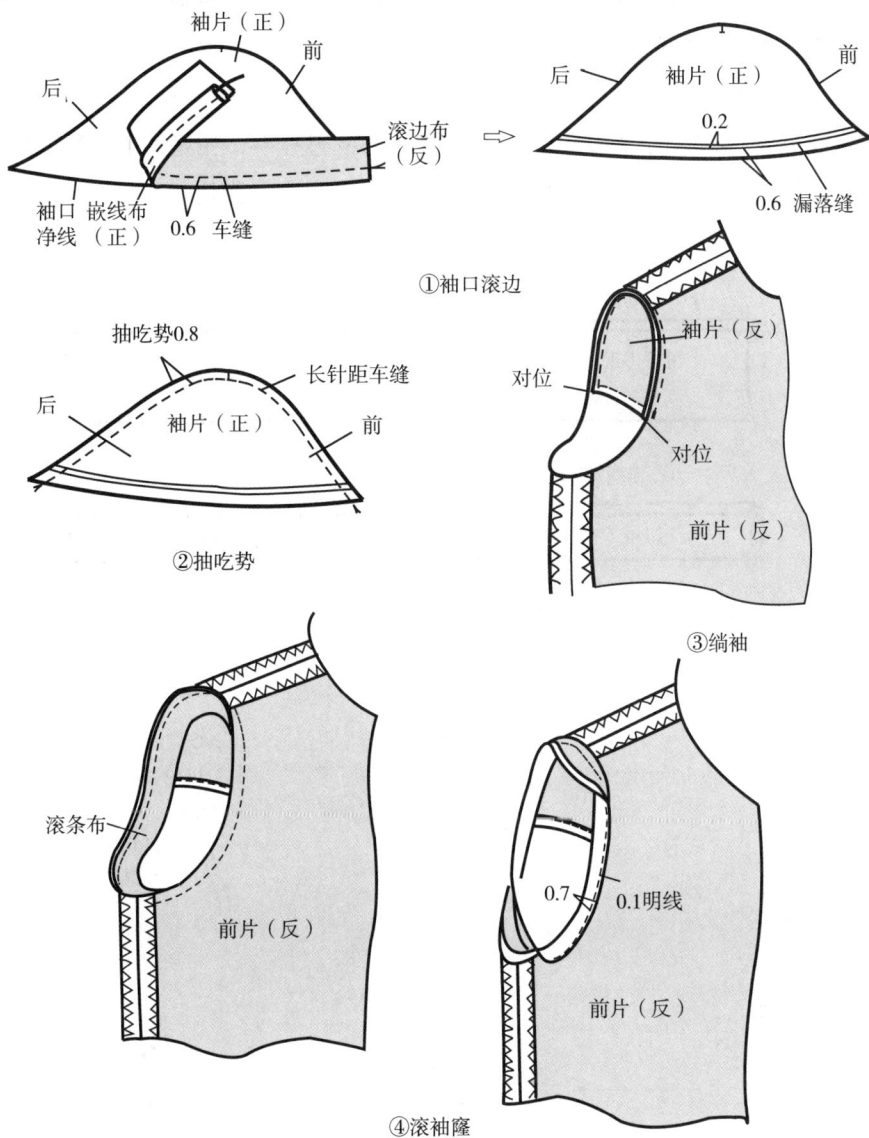

①袖口滚边

②抽吃势

③绱袖

④滚袖窿

图5-2-18 做袖、绱袖

13. 做纽条、制作葡萄纽 (图5-2-19)

（1）本款旗袍的纽条采用两种镶色面料组成，即与门襟装饰条相一致。纽条布裁剪（图5-2-8）应用45°正斜料，宽约2cm，长约30cm，即一对直脚葡萄纽的长度。注意纽条的长度、宽度可以根据面料的厚薄程度略有增减。

（2）纽条的缝制方法

首先采用与图5-2-9相同方法，做出纽条布、嵌线。然后扣烫纽条，正面净宽

0.4cm，背面折光净宽0.5cm。并在背面用缲针固定。要求：纽条结实而又粗细均匀。最后按步骤把纽襻条盘成纽结。

（3）制作葡萄纽

在距纽条一端10cm左右为起点开始盘制，盘制过程中，在纽条中间位置穿一根细绳，以确定纽头中心位置，作为成型后纽头鼓出的中心点。为使纽头盘得坚硬、均匀，可用镊子帮助逐步盘紧。

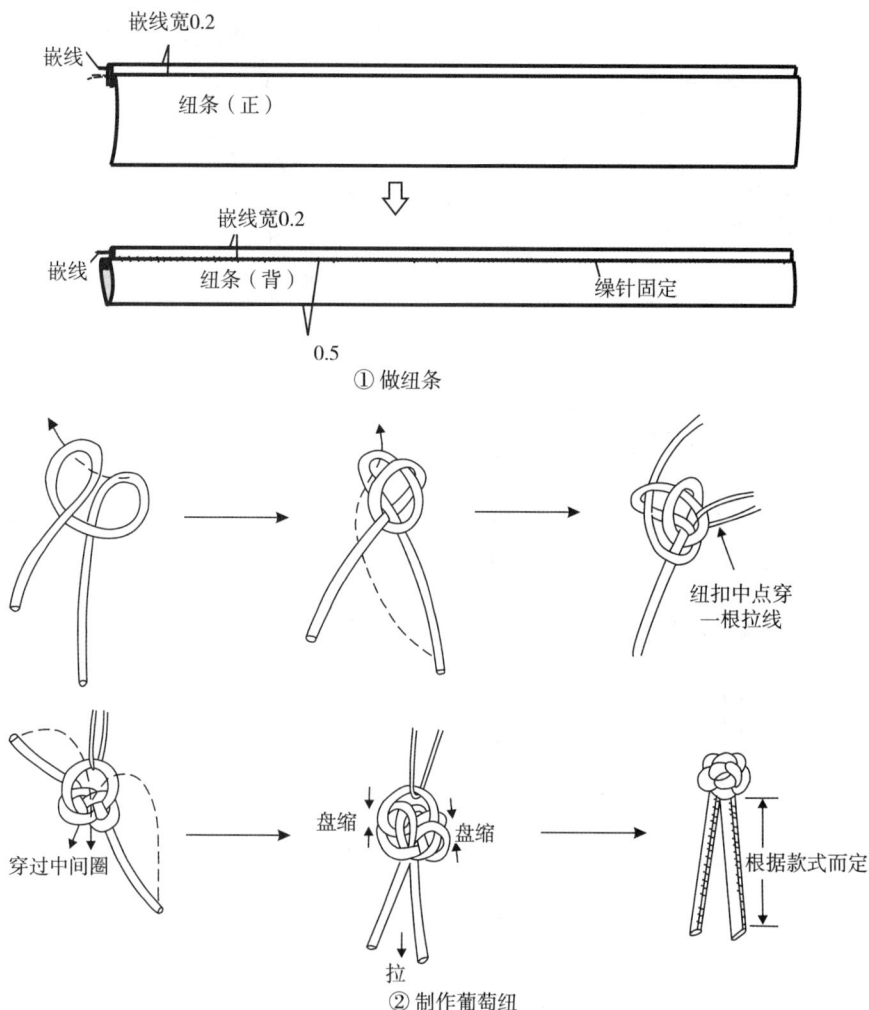

① 做纽条

② 制作葡萄纽

图5-2-19 做纽条、制作葡萄纽

14. 手工(图5-2-20)

（1）钉纽头、纽襻

把盘好的纽头、纽襻的两脚修齐，扭脚的长短可按个人喜爱而定，纽头一般约长4cm左右，纽襻一般约长4.5cm左右。根据图示把两根扭脚合拢缝一下，再把纽脚的尾部反钉在衣襟上，然后折转纽脚，用手针细密缝牢。按照习惯，纽头一端是钉在大襟上的，纽襻一端是钉在小襟上的。

（2）缝套结：两侧缝开衩处手工缝上套结。

（3）钉风纪扣：后领钉2副风纪扣。

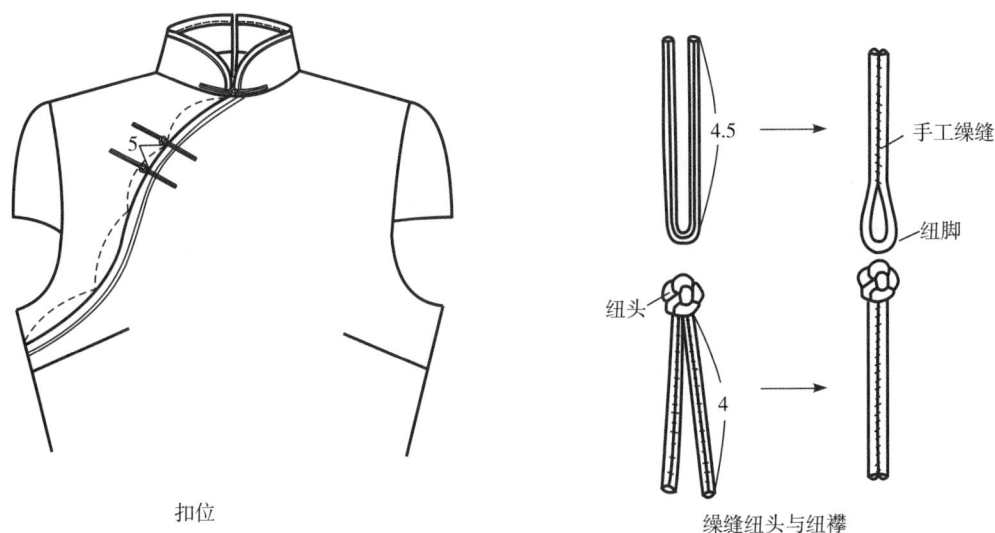

扣位

手工缲缝

纽脚

纽头

缲缝纽头与纽襻

①钉纽头、纽襻

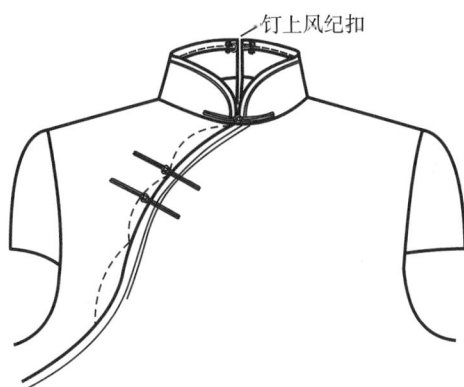

钉上风纪扣

②钉风纪扣

图5-2-20　手工

15．整烫

整件旗袍缝制完毕，先修剪线头、清除污渍，再用蒸汽熨斗进行熨烫。

步骤如下：

（1）领：领里在上，沿领止口将领熨烫平服。要求领面、里平服。

（2）袖子：将袖子放在铁凳上，沿袖口边将袖口嵌线、滚边及袖子熨烫平整，然后沿袖窿一周烫平滚袖窿条。

（3）烫大身：衣片反面在上，自上而下将衣身熨烫平整，然后挂装成型。

（4）熨烫时应根据面料性能合理选择温度、湿度、时间、压力等条件。特别是表面起绒或有光泽的面料，不能直接在正面熨烫，只能干烫，以免产生倒毛或极光。

七、缝制工艺质量要求及评分参考标准（总分：100分）

1. 规格尺寸符合要求。（10分）

2. 各部位缝线整齐、牢固、平服，针距密度一致。（10分）

3. 上下线松紧适宜、平整、无跳线、断线，起落针处应有回针。（10分）

4. 立领造型美观，左右圆角对称，圆顺平服。（15分）

5. 滚边饱满，宽窄一致，无涟形。（10分）

6. 袖子左右、前后一致，吃势均匀、圆顺。（10分）

7. 穿着时开衩平服，左右对称。（10分）

8. 背缝隐形拉链不露牙，缉线顺直无涟形。（10分）

9. 成衣整洁，各部位整烫平服，无水迹、烫黄、烫焦、极光等现象。（15分）

八、实训题

1. 实际操作前、后衣片的归拔。

2. 实际训练做嵌线、滚边，注意使其达到宽窄一致。

3. 实际训练旗袍绱领子有几种方法。

4. 实际训练旗袍两侧开衩的缝制。

第四节　旗袍拓展变化

通过前三节旗袍工艺相关知识的学习，读者可根据个人喜好，结合本书给出的款式进行实践训练，达到巩固知识，学以致用的目的。

一、露肩式旗袍

1. 款式分析

滚边旗袍领，露肩、露胸式，长度至膝盖，两侧开衩，右侧拉链开口，袖窿、前胸、侧开衩等部位滚边工艺，款式见图5-3-7。

2. 适用面料

薄型全棉、真丝、织锦缎等花色或素色面料均可。

3. 面辅料参考用量

（1）面料：幅宽144cm；用料估算：衣长+10 cm左右。

（2）辅料：隐形拉链1条，黏合衬适量，盘扣1对。

4. 结构制图

（1）制图参考规格（不含缩率，表5-3-2）

背面图

正面着装图

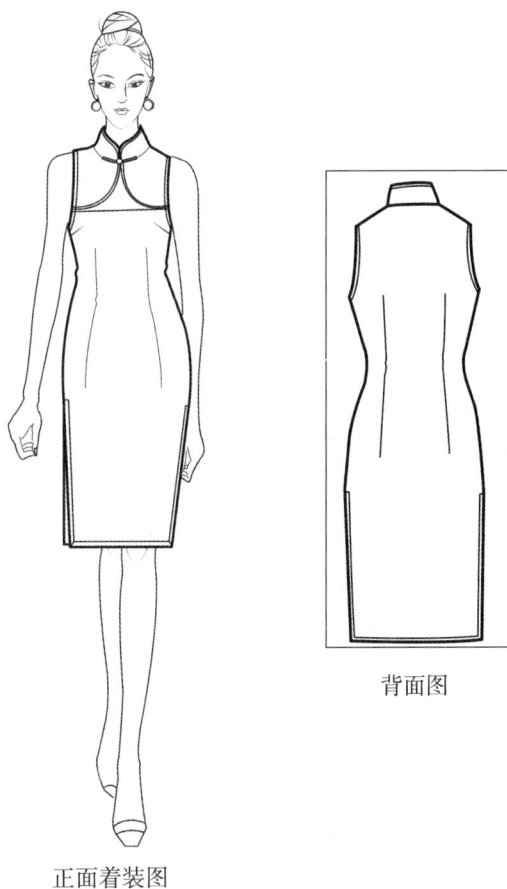

图5-3-7　露背式旗袍款式图

表5-3-2

号/型	后中长	胸围（B）	腰围	臀围（H）	背长	领围（N）
160/84A	90	88	70	92	37	36

（单位：cm）

（2）结构图（图5-3-8）

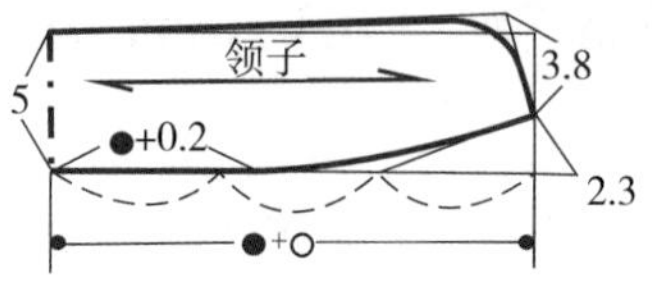

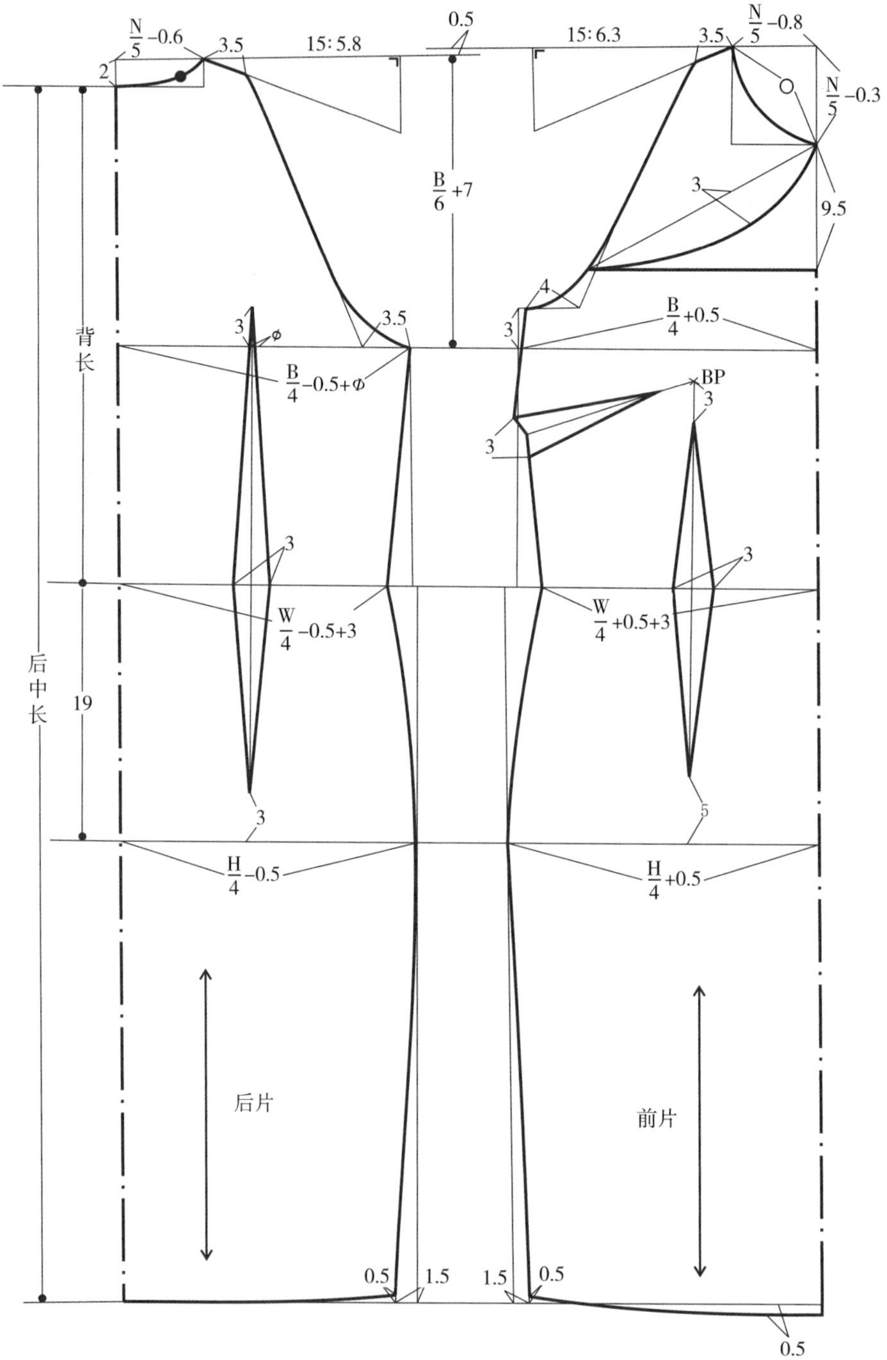

图5-3-8　结构图

二、 旗袍拓展练习

1. 插肩短袖旗袍（图5-4-3）

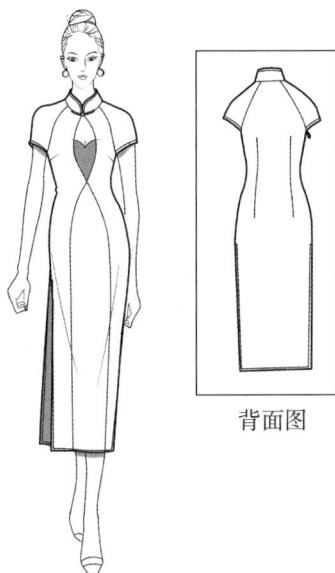

正面着装图　　　　背面图

图5-4-3　插肩短袖旗袍

2. 无袖旗袍（图5-4-4）

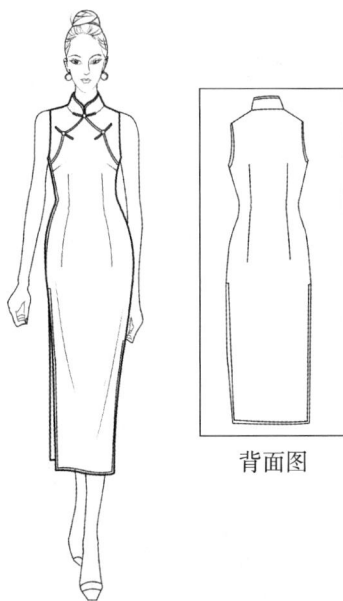

正面着装图　　　　背面图

图5-4-4　无袖旗袍

3. 窄肩无袖旗袍（图5-4-5）

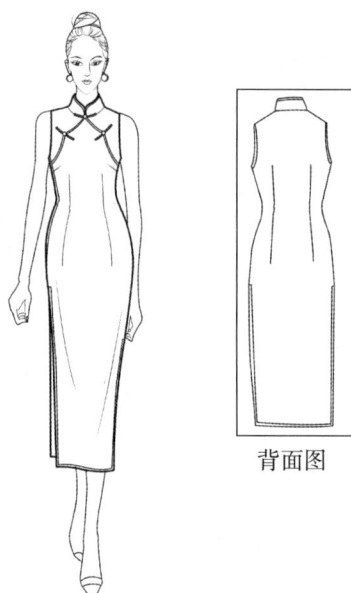

正面看装图

图5-4-5　窄肩无袖旗袍

4. 落肩五分袖旗袍（图5-4-6）

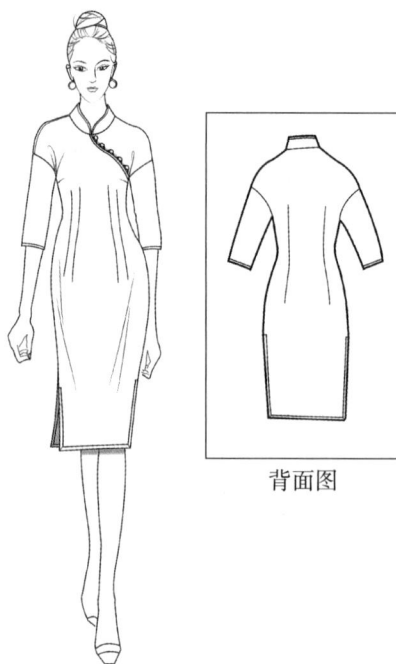

正面着装图

图5-4-6　落肩五分袖旗袍